U0294660

高等学校土木工程学科专业指导委员会规划教材

（按高等学校土木工程本科指导性专业规范编写）

# 铁 路 车 站

（铁道工程专业方向适用）

魏庆朝　主编

王俊峰　主审

中国建筑工业出版社

**图书在版编目(CIP)数据**

铁路车站/魏庆朝主编. —北京:中国建筑工业出版
社,2014.10
高等学校土木工程学科专业指导委员会规划教材
(铁道工程专业方向适用)
ISBN 978-7-112-17311-2

Ⅰ.①铁… Ⅱ.①魏… Ⅲ.①铁路车站-建筑工程-
高等学校-教材 Ⅳ.①TU248.1

中国版本图书馆 CIP 数据核字(2014)第 226470 号

本书根据高等学校土木工程学科专业指导委员会制定颁布的《高等学校土木工程本科
指导性专业规范》编写,全书共 8 章,内容包括车站技术作业与站型、车站规划、车站站
房、站场线路、站场设施、车站广场、车站能力。每章均列有知识点、重点和难点,并附
有思考题与习题。

本书吸纳总结了铁路车站,尤其是高速铁路和城市轨道交通客站的最新建设理论和技
术,建立了适合高等学校土木工程专业铁道工程方向、交通运输类相关学科专业的铁路车
站教材体系,可作为上述学科、专业或方向的教学用教材,也可供土木工程、交通运输工
程、铁道工程、城市轨道交通学科从事有关勘测、设计、施工、监理、科研和管理等相关
人员学习参考。

责任编辑:王 跃 吉万旺
责任设计:陈 旭
责任校对:陈晶晶 赵 颖

高等学校土木工程学科专业指导委员会规划教材
(按高等学校土木工程本科指导性专业规范编写)

# 铁 路 车 站
(铁道工程专业方向适用)

魏庆朝 主编

王俊峰 主审

\*

中国建筑工业出版社出版、发行(北京西郊百万庄)
各地新华书店、建筑书店经销
北京科地亚盟排版公司制版
环球印刷(北京)有限公司印刷

\*

开本:787×1092 毫米 1/16 印张:22½ 字数:475 千字
2015 年 2 月第一版 2015 年 2 月第一次印刷
定价:**48.00** 元
ISBN 978-7-112-17311-2
(26097)

# 本系列教材编审委员会名单

# 出　版　说　明

近年来，高等学校土木工程学科专业教学指导委员会根据其研究、指导、咨询、服务的宗旨，在全国开展了土木工程学科教育教学情况的调研。结果显示，全国土木工程教育情况在 2000 年以后发生了很大变化，主要表现在：一是教学规模不断扩大，据统计，目前我国有超过 400 余所院校开设了土木工程专业，有一半以上是 2000 年以后才开设此专业的，大众化教育面临许多新的形势和任务；二是学生的就业岗位发生了很大变化，土木工程专业本科毕业生中 90％以上在施工、监理、管理等部门就业，在高等院校、研究设计单位工作的本科生越来越少；三是由于用人单位性质不同、规模不同、毕业生岗位不同，多样化人才的需求愈加明显。土木工程专业教指委根据教育部印发的《高等学校理工科本科指导性专业规范研制要求》，在住房和城乡建设部的统一部署下，开展了专业规范的研制工作，并于 2011 年由中国建筑工业出版社正式出版了土建学科各专业第一本专业规范——《高等学校土木工程本科指导性专业规范》。为紧密结合此次专业规范的实施，土木工程教指委组织全国优秀作者按照专业规范编写了《高等学校土木工程学科专业指导委员会规划教材（专业基础课）》。本套专业基础课教材共 20 本，已于 2012 年底前全部出版。教材的内容满足了建筑工程、道路与桥梁工程、地下工程和铁道工程四个主要专业方向核心知识（专业基础必需知识）的基本需求，为后续专业方向的知识扩展奠定了一个很好的基础。

为更好地宣传、贯彻专业规范精神，土木工程教指委组织专家于 2012 年在全国二十多个省、市开展了专业规范宣讲活动，并组织开展了按照专业规范编写《高等学校土木工程学科专业指导委员会规划教材（专业课）》的工作。教指委安排了叶列平、郑健龙、高波和魏庆朝四位委员分别担任建筑工程、道路与桥梁工程、地下工程和铁道工程四个专业方向教材编写的牵头人。于 2012 年 12 月在长沙理工大学召开了本套教材的编写工作会议。会议对主编提交的编写大纲进行了充分的讨论，为与先期出版的专业基础课教材更好地衔接，要求每本教材主编充分了解前期已经出版的 20 种专业基础课教材的主要内容和特色，与之合理衔接与配套、共同反映专业规范的内涵和实质。此次共规划了四个专业方向 29 种专业课教材。为保证教材质量，系列教材编审委员会邀请了相关领域专家对每本教材进行审稿。

本系列规划教材贯彻了专业规范的有关要求，对土木工程专业教学的改革和实践具有较强的指导性。在本系列规划教材的编写过程中得到了住房和城乡建设部人事司及主编所在学校和单位的大力支持，在此一并表示感谢。希望使用本系列规划教材的广大读者提出宝贵意见和建议，以便我们在重印再版时得以改进和完善。

高等学校土木工程学科专业指导委员会

中国建筑工业出版社

2014 年 4 月

# 前　言

近十几年来，高速铁路、重载铁路、城市轨道交通、新型轨道交通蓬勃发展，相应的设计理念、设计标准有了很大程度的提升，需要把这些最新成果总结、反映到教材中来；另一方面，土木工程、交通运输工程等相关学科或铁道工程、城市轨道工程相关专业或专业方向的办学需求也越来越大，一些学校准备开设相应专业、培养相应专业方向的人才。近年来，根据形势发展的需要，经本书主编与其他原铁路高校多位委员的共同努力，全国土木工程学科专业指导委员会已将铁道工程列为土木工程专业的一个方向，并起草颁布了土木工程专业规范的相应内容。这非常有利于铁道工程、城市轨道工程等相关领域人才的规范化培养。

根据新的专业规范，铁路车站是该方向下的一门重要的专业课。与其他的专业课相比，铁路车站作为一门独立课程即使在大部分原铁路高校的土木工程专业也没有开设过，即编写一部符合土木工程专业要求的铁路车站教材没有先例可循，难度极大。值得欣慰的是，在各位作者的努力下，历经3年、八易其稿，终成其卷。

与以往类似的教材相比，本教材具有如下特色：

第一，本书按照专业规范的原则和规定的核心知识点撰写，成为第一部符合土木工程专业规范且适合土木工程专业人才培养需要的教材。

第二，目前在交通运输类专业有相近的教材，侧重于站场和枢纽，侧重于行车组织和能力计算。而本教材更强化了土木工程的内容，侧重于规划与设计，侧重于结构与建造。

第三，以往类似的教材大都按照车站规模及技术作业来组织章节，比如按照第2章的顺序（会让站、越行站、中间站、区段站、编组站、枢纽）来编写，这使得有些内容难免重复。本教材在第2章保留原有的编排，介绍车站技术作业和站型，其他各章则打破原来的传统格式，按照车站设施的逻辑关系来组织，分别介绍车站规划、站房、线路、站场设施、车站广场、车站能力，构建了适合土木工程、交通运输相关专业的铁路车站课程的新的教材结构体系。

第四，在章这个层面上，为了增强读者的规划理念与宏观把控意识，专门组织了车站规划一章，介绍运量、车站分布、车站选址、综合交通枢纽与换乘等方面的规划内容，而与站房建筑、车站广场等内容关系密切的规划内容则放在相应的章中介绍；除了站场线路之外，其他站场设施都集中到站场设施中进行介绍，车站广场作为单独一章进行介绍；将与车站能力有关的内容也都集中到一章之中进行介绍。

第五，在节这个层次上，在车站站房部分，按照其结构体系，分别安排了屋盖、楼盖、轨道层、地下结构及结构设计等节内容，使之更符合土木工程专业的特点；在站场线路一章中完全打乱了按照车站规模来编排的格式，归纳提炼为线间距、轨道、线路、线形、车场、驼峰等内容；还根据需要在站场设施中增加了雨棚一节；大大扩充了车站广场的内容。

第六，将城市轨道交通车站有关内容纳入到本教材中来，并且增加了铁路新型客站的大量内容。

总之，本教材根据新修订的《高等学校土木工程本科指导性专业规范》，按照大土木学科背景、应用型人才培养目标、教材内容精炼的编写原则，围绕专业规范要求的铁路车站基础知识领域中的核心知识单元和知识点，按照铁路车站结构体系编排章节，对重要的知识点辅以大量的图片和工程案例，同时结合铁路车站研究的最新成果和行业新标准（规范），力求语言简练、重点突出、图文并茂。

铁路车站是一门综合性较强的课程，与铁道工程方向的其他专业课比如铁路线路、轨道、路基关系密切，且部分内容有些重复。建议在课程安排时先安排铁路线路、轨道、路基的课程，之后再安排本门课。考虑到各学校目前课程安排有所不同，为了保持教材的完整性，目前该教材暂时保留了这一部分重复的内容。各学校在讲授时可根据需要进行增删。

本书由北京交通大学魏庆朝教授担任主编，铁道第三勘察设计院王俊峰设计大师担任主审。各章编写人员为魏庆朝教授（第1章、第4章第4～5节、第6章、第8章）、陈建春副教授（第2章）、万传风副教授（第3章）、孙伟副教授（第4章第1～3节、第7章）、时瑾副教授（第5章、第6章第2节）、杨娜教授（第6章第4节），全书由魏庆朝教授统稿。刘明辉博士提供了城市轨道交通车站的部分内容，研究生田琪、闫松涛帮助整理了部分资料。

本书在编写时参考了相关教材、专著、规范（手册）和资料的有关内容，在此对有关编著者表示衷心感谢！

由于铁路发展迅速及作者水平，书中疏漏与不妥之处在所难免，敬请广大读者批评指正。

魏庆朝

2014 年 6 月于北京

# 目　录

# 第1章

## 绪　论

**本章知识点**

> **【知识点】** 站界、车站、区间、区段等表示区间、车站界定的术语，客货运作业、技术作业等表示车站作业的概念，特大型、大型、中型、小型车站等以车站人数划分车站规模等级的方法，中间站、区段站、编组站、枢纽等按照铁路技术作业内容进行铁路分类的概念和区别，客运站、货运站、客货运站等以客货运输性质进行铁路车站分类的方法，车站广场、站房、站场、其他建筑物与设备等铁路车站设施的组成内容，线路、站台、雨棚、跨线设施、货场等铁路站场的组成内容。
>
> **【重　点】** 车站种类划分方法及分类结果，车站设施包含内容，铁路车站的设计原则。
>
> **【难　点】** 按照车站人数和作业量来划分铁路车站等级的方法和分类结果。

　　铁路车站是伴随铁路的诞生而产生的。一百多年来，随着铁路的发展，铁路车站的内涵及形式不断变化，逐步发展成为涉及专业面广、庞大复杂的系统工程。

　　国家批复的《中长期铁路网发展规划》显示，今后一段时期内，我国铁路将结合客运专线和长大干线建设，新建和改建一大批铁路车站，以满足铁路客货运输与城市发展的需求。面对大量铁路车站尤其是新型铁路客站建设的巨大需求，迫切需要与之相适应的铁路车站设计与建设理论的指导。

　　本章主要介绍铁路车站的内涵与发展、组成与分类、地位与作用，并对全书的主要内容和课程特点进行说明。

## 1.1　概述

　　车站是铁路运输的基本生产单位，它集中了与运输有关的各项建筑物与技术设备。车站在铁路系统组成中占有重要的地位，全部车站的站线长度约占铁路通车里程的 40%，车站在铁路建设投资方面也占有很大的比重。车站对铁路的工程造价、通过能力以及农田占用等各个方面都有巨大的影响。

### 1.1.1　车站内涵

铁路车站一般由车站广场、站房、站场及客货运设施等部分组成，是铁路为提供旅客乘降、货物装卸及列车技术作业服务的场所，是铁路运输的基本生产单位，是铁路与城市的结合点。

**1. 旅客运输设施**

铁路车站作为与人们日常生活紧密联系的交通建筑，是为旅客办理客运业务的场所，因此设有旅客集散、候车和安全乘降设施，例如车站广场、站房、站台、乘客平交或立交通道等，以满足旅客日益提高的方便、快捷、舒适乘车要求等。

**2. 货物运输设施**

铁路车站作为铁路货运的基本生产单位，是铁路与货主、企业及国民经济各部门的重要联系环节，集中了与运输有关的各种技术设备，例如货场、调车场、驼峰等，并参与了整个运输生产过程的工作。

**3. 交通枢纽**

铁路车站是铁路网的重要组成部分，也是"城市的门户"。在一些特大、大城市中，往往以铁路客站为中心，形成大型综合交通枢纽。因此，铁路车站不仅要在铁路网中发挥应有功能，还应满足城市与区域经济发展的需求，为城市发展和城市综合交通体系的健全和发展发挥重要作用。作为城市文明的窗口，铁路车站还应充分体现当代的物质文明与精神文明的发展水平。

### 1.1.2　有关术语

**1. 站界**

为了保证行车安全和分清工作责任，车站和它两端所衔接的区间应有明确的界限。车站和它两端所连接区间的界限为站界，站界范围内与行车有关的各种建筑物与设备均属车站管辖。

在单线铁路上，车站的范围以两端进站信号机柱的中心线为界。在双线铁路上，站界是按上、下行正线分别确定的。一端以进站信号机柱中心线，另外一端以站界标的中心线为界。

**2. 车站**

铁路站界之内的范围属于铁路车站。铁路车站也称分界点，口语惯称火车站，是供铁路列车通过、停靠、进行客货技术作业的场所。

除了正线之外，按照是否配置到发线（也称配线），铁路车站划分为一般车站和线路所。车站为有配线的分界点，线路所为无配线的分界点。

车站站界内沿线路方向的长度称为站坪长度，标为 $L_z$，如图 1-1 所示。

相邻两车站中心点之间的距离称为站间距离，见图 1-1 中的 $L_{zj}$。

铁路车站内汇集了较多的铁路建筑物与设备，除了线路之外，还有站场、站房、车站广场等，这些都是本门课程要重点介绍的内容。

**3. 区间**

两个车站之间的线路称为区间,见图 1-1 中的 $L_Q$。铁路区间线路设计属于铁路线路设计(或称铁路选线设计)的研究范围,但其基本原则同样适用于车站线路设计,只是车站线路设计比区间线路要求更高、更特殊。

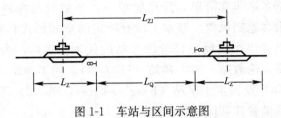

图 1-1  车站与区间示意图

**4. 区段**

区段实际上是指铁路网上的牵引区段,即两相邻区段站或折返站之间的线路。在一个区段内,列车一般不需要更换机车、整备机车或更换乘务组,货物列车只办理一般的技术作业,不办理列车解编作业,若办理这些业务,则需要在区段站或编组站内进行。

一条线路由一个或多个区段组成,一个区段一般由多个区间组成。一个区段内各区间的主要技术标准一般相同。

本课程的主要内容是研究区段站和当中分布的中间站的有关问题。

### 1.1.3  车站的作业

铁路车站的作用主要体现在办理客货运作业和技术作业两个方面。

**1. 客货运作业**

铁路车站是办理铁路旅客运输与货物运输的基地,如旅客的乘降,货物的托运装卸、交付、保管等客货运作业都是通过车站进行的。

**2. 技术作业**

铁路运输的各种技术作业,如列车接发、会让(在单线铁路上,一个方向的列车临时停靠在车站到发线上而避让对面方向来车)、越行(前一慢行列车停靠在到发线上,而让后续快车超越其前行)、车列的解体、编组、列车乘务组的更换,车辆的检查和修理,货运检查等作业,都是在车站上办理的。

## 1.2  车站发展

铁路车站的发展是与铁路的发展、国民经济的发展密切相关的。

### 1.2.1  国外车站

在世界范围内,铁路车站的发展阶段与世界铁路的发展阶段密切相关。

**1. 铁路初创时期:19 世纪 20 年代至 50 年代**

最早的铁路车站大体像是个电车站,建筑物不多,设施亦很少。英国于

1825 年修建的斯托克顿及达灵顿铁路（Stockton and Darlington Railway）是世上第一条商业运营铁路，但由于它是用来运货，所以并没有正式的车站。第一个真正的铁路车站是为 1830 年开通的英国利物浦及曼彻斯特铁路（Liverpool and Manchester Railway）而建的。

早期的铁路客站非常简单，且功能单一，多数只是在铁路的轨道侧覆盖一个站棚为乘客遮挡风雨，基本上没有特定的空间形式和艺术特征可言。英国利物浦的格劳恩车站就是该阶段客站的代表。随后，为满足不同层次旅客的各种需要，伦敦站、波士顿站（1837 年）、帕丁顿站（1838 年）、滑铁卢站（1848 年）及国王十字站（King's Cross，图 1-2）等一些重要铁路客站中增设了提供餐饮和保管货物的设施。

铁路客站的选址也因城市发展背景和规模不同而有所不同。伦敦、巴黎等欧洲城市，均把车站建在城市的周边，而美国则是在铁路客站周围发展城市。总之，以站台为主体是 19 世纪三四十年代铁路客站的最大特征。

2. 筑路高潮时期：19 世纪 60 年代至 20 世纪初

随着工业化的发展，自 1860 年至 1913 年第一次世界大战前，铁路发展最快，铁路及铁路车站建设进入高潮时期。随着铁路客运量不断增长，铁路客站逐渐发展成为旅客心目中具有"城市门户"作用的标志性建筑。一些先进的建筑思潮和方法，以及代表当时先进技术的钢铁和玻璃等新型建筑材料被广泛应用于铁路客站的建设中，客站也随之发展成为体态宏伟、功能复杂的建筑类型。这种客站的主体是巨大钢铁桁架，带有透光的玻璃屋顶，它体现了工业革命给钢铁业带来的巨大发展，而在许多铁构件上采用的适度曲线装饰，则反映出"新艺术"运动的影响。

这个时期的铁路客站建设极力追求纪念性，讲究豪华气派，带有浓重的古典主义风格。有些还拥有宏伟华丽的主站房、豪华的候车厅以及跨度极大的站台大厅。明确地将客站划分为车站广场、站房、站台三部分，候车大厅成为客站的主体，室内功能划分详细，有序地分为不同等级，体现了工业革命时期欧美资本主义国家极度膨胀的表现欲。历史上称这一阶段的铁路客站为"维多利亚式"（图 1-3）。19 世纪后期建成的伦敦圣·潘克勒斯站、巴黎总站、法兰克福总站、莱比锡车站以及建于 20 世纪初的华盛顿总站和意大利米兰中央火车站，都是这一时期的代表作。

图 1-2 伦敦国王十字站（King's Cross）

图 1-3 伦敦维多利亚车站

3. 基本稳定时期：20 世纪 20 年代至 60 年代

进入 20 世纪 20 年代，随着汽车、飞机等其他交通工具的快速发展和日渐普及，加之当时铁路自身存在的速度慢、效率低、不太灵活等问题，欧美铁路的发展变得迟缓，铁路运输开始走下坡路。另一方面，亚非拉与部分欧洲国家的铁路营业里程有所增长。故从全世界范围来看，铁路发展处于基本稳定时期。

在这一时期，铁路客站的建设也陷入了低潮。与此同时，现代主义建筑运动对铁路客站设计产生了巨大影响，建筑一改过去规模庞大、装饰烦琐的风格，一扫古典风格繁冗、沉重、空间昏暗的弊端，逐渐追求简化、紧凑和高效，带来一股清新简洁的风气。客站的主体仍是旅客进站广场和候车大厅两大空间，并以此联系其他辅助服务空间。与前一时期的不同之处在于，客站设计开始重视高效率的流线组织，减少不必要的空间和分隔，平面更加紧凑，使用效率大大提高。芬兰坦佩雷站和意大利罗马总站（图 1-4）都是这一时期颇具代表性的作品。

图 1-4　意大利罗马总站

4. 恢复发展时期：20 世纪 60 年代至今

20 世纪 60 年代以后，由于能源危机、铁路技术的更新和城市交通结构的改变等原因，铁路运输出现转机，以低能耗、高效率、环保、安全等优势再一次迎来新的发展机遇。

以日本为代表的一些发达国家开始发展高速铁路，并于 1964 年建成世界上第一条高速铁路。在大量修建新站的同时，很多城市对原有的铁路客站进行了大规模的改造和更新，使得铁路客站与城市公共交通的衔接更加方便快捷，其客运功能也日趋丰富。由于铁路旅客列车接发频率及正点率的普遍提高，候车厅日渐萎缩，取而代之的是一个多功能大厅，旅客需要的大部分服务都能在这个空间内获得。这种复合式的多功能空间，使得客站内部的流线组织进一步简化，缩短了旅客的滞留时间，同时也极大地提高了客站空间的使用效率。加拿大的渥太华车站和荷兰的鹿特丹总站都是这一时期的成熟作品。

伴随着高速铁路的发展，城市各种交通运输方式既有分工又相互合作，逐步形成了综合交通运输体系。铁路客站的内涵进一步扩展，一方面是铁路运输网络与旅客联系的界面，另一方面也是城市综合交通网络中客流集散的场所，具有运输组织与管理、中转换乘和辅助服务等多项功能。铁路客站在选址上更加注重与城市道路、城市轨道交通、公路、航空、水路等交通方式的结合，设计上通过立体化布局实现客站与站外交通的有机衔接以及内部各种交通方式之间便捷有效的换乘。

西方当代铁路客站已不仅局限于解决交通问题，同时开始兼顾城市开发的需求，依托铁路客站本身功能促进城市开发。铁路客站的区位在宏观上与城市空间发展战略相协调，客站建设引导城市功能空间的合理分布。城市发展反过来又为客站带来商机，从而推动客站周边地区的发展建设，使之成为新的具有吸引力的城市区域。铁路客站的城市属性更加鲜明。

在建筑功能和空间设计上更加注重旅客的使用效率和心理感受，以方便旅客为主；建筑形式日趋简洁，站内空间开敞通透，尽可能引入天然光源和自然通风；采用立体化的组织模式，千方百计地缩短旅客进出客站的步行距离，创造出便捷、通畅、高效的换乘条件；客站设计更加注重细节和人性化要求，设置周到的服务设施，使旅客出行更加便利。

客站建造及设备大量采用新科技成果。采用先进结构技术及材料，大跨度结构代替了原来规模宏大、装饰浓重的巨型结构。同时，先进的节能技术及环保措施提升了客站的经济效益与社会效益，完善的售票体系以及现代化的旅客服务信息系统提高了铁路客站的服务质量和水平。

图 1-5　德国柏林中央火车站

法国的里昂机场站、里尔站、艾维纽站、普罗旺斯站，德国的柏林中央车站（图 1-5）、斯潘道站、法兰克福机场站，奥地利的林兹站都是属于这个时期的典型作品。

以客运量来算，最繁忙的铁路车站是日本东京的新宿站。跟新宿只有数分钟之遥的池袋站则是第二繁忙车站，年乘降人数均超过 10 亿人次。乘客数量排在前 30 名的车站年乘降人数均超过 1.7 亿人次，其中除了巴黎北站、台北车站、巴黎夏特雷大堂站、罗马特米尼车站之外，其他的 26 个车站均为日本车站。

以面积计算，日本的名古屋站是最大的。但这座车站的面积还包括了两幢商业大厦及地下商场，而车站本身的范围其实并非特别大。新宿站的面积排行第二。

若以站台数目计算，最大的车站是美国纽约市的大中央车站（Grand Central Terminal），共有 44 个站台，67 条线路。此站亦是全世界最繁忙的车站之一。

### 1.2.2　我国车站

我国铁路车站是随着时代发展和技术进步而发展的，反映了时代的演变，是我国铁路建设发展史的缩影和标志。

1. 旧中国

1888 年年底，我国自办铁路中的第一个商埠站——天津车站开始动工，标志着我国车站建设的开端。

19 世纪末至 20 世纪 20 年代，我国的铁路客站多为国外建筑师设计，基本上以沿袭和照搬西方国家模式为特征。客站规模小，内部功能简单，外观具有西方列强各国特色的古典主义风格，坡顶、钟楼和拱券是其主要构图元素。其中颇具代表性的客站包括京汉铁路汉口大智门站、京奉铁路正阳门东站及京张铁路西直门站（现称为北京北站，图 1-6）。

20世纪三四十年代，中国建筑师逐渐主导设计或参与其中，出现了外观中西合璧甚至完全模仿中国传统建筑式样的铁路客站，如天津西站（图1-7）和老杭州客站。

图1-6　北京西直门站　　　　　　　　　　图1-7　天津西站

总体而言，旧中国铁路客站数量少、功能简单、质量低，建筑形式多为线侧平式，外观、空间上多侧重装饰，实用性差。从历史角度看，这一阶段客站建设为以后的中国铁路客站发展奠定了基础。

2. 新中国成立初期

新中国成立后，我国铁路建设取得了长足发展，开创了铁路车站建设的新纪元。这一时期，我国新建和改建了北京站、广州站、韶山站、长沙站和南京站等一大批铁路客站。这时期的铁路客站内基本没有商业空间，站房候车厅的设计借鉴了苏联铁路客站模式，适应了当时的客运状况，更重要的是在当时能源、设备相对有限的情况下，候车厅空间基本满足了采光和换气的要求。

大型客站在空间形态上追求纪念性，以体现新中国的形象，多采用对称、高大、庄严的形象，其杰出代表当属1959年9月建成的北京站（图1-8）。北京站作为新中国客站开山之作，其功能流线、空间组织及具有民族色彩的建筑形象，在此后很长一个时期内对我国铁路站房设计产生了深远影响。在建筑造型方面，由于铁路客站一般都是所在城市为数不多的重要公共建筑，因此在厉行节约的前提下，也十分强调其作为城市门户的形象功能。

在这一时期，我国铁路客货运量不大，城市交通也不发达，客站功能相对单纯。除少量特大型客站外，多数客站规模较小、功能简单，客站设计呈形式化和程式化的特点。尤其是普通的客货共线铁路车站，一般采用定型图建设，大部分为线侧平式站房，颜色为黄色，千篇一律，如图1-9所示。

图1-8　北京站　　　　　　　　　　　图1-9　普通铁路车站

1.2　车站发展

### 3. 改革开放后

20世纪80年代改革开放后，我国国民经济快速发展。这一时期的客站建设借鉴了发达国家的设计，并引进了不少国外设计理念和建筑形式，先后建成上海新客站（图1-10）、天津站、北京西站、成都站、郑州站等一大批铁路客站。

图1-10 上海新客站

这一时期大型客站的显著特征是高架候车室，提供综合服务的建筑前后相连、紧密结合，开始重视商业服务。高架候车厅的出现，使得铁路两侧双向进站成为可能。候车厅的修建不需要另外占用车站广场或城市用地，候车厅容量扩大并简化。

铁路客站在选址、规划、设计等方面开始从城市的长远发展进行考虑，统一布局、统筹安排。客站一改过去单一的上下车功能，开始向满足旅客多种需求的多功能综合性方向发展，站内设有餐厅、旅馆、文化娱乐、商业等服务配套设施，与20世纪六七十年代相比，具有了明显的市场经济特征。

新型建筑材料和技术得到应用，这一时期的客站建筑具有美观先进的特点。另外，自动扶梯、电梯等高效快捷的运输工具以及自动化管理系统的运用将流线组织得更加快捷合理。1998年落成的杭州站，第一次把铁路客站建筑放在铁路、城市和城市交通这个综合大系统内进行思考，从方便旅客换乘的角度出发，将站场、站房和车站广场统筹规划、一体设计，杭州站的建成使该时期铁路客站的水平达到了一个新高度，如图1-11所示。

由于参照西方和日本等发达国家商业综合体车站的形式设计，建筑体量巨大，立面宏伟壮观，满足了当时各地展现城市时代风貌、体现现代化建设成就的形象要求，但同时也带来了一定的负面问题。这种西方经济体制促成的商业综合体形式，与当时中国的铁路运输特点不相适应，有些车站在使用中并未达到预期的效果。

图1-11 杭州站

新中国成立以来，在近50年的时间内，我国铁路客站建设一直沿用1953年提出的"适用、经济、在可能条件下注意美观"的建筑方针，这一方针比较符合当时历史条件下的铁路发展实际，对铁路客站建设也起到过积极的推动作用。

### 4. 新世纪

随着我国社会、经济、科技、文化的发展、城镇化建设的不断推进和各种交通方式尤其是铁路的快速发展，过去的铁路客站设计理念已经不能适应社会发展对铁路客站功能的需求。一是枢纽客站布局数量少，无法满足路网和城市规模快速扩大的需要；二是客站规模小，无法满足旅客列车开行数量快速增长的需要；三是客站与城市交通缺乏有机衔接，难以体现铁路以人为本、服务旅客的宗旨；四是客站自身功能不完善、造型陈旧，难以适应时代发展的要求。

2003 年以来，我国开始加快铁路客站建设。在功能性、系统性、先进性、文化性、经济性原则的指导下，先后设计和建成了北京南站（图 1-12）、上海南站、新广州站、上海虹桥站、武汉站（图 1-13）等一批大型现代铁路客站和以客运专线为主的城市综合交通枢纽。这些设计作品充分反映了当代铁路客站的巨大变革。

图 1-12　北京南站

图 1-13　武汉站

当代铁路客站的定位已从单一的铁路客运作业场所和"城市大门"向多元化的城市综合交通枢纽转化。铁路客站设计与城市规划紧密结合、相互协调，选址科学合理，注重与其他交通方式换乘的便捷性，尤其重视与城市轨道交通的协调与配合，为实现"零换乘"提供可能。总体布局上充分结合城市空间环境特征，以可持续发展为出发点，强调系统集成，实现整体最优布局。

客站设计重视以人为本的设计理念，注重旅客心理、行为需求，在功能组织上普遍采用多层面立体的一体化空间布局形式，如广场交通采用立交方式组织、内部空间采用立体叠合布局，力求创造适应交通视觉需求的通透开敞、导向分明、环境舒适的开放式大空间，以充分满足旅客日益提高的方便、快捷、舒适的乘车要求。客站运营管理也从"管理型"向"服务型"转变，客站格局从"重站房轻雨棚"逐步趋向于"站棚一体化"；站房客站流线模式从"等候式"逐步向"等候与通过并存"过渡。

更为重视铁路客站建筑的文化性和地域性特征，建筑造型及内部空间融合环境文脉、体现地域特色，塑造中国铁路文化。文化性表现已经成为当代铁路客站设计的一项重要评判标准，也是我国新时期铁路客站的形象特征之一。

注重技术创新以适应新型客站的造型及空间需求，"桥-建合一"等技术手段在大中型客站的建设上广泛应用。采用先进的节能环保技术，确保客站全寿命周期的良好运作。应用电子自动化售票方式及多种信息技术设备，使新型铁路客站逐步实现车次"公交化"、售检票"地铁化"、服务"机场化"等新特征。

### 1.2.3　高速铁路车站特点

进入新世纪后，世界范围内，尤其是在我国，高速铁路车站设计与建造有了很大的发展。

在站房设计方面，高速铁路的特点主要体现在两个方面。一是线路模式有所改变，增加了高架桥上敷设线路等形式，站房建筑形式增加了线正下式站房、地下站房等模式。二是管理模式有所变化，其一，售检票模式有所变化，长大干线的站房采用人工售票，进出站检票分开，且预留自动售检票的模式；一般线路和支线站房采用付费区和非付费区分区、进出站检票不分开的模式。其二，候车模式有所变化，高速铁路发车密度高于其他铁路，减少了旅客在站等候时间，候车区的等候面积也相应减少，通过式布局有所加强。

目前铁路车站形式日趋综合化和多样化，车站广场、站房、站场这三个要素已经不再像过去那样简单明确。以前没有采用过的高架桥式车站、站棚一体式车站、集合多种交通方式的综合枢纽车站等创新类型越来越多。这些综合多样的功能空间的界限划分难分彼此。目前已开始使用"车站建筑"的概念，以避免与"站房"一词相混淆。"车站建筑"包含车站内所有建筑内容，主要有站房、雨棚、天桥、地道等，还包含与站房融为一体的并栋建筑、换乘空间及其他交通或商业空间，是整个车站单体项目中各建筑空间的总称。车站建筑规模用车站总建筑面积表示，或称"车站建筑总量"，主要用来反映整个车站的建筑体量和工程规模。

随着我国经济的不断发展，铁路交通与城市轨道交通之间的界线有逐步模糊化的趋势，高速铁路就是介于两者之间的新形式，高速铁路车站与其他类型铁路车站的重要区别，就是通过性增强和运输效率的提高。

2008 年 11 月，国家对《中长期铁路网规划》作了新的调整，到 2020 年，全国铁路营业里程由原规划的 10 万 km 调整到 12 万 km 以上。根据这一调整，按照点线能力配套的原则，我国铁路客站建设与"十一五"规划相比，在数量上变化很大。截止到 2012 年，我国大约有铁路车站 8500 个，其中比较大的车站分布见图 1-14。

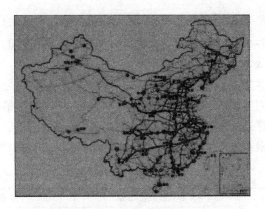

图 1-14　我国 2012 年铁路车站总体布局

## 1.3　车站分类

铁路车站按照不同的分类依据划分成不同的种类。

### 1.3.1　按照车站人数划分

以往的客货共线铁路站房的建筑规模主要根据设计年度的旅客最高聚集人数确定。从目前高速铁路铁路的发展情况看来这不够全面,站房建筑规模确定还要考虑效率的因素。所以新型铁路客站建筑规模,应根据旅客最高聚集人数(或日旅客发送量)和高峰小时乘降量共同确定。不同规模铁路客站的功能组成也不同。

1. 客运量

站房规模可参考预测的客运量的以下三个指标确定。

最高聚集人数:铁路车站全年上车旅客最多月份中,一昼夜候车室内瞬间(8~10min)出现的最大候车(含送客)人数的平均值。

日旅客发送量:铁路车站全年上车旅客量最多月份中,一昼夜发送旅客人数的平均值。

高峰小时乘降量(高峰小时客流量):在节假日或上下班高峰时段车站每小时到发旅客量。城市轨道交通称之为高峰小时断面流量,常用这个指标来划分地铁与轻轨。

2. 列车开行模式

传统的铁路旅客流线特点多为"等候式",站房面积规模需求较大。随着城际铁路运营公交化趋势和铁路客运专线的发展,对于列车开行密度大、方向单一的铁路线,旅客流线将体现出"通过式"特点。站房对旅客集散空间要求大,候车空间的面积需求相对较小。因此,客运专线车站候车室面积还应根据列车到发频率和旅客候车时间确定。

3. 城市等级和地理位置

站房所在地的城市等级和地理位置不同,对站房规模的需求也会有所区别。一般来说，位于省会城市、经济发达城市、旅游城市的站房，由于其公共服务配套的内容及标准要高于一般城市，在客运量相同的情况下，站房规模也要高于一般城市。

综上所述，客货共线铁路车站一般按最高聚集人数划分规模。客运专线站房建筑规模的划分可根据最高聚集人数、高峰小时发送量确定，并根据高峰小时乘降量计算通道宽度、售检票设施数量等。见表1-1。铁路主管部门也可在一定范围内根据需要直接确定站房建筑面积。

铁路车站规模表　　　　　　　　　　　表1-1

| 客运站规模 | 客货共线铁路车站 | 客运专线车站 |
|---|---|---|
| | 最高聚集人数 $H$（人） | 高峰小时发送量 $pH$（人） |
| 特大型站 | $H \geqslant 10000$ | $pH \geqslant 10000$ |
| 大型站 | $3000 \leqslant H < 10000$ | $5000 \leqslant pH < 10000$ |
| 中型站 | $600 \leqslant H < 3000$ | $1000 \leqslant pH < 5000$ |
| 小站型 | $100 \leqslant H < 600$ | $pH < 1000$ |

特大型与大型客站的高峰发送旅客规模在5000人以上，这些客站一般位于副省级、首府、计划单列市及以上城市，旅客人流的季节性变化大、城市交通系统相对完善且在快速发展，铁路客站往往成为这类城市的综合交通枢纽。中小型客站的高峰发送旅客规模在5000人以下，涉及的城市一般为地区级城市、旅游城市和县市级城市规模。

### 1.3.2 按照以单项作业为主划分

根据车站所担负的任务和在铁路运输中地位，可将办理客运或货运、货物列车解编技术作业单项业务为主的客运站或货运站、编组站，划分为特等站、一等站、二等站、三等站、四等站、五等站等类型。

1. 特等站

特等站是中国铁路车站中最高等级的车站。具备下列三项条件之一者为特等站：

① 日均上下车及换乘旅客在6万人以上，并办理到发、中转行包在2万件以上的客运站；

② 日均装卸车在750辆以上的货运站；

③ 日均办理有调作业车在6500辆以上的编组站。

截止到2010年，全国有特等站50个，例如北京铁路局范围内的北京站、北京西站、北京南站、丰台站、丰台西站、天津站、天津西站、南仓站、石家庄站等为特等站。

2. 一等站

一等站是我国车站等级的第二级，一般为地市级车站或次重要枢纽站。具备下列三项条件之一者为一等站：

① 日均上下车及换乘旅客在1.5万人以上，并办理到发、中转行包在1500件以上的客运站；

② 日均装卸车在 350 辆以上的货运站；

③ 日均办理有调作业车在 3000 辆以上的编组站。

北京枢纽范围内的北京北站、北京东站为一等站。

3. 二等站

具备下列三项条件之一者为二等站：

① 日均上下车及换乘旅客在 5000 人以上，并办理到发、中转行包在 500 件以上的客运站；

② 日均装卸车在 200 辆以上的货运站；

③ 日均办理有调作业车在 1500 辆以上的编组站。

北京枢纽范围内的大红门站、南口站等为二等站。

### 1.3.3 按照以综合作业为主划分

办理客运、货运业务并担当货物列车解编技术作业的综合业务的车站有如下几种。

1. 特等站

具备下列三项条件中两项者为特等站：

① 日均上下车及换乘旅客 2 万人以上，并办理到发及中转行包在 2.5 万件以上；

② 日均装卸车在 400 辆以上；

③ 日均办理有调作业车在 4500 辆以上。

2. 一等站

具备下列三项条件中两项者为一等站：

① 日均上下车及换乘旅客在 8000 人以上，并办理到发、中转行包在 500 件以上；

② 日均装卸车在 200 辆以上；

③ 日均办理有调作业车的 2000 辆以上。

3. 二等站

具备下列三项条件中两项者为二等站：

① 日均上下车及换乘旅客在 4000 人以上，并办理到发、中转行包在 300 件以上；

② 日均装卸车在 100 辆以上；

③ 日均办理有调作业车在 1000 辆以上。

4. 三等站

具备下列三项条件中两项者为三等站：

① 日均上下车及换乘旅客在 2000 人以上，并办理到发、中转行包在 100 件以上；

② 日均装卸车在 50 辆以上；

③ 日均办理有调作业车在 500 辆以上。

工矿企业比较集中地区所在地的车站及位于三个方向以上并担当机车更

换、列车技术作业的车站，可酌定为二等站或三等站。

5. 四等站

办理综合业务，但按核定条件，不具备三等站条件者为四等站。

6. 五等站

只办理列车会让、越行作业的会让站与越行站，均为五等站。

### 1.3.4　按照车站技术作业划分

根据车站提供的技术作业，可分为会让站、越行站、中间站、区段站、编组站和枢纽。

根据车站所提供的客货运业务性质，可分为货运站、客运站和客货运站。

1. 中间站

中间站是为提高铁路区段通过能力，保证行车安全并为沿线城乡及工农业生产服务而在铁路牵引区段内设置的车站。中间站除办理列车的通过、交会、越行外，还办理日常客、货运输和调车及列车技术检查作业。仅办理列车会让和越行，必要时可兼办少量旅客乘降作业的车站在单线铁路上称会让站，在双线铁路上称越行站。

2. 区段站

区段站设在牵引区段的起讫点，其主要任务是为邻接的铁路区段供应及整备机车或更换机车乘务组，办理区段和摘挂列车解编作业，并为无改编中转货物列车办理规定的技术作业。此外，还办理一定数量的直通货物列车解编作业及客、货运业务。在设备条件具备时，还进行机车、车辆的检修业务。

3. 编组站

编组站设在路网交叉或汇合地点，是路网中车流的主要集散点，办理大量货物列车解体和编组作业，是列车的"制造工厂"。编组站以处理改编中转货物列车为主，编解各种货物列车，负责路网上和枢纽地区车流的组织；同时还供应列车动力，对机车进行整备和检修，对车辆进行日常维修和定期检修。

4. 铁路枢纽

在有几条铁路干、支线交汇衔接地点或终端地区，根据运输需求，需修建多条铁路引入线、各种专业车站以及连接这些线路和车站的联络线、进出站线路等。这些设施组成的总体称为铁路枢纽。

铁路枢纽是客、货流从一条铁路线转运到另一条铁路线的中转地区，也是城市、工业区客货到发和联运的地区。它除办理枢纽内各种专业车站的有关作业外，还办理枢纽地区小运转列车的作业，枢纽衔接线路间的货物中转、旅客换乘、行包转运等业务。铁路枢纽是连接铁路干、支线的中枢，是为城市、工业区或港埠区服务以及与国民经济各部门联系的重要纽带，也是交通运输枢纽的主要组成部分，因而还办理铁路与其他运输方式的联运业务以及国际联运业务。

上述内容详见第 2 章。

### 1.3.5 按车站客货运输性质划分

1. 客运站

客运站设在客流较大的大、中等城市，为旅客办理客运业务，设有旅客乘降设施。客运站是铁路旅客运输的基本生产单位，其主要任务是组织旅客安全、迅速、准确、方便地上下车；办理行包、邮件的装卸搬运；组织旅客列车安全、正点到发和客车车底取送；为旅客提供高质量的服务。有的客运站还兼办少量货运作业。

客运专线、高速铁路、城际铁路、城市轨道交通车站及枢纽铁路中专门办理客运业务的车站均为客运站。

2. 货运站

货运站是专门办理货物装卸作业以及货物联运或换装的车站，也办理少量的客运或货车中转作业。按其服务对象的不同，可分为为城市企业、居民和仓库区服务的公共货运站，为不同轨距铁路之间货物换装服务的换装站，为某一工矿企业或工业区生产服务的工业站，为港口服务的港湾站等。

货运专线、重载铁路、枢纽及港口铁路中专门办理货运的车站均为货运站。

3. 客货运站

我国路网中的绝大部分车站均为客货运站，即普通意义上的车站，简称车站。客货运站既办理客运业务，也办理货运业务。

## 1.4 车站设施

车站是办理客货运作业的场所，铁路车站设施主要由车站广场、站房、站场及其他建筑物与设备组成。其组成及一般布局如图 1-15 所示。

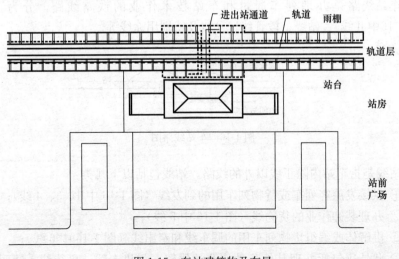

图 1-15 车站建筑物及布局

### 1.4.1 车站广场

车站广场也称为站前广场，既是铁路车站尤其是铁路客站的组成部分，又是人流、车流的集散地，是铁路运输系统与城市公交系统换乘的主要场所。车站广场一般可分为步行区和车行区。步行区一般靠近站房落客平台，以方便乘客的进出；而车行区一般靠近城市主干道，与城市各种交通工具方便连接和换乘。

车站广场的形式有很多种，一般按垂直空间的布置形式分为立体式布局和平面式布局，这主要取决于客站规模和地形条件的限制，详见第 7 章。

### 1.4.2 站房

铁路站房是铁路客货运的重要组成部分，是铁路实现客运功能的主要环节，担负着铁路旅客的组织、引导、等候、疏散等功能，是铁路旅客出行的主要活动场所。

站房内空间按使用对象的不同，可以划分为公共区、办公区和设备区三部分。

根据站房与站场之间的空间关系，铁路客站可以分为 4 种基本形式：线上式、线侧式、线端式和线下式。有些特大型的铁路客站枢纽由于功能较多且地形复杂，也会出现两种或两种以上形式共存的情况，可以称之为复合式站房。

本部分内容详见第 4 章。

### 1.4.3 站场

铁路车站的站场是旅客乘降和列车停靠作业的场所，主要包括线路、站台、站台雨棚、跨线设施、货场等部分。

1. 线路

车站线路是办理列车通过和车站技术作业的铁路线路，分为正线（图 1-16 中 II 线）、站线、段管线、岔线及特别用途线等。

图 1-16　车站线路图

站线是指车站内除正线以外的线路。站线包括以下几类：

① 供接发旅客列车或货物列车用的到发线（图 1-16 中 1、3、4 线）；

② 办理装卸作业的货物线（图 1-16 中 5 线）；

③ 供解体或编组货物列车用的调车线和牵出线（图 1-16 中 6 线）；

④ 此外还包括办理其他各种作业的线路，如机走线、机待线、迂回线、

禁溜线、加冰线、整备线等。

2. 站台

站台是旅客乘降车的基本设施，一般可分为基本站台和中间站台，见图
1-16。基本站台是指靠近线侧站房或广场一侧的跨线设施，即为不经跨线设施
即可直接进出客站的侧式站台。一个客站的一侧只有一个基本站台。中间站
台也称为岛式站台，是指通过跨线设施与站房或广场相联系的岛式站台。一
个客站可以有多个中间站台。

3. 站台雨棚

站台雨棚是在站台上方用来遮挡风雨的建筑装配，见图1-15。根据有无
站台柱可划分为有柱雨棚（也称为悬挑雨棚）和无柱雨棚。

4. 跨线设施

跨线设施是联系站房与中间站台的重要通道，主要包括跨线天桥、地下
通道，见图1-15中的"进出站通道"。对于普通车站来说还设有行包地道等。

5. 货场

中间站一般设置货场，是进行货物装卸及存放的货运建筑物与设备。货
场主要办理货物列车的解体编组、停放，货运手续办理及货物的装卸、存储
等功能。中间站货场主要包括仓库、货物站台、货物堆放场、货物线、装卸
机具及货运办公室等。货场内的货物线布置形式有通过式、尽头式和混合式
等形式。

6. 其他

包括驼峰等建筑物。

### 1.4.4　其他设施

其他设施主要指除了上述内容之外，在车站内安装或设置的与行车有关
的其他固定建筑物或移动设备，包括列车设施、运行控制设施、安全设施等。

列车设施是指运送旅客或货物的移动设备及相应的固定设备，包括机车、
车辆、动车组，机务段，车辆段，动车段，客车整备所等。

列车运行控制设施包括通信、信号等与列车运行控制有关的建筑物与
设备。

站内安全设施主要包括安全隔开设施和止挡设备。

## 1.5　车站设计

### 1.5.1　车站的地位与作用

铁路作为国家重要的基础设施、国民经济的大动脉和大众化的交通工具，
具有运能大、能耗省、占地少、污染轻、全天候、高效率等特点。铁路的客
货运输和技术作业大都在车站范围内进行，铁路车站具有重要的地位和作用，
对经济社会发展有着巨大的影响。

**1. 完成国家任务**

铁路运输的主要任务是安全、迅速、经济、便利地运送旅客和货物,为国家经济建设、国防建设和提高人民物质、文化生活水平服务。在完成这些任务中,铁路车站起着重要的作用。

**2. 进行铁路作业**

车站是铁路运输的基层生产单位,它集中修建了大量的客货运建筑,如车站广场、站房、站场、旅客跨线建筑等;它集中了与运输有关的各项技术设备,如客货运业务设备、运转设备,机务、车辆检修设备和信联闭设备等;它参与运输过程的主要作业环节,如旅客乘降、售票,货物和行包承运、保管、装卸、交付,列车接发、会让、越行和通过,车列解体、集结和编组,机车换挂、检修和整备,机车和列车乘务组更换,车辆检修以及货运检查等等,这些都必须在车站上办理。

**3. 提高运输质量**

车站对保证运输工作质量起着决定作用。据统计,在我国铁路货车一次全周转时间中,车辆在站作业和停留时间约占 60%~70%。因此,合理地布置和有效地运用车站和枢纽的各项设备,是保证列车安全、正点,加速机车车辆周转的关键。

**4. 保证运输能力**

铁路车站的能力是铁路运输能力的主要组成部分。车站内部各项设备能力的协调、车站与区间能力的协调是保证设计期运输需求的先决条件。

**5. 降低铁路成本**

车站在铁路建设投资和固定资产中占有很大的比重,铁路运输的主要技术设备也都设在车站。为了有效地使用国家资金,降低工程造价,节约铁路用地,必须高度重视车站的设计、规划及其设备的综合运用,降低运输成本。

车站既是沟通城乡、联系各省区和国内外的门户,又是联系社会生产、分配、交换和消费的纽带,对巩固国防起着重要作用。因此,合理规划车站及枢纽总图,不仅具有经济意义,而且还具有政治、军事意义。

## 1.5.2 设计原则

铁路车站的规划设计应坚持科学发展观,着眼于建设和谐、节约、环境友好型社会,贯彻"以人为本、服务运输、着眼发展、强本简末、系统优化"的方针,遵守下列一些原则和要求:

**1. 保证必要的运输能力**

车站内各项设备的能力应当适应近、远期客货运输需求,并应具有必要的储备能力。

**2. 保证作业安全和人身安全**

车站设备布置和设计技术条件应符合有关规范、规章、规程和标准的要求,既要保证旅客的人身安全,也要保证铁路员工的作业安全,把提高安全可靠性贯穿于整个设计和运营中。

3. 要有全局观点

车站及枢纽设计是一项系统工程，不仅要注意本身内部各项设备的合理布局以及其与铁路区间能力的相互协调，而且要考虑与其他各种运输方式的配合，满足城市规划、工农业布局和国防等多方面的要求。

4. 要注重投资效益，节省基建费用

在满足设计期运量需求和保证安全的前提下，要尽可能节省工程费用，少占土地，节约资源。

5. 积极采用国内外先进技术和装备

根据科技发展水平和不同运输需求，采用不同层次的先进技术和装备，发挥整体效能，以适应铁路现代化的要求。

6. 预留进一步发展的可能性

布置车站及枢纽的各项建筑物和设备时，要预留扩建用地，做好分期过渡方案，避免不必要的废弃工程。车站设施不仅要满足研究年度远期运量的需要，还必须展望社会发展、科技发展、与时俱进的需要，留有足够的发展空间。

### 1.5.3　本课程主要内容

铁路车站是铁道工程学与建筑学、结构工程、运输组织学相交叉的学科，是一门融管理、规划和设计为一体的综合性课程，是铁道工程、城市轨道工程专业或方向的一门专业课。其研究重点是：

（1）研究车站在路网上的合理布局，提出枢纽内各种专业车站的合理布局与作业分工方案，以及车站及枢纽各种建筑物与设备综合运用的优化方案。并对车站及枢纽设计的新建或改建方案进行技术经济比较和评价。

（2）研究各专业车站内车场、机务、车辆、客运、货运等各项建筑物与设备的相互位置及其规模，提出合理的车站布置图。

（3）研究车站的站房、车站广场、站场线形、站场咽喉、驼峰等建筑物与设备的设计原理，以及车站各项设施能力的计算、协调与加强途径。

（4）研究铁路枢纽与城市规划、工业布局，以及铁路与其他运输方式的协调配合，综合交通枢纽的规划与设计等问题。

近年来，随着《中长期铁路网规划》的实施，铁路迈入了新的发展阶段，高速铁路、重载运输、动车组、大型客站建设等取得了丰硕成就，铁路车站学科也得到了长足发展，其设计理念不断更新，涌现出大量技术创新成果。大型客运站设计体现了功能性、系统性、先进性、文化性和经济性原则，强调以人为本、以流为主，以客运站为中心，实现城市其他交通工具与铁路之间的有机结合，使客运站成为城市综合交通换乘枢纽。

我国于"十一五"期间建成了北京南、天津、上海虹桥等295座新型客运站，建成了武汉北、成都北、新丰镇等功能完善、设备先进、安全高效、环境优美的现代化编组站。"十二五"期间正在建设多座新型客站。货运作业强调集中化、规模化、专业化和物流化，吸纳现代物流理念，设计铁路物流中心，积极探索路企直通运输，建设战略装卸车点。铁路车站设计建造的新理论、新技术需要总结提炼并反映在教材中。

随着货运重载化、客运快速化、牵引动力电气化、车辆大型化、运营管理现代化和运输过程控制自动化等铁路新技术体系的实现，铁路车站学科正在不断地向前发展。

## 思考题与习题

**1-1** 请界定铁路车站的站界及站坪范围。

**1-2** 结合国内外铁路车站的发展，谈谈铁路车站的发展趋势和特点。

**1-3** 根据车站候车人数，铁路车站划分为哪几种规模？

**1-4** 根据车站作业量，铁路车站划分为哪几种类型？

**1-5** 铁路车站包括哪些建筑物和设备？

**1-6** 名词解释：①站房；②站场；③车站广场；④跨线设备；⑤旅客最高聚集人数；⑥高峰小时发送量。

**1-7** 本门课的研究重点包括哪些内容？

第2章
车站技术作业与站型

## 本章知识点

【知识点】会让站、越行站、中间站、区段站、编组站、枢纽等类
铁路车站的特点和布置图式，横列式、纵列式会让站的
特点，到发线、牵出线、货物线等中间站线路的设置，
客运、货运、运转、机务、车辆等区段站作业和设施的
内容，到发线、机车走行线、机待线、机车出入库线、
调车线、牵出线等区段站线路的含义及设置，编组站
"几级几场"的概念和典型布置图式，一站式、三角形、
十字形、纵列式、并列式、环形、尽端式、组合式枢纽
的特点，越行站、中间站、始发（终到）站、通过兼始
发（终到）站等高速铁路车站的作业和平面布置，中间
站、中间折返站、换乘站、始发（终到）站等城市轨道
交通车站的种类和站场布置。

【重　点】中间站的作业、布置图型和线路，高速铁路车站的分
类、技术作业和平面布置。

【难　点】中间站、区段站的技术作业程序。

铁路车站根据运输性质不同划分为普通铁路车站、高速铁路车站、重
载铁路车站、城市轨道交通车站等种类，从车站作业类型和规模角度可分
为会让站、越行站、中间站、编组站、区段站、枢纽等类型。本章介绍各
种规模车站的作业、布置图形、车站建筑物和主要设备。这些内容是本课
程的基础知识部分。

## 2.1　会让站、越行站

中间站是为提高铁路区段通过能力，保证行车安全并为沿线城乡及工农
业生产服务而在铁路牵引区段内设置的车站。中间站除办理列车的通过、交
会、越行外，还办理日常客、货运输和调车及列车技术检查作业。

在实际使用中，为了增加铁路通过能力，可设置仅办理列车会让和越行，
必要时可兼办少量旅客乘降作业的个别车站。这样的车站在单线铁路上称为
会让站，在双线铁路上称为越行站。会让站、越行站是中间站的特殊形式。

### 2.1.1　会让站

会让站设置在客货共线单线铁路上，主要办理列车的到发、会车、让车，也办理少量的客、货运业务。会让站应铺设到发线并设置通信、信号、旅客乘降和技术办公房屋等设施。

会让站的布置图型分为横列式和纵列式。横列式布置具有站坪长度短、车站布置紧凑、便于集中管理和定员少等优点。一般情况下，会让站应采用横列式图型，在特别困难的情况下，可采用纵列式图型。

1. 横列式

横列式会让站的图型如图 2-1 所示，其到发线一般情况下应设两条（图 2-1$b$ 中的 1、3 线），以便满足三交会的需要。当平行运行图列车对数不超过 12 对时，可设一条到发线（如图 1-12$a$ 中的 2 线）。但在行车密度较大的 I、II 级铁路上，为使运输秩序出现不正常情况时影响范围不致过大，只有一条到发线的会让站不能连续设置。

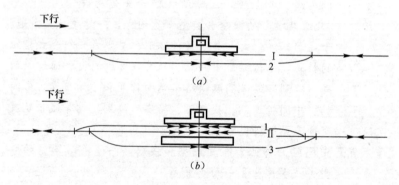

图 2-1　横列式会让站

横列式会让站只设一条到发线时，到发线一般设在站房对侧，有利于值班员办理通过列车的作业。但在旅客列车较多，且有交会通过列车或近期有增设第二条到发线的可能时，则宜将到发线设在站房同侧，以保证旅客列车停靠基本站台，便于旅客进出站；同时摘挂列车停靠基本站台时，可不影响正线接发通过列车；还可避免在铺设第二线时拆迁站台。

2. 纵列式

纵列式会让站是将两条到发线纵向排列，并逆运转方向错移一个货物列车到发线有效长（图 2-2）。纵列式车站只在山区地势陡窄，采用横列式会导致工程量十分巨大的情况下选用。

这种布置的优点是有利于组织列车不停车会车，提高区间通过能力；适应重载列车会车需要；便于车站值班员与司机交接行车凭证。缺点是站坪长度长，工程投资大，且增加了中间咽喉区；车站值班员不方便瞭望信号，与车长联系走行距离长；车站定员多且管理不方便。

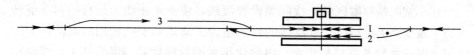

图 2-2　纵列式会让站

会让站一般不设中间站台。若旅客乘降较多且远期发展较快时可设中间站台，其位置应设在旅客站房对侧到发线与正线之间。

### 2.1.2　越行站

越行站设置在双线铁路上，主要办理同方向列车的越行作业。

越行站的主要业务包括办理正线各种列车的通过，待避列车进出到发线、停站待避。客货共线铁路的越行站必要时还办理反方向列车的转线，也办理少量的客、货运业务。越行站应铺设到发线，并设置通信、信号及旅客乘降、办公房屋等建筑物与设备。越行站应为横列式布置（图 2-3）。

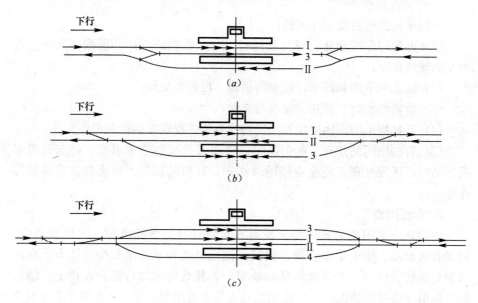

图 2-3　横列式越行站

由于双线铁路行车密度大，因此越行站一般应设两条到发线，使车站具备双方向列车同时待避的条件，如图 2-3（c）所示。当地形特别复杂或受其他条件限制时，在行车速度不高客货共线铁路上的个别越行站或枢纽内的闸站，可只设 1 条到发线，如图 2-3（a）、（b）所示。

越行站设两条到发线时，两条到发线一般分别设于正线两侧。越行站的行车作业是按上、下行分别进行的，为保证上、下行旅客列车分别停靠站台，一般应在站房对侧的正线和到发线之间设中间站台。越行站设一条到发线时，到发线一般应设于两正线中间，这种设置方法使得行车平稳、安全、使用效率高，且任何一方向列车待避在到发线时，不会与另一方向正线的行车产生交叉干扰，如图 2-3（a）所示。

在车站两端咽喉区的正线间须设置渡线，使一条正线上运行的列车能转入另一条线路上运行。设置渡线的目的是为了满足到发线使用的灵活性和因区间线路的大型养路机械作业、电气化接触网导线检修、维修施工、线路临时发生故障以及其他情况下采取运行调整措施。车站两端应各设一条互呈"八"字（即大"八"字）的渡线，当站坪长度等条件允许时，也可设置另一组大"八"字渡线或预留该组渡线，以提高车站使用的灵活性。

## 2.2 中间站

在铁路车站中，中间站的数量占绝大多数。本节主要介绍客货共线铁路中间站的作业种类、布置图型及客货运设施。

### 2.2.1 作业及布置图型

1. 中间站的作业

中间站提供的主要作业包括：

（1）办理列车的会让、越行和通过，在双线铁路上还办理调整反向运行列车的转线作业；

（2）旅客的乘降和行车，包裹的承运、保管与交付；

（3）货物的承运、装卸、保管与交付；

（4）摘挂列车的车辆摘挂和到货场或专用线取送车辆的调车作业；

（5）有的中间站如有工业企业线接轨或者是在加力牵引起、终点及机车折返站时，还需办理工业企业线的取送车，补机的摘挂、待班和机车整备等作业。

2. 布置图型

中间站应采用横列式图型。横列式布置具有站坪长度短、工程投资少、站场布置紧凑、便于集中管理、到发线使用灵活和车站定员少等优点。在山区修建单线铁路时，若遇地形陡峻狭窄，若其站房或站台需设在桥上、隧道内或地形受限制等情况时，可采用纵列式等布置图型。图 2-4 和图 2-5 分别为单、双线横列式中间站布置图。

图 2-4（a）适用于货运量不很大，摘挂列车在车站的调度作业时间不长且行车密度不大、行车速度不高的单线铁路中间站。图 2-5（a）适用于货运量不很大的双线铁路中间站。应根据货源、货流方向，结合当地条件确定货场设在站房同侧或对侧。可视需要预留铺设牵出线的条件。

图 2-4（b）、（c）及图 2-5（b）、（c）适用于地方作业量大（地、县所在地或较大的物资集散地），摘挂列车在站的调车作业时间长，或有其他技术作业的中间站。

双线铁路两端咽喉的正线间宜各设两条渡线，其中每端除应各设一条渡线外，其余两条渡线应根据调车作业等需要设置或预留。改建车站在特别困难条件下，路段设计行车速度小于 140km/h 时，可采用交叉渡线。

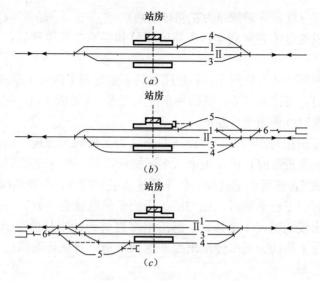

图 2-4　单线铁路横列式中间站图型

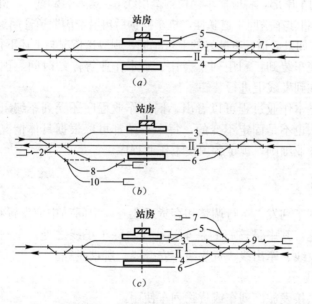

图 2-5　双线铁路横列式中间站图

　　应根据货源、货流方向，结合当地条件确定货场的位置。中间站的货场位置有站同侧左（第Ⅰ象限）、站同侧右（第Ⅱ象限）、站对侧右（第Ⅲ象限）、站对侧左（第Ⅳ象限）四种选择，具体位置应结合主要货源、货流方向、环境保护、城市规划及地形、地质条件等选定。货场宜设于主要货物集散方向的一侧，并宜设于Ⅰ、Ⅲ象限；当有大量散装货物装卸时，可在站房对侧设置长货物线；当受当地条件限制，货场位置与货源集散方向不一致时，应有安全方便的通往货场的道路。

　　3. 技术作业程序

　　为了解中间站的工作内容，下面结合图 2-4（b）介绍各种列车在站内的

25

技术作业程序（注意我国铁路为左侧行车制）。

（1）接发通过的客货列车：车站值班员和邻站办理闭塞后，开通正线Ⅱ道通过。

（2）接发停站的客货列车：办理闭塞后，旅客列车接入1道或Ⅱ道；1道和Ⅱ道占用时，可接入3道，货物列车接入1道、3道或4道。完成站内作业后和前方站及时办理闭塞后发车。

（3）办理摘挂列车作业：假设从左至右为下行列车方向，该方向摘挂列车（摘挂车辆在头部时）接入1道，车列摘钩以后，机车牵引到达本站的车辆驶入牵出线6，然后倒退行驶，将车辆送入装卸线5，办理装卸作业。如5道上已有装好的下行车辆时，则与刚送入的车辆联挂在一起，一并由机车拉出，经由牵出线6送入1道摘钩，然后机车再将到达本站的车辆经牵出线6送到5道货位上摘钩，机车经牵出线6退回1道，将刚才取回的车辆与列车联挂，准备发车。

上行摘挂列车（摘挂车辆在尾部时）多数接入4道，机车摘钩后沿某一空闲股道驶到列车尾部，将应摘车辆拉到牵出线6，送入装卸线5，机车带守车退至牵出线6，将守车送回4道联挂，机车摘钩后再沿空闲股道迂回到列车头部挂上列车待发。如果5道已有装好的上行车辆，则取送情况与上述下行列车相似。

（4）不摘车装卸：利用列车会让、给水作业等停站时间，预先组织好人力、机具，在到发线上进行装卸。

从上述基本作业过程可以看出，摘挂作业程序还受列车编组的影响。其他的作业方法也不是固定不变的，每个车站都可以根据具体情况，制定切合实际的车站作业细则，规定各项技术作业程序。

### 2.2.2　线路

为办理列车到发、运行调整和客货运业务，中间站中应设置相应的线路、客货运等设施，其中最核心的是车站线路。除了正线之外，车站范围内的线路还包括到发线、牵出线、货物线、安全线、避难线等。

1. 到发线

到发线供接发旅客列车或货物列车使用。

（1）到发线数量

中间站的到发线数量应根据运量和运输性质确定。单线铁路中间站应设两条到发线，使车站有办理三交会的条件或适应某些特殊列车停留的需要。双线铁路中间站应设2～3条到发线，分别配置在上、下行正线两侧，使双方向列车能同时待避、越行。对作业量大的地、县所在地或较大的物资集散地的单、双线铁路车站，摘挂列车的作业时间较长，可设置3条或3条以上到发线。

另外，下列中间站的到发线数量可根据需要增加：枢纽前方站、铁路局局界站、补机始终点站、长大下坡列车技术检查站、机车乘务员换乘站；有两个方向以上的线路引入或岔线接轨的中间站；有摘挂列车进行整编作业的中间站；办理机车折返作业的中间站。

当车站同时具备上述两项及以上作业时，其线路数量应综合考虑，不宜逐项增加。

（2）列车进路

列车在车站接入、发出、通过所经由的一段线路称为列车进路，也称为到发线进路，简称为进路。

到发线可以设计成单进路或双进路。单进路是指股道固定由一个运行方向（上行或下行）使用，双进路是指股道可供上、下两个方向使用。双进路线路机动性大，但需要增加信号联锁设备。进路一般用箭头表示。在车站范围内，单箭头表示只供货物列车运行，双箭头表示只供旅客列车运行，3个箭头表示客货列车均可运行，如图2-2、图2-3所示。

客货共线铁路单线中间站的到发线一般应按双进路设计；双线铁路有两条以上到发线时，为了到发线运行安全，可以设计为单进路。

（3）超限列车到发线

货物装车后，车辆停留在水平直线上，货物的任何部位超出机车车辆限界基本轮廓者或车辆行经半径为300m的曲线时，货物的计算宽度超出机车车辆限界基本轮廓者，均为超限货物。为保证超限货物列车在站内的通过和交会，除站内正线须保证能通行超限货物列车外，在各区段内应选定3~5个中间站（包括给水站）设置超限列车到发线。单线铁路应另有一股道，双线铁路上、下行方向各有一股道能通行超限货物列车。

上述通行超限货物列车的车站一般选择到发线数量较多的中间站，以利于超限货物列车和其他列车的会让和越行。

2. 牵出线

牵出线供在车站内进行调车作业时将车辆牵出使用，如图2-4中的6线、图2-5（a）中的7线、图2-5（c）中的9线。摘挂作业较多的中间站，当行车密度较大时，应设专门的牵出线进行调车作业。

双线铁路和路段设计行车速度大于120km/h或平行运行列车对数在24对以上及其他调车作业量大的单线铁路中间站，均应设置牵出线。

当中间站上有岔线接轨，且符合调车作业条件时，应利用岔线进行调车作业。不设牵出线的单线铁路中间站，可利用正线进行调车作业，进站信号机外移，外移距离不应超过400m；其平纵断面及瞭望条件应符合调车作业的需要，在困难条件下，曲线半径不应小于600m，坡度不应大于2.5‰。

牵出线的有效长度应能满足调车作业的需要，一般不短于货车列车长度的一半。在特别困难条件下或本站作业量不大时，可酌情减短，但不应短于200m。

3. 货物线

用于货物装卸作业的货车停留线路称为货物线。为了办理货物的装卸作业，客货共线铁路中间站应在货场内铺设货物线，如图2-4（b）、图2-5（a）、图2-5（c）中的5线。中间站货场内的货物线布置形式有通过式、尽头式和混合式。

**4. 其他线路设备**

在中间站中，根据需要还需要设置安全线、避难线等线路。有专用线接入时，还要考虑专用线的接轨。

### 2.2.3 其他设施

**1. 客运**

中间站的客运建筑物及设备包括旅客站房、旅客站台、雨棚和跨线设施。

**2. 货运**

至于货运建筑物及设备，客货共线铁路的中间站一般需设置货场，包括仓库、货物站台、货物堆放场、货物线、装卸机具及货运办公室等。

## 2.3 区段站

区段站是铁路网上牵引区段的分界点，除了办理列车运转及客货业务之外，它的主要任务是为邻接的区段供应或整备机车及更换乘务组，办理区段和摘挂列车解编作业，为无改编中转货物列车办理规定的技术作业并办理一定数量的列车解编作业和客货运业务。

### 2.3.1 区段站类型

客货共线铁路机车交路两端的车站称为区段站；客运专线铁路交路两端的车站通常是动车段（所）所在的中间站，类似于客货共线铁路的区段站。区段站都设置一定的机务设施（动车组运用检修设施）。

**1. 客货共线铁路**

客货共线铁路的区段站按工作性质和设施规模分为机务段（基本段）和折返段。

机务段配属有一定数量的机车，担任其相邻交路的运转作业，并设有机车整备和检修设备，配属本段的机车在此整备、检修，隶属本段的机车乘务组在此居住并轮换出乘。

折返段设在机车返程站上，不配属机车，机车在折返段进行整备和检查，乘务组在此休息或驻班。

此外，机务设备还有担任补机、调机或小运转机车整备作业的机务整备所和担任折返机车部分整备作业的折返所。

**2. 客运专线**

客运专线的动车组运用检修设施分为三种类型，即高速动车段、高速动车运用维修所和高速动车运用所。

动车段承担动车组的夜间停放任务，完成动车组从日检到三级修各级作业，并预留大修条件；动车运用维修所承担动车组的夜间停放任务，完成动车组日检、一、二级修作业；动车运用所具有动车组夜间停放及日检、一级修功能。

### 2.3.2 设置及特点

区段站设置在铁路网上牵引区段的起点或终点。

**1. 区段站设置**

区段站设置需考虑如下影响因素综合确定：机车牵引区段的长度、机车交路、铁路网规划、地区及城镇发展规划。铁路上开行货物列车种类与区段站的设置有关。

客货共线铁路在布置交路、分布区段站时，首先应考虑将区段站设在下列车站上：

（1）枢纽站和编组站。机务段设在这些站上可使机务设备为多个交路服务，在这些车站上许多列车需要改编，更换机车和乘务组不影响列车运行，而这些车站一般又多设在城市附近，水源、电源方便，乘务组人员生活条件较好。

（2）有大量装卸作业的车站上。在这些站上更换机车和乘务组可与摘挂作业并行，减少列车停站时间。

（3）需要变更列车重量、摘挂补机或改变牵引种类的车站上。在这些车站上，更换列车重量、改变机型和摘挂补机可与更换机车和乘务组同时进行，节省列车在旅途的时间。

**2. 区段站特点**

与中间站相比，区段站有下列特点：

（1）有中间站所没有的机务段和为更换机车用的机车走行线；

（2）有车辆检修线或车辆段；

（3）有比中间站股道更多的到发场和为解编区段列车、零担列车、摘挂列车而设的调车线或调车场，还有规模更大的客货运设备。

**3. 机车交路**

在铁路线上划分机车（动车组）交路，使机车（动车组）在一定的路段内往返行驶。机车（动车组）往返行驶的区段称为机车（动车组）交路（以下简称交路），该路段的长度称为交路距离。机车（动车组）交路距离影响列车的旅途时间和直达速度。

机车交路由于交路类型、运转方式和乘务制度不同而有多种形式，如图 2-6 所示，其交路距离也各不相同。

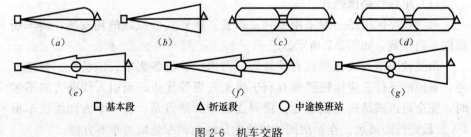

图 2-6　机车交路

（a）肩回式短交路；（b）肩回式长交路；（c）循环式短交路；（d）半循环式短交路；
（e）两处驻班制超长交路；（f）中途驻班制超长交路；（g）轮乘制超长交路

（1）机车交路类型

长交路：一个单程交路由一班乘务组承担。

短交路：一个往返交路由一班乘务组承担。

超长交路：一个单程交路由两班乘务组承担。

（2）机车（动车组）运转方式

肩回式：机车（动车组）每次返回区段站时均要入段整备。

循环式：机车（动车组）在相邻两个短交路内往返行驶，在区段站上机车不摘钩，在到发线上整备。

半循环式：机车（动车组）在相邻两个短交路内往返行驶，每一循环入段整备一次。

（3）乘务制度

包乘制：机车（动车组）由固定的乘务组驾驶称为包乘制。包乘式乘务组熟悉机车性能和特点，有利于机车驾驶和保养，机车也便于管理。但受乘务组工作时间的限制，机车使用效率低。蒸汽机车多采用这种乘务制度，原则上是三班包乘（图 2-6g 的随乘制要四班包乘），若乘务组全月工作时间超过规定，则用三班半制调节。

轮乘制：机车（动车组）不固定包乘组，由不同乘务组分段轮流驾驶，相应采用超长交路，适用于电力和内燃牵引。采用超长交路和轮乘制，可以缩短机车（动车组）在区段站非生产停留时间，加速机车车辆周转，机车（动车组）日车公里客运可提高 40% 以上，货运可提高 8% 以上，运用机车可减少 1/6 左右，乘务员劳动生产率可提高 1/4 左右，运输成本也有所降低。目前我国在电力和内燃牵引的线路上广泛采用轮乘制。

### 2.3.3　站型及作业

1. 区段站的图型

区段站常见的布置图有横列式、纵列式及客货纵列式三类。一般情况下，区段站应采用横列式图型或纵列式图型。有充分依据时，可采用客货纵列式或一级三场图型。

区段站的布置图型，应根据车站的运量、运输要求、地形条件、地质条件及城镇规划等具体情况分析确定。

（1）单线铁路横列式

单线铁路区段站一般采用横列式布置。横列式区段站的到发场、调车场横向并列排列，如图 2-7 所示。

单线铁路横列式图型具有站坪短、占地少、设备集中、定员少、管理方便、对地形条件适应性较强和有利于将来发展等优点，当引入线路方向不多时，完全可以满足运量的需要。横列式图型的缺点是：有一个方向的机车出（入）段走行距离远；在站房同侧接轨的岔线向调车场取送车不方便。

引入线路方向为 4 个及以上的单线铁路区段站，当各方向的客、货列车对数较多，采用横列式图型两端咽喉区的交叉干扰均较大时，进出站线路应进行疏解。若地形条件适宜，可预留或采用纵列式布置图型。有充分依据时，也可采用其他合理图型。

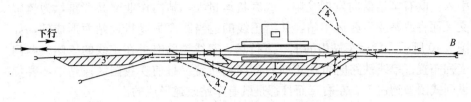

图 2-7　单线铁路横列式区段站图型
1—到发场；2—调车场；3—机务段；4—货场（方案）

（2）双线铁路横列式

对于双线铁路，在旅客列车对数不多、运量不是很大的情况下，也常采用横列式布置，如图 2-8 所示。

双线铁路横列式图型除具有与单线铁路横列式图型基本相同的优缺点外，还存在一个主要缺点，即一个方向的旅客列车到达（出发）与相反方向货物列车出发（到达）的交叉，如为客机及全部货机交路的始终点，则交叉更为严重。旅客列车对数不多，运量不很大的双线铁路区段站一般采用横列式图型即可满足客、货运输的需要。

（3）双线铁路纵列式

在运量比较大又有充足的场地时，双线铁路区段站最好采用纵列式布置，如图 2-9 所示。纵列式区段站的上、下行两个方向的到发场、调车场分设线路两侧并纵向排列。

双线铁路纵列式图型基本解决了双线铁路横列式图型客、货列车到发的交叉；且还具有两个方向的货物列车机车出（入）段走行距离较短的优点。其缺点是：有一个方向货物列车机车出（入）段与正线交叉；在两个方向各设调车场而上、下行转场车多时干扰中部咽喉，降低正线通过能力；只在一个方向设调车场时，有解编列车在反方向到发场的到（发）与另一方向的客、货列车的发（到）交叉；此外还具有站坪长、占地多、设备分散、定员较多和管理不便等缺点。

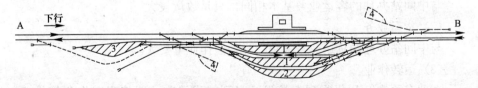

图 2-8　双线铁路横列式区段站图型
1—到发场；2—调车场；3—机务段；4—货场（方案）

图 2-9　双线铁路纵列式区段站图型
1—到发场；2—调车场；3—机务段；4—货场（方案）

31

（4）客货纵列式

还有一种常见的布置类型是客货纵列式图型。一般是因运量增长或新线引入，既有车站横向发展受限，或客货运量大，站内作业交叉严重，为疏解交叉而将原站改为客运车站，并沿正线的适当距离另设货运站而形成的，如图 2-10 所示。货运车站内的上、下行场，双线铁路时可在正线的一侧或两侧横列布置；单线铁路时可在正线一侧横列布置。目前在我国区段站中，客货纵列式图型约占 1/6 左右，而且都是既有车站改建形成的。

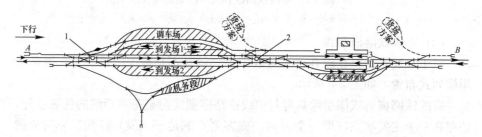

图 2-10  客货纵列式区段站图型

客货纵列式图型的优点是：客货运两场分设，作业干扰较少，客货运设备分布集中，管理方便；当在城市同侧接轨的岔线较多时，调车场可布置在城市一侧，对城市发展和地方运输适应性较强等。其缺点是：客货运两场分设，需要增加设备和定员；既有岔线和货场取送车作业不方便；客货运两场间距离较近时，靠客运场一端的牵出线，其长度往往不能满足整列调车的需要或位于曲线上；既有机务段与货运场机车走行距离增加，还可能产生折角走行，甚至需另设出（入）段线；有一个方向的列车机车出（入）段需横切正线等。

2. 区段站的作业

区段站除了办理中间站有关的所有作业外，还要办理其他有关的作业。根据区段站所担负的任务，它要办理的作业如下：

（1）客运业务

与中间站办理的客运业务基本相同，只是数量较大。

（2）货运业务

与中间站办理的货运业务大致一样，但作业量要大。

（3）运转作业

办理有关旅客和货物列车接发、车列技术检查、解编列车作业等作业，这被称为运转作业。

① 与旅客列车有关的运转作业。如车列技术检查、更换机车、个别车辆的摘车修理和不摘车修理。有的车站还办理局管内旅客列车的始发、终到作业及个别车辆的甩挂作业。

② 与货物列车有关的运转作业。如车列检查及货运检查，更换机车及乘务组，办理无改编中转列车的接发和有关作业。对区段列车、摘挂列车和零

担列车，要进行接发、解体和编组作业。同时还办理向货场、工业企业线取送作业车等。某些区段站还担当少量的始发直达列车的编组任务。

（4）机车业务

主要是换挂列车和乘务组，对机车进行整备（包括补充燃料、油脂及转向等）、修理和检查等。

（5）车辆业务

办理列车的技术检查和车辆的检修任务，包括摘车修和不摘车修。在少数设有车辆段的区段站上，还办理车辆的段修业务。

3. 站内作业流程

为了合理地确定各项设备的相互位置和相互联系，需要了解列车及机车车辆在站内的作业流程，认真分析各项作业间的相互联系。

现以单线铁路横列式区段站为例（图 2-8），说明列车及机车车辆在区段站内的作业程序。

通过旅客列车自 A 方向接入靠站台侧的到发线后，一般不需要换挂机车。旅客乘降及行李、包裹装卸完毕后即可向 B 方向发车。

无改编中转货物列车自 A 方向接入到发场后，机车入段，车列进行技术作业，然后换挂机车（或本务机车在到发线上进行整备，或者仅更换乘务组）向 B 方向出发。

对到达解体货物列车，自 A 方向接入到发场后，机车入段，车列经技术检查，由调车机车牵引至牵出线解体，解体车辆在调车场集结待编或待送。

自编始发货物列车的车流，在调车场集结成列，经过编组作业由调车机车转至到发场进行技术检查等作业，挂上本务机车后出发。

车列解体后，本站货物作业车在调车场内集结成组，由调车机车送往货场（或岔线）。装卸完毕的车辆又由调车机车自货场（或岔线）取回至调车场，编入自编始发车列内。

站修所（或车辆段）扣修的车辆，也由调车机车自调车场送至站修所（或车辆段），修竣的车辆又自作业地点取回至调车场。

从上述作业流程分析，可得出下列结论：

（1）旅客列车到发线应紧靠正线，使旅客列车在顺直的进路到发。所有客运设备应设于靠城镇的一侧，以利客运业务的组织及旅客出入车站。

（2）货物列车到发场也应紧靠正线，使列车到发有顺直及便捷的进路。

（3）调车场应尽量靠近到发场，使车列牵出转线的行程较短、干扰较少。

（4）机务设备的位置应尽可能接近到发场并且要有便捷的通路，以利机车及时换挂和整备。

（5）货场的位置，一方面希望设于靠城镇一侧，便于货物搬运；另一方面又希望靠近调车场，以减少车辆取送时间及干扰。岔线应尽可能从调车场或货场接轨，以利本站作业车的取送。

（6）站修所（或车辆段）要靠近调车场，以缩短扣修车辆的取送行程。

### 2.3.4　主要设施

为了保证区段站内作业的完成，在区段站上设有相关建筑物及设备，统称为设施。

1. 设施类型

区段站的主要设施包括客运、货运、运转、机务、车辆等方面的设施。

（1）客运

客运建筑物与设备主要有旅客站房、车站广场、站台、雨棚及跨越线设施、上下水设施等。

（2）货运

货运建筑物与设备主要有货物站台、仓库、雨棚、货物堆放场和货物装卸线、存车线、各种装卸机械以及办公房屋等。

（3）运转

运转设施主要包括客运和货运运转的线路、建筑物与设备。客运运转线路包括专供旅客列车使用的到发线及客车车底停留线等；货运运转线路包括专供货物列车使用的到发线、调车线、牵出线、机车走行线及机待线等。

（4）机务

机务方面的设施主要是机务段。包括基本机务段或折返段以及在机务段内设有的机车检修、整备等建筑物与设备。

（5）车辆

车辆方面主要包括车辆段、列车检修所和站修所等设施。

（6）其他

除上述设施外，还有通信、信号、照明、办公房舍等建筑物与设备。

区段站的客运、货运建筑物和设备与中间站类似，但规模更大。以下主要介绍运转、机务和车辆设施。

2. 运转设施

运转设施主要包括提供客货列车运转的各种线路和其他有关设施。

（1）到发线

1）到发线数量

区段站中客、货列车的到发线数量，应根据列车的种类、性质、数量和运行方式等确定，设计时可按照表 2-1 选用。

**区段站到发线数量**　　　　　　　　　　　　　　表 2-1

| 换算列车对数 | 12 | 13～18 | 19～24 | 25～36 | 37～48 | 49～72 | 73～96 | ≥97 |
|---|---|---|---|---|---|---|---|---|
| 双向到发线数量<br>（正线及机车走行线除外） | 3 | 4 | 5 | 6 | 6～8 | 8～10 | 10～12 | 12～14 |

注：表中"换算列车对数"等于各类客货列车对数分别乘以相应的换算系数后相加的总数。

2）到发线长度

横列式和纵列式区段站中用于接发旅客列车的到发线，应能接发货物列车，货物列车到发线根据铁路等级和相邻区段统一规定。

3）到发线进路

单线横列式区段站的到发线，应采用双方向进路设计。双线铁路区段站的到发线，可按上、下行方向分别设计为单进路；而靠近旅客站台的到发线及靠近停车场的部分到发线宜设计为双进路；必要时可全部设计为双进路。

（2）机车走行线

机车走行线是专门给机车走行用的线路，一般设在到发线之间，这段线路一般不会通过普通列车，也基本无调车作业，专供机车使用。

每昼夜通过车场的机车在 36 次及以上的区段站应设一条机车走行线。机车走行线的位置，应按照车站布置图，以减少机车出入段与接发车交叉干扰次数和缓和交叉的严重程度为原则进行确定。对于单线横列式区段站，当机务段位于站台对面右侧时，机车走行线应设在到发线之间，如图 2-11 所示。

（3）机待线

牵引机车等待连挂列车或等待入段时停留的线路称为机待线。横列式区段站非机务端的咽喉区和纵列式区段站上机务段对侧到发场出发一端的咽喉区，应设机待线。在换挂机车较少或修建困难的单线铁路横列式区段站可缓设或不设机待线。

机待线宜为尽头式，如图 2-11 所示，必要时也可为贯通式。尽头式机待线的长度应采用 45m，在困难条件下不能小于牵引机车长加 10m；贯通式应采用 55m，在困难条件下不应小于牵引机车长加 20m。双机牵引时，上述有效长度应另加一台机车长。

（4）机车出入段线

机车出入段线设在机务段出入库到车站之间专供机车出入段使用。机车出入段线数量应根据列车对数、列车到发的不均衡性及机车运转方式等因素设定。一般出、入段线各设一条。当出、入段机车每昼夜不足 60 次时，可仅设一条，另外一条缓设或不设。

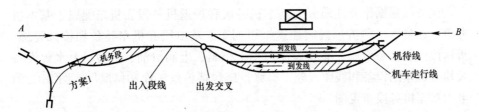

图 2-11　单线铁路横列式区段站机车走行线布置图

（5）调车线

调车线是用于车列解体、编组并存放车辆的线路。车列解体是把车列中不同去向的车辆分别送入调车场的指定线路上。到达本站不解体，只作技术检查和机车换挂等作业，然后继续运行的列车称为无改编中转列车；到达本站后，将车列解体的作业称为解体；把停留在调车线上同一去向的车辆，按有关规定连挂起来，编成一个新的车列的作业过程称为编组。

区段站调车线的数量和有效长度应根据衔接线路的方向数量、有调作业车数、调车作业方法和列车编组计划等确定，并符合下列规定：

每一衔接方向不少于一条调车线，车流大的方向可适当增加。其有效长度不小于到发线的有效长度。

本站作业车停留线不少于一条；待修车和其他车辆停留线一条，车数不多时可与前者共用一条，有岔线接轨且车辆较多可增加一条；有危险品车辆时，应设危险品车辆停留线一条。上述调车线的有效长度应按该线所集结的最大车辆数确定。

（6）牵出线

牵出线是区段站的主要调车设备。影响区段站牵出线设置的因素很多，如调车作业的多少，解编列车的性质和数量，调车作业方法，货场、岔线的位置和作业量的大小，站内调机的台数和作业分工等。这些因素对牵出线的数量和长度都有影响。

区段站调车场两端一般各设一条牵出线，并需明确二者的主次地位。当每昼夜解编作业量各不超过 7 列时，可缓设次要的一条。主要牵出线的有效长度，不应小于到发线的有效长度，仅进行加减轴作业时可适当缩短。次要牵出线的有效长度不宜小于到发线有效长度，调车作业量不大时可缩短为到发线有效长度的一半。当有运量较小的线路或岔线在该站接轨，其平、纵断面适合调车时，可利用其作为次要牵出线。

为了便于调车机车出入机务段，调车场应与机务段接通。有时调车场内已编好的列车需要直接发车，故部分调车线应与正线接通。

3. 机务设施

机务段是区段站的主要设施之一，是管理、运用和维修配属机车的基层生产单位。它应及时向车站提供良好的机车。机务段在区段站中的位置如图 2-7～图 2-11 所示。

（1）机务段的布置

机务段根据作业性质分为基本机务段和折返机务段。机车配属于基本机务段，在基本段和折返段间往返牵引列车。基本段有机车整备和检修设施，折返段仅有整备设施。整备设施包括上燃料、上润滑油、上砂、上水等设备及检查机车的设备和线路设施。检修设施包括检修车库和修配厂。图 2-12 为电力机车机务段布置图。

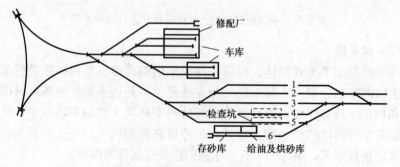

图 2-12　电力机车机务段布置图

为使机车能够迅速出入段，迅速换挂，确保各次列车安全正点出发，机务段应靠近到发场，并与到发场有便捷的通路。新建机务段的位置应根据站和段的作业要求、规模、地形、地貌、地质、水文和排水等条件确定。当车站采用横列式图型时，宜设在旅客站房对侧右端，当将来不发展为纵列式图型或其他条件限制时，也可设在站房对侧左侧。

采用循环运转或采用长交路且有机车乘务组换班的区段站，根据需要可在到发线上或到发场附近设置必要的设备。

（2）机车掉头设施

为保证机车能分别牵引上下行的车列，机务段需配备机车掉头设备，一般采用三角线（见图2-12左端）或转盘（见图2-13a）方式使机车掉头。城市轨道交通中有时会使用环线来使列车掉头，如图2-13（b）所示。

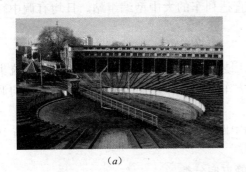 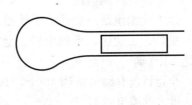

(a)　　　　　　　　　　　(b)

图 2-13　机车掉头设施

(a) 机车库及掉头转盘；(b) 列车掉头环线

4．车辆设施

车辆设施包括车辆段、列检所和站修所等建筑物和设备。

（1）车辆段

车辆段是管理、运用和维修车辆的基层生产单位。车辆段应设在调车场外侧，如受地形条件限制，也可设在其他适当地点。

（2）列检所

列检所是对列车进行技术检查的单位。为了便于列检人员与车站值班员的联系，并及时对列车进行技术检查。列检所应设在靠近运转室的地方。

（3）站修所

站修所是对车辆进行维修的单位。站修所应设在调车场外侧、调车场远期发展以外的适当地点，若受地形条件限制时也可设在其他适当地点。

## 2.4　编组站

编组站是铁路网上办理货物列车解体、编组作业，并为此设有比较完善的调车设备的车站。编组站除办理通过车流外，主要是解体和编组直达、直通、区段、摘挂及小运转等货物列车。车辆经过编组站改编后，又重新组成各种列车驶出，故编组站有"列车工厂"之称。编组站和区段站统称为技术作业站。

### 2.4.1　编组站分类

1. 按编组站在路网中的位置和作用分类

根据编组站在路网中的位置、作用和所承担的作业量，可分为路网性编组站、区域性编组站和地方性编组站。

（1）路网性编组站

路网性编组站位于路网、枢纽地区的重要地点，承担大量中转车流改编作业，是编组大量技术直达和直通列车的大型编组站。日均有调中转车达 6000 辆。

（2）区域性编组站

区域性编组站一般位于铁路干线交会的重要地点，承担较多中转车流改编作业，是编组较多的直通和技术直达列车的大中型编组站。日均有调中转车达 4000 辆。

（3）地方性编组站

地方性编组站一般是位于铁路干支线交会或铁路枢纽地区或大宗车流集散的港口、工业区，承担中转、地方车流改编作业的中小型编组站。日均调车达 2500 辆。

全路目前有编组站约 46 个，其中路网性编组站 13 个、区域性编组站 16 个、地方性编组站 17 个。

2. 按调车设备的套数及调车驼峰方向分类

编组站驼峰设有自动或半自动控制设备。按照调车设备的套数及调车驼峰方向，可以分为单向编组站和双向编组站。

（1）单向编组站

单向编组站只有一个调车场，上、下行合用一套调车设备，其驼峰溜车方向一般顺主要改编车流运行方向。

（2）双向编组站

双向编组站有两个调车场，上、下行各有一套调车设备。一般情况下，两系统的调车驼峰应朝向各自的上行和下行方向。

3. 按车场的相互位置和数目分类

按照车场的相互位置和数目，可以分为横列式编组站、纵列式编组站和混合式编组站。

（1）横列式编组站

横列式编组站的上、下到发场与调车场横向并列排列。

（2）纵列式编组站

纵列式编组站的到达场、调车场、出发场等主要车场顺序纵向排列。

（3）混合式编组站

混合式编组站的到达场与调车场纵列，出发场与调车场横列。

### 2.4.2　主要作业

根据编组站在路网和枢纽内的作用和所承担的任务以及其作业对象，编组站主要办理以下几项作业：

1. 改编货物列车作业

这是编组站最主要的作业，包括解体列车的到达作业和解体作业，始发列车的集结、编组作业和出发作业。这几项作业的数量既多又复杂，是分别在相应不同地点和车场办理的。

2. 无调中转列车作业

这种列车作业比较简单。其主要作业是换挂机车和列车的技术检查，办理地点只限于在到发场（或专门的通过车场）。

3. 部分改编中转货物列车作业

部分改编中转货物列车除进行无改编中转货物列车的作业外，有时还要变更列车牵引质量、变更列车运行方向或进行成组甩挂等少量调车作业，一般在到发场或通过车场进行。

4. 本站作业车的作业

本站作业车是指到达本站及工业企业线或段管线内进行货物装卸或倒装的车辆。其作业过程比改编中转列车增加了送车、装卸及取车三项作业，其中重点是取送车作业。

5. 机务作业

这项作业与区段站的机务作业基本相同，包括机车出段、入段、段内整备及检修作业。

6. 车辆检修作业

编组站内的车辆检修作业包括在到发线上进行的车列技术检查及不摘车维修；在列检或调车过程中发现车辆损坏需摘车倒装后送往车辆段或站修所进行站修；根据使用期限送货车到车辆段进行段修。

7. 其他作业

包括旅客乘降等客运作业；货物装卸、换装、保温车加冰加盐、牲畜车上水、清除粪便、鱼苗车换水等货运作业；军运列车供应作业等。

为了减少对编组站解编作业的干扰，确保主要任务的完成，应尽量不在编组站上办理或少办理客、货运业务。

### 2.4.3 布置图型

编组站内各项设施的相互位置是多种多样的，随各项设施相互位置的不同，编组站可构成不同的配置图型。编组站布置图的基本类型，归纳起来有下列 6 种：单向横列式、单向纵列式、单向混合式、双向横列式、双向纵列式、双向混合式。

此外，我国铁路对编组站图型，在习惯上称为"几级几场"。"级"是指同一调车系统中，到、调、发车场纵向排列数，一级式就是指车场横列，二级式就是指到发场、调车场纵列，而三级式是指到达场、调车场、发车场顺序排列。"场"是指车场，车站有几个车场，就叫做几场。以下是我国常见的编组站图型。

**1. 单向一级三场横列式**

如图 2-14 所示，单向一级三场横列式编组站的上、下行到发场并列在共用调车场的两侧。机务段设在接发列车较多方向的到发场出口咽喉处，车辆段一般设在调车场尾部附近的适当地点。

这种图型编组站的优点是站坪长度较短，车场较少，管理方便；缺点是解编车列往返转线的距离长。这种编组站适用于解编作业量不大或站坪长度受到限制，远期无大发展的中、小型编组站。

**2. 单向二级四场混合式**

如图 2-15 所示，单向二级四场横列式编组站衔接各方向线路的共用到达场与调车场纵列布置，上、下行出发场并列在共用调车场的两侧。机务段一般设在靠近到达场顺驼峰方向的右侧，车辆段一般设在调车场尾部附近的适当地点。

这种图型编组站的优点是顺、反方向改编列车均在峰前场到达，避免了牵引定数较大的到解列车整列牵出的困难，与纵列式图型相比，站坪长度较短，可以减少工程量。缺点是编成车列转场的距离长，调车场尾部牵出线的能力受到一定限制。这种图型编组站可适用于解编作业量较大或解编作业量大而地形条件困难的大、中型编组站。

**3. 单向三级三场纵列式**

如图 2-16 所示，单向三级三场纵列式编组站各衔接方向共用的到达场、调车场和出发场依次纵向排列。机务段通常设在出发场附近反驼峰方向通过车场的外侧，车辆段可设在调车场尾部任意一侧。

这种图型编组站的优点是改编能力大、站内交叉少、通过能力大、线路使用灵活性大，宜于实现全站作业自动化方案。缺点是反驼峰方向改编列车走行距离长、占地较多、工程投资大。这种图型编组站适用于顺驼峰方向改编车流较大，解编作业量大的大型编组站。

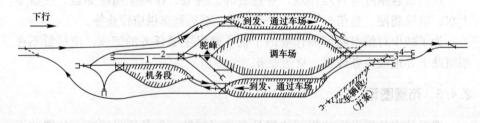

图 2-14 单向一级三场横列式编组站

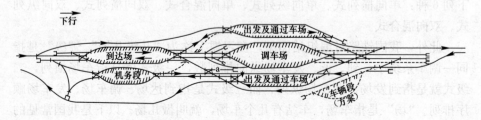

图 2-15 单向二级四场混合式编组站

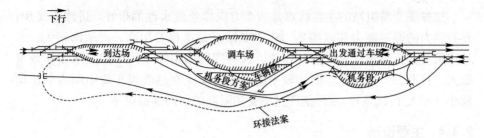

图 2-16 单向三级三场纵列式编组站

4. 双向二级六场混合式

如图 2-17 所示，双向二级六场混合式编组站双方向均为到达场与调车场纵列、出发场及通过车场在调车场外侧横列。机务段设在车站一端到达场一侧，另一端可预留第二套机车整备设备的用地。车辆段设在任一调车场尾部附近的适当地点。

这种图型编组站的优点是：与单向纵列式图型相比，解编能力较大，两方向的改编车流在站内的作业行程较短，通过列车的成组甩挂比较方便。主要缺点是：增加投资和折角车流的重复作业，维修管理方面的运营支出大。这种图型编组站一般适用于双方向解编作业量均较大或解编作业量大而地形条件受限制且折角车流较少的大型编组站。

5. 双向三级六场纵列式

如图 2-18 所示，双向三级六场纵列式编组站双方向均为到达场、调车场和出发场纵列配置，并组成两个相应并列的独立系统，是规模和能力最大的编组站图型。机务段一般布置在两改编系统之间，并靠近机车出入段次数较多的一端，车辆段可设在两改编系统之间调车场的附近。

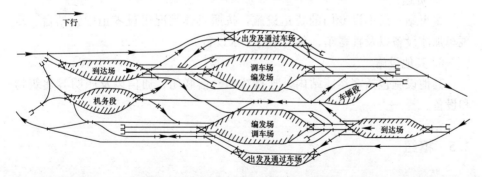

图 2-17 双向二级六场混合式编组站

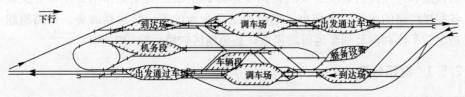

图 2-18 双向三级六场纵列式编组站

这种图型编组站的主要优点是两个方向作业流水性都很好，进路交叉少，具有强大的通过能力和改编能力；主要缺点是工程费用高、占地面积大、车站定员多和折角车流需要重复作业。这种图型编组站适用于担负解编作业量很大，且上、下行改编车流比较平衡，折角车流在总改编车流中所占的比例较小（不大于15%），地形条件又不受到限制的路网性编组站。

### 2.4.4　主要设施

编组站的主要设施包括与调车、行车、机务、车辆、货运等有关的建筑物及设备。

1. 调车设施

包括调车驼峰、调车场、牵出线、辅助调车场等几部分，用以办理列车的解体和编组作业。

有关驼峰的内容详见第5章第7节。

2. 行车设施

即接发货物列车的到发线，用以办理货物列车的到发和出发作业。根据其作业量的大小和作业性质，可设置到发场或到达场、出发场（包括通过车场）。

3. 机务设施

编组站一般均设有机务段，且规模比较大，供本务机车和调车机车办理检修和整备作业。双向编组站为了减少另一方向机车出入段走行距离，必要时，还可修建第二套机务整备设备。

4. 车辆设施

编组站一般配备列检所、站修所和车辆段。

5. 货运设施

编组站一般不设专门的货运设施，按照具体情况可设零担中转站台、冷藏车加冰设备以及牲畜车、鱼苗车的上水设备。

6. 其他设施

其他设施包括客运、站内外连接线路、信联闭、通信以及照明等建筑物和设备。

## 2.5　枢纽

在铁路网点或网端，由客运站、编组站和其他车站以及各种为运输服务的设施和连接线路等所组成的铁路整体称为枢纽。其主要作用是汇集并交换各衔接线路的车流，为城市、港埠和工矿企业的客、货运输服务。铁路枢纽是组织车流和调节列车运行的据点，是该地区铁路运输的中枢。

### 2.5.1　枢纽分类

铁路枢纽按其在铁路网上的地位和作用分为：路网性枢纽、区域性枢纽和地方性枢纽。

**1. 地方性枢纽**

地方性枢纽承担的运输和车流组织任务，主要为某一工业区或港湾等地方作业服务，一般位于大工业企业和水陆联运地区，设备规模较小，如大连枢纽、秦皇岛枢纽等。

**2. 区域性枢纽**

区域性枢纽承担的客、货运输和车流组织主要为一定的区域范围服务，一般位于干线和支线的交叉处或衔接的大、中型城市，办理管内的通过车流和地方车流，设备规模较大，如长春、鹰潭、柳州等枢纽。

**3. 路网性枢纽**

路网性枢纽承担的客、货运输和车流组织任务涉及整个铁路网，位于几条干线交叉或衔接的大城市或特大城市，办理大量的跨局通过车流和地方车流，设有较多的专业车站，其设施的规模和能力都很大，如北京、郑州、上海、沈阳等枢纽。

### 2.5.2 平面布置图型

铁路枢纽按其车站、进站线路、联络线及其他设备的不同位置，可形成不同类型。一般分为：一站式枢纽、十字形枢纽、三角形枢纽、顺列式枢纽、并列式枢纽、环形枢纽、尽端式枢纽和组合式枢纽等。

**1. 一站式**

一站式枢纽具有一个客、货共用车站，是枢纽最基本的图型。其特点是占地少、设备集中、管理方便、运营效率高，但客货运作业互有干扰、能力较小。这种图型一般适用于作业量小、引入线路方向不多、城市规模不大的枢纽，如图 2-19 所示。

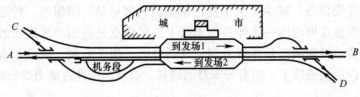

图 2-19　一站式枢纽

**2. 三角形**

三个方向的引入线路汇合于一个枢纽之中，各方向间有较大客、货运量交流，并设有几个专业车站和必要的联络线而形成的枢纽为三角形枢纽。该种枢纽在改编作业量较大的线路上设置一个客货运共用车站，其他方向的通过列车可顺联络线通过，以缩短列车行程和消除折角列车。图 2-20 是衔接 A、B、C 三个方向的三角形枢纽布置图。

**3. 十字形**

两条铁路线十字形交叉，各自具有大量的通过车流而相互间车流交流甚少的枢纽为十字形枢纽，如图 2-21 所示。在这种枢纽中，无须修建单独的编组站，可修建必要的车站、联络线和立交线路，使无作业列车能顺利通过该枢纽，可缩短运程、减少干扰和节省投资。

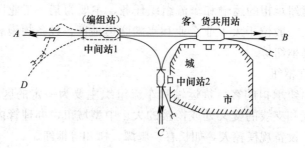

图 2-20　三角形枢纽

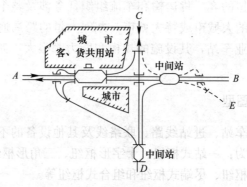

图 2-21　十字形枢纽

### 4. 纵列式枢纽

纵列式枢纽也称顺列式枢纽，如客运站与编组站顺列布置，即构成客、货列车运行于同一经路的顺列式或伸长式枢纽，如图 2-22 所示。顺列式枢纽特点是：引入枢纽的线路一般为三个及以上，线路从枢纽两端引入，并配合以相应的立交设备，减少交叉干扰，枢纽内的客运站、编组站、货运站等都顺序纵列布置在枢纽内一条伸长的干线上。其优点是进出站线路疏解布置简易，客、货运站和编组站布置方便，灵活性大，便于发展。缺点是客、货列车运行于同一主轴线上，随着行车量的增长，会使区间通过能力受到限制。

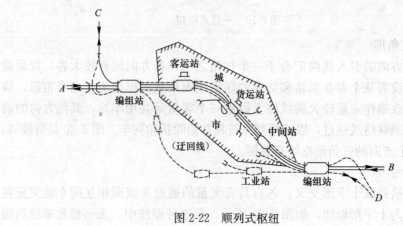

图 2-22　顺列式枢纽

### 5. 并列式枢纽

在铁路网上两条铁路干线相交处，如客运站和编组站并列布置，就构成客运站与编组站分设在客、货列车分别运行的并列经路上的并列式枢纽，也称横列式枢纽，如图 2-23 所示。其优点是客、货列车运行互不干扰，通过能力大，客运站与编组站位置的选择有较多的活动余地。缺点是进出站线路疏解布置较为复杂，分期过渡困难。

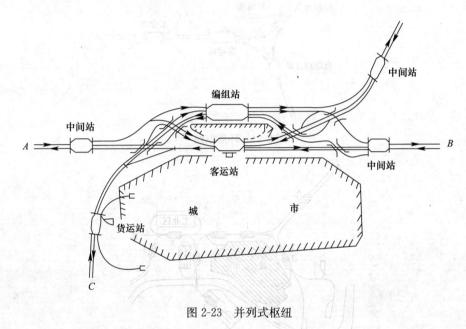

图 2-23 并列式枢纽

### 6. 环形枢纽

当引入线路方向较多时（一站有 6 条及以上的线路方向），为便于各方向间的客、货运输交流，避免各引入线路集中于少数汇合点，并为地区客、货运业务提供较好的服务条件，可采用各车站环形布局、联络线连接各方向引入线，形成环形枢纽，如图 2-24 所示。其优点是在运营上通路灵活，环线对运行通路能起平衡和调节作用；缺点是修建工程费用大、经路迂回、联络线加长。

### 7. 尽端式枢纽

位于路网上线路的起讫点或各衔接方向线路集中于一端，编组站设在其引线出入口处形成的枢纽称为尽端式枢纽。这种枢纽一般位于港埠城市或矿区，其除办理列车接发和向枢纽地区装卸点取送车外，还有枢纽地区之间各车站的车辆交流。如图 2-25 是一个尽端式港埠城市枢纽示意图。

### 8. 组合式枢纽

组合式枢纽是由几种类型的枢纽组合而成的一种枢纽总布置图型。它是随铁路网、城市、地方工业和工程条件等因素逐渐发展演变而成。当某一类型枢纽的各项设施不能满足运输需要时，可以从枢纽现状出发，扩建成与枢纽所负担的作业量和作业性质相适应的组合式枢纽，如郑州枢纽。如图 2-26 所示的组合式枢纽，它由三角形、顺列式、十字形及环形等四种类型枢纽组成。

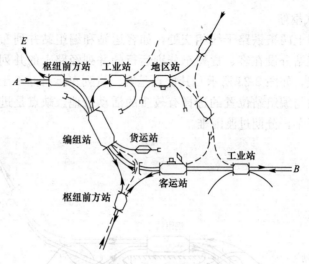

图 2-24　环形枢纽

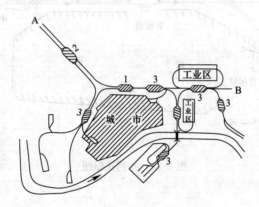

图 2-25　尽端式枢纽

1—客运站；2—编组站；3—货运站

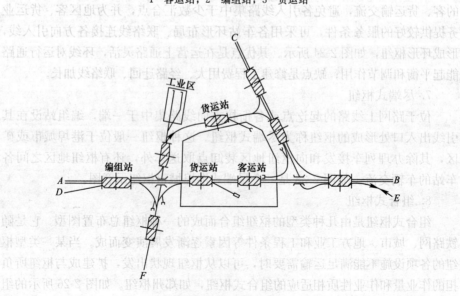

图 2-26　组合式枢纽

### 2.5.3　建筑物与设备

枢纽设施包括铁路线路、车站和疏解设施等。

1. 铁路线路

包括引入线路、联络线、环线、工业企业专用线等。

2. 车站

包括客运站、货运站、编组站、工业站、港湾站。

3. 疏解设施

包括铁路线路与铁路线路的平面和立交疏解、铁路线路与城市道路的立交桥和道口以及线路所等。

4. 其他设施

包括机务段、车辆段、客车整备所等。

## 2.6　高速铁路车站

上述几节主要针对客货共线铁路的普通铁路车站而言。下面两节主要针对其他铁路车站，主要包括高速铁路车站和城市轨道交通车站。

高速铁路的车站是高速铁路重要的基础设施，是铁路对外服务的窗口。进入新世纪以来，我国修建了大量先进的高速铁路客站。

### 2.6.1　车站分类

与普通客货共线铁路类似，高速铁路车站也有多种分类方法。

1. 按照技术作业性质划分

按照技术作业性质划分，高速铁路车站分为：越行站、中间站、始发（终到）站以及通过兼始发（终到）站。

2. 按旅客最高聚集人数划分

我国铁路旅客车站按照最高聚集人数、高峰小时发送量将其划分为特大、大、中、小型车站四级，具体见表1-1所示。

3. 按所处地理位置及重要性划分

一般来说在我国不同等级城市的铁路客站规模也不一样，根据所在城市的级别，铁路客站可划分为省会级、地级市、县级客站。

一般位于特大城市所在地，客流量特别大的车站为特大型车站；位于大城市所在地，客流量大的车站为大型站；位于中等城市及地区行政区所在地，客流量较大的为中型站；其他地区为小型站。

### 2.6.2　技术作业

在不同种类的高速铁路车站内，旅客列车的技术作业也不相同。

1. 越行站

越行站设置在有几种不同速度列车运行的高速线上，快速列车需在车站范围内超越慢速列车。该类车站只办理正线列车通过和停站待避作业，不办理客运业务。

**2. 中间站**

主要办理高、中速旅客列车停站或不停站通过，中速旅客列车待避高速旅客列车，少量高速旅客列车夜间折返停留，停站的各种旅客列车的客运业务。

**3. 始发（终到）站**

主要办理高速旅客列车的客运业务，高速旅客列车的始发、终到、动车组的取送和折返等技术作业，动车组的客运整备和客车检修等作业。始发（终到）站一般设在高速铁路的起讫点或交叉点，例如京沪高速铁路的北京南站、上海虹桥站为始发（终到）站。

**4. 通过兼始发（终到）站**

主要办理高、中速旅客列车的客运业务和旅客换乘，停站、不停站的高、中速旅客列车通过作业，部分始发（终到）高速旅客列车的始发、终到作业，高速列车动车组的整备、检修作业。例如京沪高速铁路的天津西站、济南站、南京南站为通过兼始发（终到）站。

### 2.6.3　平面布置

在高速线沿既有线基本平行修建，高速线上高、中速旅客列车共线运行的建设模式下，高速铁路的车站布置图可以有与既有线分设和合设两种图式。

**1. 高速站与既有站分设**

**（1）越行站**

越行站是专为办理列车越行而设置的车站，一般不办理旅客乘降作业。越行车站中一般设置两条到发线，正线Ⅰ、Ⅱ线办理高速列车通过，到发线3、4线办理中速列车待避。由于不需要办理客运业务，原则上不设站台，如图 2-27 所示。

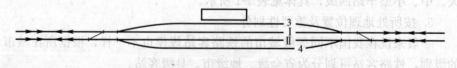

图 2-27　高速铁路越行站布置图

**（2）中间站**

高速铁路中间站除办理列车通过、越行作业之外，还要办理旅客乘降等客运业务。当需停站的列车较少时，上、下行各设一条到发线即可。若客货作业量大且某个方向需办理两列停站待避列车时可增加一条到发线。中间站一般采用对应式站台。

对应式中间站也称侧式中间站，其布置如图 2-28 所示，两个站台之间夹4条线，即所谓的"两台四线"模式。Ⅰ、Ⅱ股道是正线，一般不办理旅客列车停车及乘客上下车作业；3和4股道是到发线。这种布置图的优点是站台不靠近正线，高速列车由正线通过时，不影响站台上旅客的安全，所以不必加宽站台。

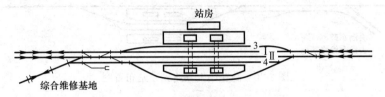

图 2-28　高速铁路中间站布置图

有列车折返作业的中间站除办理正线通过、停站通过作业，还有列车始发、终到及立即折返作业。这种车站从全线看属于中间站，但还具有终点站性质。这类车站有可能成为未来全线能力控制点。

对这些有动车组折返停留的中间站，要设置3～4股到发线。折返用的到发线应根据折返列车到达时不切正线为原则。停站、通过作业参照一般中间站每个方向设一条到发线；始发、终到到发线数量参照始发站进行计算，可按每条到发线能够办理30列换算旅客列车列数计算，由于立即折返作业量一般较少，其上、下行方向各设一条始发终到到发线即可，但需考虑预留发展和车站的灵活使用，可采用如图2-29所示布置形式。

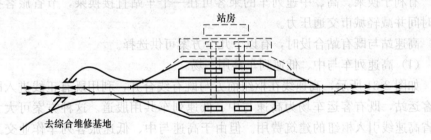

图 2-29　有折返作业的中间站布置图

为了减少行车干扰，上下行到发线均应修建通往综合维修基地的方便通道，如图2-29中的联络线的修建，使得靠近站房侧到发线上的列车用立交方式可以方便地跨越正线去综合维修基地。

（3）始发（终到）站

始发（终到）站设置在高速铁路的起点、终点，主要办理列车始发、终到作业及客运业务。列车在到发线上作业并立即折返，动车组进入动车段（所）进行检修、整备和存放。比较简单的始发终到站一般采用岛式站台，如图2-30所示。Ⅰ、Ⅱ股道是正线，3、4、5、6股道是到发线。岛式布置图的优点是站台可以得到充分利用，缺点是由于列车高速通过时列车风的影响，站台需要加宽以保证旅客的安全，故不适用于正线有列车不停车通过的中间车站。

对该种布置图，站内设有4条到发线和4个站台，由于没有不停站的高速列车通过，正线可设在靠近站台处并作为到发线使用。始发站应设有与到发线衔接的动车段（所）和综合维修基地。

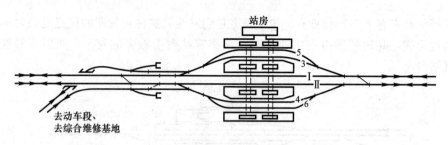

图 2-30 高速始发（终到）站布置图

（4）通过兼始发（终到）站

该种车站布置图与上述始发（终到）站或中间站基本相同，可设有动车段（所）或综合维修基地。

2. 高速站与既有站合设

高速铁路引入既有站时，高速站与既有客运站可合并设置。这种设置具有下列优点：

有利于充分利用既有站。可以尽量利用既有客运站的站场、站房、站前广场及旅客服务设施，节省工程投资和城市用地。

有利于吸引更多的旅客。既有客运站一般都位于都市中心附近，高速铁路车站与其合并设置，便于旅客乘降，节省出行时间。

有利于换乘。高、中速列车的乘客可在一个车站直接换乘，节省旅客换乘时间并减轻城市交通压力。

高速站与既有站合设时，有以下几个方案可供选择。

（1）高速列车与中、低速列车共用车场

如图 2-31 所示，高速线在枢纽前方与既有线合并，利用既有正线进入既有客运站，既有客运车场为高速与中、低速列车共用股道。这种方案可大大节省高速线引入枢纽的建筑费用。但由于高速与中、低速旅客列车作业交叉干扰，导致行车指挥与车站作业组织较为复杂。

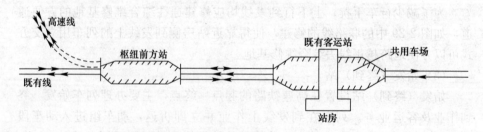

图 2-31 高速列车与中、低速列车共用车场布置图

（2）高速车场与中、低速车场咽喉独立设置

高速铁路引入枢纽既有客运站，可分别设置高速、中低速车场，两车场咽喉互不连通，高速线直接引入高速车场（图 2-32），高速列车与中低速列车不能直接进入对方车场，运行互不干扰、互相独立。这种方案仅适用于中速列车不上下高速线的车站。

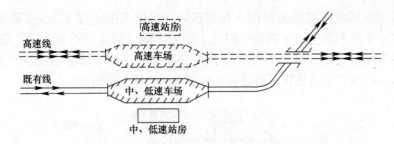

图 2-32　高速列车与中、低速列车互不连通布置图

（3）高速与中低速车场在同一平面并列合设

图 2-33（a）是高速线在既有尽头式客运站并行引入的布置图，这种布置方案适用于以办理始发、终到高速列车为主的高速站。将靠近既有主站房一侧的既有到发线和站台改建为高速列车车场，用于接发高速列车；与高速列车车场并列的其他到发线和站台作为中、低速列车车场，且在外侧适当扩建，用于接发中、低速列车。在既有站房对侧，新建副站房，主站房与副站房之间通过高架通廊和地道相连。高速和中、低速车场的进口咽喉用渡线互相连通。高速列车的动车段以及中、低速列车的客车整备场和机务段都有单独的站段联络线相衔接，以保证咽喉区必要的平行进路。

图 2-33（b）是高速线在既有通过式客运站并行引入的布置图，这种布置图适用于以通过高速列车为主的车站。在这种方案中，高速线布置在站房对侧，高速车场与中、低速车场横列，高速车场向外适当扩建，两车场咽喉用渡线互相连通。高速线与站房之间采用高架通廊和地道连接。

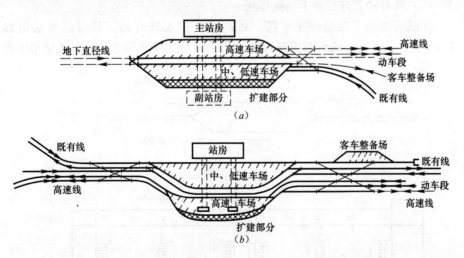

图 2-33　高速与中、低速列车车场在同一平面并列合设布置图

（4）既有站上方设高架高速列车车场

如图 2-34 所示，在既有站上方设高架高速车场，承担接发高速旅客列车和不停车通过的中速旅客列车；桥下地面既有站为中、低速车场，承担接发始发、终到及停站通过的中速旅客列车和低速旅客列车的任务。上下两车场

两端采用进站线路立交疏解设备互相连通，以便于中速客车上、下高速线。但当没有中速列车上、下高速线时，上下两车场之间也可不必连通。高速列车的旅客可通过主、副站房的自动扶梯和高架候车室通廊进、出站和换乘。乘坐中、低速列车的旅客可通过高架候车室和地道进出站。

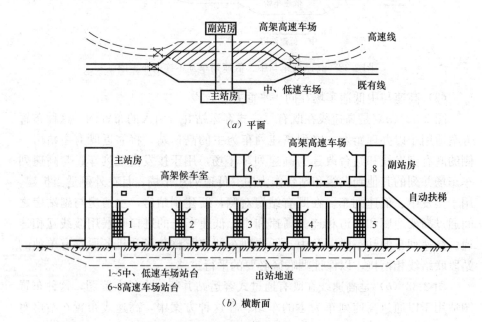

（a）平面

（b）横断面

图 2-34　既有线上方设高架高速车场布置图

（5）既有站下方设地下高速车场

在既有站地下新建高速车场，将高速线引入既有站。其线路可采用如图 2-35 所示的平面和纵断面布置图。上、下层车场的用途与以上高架车场方

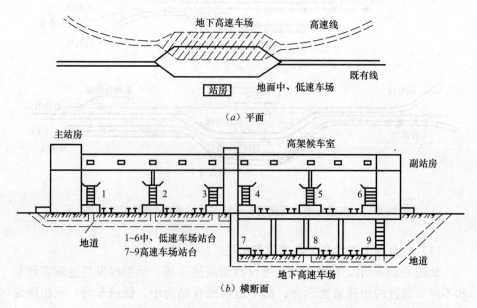

（a）平面

（b）横断面

图 2-35　既有线下方设地下高速车场平面、纵断面布置图

案相同。上下两车场两端采用进站线路立交疏解设施互相连通，以便于中速客车上、下高速线。高速列车的旅客可沿地道和自动扶梯进出站和换乘，中、低速列车的旅客可通过高架候车室和地道进出站。

## 2.7　城市轨道交通车站

车站是城市轨道交通必不可少的基础综合设施。在建设中，车站不仅要满足运营及为乘客提供高质量服务的要求，而且还要在工程造价合理的前提下与城市建设相协调。

### 2.7.1　车站类型

城市轨道交通一般包括地铁、轻轨、独轨、有轨电车、磁浮铁路、直线电机地铁等形式。其中地铁、轻轨是城市轨道交通的主要类型。

城市轨道交通车站根据布线高程、运营性质、结构横断面、站台形式和客流量规模等的不同进行分类。

1. 按布线高程分类

按敷设形式、布线高程不同可分为高架车站、地面车站和地下车站。

（1）高架车站

车站位于高架结构上，分为路中设置和路侧设置两种。

（2）地面车站

车站位于地面，采用岛式和侧式站台均可，路堑式为其特殊形式。

（3）地下车站

车站结构位于地面以下，分为浅埋、深埋车站。

2. 按运营性质分类

按运营性质可分为中间站、中间折返站、换乘站和始发（终到）站。

（1）中间站

中间站设于城市轨道交通运营线上，是仅供乘客上下车的车站。它功能单一，是城市轨道交通数量最多、最常见的车站。

（2）中间折返站

中间折返站主要设于行车密度不同的线路交界处，因某一方向的到发客流较大而需设置列车折返设施，以满足列车开行的合理组织。中间折返站除具有中间站的基本功能外，还能办理区间列车的终到折返与始发作业。

（3）换乘站

换乘站位于两条及以上的线路交叉处，能为乘坐不同线路列车的乘客提供换乘服务。因此，换乘站需要设置不同线路乘客的换乘通道。

（4）始发（终到）站

始发（终到）站往往位于线路的两个端头，需要办理大量的列车终到折返和始发作业。同时，为方便列车的出入库作业，要设置进、出车辆段（车库）的联络线。

54

### 3. 按站台形式分类

按站台形式可分为岛式站台、侧式站台和混合式站台。城市轨道交通站台分类如图 2-36 所示。

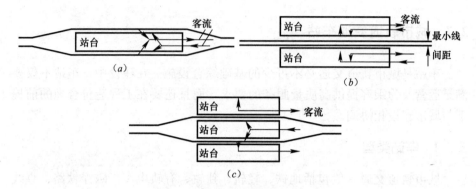

图 2-36　城市轨道交通站台分类图
(a) 岛式；(b) 侧式；(c) 混合式

（1）岛式站台

站台位于上、下行线路的中间。

（2）侧式站台

站台位于上、下行线路的两侧。

（3）混合式站台

将岛式站台及侧式站台同设在一个车站内。常见的有一岛一侧，或一岛两侧形式。

### 4. 按客流量规模分类

按客流量规模不同，城市轨道交通车站可分为大车站、中等车站和小车站。

## 2.7.2　站场布置

车站站场布置这里主要指车站的线路布置。在车站位置选定之后，首先要根据车站所在位置的地形地貌情况、车站的基本作业情况和全线的风格统一要求进行车站线路布置。

### 1. 中间站

中间站一般只有两条正线。对于不同的站台方案，线路布置有所不同。

岛式站台的两条正线布置于站台两侧。由于岛式站台有一定的宽度，因而站内两正线的线间距较大，这就需要在车站范围内进行线间距加宽，在车站正线和区间正线之间设置曲线进行过渡，因而会使列车进出车站的速度受到限制。

侧式站台的两条正线布置于两个站台之间，不需要进行线间距加宽。因此，车站正线和区间正线能够直接相连，有利于列车进出车站。

### 2. 中间折返站

中间折返站的站场布置与中间站相比，只是多了道岔和渡线等折返设备，利用其可完成列车改变线侧和改变运行方向的作业。其折返方式有站前折返和站后折返、单渡线折返和双渡线折返。图 2-37 是单渡线折返图。

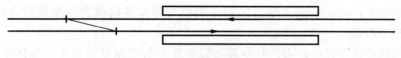

图 2-37　中间折返站的站场布置图

3. 换乘站

换乘站是两条及以上线路的结合点，换乘站的站场布置要考虑两条线路的连接和乘客换乘。其换乘方式有同站台换乘、结点换乘、站厅换乘、通道换乘等类型，详见第 3 章。其换乘方式直接影响车站的布置方式。

4. 始发（终到）站

始发（终到）站的站场布置主要取决于折返线的布置和站台形式。

对于站前折返，由于终到列车与始发列车存在一定的干扰，因此在始发（终到）站一般不采用这种方式，只有在车站的地理位置没有线路延伸空间时才采用。

站后折返又分为折返线折返和环行线折返两种形式。

站后折返线折返是常用的站场布置形式，列车折返不掉头，不仅能满足基本折返能力的需求，同时占地较少，还可利用站后折返线进行列车运行调整。岛式站台站后折返如图 2-38（a）所示，侧式站台站后折返如图 2-38（b）所示。

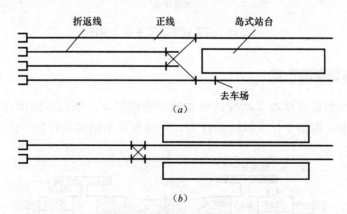

图 2-38　始发（终到）站站后折返布置图
（a）岛式站台；（b）侧式站台

环行线站后折返形式是在站后修建环行线，列车在环行线上掉头，如图 2-13（b）所示。该折返方式折返能力大，且不需要铺设道岔，但占地面积较大、线路半径小导致列车走行部单侧磨耗大、不利线路延长等，通常不采用。

**5. 车辆段及停车场**

每条城市轨道交通线都应设置一个车辆段，若线路较长则应增设一个停车场。车辆段和停车场除了线路较多、需要大量占地外，办公用房和其他相关设施也要占用不少的土地，因而车辆段与停车场的位置不易设在市区内，一般设于市郊。

车辆段由于线路较多，其站场布置要比一般车站复杂得多，总体上可分为咽喉部分、线路部分和车库部分。咽喉部分是由出入段线和多组道岔组成；线路部分包括停车线、洗车线、牵出线、试运行线和材料线等各种不同用途的线路；车库部分是指车辆段内的车辆检修线和相应检修设施。因车辆的检修工序不同，其车库分为停车库、定修库和架修库。

与车辆段相比，停车场一般没有定修库和架修库，而其他设施的布置则基本一致。

车辆段和停车场的平面布置形式通常有贯通式和尽头式两种，如图 2-39 是一个贯通式车辆段的布置图。

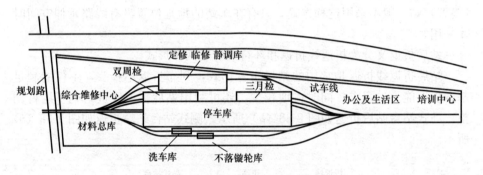

图 2-39　贯通式车辆段平面布置图

### 2.7.3　车站平面布置

车站平面布置是在车站线路布置确定的情况下，根据车站所在地的地面及地下情况，根据车站区域功能分工，合理布置车站建筑设施。图 2-40 所示

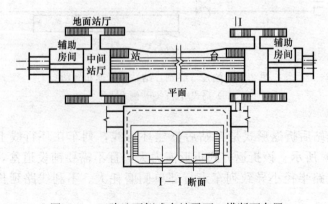

图 2-40　双跨地下侧式车站平面、横断面布置

为双跨地下侧式车站平面布置和横断面图。

车站总体布置的原则是力求紧凑，能设于地面的设施，应尽量设于地面，以降低造价。车站总体布局应按照乘客进出车站的活动顺序，合理布置进出站的流线，使其简捷、通畅，不发生干扰，为乘客创造便捷、舒适的乘降环境。

车站平面布置一般包括如下内容：出入口布置、风亭（井）布置、冷却塔的设置等。

## 思考题与习题

**2-1** 从车站作业和规模角度划分，铁路车站共分为哪几种类型？

**2-2** 中间站、会让站、越行站在作业和设施上的区别是什么？

**2-3** 对于具有一条到发线的会让站，为什么规范推荐将到发线设于站房对侧？

**2-4** 为什么纵列式会让站到发线要逆运行方向错移一个货物列车到发线的有效长度？

**2-5** 试绘出单线横列式中间站、区段站的图型。

**2-6** 中间站的货场一般有几个设置位置？各有何优缺点？

**2-7** 试述中间站的主要技术作业程序。

**2-8** 中间站有哪些种线路，其作用是什么？

**2-9** 区段站在路网上的分布取决于哪些因素？

**2-10** 画出并分析双线铁路横列式区段站布置图。

**2-11** 分析横列式、纵列式、客货纵列式区段站布置图各存在哪些主要优缺点？说明各布置图的采用条件。

**2-12** 区段站包括哪些客货运设施？

**2-13** 以单线铁路横列式区段站为例分析列车及机车车辆在区段站内的作业顺序。

**2-14** 编组站的主要任务是什么？

**2-15** 根据编组站在路网中的位置、作用和所承担的作业量，编组站分为哪几类？各有何特征？

**2-16** 编组站在作业和设施配置上与区段站有何异同点？

**2-17** 单向一级三场横列式编组站布置图消除了横列式区段站的哪些缺点？

**2-18** 分析单向三级三场纵列式编组站布置图机务段的位置与通过车场以及进出站线路布置的关系。

**2-19** 试述单向和双向编组站布置图的主要优缺点及采用条件。

**2-20** 铁路枢纽按其在铁路网中的地位和作用分为哪几类？

**2-21** 根据总图结构不同，铁路枢纽有哪些图形？各有什么特点？

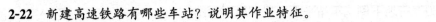

2-22　新建高速铁路有哪些车站？说明其作业特征。

2-23　高速站与既有站分设有哪些方案，各具有哪些特点？

2-24　高速站与既有站合设有哪些可供选择的方案？

2-25　简述城市轨道交通车站的类型和站场布置要点。

# 第3章 车站规划

## 本章知识点

> 【知识点】四阶段法等运量预测、规划方法，区段站、中间站及高速铁路车站分布的影响因素，同站台换乘、结点换乘、站厅换乘、通道换乘等换乘方式及特点，传统平面换乘布局、机动车行人分层布局、与城市轨道交通立体布局、高速铁路站空间综合布局等综合交通枢纽与布局的发展与特点。
>
> 【重　点】中间站分布的影响因素与站间距离确定，综合交通枢纽的换乘。
>
> 【难　点】站间距离的确定。

铁路车站作为城市对外客货运输节点、各种交通运输方式衔接的纽带以及多种交通方式换乘组合的基地，其规划布局、功能定位、设施资源配置、衔接换乘模式以及客流交通组织等因素对城市综合客货运系统的运输效率、效益产生很大的影响。必须通过对车站的合理规划与建设，建立更具活力和整体竞争力的交通体系。

本章主要介绍铁路车站规划基本原则及铁路运量、车站分布、车站选址及综合交通枢纽等方面的规划内容。

## 3.1 概述

铁路车站规划是一个复杂、动态的规划体系，受到经济社会发展状况、国家有关政策等多方面的影响。规划是在着眼未来的前提下，以发展的思维，统筹考虑规划所涉及的诸多因素，开放地吸收铁路部门、地方政府和其他交通运输管理部门对铁路车站规划不同层面的需求。

### 3.1.1 规划原则

车站规划需要遵循以下几个方面的原则：

1. 突出交通的可达性

在铁路车站规划中，必须从旅客的角度出发，切实分析和掌握旅客使用铁路车站活动的规律，将"以人为本"的理念体现于铁路车站规划的各个环节中。

铁路车站规划应具有很好的交通可达性，尽可能缩短旅客旅程时间，充分考虑旅客方便、快捷到达的要求，实现旅客换乘容易、换乘障碍小、速度快、换乘条件好，而且客票购买方便、候车环境舒适、各项功能完善的规划目标。

2. 兼顾与城市功能的协调性

铁路、区域经济和城市发展以及综合交通需要等方面都会从不同的角度对铁路车站规划提出要求。这些要求的根本目的是一致的，都是为了使人们的出行更为便捷，有利于经济社会的全面发展。但铁路部门、地方政府和其他交通运输部门等相关部门对铁路车站规划从各自部门的角度考虑可能存在着不同的认识和理解上的差异，这就要求在规划时必须在根本目标一致的情况下，兼顾铁路与城市功能的协调性，考虑问题的各个侧面，兼顾各来自不同方面的要求，统一认识，协调矛盾，达到统筹兼顾。比如，在铁路客站是否靠近城市中心问题上，往往铁路部门与地方政府的意见是不相同的，需要认真沟通与协调。

3. 强调规划的可持续性

应树立可持续发展的规划思想，强调车站生命周期过程中与外部环境和谐及其自身和谐，包括铁路车站、路网与枢纽的可持续发展、铁路车站与城市的可持续发展、铁路车站与综合交通体系的可持续发展、铁路车站自身的可持续发展，要注意车站建设的近期与远期结合、旧站的更新改造、车站的节约用地、建筑的节能环保等内容。

4. 合理配置系统设施

对于站区内不易改扩建的建筑物和基础设施，如站房和站台，应按远期运量和运输性质进行配置；对于易改扩建的建筑物和基础设施，如站前广场，可按近期运量和运输性质配置，并预留远期发展条件；对于可随运输需求变化而增减的运营设备，可按交付运营后第 5 年的运量设计。枢纽总布置图应根据 20 年以上远景情况进行规划，并预留发展。

编组站、区段站应按照减少车流改编次数，实现车流快速移动的原则设置。货运站的设置应有利于实现货运组织集中化和专业化。应根据运输需要，系统、经济、合理地确定站段布局及规模。

站区常规道路需根据集散客货流进行合理需求预测，在枢纽内预留足够的站区道路用地，完善配套设施。

站区内要预留与汽车、城市轨道交通等交通运输方式的接驳停靠站，规划布局宜与各换乘站距离均衡，用地应满足停候车需求；同时充分考虑枢纽内的社会停车场规模，并留有一定的发展空间。

### 3.1.2　基本要求

铁路车站规划的总体要求为：各组成部分的规模合理，总体布局模式适宜，车站广场交通组织方案遵循以人为本、公交优先的原则，各交通方式间换乘模式和交通站点布局合理，铁路车站与城市道路、城市轨道交通的衔接便捷，各种流线简捷、顺畅，建筑功能多元化、用地集约化，并留有发展余地，统筹考虑车站地下空间的综合利用。铁路车站规划需满足下列基本条件。

1. 以人为本

分析和把握所在地区的区位优势，以充分发挥和体现交通基础设施建设的现代化为目标，为人民群众和业主提供更畅通、更安全、更便捷的交通运输条件。从旅客的角度出发，切实分析和掌握人在车站中的活动规律，将以人为本的理念体现于规划设计的整个过程之中。人性化要求主要体现在提高换乘速度和安全性、减少换乘障碍、改善换乘环境、提高空间利用率等诸多方面。按规定设置保障人身和行车安全，方便旅客旅行等的设施。

2. 以流为主

车站规划与总体布局应以流线规划为主，以流线明确清晰、短捷顺畅、互不干扰作为主要规划目标，流线规划是车站合理规划与布局的依据。同时"以流为主"也是在提倡以流动的观念对待车站总体布局，即不能简单地将车站规划成人员滞留的场所和庞大的停车场，而应强调它在流动中形成的效率。

3. 运量要求

铁路能力要点线协调，点的能力主要就是车站的能力。在进行车站规划时，应该科学、合理地进行运量调查及预测，进而合理确定车站分布、规模，使得车站能力满足铁路运量的要求。车站布局应以车站整体及各个组成部分的功能需求为导向，分清主次、统筹兼顾，实现功能的总体最优。

4. 协调发展

以国家及省、市经济发展整体规划和区域交通发展规划为导向，把铁路车站站区建设规划融入到交通大网络和经济社会发展大局中，使铁路运输与经济社会协同发展并适度超前。作为综合交通体系中一个有机的组成部分，运量需求的增长、新交通方式的引入和车站周围用地的开发都会给车站的社会总客流量和铁路客流量带来非线性的急剧增长，铁路车站规划与总体布局必须考虑到这种发展过程中的变化，适应未来发展的要求。

铁路车站是国家重要的基础设施建设，车站及站区设施建设是国家、城市公用事业方面的重大投资建设项目，对城市各方面影响较大。故要根据实际，坚持近期建设与远期发展相结合、需要与可能相结合的原则，切合实际，量力而行，使规划具有前瞻性、系统性、发展性和可操作性。要远近结合、以近为主、先近后远、近细远粗，妥善处理近期和远期的关系，充分发挥各种交通运输方式的特点和优势，各展其长，协调发展。铁路车站规划与总体布局应考虑与车站周边区域的城市规划有机融合，使车流、人流能够方便地进出车站。此外，还应按站区城市设计和景观设计的要求，将车站塑造为具有现代化都市特色的交通空间，创造出令人满意的、具有明晰空间特色的规划布局形态。

**5. 节约资源**

我国人口众多，土地资源紧张，环境污染较为严重。所以，车站建设应相对合理地确定车站各组成部分的规模需求，在满足车站功能要求的前提下，尽可能少占用土地。应充分考虑运营及养护维修，减少各种能源消耗，加强环境保护和安全卫生。

**6. 体现当地文化特点**

铁路站房建成后往往成为当地的标志性建筑物，站房与广场的建筑规划与设计应尽量体现当地的历史、文化特色。尽量使沿线的车站建筑物既有整条线的统一要求，更要体现各个车站的特点，从建筑形态角度体现唯一性。我国近十几年来建设的客运专线车站有很多成功的范例，如北京南站。

**7. 高速铁路车站规划要求**

高速铁路车站规划设计应符合系统功能要求，符合运输需要，便于运营管理，方便旅客乘降，并应留有进一步发展的条件。

枢纽内客运站的数量应根据枢纽客运量、引入线路数量、客车开行方案、既有设施配置、枢纽客运布局及城市总体规划等因素综合确定。

当枢纽内有两个及以上客运站时，应根据客车经路顺畅、点线能力协调、旅客乘降方便等原则，按引入方向、客车类别、客车开行方案等方式进行客站分工。

大型铁路枢纽客货运布局，宜采用"客货分线、客内货外"的布置方式。大型客运站应与城市交通系统有机结合，宜构建为综合交通枢纽，实现旅客便捷换乘。

有多条线路引入的大型客运站，宜根据引入线路不同的功能定位按线路别分场布置；在困难条件下，也可采用分线分场立体交叉布置；并应根据运输需要，按主要线路跨线，次要线路换乘的原则设置跨线车联络线。仅有第三方向引入的客运站，也可按方向别合场布置。

## 3.2　运量规划

铁路车站规划是铁路规划的一部分。铁路规划主要包括运量规划、线网规划、建设规划三部分内容。

运量规划也称为区域交通需求预测、交通规划，铁路行业常称为运量调查与预测，是指在一定的社会经济发展条件下，科学地预测各目标年限内客货运量及流向等反映铁路客货流需求特征的指标。它是整个铁路规划的基础，预测结果的可靠与否直接关系到铁路的建设投资、运营效率和经济效益。它也是确定车站分布、车站规模及进行车站设计的基础资料。

### 3.2.1　规划原则

运量规划是直接建立在区域社会经济、交通运输发展与土地利用分析预测基础上的。其规划原则为：

（1）将区域社会经济系统与国家社会经济系统及周边地区社会经济系统联系起来；

（2）将区域交通运输系统与区域社会经济系统联系起来；

（3）将区域运输系统中各种运输方式联系起来；

（4）将区域中铁路运输系统中各个要素联系起来；

（5）将区域内过去、现在及未来的铁路运量及交通需求联系起来。

### 3.2.2 规划方法

自20世纪70年代交通规划技术传入我国以来，运用定量的方法进行科学的预测已成为交通需求和运量规划的主要手段。

1. 四阶段法

目前我国城市轨道交通客流量预测采用的主要方法为"四阶段法"，使用TRIPS或EMME2等计算机模型可得到预测结果。该方法通过对运量生成、运量分布、交通分担及运量分配等四个步骤进行客运量及流向预测，并根据区域不同特点，建立相应的客流预测模型及分配模型。公路部门也大量采用四阶段法进行客货交通量规划和预测。

在运量生成方面常用的预测模型有：时间序列分析法、年增长率法、乘车率法、产值率法等。

在运量分布方面常用的预测模型有重力模型法等。

在交通分担方面常用的预测模型有分担率法等。

在运量分配阶段常用的预测模型有最短路径交通分配法等。

2. 弹性系数法

在铁路行业，原先常采用弹性系数法等方法进行运量预测。主要是针对某车站或某条线进行运量调查与预测。弹性系数法是一种定性、定量相结合的综合分析方法，它通过研究确定交通量的增长率与国民经济发展增长率之间的比例关系——弹性系数，并根据国民经济未来的增长情况，预测交通量的增长率，进而预测未来交通量。

现在铁路系统也开始使用四阶段法，将某站或某线放在所在的路网中考虑来进行客货运量预测和客货流规划。

通常先对所规划的车站和线路划分客货运量的吸引范围，其次在其范围内进行运量调查，确定目前的客货运量及变化趋势，之后采用有关方法进行运量预测，最后根据其他线路、其他交通方式或其他车站的影响再对客货运量的流量和流向进行规划和调整。其实最后一步即是四阶段法中后三个步骤的内容。

## 3.3 车站分布

为了保证铁路具有必要的通过能力并办理客货运业务，必须合理地分布车站。车站分布应在满足运输需要的前提下，结合地形、地质、工程难易程度、方便客货运输等因素，综合考虑、比选确定。

### 3.3.1 内容与方法

（1）车站分布内容

车站分布是在满足铁路能力和其他条件的基础上，确定站间距离、选择车站位置、确定车站规模和图式、确定车站设置的主要原则。

（2）思路与方法

在推荐的运输组织模式、列车开行方案的基础上，首先根据沿线经济据点分布、机车交路等条件要求设置区段站；其次根据能力要求、客货运量和自然条件等因素来分布办理客货运作业的中间站；必要时以线路通过能力必须满足设计年度运量需求为原则，通过列车运行图分析考虑是否需要设置越行站，当然，越行站的设置越少越好。

由于车站分布确定后很难在运营中改建调整，所以车站分布应按远期能力和运量需求确定，并考虑远期能力需求、能力储备、客货流波动、运输组织弹性等因素。还需要根据近期运量，分析是否有分期开通车站的必要性。

### 3.3.2 区段站分布

除了上章所介绍的区段站图式类型之外，对区段站分布产生影响的因素还包括列车在区段站内有无解编作业。无解编作业区段站只办理无改编中转列车有关作业，没有列车改编任务，或仅担任摘挂列车的整编作业。有解编作业区段站除办理无改编中转列车有关作业外，还担任区段、摘挂列车和少量直通、直达列车的解编作业。

区段站在铁路网上的分布主要取决于下列因素。

1. 接轨站

区段站设置应与接轨站选择结合起来考虑，可利用既有线基本段（图3-1$a$、$b$）或设计线新建基本段而在既有线区段站折返（图3-1$c$、$d$）。需根据车流情况、既有线机务段的负荷与改建条件等方面因素经比选确定。

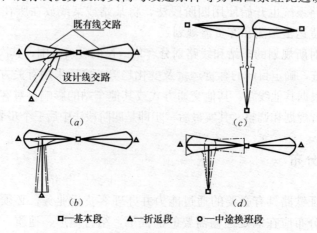

图 3-1 不同接轨情况下的机车交路和区段站设置示意图

2. 地区及城镇发展规划

区段站应尽可能设在具有一定政治、经济意义及客货运量较大的城市。这样，既可满足地区及城镇生产建设的需要，又可吸引较大的客货流量，还便于解决铁路职工及其家属的生活供应、医疗、教育及文化生活等困难。

3. 自然条件

应在地形平坦、地质条件较好、水源、电源较为方便的地方设置区段站，尽量少占农田、便于"三废"（废气、废水、废渣）的处理。

4. 牵引区段的长度

铁路网上牵引区段的长度应根据牵引种类、机车交路及乘务组的连续工作时间确定。内燃、电力机车牵引应采用长交路。货运机车交路宜从一个编组站到下一个编组站；客运机车交路宜从一个较大的客运站到下一个较大的客运站。货运机车内燃牵引时交路长度宜为 350km 左右，电力牵引宜为 550km 左右；客运机车内燃牵引时宜为 500km 左右，电力牵引时宜为 700km 左右。为便于运营部门管理，机车交路不应受局界、省界的限制，但不宜超过两个乘务区段。

在分布区段站时，应适当考虑我国铁路运营的特点及车流集散的规律。

### 3.3.3　中间站分布

中间站是为提高铁路区段通过能力、保证行车安全和为沿线城乡及工农业生产服务而设置的车站。中间站规模虽不如区段站大，但数量多且建成后改变站址困难。一般沿线路的基本走向分布中间站，其站址往往会影响线路的局部走向，对铁路的工程与运营指标有较大影响。因此，中间站分布既是铁路车站规划又是铁路线路设计中的重要内容。中间站分布主要考虑下列影响因素：

（1）满足能力要求

会让站和越行站应按通过能力要求的货物列车走行时分标准分布，即通过能力必须大于需要的通过能力。

新建双线铁路的车站分布，应根据不同的列车种类、客车对数和行车速度采用不同的标准。

单线铁路技术作业站相邻区间的列车往返走行时分，应比站间最大往返走行时分减少，区段站相邻站间各减少 4min；其他技术作业站如因技术作业时分影响站间通过能力，且将来不易消除其影响者，可根据需要减少相邻站间走行时分。

还应考虑沿线各车站通过能力的均衡性，尽量使控制站间的运行图周期与各站间运行图周期的平均值比较接近。

（2）结合自然条件

结合地形、地质、水文等条件及车站作业与运营条件进行车站分布。避免将车站设在地形困难或地质不良地段以引起巨大工程，甚至遗留后患，影响今后正常运营。车站应尽量避免设在高填、深挖、高桥或隧道内。在紧坡地段分布车站要注意对区间线路平纵断面条件留有余地。在跨越深沟或大河向下游展线时，如两岸地形地质条件接近，最好把车站设在过沟之后，以利降低桥高。越岭线靠近垭口的车站一般应设在地形纵坡较缓、展线条件较好的一侧。

由于影响车站分布的因素多，有时会遇到在需设站的地方，地形地质条件却很差，难于设站，这时一般通过调整相邻车站位置或增设车站来解决。

（3）灵活运用主要技术标准

对运量及其增长速度较快、较大的Ⅰ级干线铁路，在地形特殊困难的个别地区，当设站会引起巨大工程时可以按部分双线设计以缩短运行图周期。

新建单线铁路的个别地段，当设站引起巨大工程时，经技术经济比较，也可设计为双线，以减少工程数量、提高通过能力。

远期为双线，近期为单线的新建铁路宜按双线标准分布车站。近期单线不能满足通过能力需要时，可采用增加会让站等措施过渡；如确有技术经济依据，也可按满足近期单线运量要求分布车站。过渡工程设计应远近结合，尽量减少废弃工程。

新建铁路分期开设的车站，应按各设计年度客货运量要求的通过能力和地方运输需要分别确定开设年度。

（4）规划纵断面及站间距离计算

根据地形特点，考虑通过能力，对一段线路的车站分布进行总体安排，概略估计各车站的位置、标高、区间坡度和站间距离，其线路纵断面称为规划纵断面。

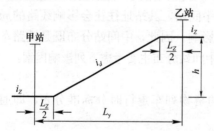

图 3-2 单面坡紧坡地段规划纵断面示意图

一般规划纵断面分为紧坡地段单面坡、缓坡地段单面坡、平坡、起伏坡等 4 种情况。紧坡地段是用足最大坡度进行设计的地段，其单面坡地段的规划纵断面如图 3-2 所示。

先按站坪及区间的加算坡度求得往返走行时分指标 $t_{\mathrm{WF}(z)}$ 和 $t_{\mathrm{WF}(id)}$，要求各区间往返走行时分 $(t_{\mathrm{W}}+t_{\mathrm{F}})$ 均不大于允许的最大区间往返走行时分 $(t_{\mathrm{W}}+t_{\mathrm{F}})_{\max}$。

可用均衡速度法计算区间往返走行时分：

$$t_{\mathrm{WF}(i)}(L_{\mathrm{y}}-L_{\mathrm{Z}})+t_{\mathrm{WF}(Z)}L_{\mathrm{Z}}+(t_{\mathrm{q}}+t_{\mathrm{t}})=(t_{\mathrm{W}}+t_{\mathrm{F}})_{\max} \qquad (3-1)$$

式中　$i_z$——站坪坡度；

$L_z$——站坪长度；

$i_{\mathrm{d}}=i_{\max}-\Delta i$，区间平均定线坡度，对于紧坡地段，其值一般称为 $i_{\mathrm{d}}$；

$i_{\max}$——最大坡度，单机牵引地段为限制坡度（°）；

$\Delta i$——区间线路考虑曲线、隧道附加阻力后的平均折减坡度，一般取 $0.051_{\max}\sim0.15i_{\max}$。

则站间距离为：

$$L_{\mathrm{y}} = \frac{(t_{\mathrm{w}} + t_{\mathrm{F}})_{\max} - t_{\mathrm{WF(Z)}} L_{\mathrm{Z}} - (t_{\mathrm{q}} + t_{\mathrm{t}})}{t_{\mathrm{WF}(i_{\mathrm{d}})}} + L_{\mathrm{Z}} (\mathrm{km}) \tag{3-2}$$

克服高程为：

$$h = i_{\mathrm{d}}(L_{\mathrm{y}} - L_{\mathrm{Z}}) + i_{\mathrm{Z}} L_{\mathrm{Z}} (\mathrm{m}) \tag{3-3}$$

（5）合理确定站间距离

比如对电力牵引，要求站间货物列车单方向运行时分为 20~30min。据此，根据列车设计运行速度即可推算出站间距离。

为满足通过能力的要求，站间距离不宜过长，过长则不利于地方工农业发展，通过能力下降（尤其是单线铁路），会造成日后增站困难，我国单线铁路站间距离不超过 20km。

站间距离也不宜过短。新建铁路最小站间距离：单线不宜小于 8km，双线不宜小于 15km，枢纽内站间距离不得小于 5km。因为过短的站间距不能提高通过能力，相反，车站过密将进一步增加列车起停次数，降低列车旅行速度和运输效率，增加运营成本，增加工程费。

我国地铁的站间距在市内范围内平均 0.8~1.0km。郊区范围内视实际情况适当增加。

（6）进行方案比选

根据上述条件，找出若干个可能的车站分布方案，从中初步选出可行且较合理的方案，作为后续决策的备选方案。在此基础上进行方案比选，确定最终的车站分布方案。

### 3.3.4 高速铁路车站分布

高速铁路中间站分布应满足设计能力要求，便于运营管理，方便旅客乘降，应与城市总体规划相协调，与其他交通方式有机衔接，并留有一定的发展条件。

客运站站址选择应结合引入线路走向、既有客站位置和条件、城市总体规划、地形地质条件等因素经综合比选确定。一般应优先选择引入既有客运站或深入市区。当设置两个及以上客运站时，客站间宜有便捷的联系通路。

1. 大型中间站的分布

客运专线上的大型中间站，一般设于铁路枢纽和直辖市、省会市所在地，是具有大量客运业务的客运站。大型中间站主要办理大量停站高、中速列车到发和少量通过高、中速列车通过作业；还办理为数较多的高速列车始发终到作业。大型中间站规模较大，其设置应注意与相邻或附近的既有铁路线或车站的联系，以便通过高、中速联络线，在车站或附近办理高、中速列车的转线或可能的中速列车换挂机车作业。

2. 一般中间站的分布

城市地位与政治、文化、人口规模、经济发展水平、城市的行政级别和性质有关，可分为首都、省会城市、地级市、县级市（县）、乡镇等级别。为了尽量吸引沿线中小城市客流，高速铁路的一般中间站应结合沿线的省辖市、县城和县辖市进行分布。首都、省会城市为必设站，地级市原则上应设站，但距离相邻站不足 30km 时，应进行技术经济比较后确定，县级（市）需经技术经济比较确定，县级以下城镇一般不考虑设置高速铁路中间站。

高速铁路车站造价较高，特别是受客观因素控制时需要设高架站或拆迁大量建筑物，使得一个中间站的造价高达亿元以上。车站过密将增加大量投资。因此，既要保证高速铁路有足够的客运量又要合理设置车站。

从我国实际情况出发，高速客运站的设站条件应是具有较多的到发客运量的客流集散地和地市（省辖市）级城市，包括一些经济发达的县级城市。从京沪高速铁路所设客运站的情况看，宜设在具有预测年到发客流均达到 200 万人左右的城市。

### 3. 站间距离

各国高速铁路平均站间距离悬殊。我国高速铁路办理客运业务车站的站间距离，主要受城市分布、城市间距离的制约。此外，由于高速铁路客车运行速度并不相等，高速列车也需在距离较长的客运站之间增加越行站，应使站间距离适当均衡。当然，设计速度越高，要求的站间距离越长。

在一般情况下，包括越行站在内的平均站间距离以 30～50km 为宜。当自然分布的客运站距离大于 50km，且该区间通过能力不受限制时，其间可不加设越行站，或预留远期加站条件。

### 4. 其他因素

当高速铁路线路靠近既有铁路的联轨客运站（衔接既有 2 个方向及以上干线的既有站），具有较多的与高速线换乘客运量和地方到发量，宜在既有站附近设高速站。

根据国外高速铁路养护基地的分布，结合我国情况，沿线约每 50km 左右需设一处综合养护维修工区，车站分布宜结合工区分布，使综合工区的岔线尽量在高速站与正线连接，车站选址时应一并考虑综合工区的用地。

客运专线牵引类型为电力牵引，供电设备对车站分布有一定影响。变电所的距离，日本约 60km，法国东南线约 40～90km。

## 3.4  车站选址

在车站分布已定的情况下，选择合适的站址对降低工程造价、改善运营条件、方便客货运输具有重要意义。

### 3.4.1  影响因素

影响车站站址选择的因素有很多，主要有以下几点：

1. 城市规划

作为城市对外联系的窗口，车站的区位和用地方案是城市规划内容之一。铁路车站作为城市的重要基础设施、人流集散点，不仅成为城市的对外交通门户，还将地铁、公交、出租、小汽车、长途汽车等交通方式有机地集聚到一起，发挥着城市综合交通枢纽功能。因此，铁路客运站规划选址时要与城市建设总体规划相互配合和协调，必须考虑配套市政设施用地及相关服务设施用地的需求，高度重视环境保护、水土保持、防灾减灾、文物保护、节约能源和土地等问题。

2. 客货运输

车站是直接办理客货运输业务的地方，站址的选择应有利于最广泛地吸引客货流。在满足国家要求的运输能力的前提下，适当调整区间走行时分，尽量将车站设在城镇、大型工矿企业附近，以满足地方客货运输的要求。

有技术作业的中间站应满足技术作业要求。会让站和越行站应按通过能力要求的列车走行时分标准分布。

铁路客运站是大量客流的集散地，铁路客运站的选址对城市交通量的变化影响极大。为了最大限度地减少铁路客站建成后产生的交通量，应使客运站尽量靠近城市，以减少交通出行总距离。当线路和车站难于靠近城市和工矿企业时，应根据具体情况做出靠近和不靠近而以支线或公路联运的方案进行比选。

3. 自然环境

车站的建设受到自然环境的影响和制约，有时这些因素是决定性因素。自然环境的影响包括两个方面的含义，一是沿线的自然条件影响着方案的选择；二是该选定方案对自然环境的破坏程度是否可以接受。环境因素就是分析车站对附近环境方面的作用和影响，包括地形地质条件、生态环境影响、噪声辐射及干扰、大气污染、水源因素以及对区域政治、经济、文化古迹及风景名胜等方面的影响等。

车站占地广且建筑物和设备较多，因此车站站址应选在地质条件良好、地势平缓之处，应尽可能与等高线平行，避免设在高填、深挖、高桥和隧道内，以利于节省工程以及运营管理和养护维修的方便。另外，车站选址还应注意考虑水源、电源等因素。

4. 与其他线路或交通运输方式的接驳

铁路车站应便于与其他运输方式的衔接，特别是与既有铁路网的衔接，方便旅客换乘，增强铁路与其他运输方式的竞争能力。铁路客运站应选址在有利于交通枢纽功能发挥的区域。铁路客运站选址时应充分考虑与城市内外道路网的顺畅衔接，做到与公路、城市道路、机场、城市轨道交通等其他客运方式有机衔接，发挥铁路客运站交通枢纽的地位和作用。

高速铁路在站址方案比选中，能否利用既有铁路设施应作为比选因素之一。紧靠既有站并列设置的高速站址，为充分利用既有铁路设施创造了条件。它可利用既有站房、候车室、广场等客运设施，还有可能利用既有地道、高架通廊等通道，以及利用站区生活服务交通设施，可以减少铁路和城市的双向投资。

5. 工程经济因素

车站的工程经济因素主要包括工程费用、运营费用、促进经济发展作用、占地及拆迁条件以及土地增值作用等因素。

客运站站址选择应结合引入线路走向、既有客站位置和条件、城市总体规划、地形地质条件等因素经综合比选确定。一般应优先选择引入既有客运站或靠近市区。当设置两个及以上客运站时，客站间宜有便捷的联系通路。

### 3.4.2 总平面布置

铁路车站的总平面布置应包括车站广场、站房和站场客货运设施，并应统一规划，整体设计。

铁路车站的总平面布置应符合下列要求：

（1）符合城镇发展和交通规划要求，合理布局。

（2）建筑功能多元化、用地集约化，并留有发展余地。

（3）使用功能分区明确，各种流线简捷、顺畅。

（4）车站广场交通组织方案遵循公共交通优先的原则，交通站点布局合理。

（5）特大型、大型站的站房应设置经广场与城市交通直接相连的环形车道。

（6）当站区有地下铁道车站或地下商业设施时，宜设置与旅客车站相连接的通道。

（7）特大型站站房宜采用多方向进、出站的布局。

### 3.4.3 站址选择

铁路车站站址选择的一般步骤是：

① 根据所在地条件，提出初选方案。

② 落实站址的技术可行性。

③ 征询运营部门意见。

④ 征询当地规划部门意见。

⑤ 得到备选方案。

⑥ 进行方案比选，最后确定符合技术、经济及技术可行性要求的最佳方案。

现以京沪高速铁路镇江站站址方案为例进行说明。镇江市位于长江南岸，既有沪宁铁路在市区内设有镇江站。为了照顾镇江、扬州地区旅客，欲使高速站址尽量靠近市区，又欲尽量减少高速线的绕行长度，减少投资。为此，先后做了5个站址方案，并对①、②、③方案做了同精度研究，如图3-3所示。

方案①为镇江以南 6km 设站方案，方案②为镇江以南 1.6km 设站方案，方案③为经过既有铁路镇江站方案。方案①线路顺直，拆迁较少，工程投资可节省 1.7 亿多元，但高速铁路离市区较远，城市需要配套与车站相适应的基础设施，增加城市建设投资。方案③过既有镇江站，旅客换乘方便，但需对既有设施进行改建，改建难度大。方案②离既有镇江站近，旅客乘车方便，城市配套设施完善，应是较理想的站位，但由于线位已被城市道路建设占用而无法实施。因此，推荐方案①作为采用方案。

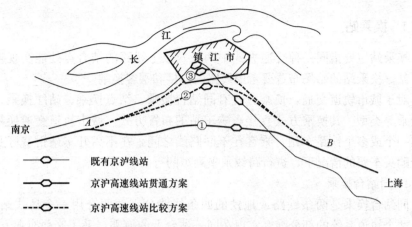

图 3-3 京沪高速铁路镇江高速车站站址方案示意图

总之，站址选择与铁路线路走向选择，与铁路车站分布关系非常密切，规划时应点、线结合，通过多因素比选确定合理的中间站分布与选址方案。

### 3.4.4 车站命名

车站名称的确定应符合下列规定：

（1）车站名称应与车站所在地地名一致，且在全国范围内不应有相同的车站名称。

（2）车站位于城市城区或近郊区的，应使用该城市的名称命名。当车站位于县、乡（镇）或村所在地时，应以当地县、乡（镇）或村庄的名称命名。

（3）城市城区或近郊区内设置多个车站时，其中办理客运业务最主要的车站使用该城市的名称命名，其他主要车站可使用该城市名称加该站实际地理位置的方位词（东、南、西、北）命名，也可使用车站当地小地名命名。

（4）城市内非主要或位于城市远郊区的车站，不应使用城市名称或城市名称加地理方位词的方式命名。

除了方便、规范铁路车站站名管理之外，上述规定主要是方便乘客，避免乘客走错车站、上错车。

## 3.5 综合交通枢纽与换乘

综合交通枢纽位于多种（至少两种以上）运输方式交通干线的交汇与衔接处，是办理旅客与货物的发送、中转、到达所需的多种运输设施及辅助服务功能的有机综合体。

铁路客运综合枢纽由大型铁路客运站发展而来，主要承担铁路交通与城市其他交通方式快速转换，同时具有交通枢纽节点特征并在其中融入了其他相关功能。铁路客运综合枢纽在城市综合客运交通体系中具有对外交通客运的集散和市内交通的换乘两个不同层次的作用。

### 3.5.1 换乘站

换乘站主要指同一种交通方式中两条及以上线路的结合点处能实现换乘的车站。换乘站的站场布置要考虑线路的连接和乘客换乘。

对于城市轨道交通，换乘方式有同站台换乘、结点换乘、站厅换乘、通道换乘等类型。其换乘方式直接影响车站的布置方式。城市轨道交通换乘是指在一个或多个铁路车站，乘客在不同路线之间，在不离开车站付费区及不另行购买车票的情况下，进行跨线乘坐列车的行为。

1. 同站台换乘

同站台换乘是两条铁路或地铁的四条线路分别两两合用一个岛式站台，使得两个轨道系统的部分乘客实现在同一站台上的换乘。采用这种换乘方式，乘客换乘非常方便，不用离开站台即可搭乘另一方向的列车。但这种换乘方式车站工程量较大，线路交叉比较复杂，一般需要两条轨道系统同步设计、同期施工。常见的线路布置如图 3-4 所示。

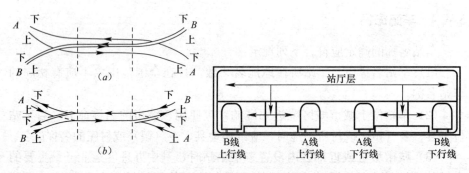

图 3-4 同站台换乘布置图

2. 结点换乘

结点换乘通常在两条轨道线路成立体交叉（往往为十字交叉）时采用。结点换乘的线路布置因使用的站台方式不同而有所区别，通常的布置形式有岛式与侧式换乘、岛式与岛式换乘、侧式与侧式换乘，如图 3-5 所示。

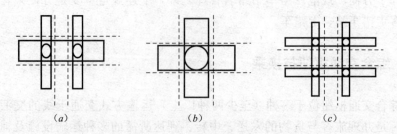

图 3-5 结点换乘布置图
(a) 岛式与侧式换乘；(b) 岛式与岛式换乘；(c) 侧式与侧式换乘

结点换乘需通过上下层站台的楼梯、电梯或通道来实现。

3. 站厅换乘

站厅换乘是两条或多条线路在交汇处共同使用一个换乘大厅来换乘，出站与换乘乘客，都需要经过站厅，再根据相关导向标志出站或到另一个站台继续乘车。处于同一高程的线路相会、不同高程的线路相交与相会（如地铁和轻轨的公共站）以及同时期和不同时期修建的线路相会都可采用这种换乘方式。

由于出站与换乘客流均向一个方向流动，因而减少了站台上的客流交叉，乘客行进速度快，减少了在站台层的等候时间，避免列车到站时站台过于拥挤，同时又可减少楼梯等垂直移动设施的总数量，相当于增加了站台有效使用面积，对于控制站台宽度有利。

站厅换乘的线路布置需要尽量方便各条线路的站台与公共大厅的通道设置。这种换乘方式不但公共站厅要有足够大的面积，还要求有明显的换乘标志。

站厅换乘的换乘路线较长，提升高度较大，有高度损失，需设自动扶梯，增加了用电量，如图 3-6 所示。

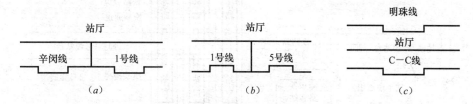

图 3-6　上海地铁站厅换乘
(a) 莘庄站；(b) 人民广场站；(c) 虹口体育场站

4. 通道换乘

通道换乘是由于两条交汇线路的车站结构完全独立，两条线路的乘客换乘需靠连接通道来解决。乘客下车后需经过专用通道，步行一段距离，到达另一条线路的站台转车。

通道换乘常见于两站台间相距较远的车站。也主要用于新线与既有线的汇合，而既有线当时未预留换乘条件，因此新线车站线路的布置常采用与既有线通道换乘设置。

5. 混合换乘

以上同站台换乘、结点换乘、站厅换乘及通道换乘中的两个或两个以上方式的组合称为混合换乘，适用于两线或者多线连接。其目的是满足各个方向的换乘需求。例如北京地铁西直门站，地铁 2 号线与 4 号线间采用结点换乘，与地铁 13 号线和京包线之间采用通道换乘方式。

### 3.5.2　多种交通方式的换乘

在铁路车站，有时需要考虑与某种或多种其他交通方式的换乘。

1. 与城市轨道交通车站的换乘

铁路客运站与城市轨道交通车站的衔接主要有 4 种布局模式：

① 站前广场换乘。在铁路客运站的站前广场地下单独修建城市轨道交通车站，站厅通道的出入口直接设置在站前广场，再通过站前广场与客运站衔

接，这是过去国内最普遍的一种做法。如上海地铁 2 号线一期终点龙东路站（地下一层为站台层、地面为站厅层），通过站前广场与浦东铁路客运站候车大厅进行换乘，如图 3-7 所示。北京站与地铁 2 号线的换乘也是如此。

② 车站站厅层换乘。地铁车站的出口通道直接通到铁路客运站的站厅层，乘客出站后就能进入客运站的候车室或售票室。广州地铁 1 号线与广州东站的衔接采用这种模式。

③ 通道直换换乘。由地铁车站的站厅层直接引出通道至铁路客运站的站台，并通过楼梯或自动扶梯与各站台相连，乘客可以通过此通道在地铁与铁路客运站之间直接换乘，只是换乘步行距离较长。如上海地铁 1 号线（地下两层）与铁路新客站的衔接就采用此模式，如图 3-8 所示。此种模式适合于地铁与铁路车站同步实施的情况。

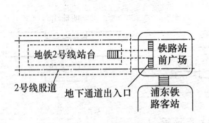

图 3-7　上海地铁 2 号线与
浦东客站衔接示意图

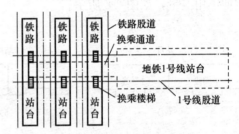

图 3-8　上海地铁 1 号线与
新客站衔接示意图

④ 轨道交通与铁路客运联合设站。对换乘乘客来说，这是最好的衔接布局模式。这种模式根据两者站台的设置方式又可分为两种情形：一种是两者的站台平行设置在同一平面内，再通过设置在另一层的共用站厅或者连接两者站台的通道进行换乘，上海地铁 1 号线、轻轨莘闵线上的莘庄站与铁路客运莘庄站的衔接就是采用这种情形；另一种是城轨车站直接修建在铁路客运站的站台或站房下，乘客通过城轨车站的站厅就能在两者之间换乘，北京西站与地铁 9 号线的衔接采用的就是这种方式。当然联合设站的最佳衔接方式是实现两种客运方式同站台换乘，但这需要在管理体制、票制等方面做出很大的改进。

2. 与常规公交的换乘

铁路客运与市内常规公交衔接的规划设计必须保证换乘过程的连续性、客运设备的适应性和客流过程的舒畅性 3 个系统条件。二者主要布局方式为：

① 常规公交车站与铁路客运站之间有一定的距离，两者之间没有设置专用的换乘设施，乘客利用城市中的一般步道设施、人行天桥或过街通道等设施进行换乘；

② 常规公交车站与铁路客运站之间采用专用的换乘通道设施衔接。

例如，北京西站乘客在北出站口出站后，可沿几个步梯通道上升到地面，直接与多个公交车站衔接。

3. 与小汽车的换乘

铁路客运枢纽内的小汽车换乘主要是出租车换乘，而且出租车换乘的比例在一些大的铁路换乘枢纽达到了 50% 以上。因此，出租车停车场在铁路客运换乘枢纽内的布设极大影响着铁路枢纽总体换乘效率。在规划中需注意以下问题：

① 遵循"宽进严出"的布局设计。即停车点驶入口的尺寸要满足出租车的到达率要求，而驶出口则应小尺寸设计，以使乘客能够有序换乘；

② 注意与轨道交通换乘枢纽站点及常规公交换乘枢纽站点的有效衔接。

4. 与长途客运站的换乘

铁路客运站与长途客运站的衔接布局方式有：

① 铁路枢纽站与客运站垂直叠加分布，用垂直集散厅衔接；

② 枢纽站台与长途客运站的站台处在同一水平面上，通过水平大厅衔接，换乘方便；

③ 枢纽靠近长途客运站，在城市地段上形成并列的空间关系，利用地道、天桥等城市步行系统相连。

5. 与航空港的衔接

从空间结合模式上分析，铁路客运站与机场相结合的方式有三种：

① 换乘中心直接与航站楼结合，乘客通过设置在站台上的楼梯和自动扶梯就可进入航站楼，这种方式换乘最方便；

② 换乘中心与航站楼接近，通过通道使机场与城市轨道交通枢纽衔接，此种衔接模式居多；

③ 枢纽站在航站区以外，利用固定公交车或城市轨道交通衔接。

例如上海虹桥机场站，高速铁路、地铁、磁浮铁路、机场航站楼集中设置，在高程上实现了零距离换乘，如图 3-9 所示。

图 3-9  上海虹桥机场综合交通枢纽

6. 与自行车的衔接

自行车的停车模式一般有地面、地下、半地下、单建多层停车场等。地

76

下停车场无论在地下空间的综合利用、就近换乘，还是在城市景观的优化等方面均有巨大的潜力，但其巨大费用使实用性降低，因而地面、半地下的解决方案必不可少。

地面上的自行车停车设施有：

① 露天专用自行车停车场和单建式多层车库，在用地紧张的中心区极少有机会实现；

② 利用车站外部空间边缘、城市街道边缘形成线状临时露天停车场，这对街景会有影响，但可利用一些景观设施作遮挡，如花坛、花圃、水池等；

③ 对于高架线路，应充分利用设施的剩余空间，如高架桥下剩余空间，天桥下剩余空间等；

④ 利用站内（或相邻建筑）的夹层空间当作停车场。

7. 与步行系统的衔接

一般情况下步行系统以公共交通系统作为支撑，与公共交通系统高效衔接整合，布置在步行流量大的区域，联系不同功能区域，集旅游、商业、休闲功能为一体。城市综合交通枢纽与步行系统衔接的空间形式有：

① 地面站厅和独立的出入口；

② 地下通道、过街天桥和地下街，该方式是开发空间的有效方式；

③ 下沉式广场配合短通道，有利于获得良好的开敞空间，便于交通组织；

④ 中庭，该方式活化了城市空间，能方便地融入商业、娱乐等建筑中。

此外，还有与私家车停车场的衔接等问题，也需要进行综合规划。

由于城市交通方式具有方便灵活的特点，因此在综合交通枢纽规划时，可根据具体情况，灵活选择，可采用多点布设的形式，也可采用多种衔接方式组合的形式，以实现枢纽的有效衔接。

8. 陆海空综合交通枢纽举例

加拿大温哥华水前站（Waterfront）为一个陆海空综合交通枢纽，位于Burrard海湾的煤港（Coal Harbour）处，是直线电机地铁"空中列车"（Skytrain）的起点站。在该枢纽，空中列车可以方便地与西海岸快速列车（WCE）、海上巴士（SeaBus）、公交汽车、直升飞机、水上飞机等交通方式换乘，见图3-10 (a)。

该枢纽的中心车站为原太平洋铁路的车站，现已改造为综合交通枢纽，在该站房的广场侧邻街，出口处有44路、98路B线汽车等线路。如图3-10 (b) 所示。

该车站的站场侧连接空中列车世博会线、新千年线和西海岸快速列车线。直线电机地铁股道如图3-10 (c) 所示。空中列车与西海岸快速列车停在不同的到发线上，乘客可以方便地换乘。图3-10 (d) 所示照片是作者在过街天桥上拍摄的站场股道及列车情况，途中左侧为货车，中间为西海岸快速列车，右侧为直线电机空中列车。

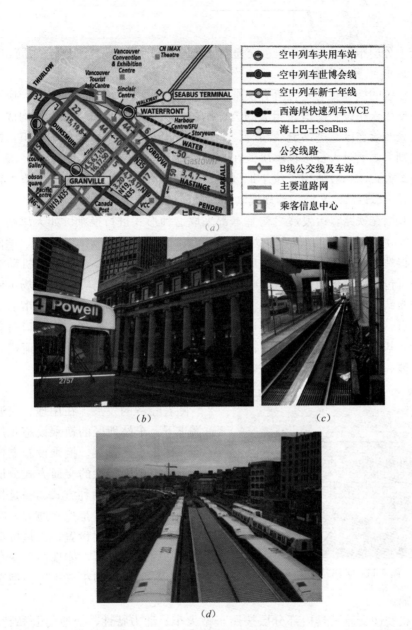

图 3-10  温哥华水前综合交通枢纽及列车

(a) 平面图；(b) 站房及房前道路；(c) 直线电机地铁股道；(d) 站场股道及列车

　　乘客通过天桥（Walkway）往东北方向行走一百多米即可到达港口，可以方便地与海上巴士换乘，到达港湾的另一岸。

　　在水前站东面不远处有直升机停机坪，在港湾中有水上飞机，可以比较方便地与轨道交通衔接。在该港湾中还行驶着大型客轮。

　　在货运方面，在水前站东北方向有集装箱码头。在港湾中也有货轮航行。

　　由上可见，水前枢纽为一个综合性的海陆空综合交通枢纽。

### 3.5.3  换乘设施布局

　　换乘设施空间布局经历了如下 4 个发展阶段：传统平面换乘布局、机动车行人分层布局、与城市轨道交通立体布局、高速铁路站空间综合布局。

1. 传统平面换乘布局

传统的换乘布局是将所有换乘设施在同一平面进行组织的方式。换乘设施主要由铁路设施及道路相关的公交车、出租车及社会车辆等设施构成，布局关系按落客区与进站流线结合，上客区与出站流线结合的原则组织；换乘流线则主要通过人行广场解决。在交通量不大的情况下，这是一种经济有效的组织方式，一般适用于位于地区级、县级城市，高峰小时最高聚集人数较小（$100<H<600$）或中等规模（$600<H<3000$）的客运站。

我国在铁路客运发展之初基本都采取这种形式进行换乘。如天津站（图3-11），建于1988年，候车能力达10000人，包括一座高架候车大厅、两座跨线连接站房以及四个广场。主广场3.6公顷，含提供180个车位的机动车停车场（包括出租车和社会车辆）和4000车位的自行车停车场；副广场主要用于公交站场；子广场是站北的辅助广场；解放桥头广场是车站与城市的交通连接点。人流和车流在平面上进行分流：进站口对着主广场，出站口对着副广场，基本符合进出站人流的特点。但天津车站仍无法回避平面分流模式换乘的弊病，在人流高峰期，公交站场附近交通可能会陷入混乱。

图3-11 天津站平面换乘

2. 机动车行人分层布局

随着经济的发展，在用地、交通双重需求下，车站地区的换乘设施布局开始向立体化方向发展。换乘设施立体化实际上是把不同特性的交通方式分层布局，可以分为如下两种方式。一是机动车与步行的分层，这是把交通方式特性区别最大的设施分层设置；二是机动性交通工具内部的分层，体现在公交车等大型车辆与出租车和小汽车等小型车辆的分离。

机动性交通工具内部分层按照车型大小、动力特性、交通的公私特性、流线特征等依据进行组织。原则上公共汽车以其体量大、爬坡性能差、转弯半径大等原因需要地面布置，同时在公交服务范围广阔的城市，按市区和郊区分开设置：出租车、小汽车特性和公共汽车相反，一般分层设置到地下或高架，同时为了上下车旅客流线便捷，出租车和小汽车的上下客分区也采用空间分层的方式。分层组织的模式一般由地面＋高架、地面＋地下、地面＋高架＋地下三种。

地面＋高架＋地下布局特点明显：地下层为出站层，直接将出租车、社会车辆引入地下通道，分流部分出站旅客；地上二层为进站层，通过高架道路将出租车、社会车辆引至二层，下车后直接进站；地面层为连接层，主要布设人行广场和公交车站场，通过垂直交通系统连接各层。如杭州城站即采用这种分层布置方式，如图3-12所示。

图 3-12　杭州城站分层布置方式

　　杭州城站用地面积不大，站房用地进深仅为 24m，且面积不大的广场用地还被城市道路穿越。利用三个层面来组织流线，把不同流线的旅客以及各种车辆组织在不同层面上，分开进出站人流，并使机动车和旅客活动互不干扰，这样做也缓解了用地不足的矛盾。

　　人流的活动区域几乎完全被限定在了车站站房前的高架广场和其垂直投影区域，以地面二层、地面一层和地下一层 3 个部分分别担任进站、离站、出站三种功能。三个部分与站房主体都直接相连，旅客不需要经过较长的水平移动就可以乘车离站。

　　3. 与城市轨道交通立体布局

　　城市轨道交通的引入往往使得换乘设施的布局呈现立体化特征。主要表现为：城市轨道与铁路间为强换乘关系，与车站广场则为一般换乘关系，这导致城市轨道交通需要建设和铁路间直接的换乘通道。同时城市轨道交通要和站前人行广场有便捷的联系，有条件的情况下可以建设和公共汽车站场的换乘通道。而由于城市轨道交通大容量的集散特性，可以迅速接纳大批乘客，站前空间的交通需求也会相应减少。

　　如原常州站枢纽换乘设施布局采用的是传统的平面换乘布局模式，出租车上下客直接面对城市道路，对城市交通影响较大。随着城际铁路的接入及城市轨道交通的规划建设，常州站地区的换乘设施布局开始向立体化发展。根据规划，常州站是城铁和国铁的联合车站，城铁在北设站，国铁在南设站，线路为地面铺设。城市轨道交通在地下二层交叉穿过铁路站场并于铁路站场下设站，于南北站前空间下设地铁站厅。南北各设交通广场，公共汽车、出租车及社会停车场在地面布设，长途车站结合北广场设置，地下一层结合地铁站厅和铁路出站厅建设南北人行交通轴，将各个交通部分有机联系为一个整体。

　　4. 高速铁路站空间综合布局

　　由于高速铁路车站选址要求高，高速铁路设站的城市往往也有建设城市轨道交通的规划，使得高速铁路车站具备与城轨立体化衔接的条件。

　　如北京南站，车站采用高进低出布局，以中央大厅来组织各种进站人流。分设了南北两个出入口。车站主要的 3 层构成从上至下依次为进站层、站台层、出站层，如图 3-13 所示。

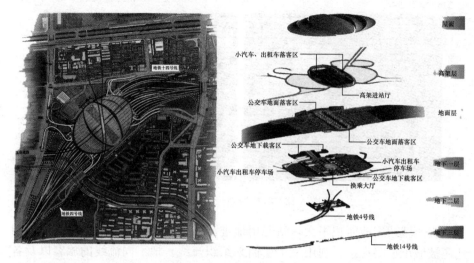

图 3-13　北京南站立体化布局

北部出站大厅一直延伸到地铁 14 号线与 4 号线的交叉点处，实现了地铁与铁路之间在平面上的"零换乘"，提高了换乘质量。公共汽车的停靠点位于车站西侧，靠近地铁站。从站台可以垂直乘电梯到达正 8m 标高的中央进站大厅。站台的尽端有连接到负 8m 标高的出站大厅。在乘客上下车完毕之后，公交车辆向东行驶，从建筑底部穿过，回到城市道路网。出租车和社会车辆可以通过高架路直接到达北侧屋顶下的正 8m 标高的停车平台，乘客可以从这里平层步行到中央大厅。

## 思考题与习题

**3-1**　试述铁路车站规划的原则和基本要求。

**3-2**　区段站分布的主要影响因素有哪些？

**3-3**　中间站分布的基本要求是什么？

**3-4**　各类车站的站间距离大概各取值是多少比较合适？

**3-5**　车站选址应主要考虑哪些影响因素？

**3-6**　铁路车站需要考虑进行换乘的交通方式的种类有哪些？其规划设计要点是什么？

**3-7**　综合交通枢纽中的换乘设施有哪些布局种类？

# 第4章 车站站房

## 本章知识点

【知识点】按照铁路类型、车站类型、建筑规模、结构关系等因素划分铁路站房的种类，线侧式、线正上式、桥下式、地下式、线端式、复合式等站房与站场之间的关系，公共区、办公区和设备区等站房功能分区的功能、组成和布置特点，进站流线、出站流线、行包流线、车辆流线等流线的特点及流线设计形式，分散等候式、集中等候式、高架候车式、快速通过式等车站建筑布局的特点和应用，屋盖、楼盖、轨道层、地下结构等站房结构体系的组成、结构特点，梁板、柱、站场规模等轨道层体系的类型、规模和设计特点。

【重　点】铁路车站功能分区、流线设计、建筑布局的种类和特点，站房结构体系的组成和设计特点。

【难　点】轨道层的组成、各组成部分的分类及设计特点。

铁路车站建筑包含站房和站场客货运建筑以及与站房合并布置的房屋、换乘空间和其他交通、商业空间。

铁路车站站房是旅客办理购票、托取行包及候车的场所，是车站广场与站场相连接的中枢。车站站房建筑在一定程度上反映出社会经济、政治、科技、文化的发展水平，又受到社会价值取向的深刻影响。当代铁路站房建设需坚持以人为本和可持续发展的理念，以人的需求为出发点，通过合理规划和设计，为旅客提供方便、舒适、安全的乘车环境，快捷、便利的换乘条件和人性化的运输服务。

站房的发展过程已在第1章进行了介绍，本章主要介绍站房分类、功能分区、流线设计、建筑布局、形态设计、站房结构、附属设施等内容。

## 4.1 设计原则

铁路站房设计，尤其是高速铁路站房设计，应遵循如下设计原则：

（1）房屋建筑设计应采用安全、节能和符合环境保护要求的先进技术和材料，符合经济、适用、美观的要求，并根据铁路运输生产需要合理布置相应的建筑物和空间。

（2）房屋建筑设计除应符合建筑形式和功能要求外，还应符合结构技术先进、形式合理的要求，并符合现行国家标准《建筑抗震设计规范》。

（3）房屋建筑应考虑节能要求，节能设计应符合现行国家标准《公共建筑节能设计标准》和现行《铁路工程节能设计规范》的相关规定。

（4）旅客车站广场流线应符合安全、快捷的要求，采用人车分流的布局形式，并应与站房的布局形式相匹配。

（5）旅客车站布局应符合城市发展和运输要求，并根据当地经济、交通发展条件，合理确定建筑规模。

（6）旅客车站建筑应根据相应铁路线路形式、场地条件、管理方式等特点合理确定建筑形式。

（7）旅客车站建筑设计应考虑无障碍设计，应符合现行国家标准《铁路旅客车站无障碍设计规范》等相关规范的规定。

（8）旅客车站设置的各种动态和静态客运服务信息标志应清晰便捷，符合现行《铁路旅客车站客运信息系统设计规范》和国家有关标准的规定。

## 4.2 站房分类

铁路车站按其运输性质，可以分为客运站、货运站和客货运站、客运站仅办理旅客旅行及与此有关的各项作业。客运站房有多种分类方法。

### 4.2.1 按照铁路类型分类

（1）中低速铁路站房

中速（也称快速）铁路设计速度为 120～200km/h，低速（也称普速）铁路设计速度为 120km/h 以下，这两种铁路上设置的站房称为中低速铁路站房。这类铁路列车到发间隔长，密度小，旅客在站需要较长时间的候车，站房需能办理行包托取作业。一般情况下，这种铁路站房候车大厅需要的人均面积要大些。

（2）城际铁路站房

城际铁路设计速度为 200km/h 以上，这种铁路上设置的站房称为城际铁路站房。由于列车最小行车间隔三分钟左右，旅客在站不需要长时间的候车，站房不办理行包托取作业。故不需要太大的候车大厅。

（3）客运专线（高速）铁路站房

我国客运专线（高速）铁路新线设计速度为 250km/h 及以上，这种铁路上设置的站房称为客运专线（高速）铁路站房。这类铁路列车运行速度高，中长运距、长编组、高密度、"点到点"运输居多。受同方向、同停靠站点的列车发车间隔影响，旅客仍需一定时间候车。站房不办理商务行包托取作业，但有条件时可设置方便旅客携带大件随身行李的服务设施。

（4）铁路综合站房

上述几种类型铁路站房可并存设置，形成功能相对复杂、各种特点共存的综合型站房。目前多数枢纽中的大型站房都是这种集多种铁路运输特点于一体的综合站房形式。

### 4.2.2 按照车站类型分类

（1）始发终到站站房

始发与终到的旅客列车对数所占比例较大的车站称为始发终到车站。这种车站一般位于一条铁路线的起终点或途径的大型车站。

（2）通过站站房

站上通过的列车数较始发终到列车比例较大的车站称为通过站。

（3）中转站站房

在车站需要换乘列车的旅客称之为中转旅客。中转旅客所占比例较大的车站，称为中转站。

（4）市郊旅客站站房

专门或主要办理市郊旅客运输业务的车站站房。

（5）国境站站房

位于国家边境地区的车站，具有办理旅客出入境功能的车站站房。

（6）联运站站房

铁路与航空、地铁、公路、水运联合运输、联合设站，站房兼有航空港、地铁站、汽车客运站、港口码头等功能，这种站房称为联运站站房。

### 4.2.3 按建筑规模分类

车站建筑设计首先要合理确定站房建筑规模。影响站房建筑规模的因素较多，要综合考虑客运量、列车到发线及站台数量、列车开行模式、运营管理模式以及所在地的城市等级、经济发达程度、地理位置、城市交通的便捷程度等。

客货共线铁路车站一般按最高聚集人数划分规模。客运专线站房建筑规模可根据高峰小时平均发送量划分。铁路车站一般划分为特大型、大型、中型、小型车站，见表1-1。铁路主管部门也可在一定范围内根据需要直接确定建筑面积。

特大型车站一般设在直辖市、省会级城市，多为新型的客运专线车站或综合铁路车站。此类车站可按最高聚集人数控制候车室面积（贵宾室除外），并根据高峰小时乘降量计算通道宽度、售检票设施数量等。站房总建筑面积根据需要确定。

大型车站一般位于副省级、首府、计划单列市及以上城市，普速铁路车站站房面积可按最高聚集人数乘以 $3.5 \sim 4.5 m^2$/人控制。客运专线等新型铁路车站站房可按最高聚集人数乘以 $1.5 m^2$/人、最小不小于 $1.2 m^2$/人控制候车室面积（贵宾室除外），并根据高峰小时乘降量计算通道宽度、售检票设施数量等。站房建筑面积根据需要确定，范围为 $10000 m^2$ 以上。

中型车站一般为地区级城市、旅游城市，普速铁路车站站房面积通常按最高聚集人数乘以 $3.5m^2/$ 人计算，也可以根据需要确定，范围为2000～10000m²。

小型车站一般为县市级城市车站，站房建筑面积一般在2000m²以下。

### 4.2.4　按结构关系分类

在高架车站情况下，站房与车场在平面上是重合的。根据二者之间的结构和受力关系，可将站房划分为如下几类。

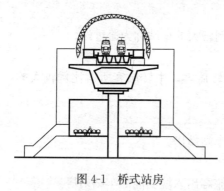

图4-1　桥式站房

**1. 桥式站房**

桥式站房的受力以桥墩为主，即车站建在一组桥墩上，一般为桥下式车站，如图4-1所示。这种车站能充分利用高架桥的桥下空间，适用于规模较小的车站，适用于列车运行间隔时分较短、不需要较大候车室的城市轨道交通高架车站。城际铁路的有些高架车站也采用这种结构形式。

**2. 建式站房**

建式站房也称为楼式站房，与桥式站房不同，其结构受力主要依靠站房的柱子和墙体，即轨道层铺设在楼盖之上，如图4-2所示。这种结构体系适用于规模中等的车站。

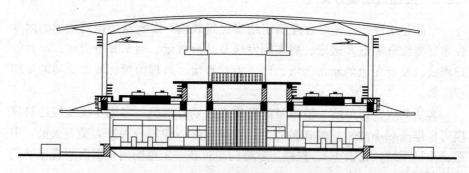

图4-2　建式站房

**3. 房桥分离**

对于比较大型的高架车站，可采用站房建筑、车场结构分开设置的结构形式。这种结构形式也称为建桥分离。站台一般设在站房楼板上，由房屋结构受力；轨道层一般设在高架桥上，单独受力，如图4-3所示。这种车站上列车引起的振动不易传递到站台、候车室和仪器室，适用于站型不是很大、对环境要求较高的车站。

**4. 房桥合一**

房桥合一也称为建桥合一。这种车站既是站房建筑又是桥梁结构，并且将二者有机结合到一起，便于将站房与轨道层综合考虑布设，如图4-4所示。

我国目前特大型车站较多采用该种结构体系。

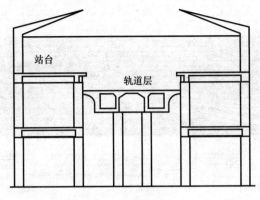

图 4-3　房桥分离

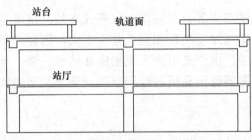

图 4-4　房桥合一

## 4.2.5　按与站场之间的关系分类

按照广场、站房和站场相互之间位置关系，铁路车站总体布局模式可分为平面布局形式，站房与站场立体布局形式，广场立体布局形式和综合式立体布局形式。

1. 平面布局形式

平面布局形式是铁路车站的广场、站房和站场三大部分在平面上依次布置，形成三段式的平面布局结构。平面布局形式适合于中小型铁路车站。平面布局形式车站与城市交通一般采用平面衔接，有"一"字形衔接、"T"字路口形衔接和放射形衔接等方式。

平面布局形式主要包括线侧式、线端式两大类型。

（1）线侧式

线侧式站房位于站场一侧，站房与站场相对独立。根据站场与广场的高差关系，线侧式站房还可细分为线侧平式、线侧上式和线侧下式站房，如图 4-5 所示。

1）线侧平式。站房位于线侧，站房首层地面标高与站台面基本持平，例如北京站。

2）线侧上式。站房位于线侧，站房首层地面标高高于站台面，例如重庆站。

86

3）线侧下式。站房位于线侧，站房首层地面标高低于站台面，例如长沙站。

| 线侧平 | 线侧下 | 线侧上 |

图 4-5　线侧式站房

我国客货共线铁路大部分车站均为线侧式车站。站房是旅客乘降行为的主要场所，由于站房与站场高程相同或差别不大，旅客进出车站都需要经过高架桥或者地下通道。由于进出站人流集中在站房一侧，车站广场成为人流集散的主要场所，需要保留充裕的广场空间或地下交通空间，以缓解高峰时刻客站的人流压力。

（2）线端式

线端式站房位于站场的顶端，如图 4-6 所示。线端式车站上下车客流都从线端进出，不需要修建专用的旅客天桥或地下通道，因此造价较低；但上下车客流有交叉，甚至有冲突。

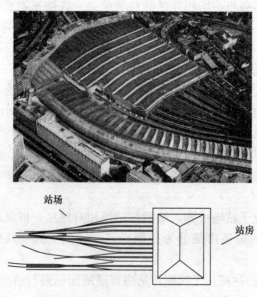

站场

站房

图 4-6　线端式站房

线端式站房不同于铁路枢纽设计中的尽端式客站。在我国，即使是尽端式客站（如上海、上海南站），往往也设置成线上式或线侧式站房。线端式站房在我国比较少见，南京西站、北京北站是我国为数不多的线端式站房的实例。在欧洲，线端式站房是一种很常见的客站形式。

2. 立体布局形式

这种车站的站房、站场采用立体布局。按站房和铁路站场的位置关系，可分为线上式站房布局和线下式站房布局。

这种立体布局形式在平原地区一般适用于大型车站，但在山地城市，有些车站虽然规模不大，也可依据地形条件采用线上式或线下式布局形式。这种布局车站与城市道路的衔接应根据车站规模及周边道路条件、地形条件来确定采用平面衔接或立体衔接，如在城市道路上设置立交或引出匝道与车站内部道路直接相连，使各类车辆能够快速进出车站。

（1）线正上式

线正上式站房位于站台及线路之上，也称为线上式，一般为高架式站房，如图4-7所示。这种站房形式最大的特点是高架候车厅位于轨道正上方。可以从旅客的出行需要和列车的行驶线路对候车空间进行与之对应的平面划分。高架站房多应用于大型、特大型客站，例如上海站、北京南站、武汉站等车站（图4-7）。

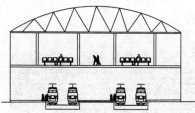

图4-7 线正上式站房

（2）线正下式

线正下式站房一般也称线下式，站房位于站台及线路下方。线正下式站房一般为桥下式站房。

桥下式站房，也称桥式站房，是高架车站的另一种形式，其主要特点为采用轨道层（站台层）位于桥梁上部，而站房（站厅层）则位于桥梁下方，这种车站也称为跨线高架候车车站。它充分利用桥梁结构，将楼盖（站厅层）设在梁底之下或高架或设在地面上，如图4-1、图4-8所示。桥下式车站充分利用桥梁的下部空间，比较适合候车人数不多的城际铁路和用地紧张且人流通过较快的城市轨道交通车站。

目前我国长大干线铁路还没有桥下式站房的实例。在城际铁路中已有几个车站采用桥下式站房。在城市轨道交通高架车站中广泛采用桥下式站房，例如上海磁浮铁路龙阳路。

3. 地下式

地下式站房是指车站站房位于地下的车站。该种车站有两种形式，一种

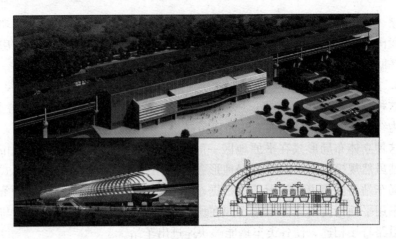

图 4-8　桥下式站房

是候车大厅、轨道层全设在地下，例如美兰机场站（图 4-9）。地铁车站较多采用这种车站形式。另一种是轨道层在地面而候车大厅在地下，如图 4-9（b）所示，我国客运专线中于家堡站、福田站采用了这种地下车站设计。这种车站充分利用地下空间，不仅大大节约了城市土地，便于和地铁衔接，也为旅客的出行提供了便利。不足之处是全地下车站的工程造价较高。

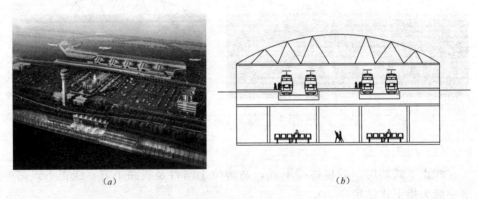

（a）　　　　　　　　　　　　　　　　　　（b）

图 4-9　地下式站房
（a）全地下；（b）部分地下

### 4. 复合式布局形式

随着复杂的综合型车站的出现，上述几种站房形式也可能互相组合，同时还可能与车站广场共同组合，出现于一个车站中，产生新型的复合式站房。

如新广州站，是线上式和线下式站房的复合体，它采用框架桥形式的高架站场，将站房、站场、站台雨棚融合为有机的整体，为车站布局带来了极大的灵活性。

有些特大型的铁路客站枢纽由于功能较多且地形复杂，也会出现两种或两种以上形式共存的情况，可以称之为复合式站房，如图 4-10 所示。

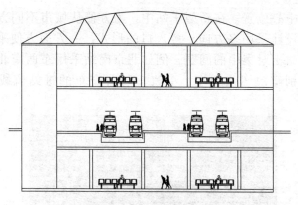

图 4-10 复合式站房

## 4.3 建筑设计

铁路站房在进行结构设计之前，首先要进行功能布局与空间设计，主要包括建筑规模确定、功能分区、流线设计、形态设计等内容。

### 4.3.1 功能分区

铁路站房按功能划分为公共区、办公区和设备区三大部分。各区应划分合理，功能明确，便于管理。

1. 公共区

根据使用性质特点，公共区划分为付费区（已检票区域）和非付费区（未检票区域）两部分。车站内部的进站广厅、售票厅、行包托取厅、旅客服务设施（问讯、邮电、商业、卫生间）、出站厅等区域为非付费区；进站通道、绿色通道等为付费区；候车室内有的区域是付费区，有的是非付费区，需根据设计情况确定。公共区空间应开敞、通透、明亮，旅客服务设施齐备、流线清晰、组织有序。

站房内的公共区包括以下各部分功能空间，进站广厅、候车室、出站厅、售票厅、行包托取厅、进出站通道、站台等。

（1）进站广厅

进站广厅是旅客进入车站的入口大厅，起到分配进站客流的站内平面和竖向交通枢纽作用，同时广厅也可兼有票务服务、临时聚集等候等功用。对旅客携带行李中的危险品检测（安检）通常也设在这里。

广厅应开敞明亮、视线通透，具有良好的空间识别性和导向性，有条件时应上下贯通，使旅客的视线直达各候车空间甚至站台，使旅客在心理上克服焦虑感，在结构处理时可采取无柱或少柱的大跨度设计方案。

广厅内可设置各种旅客服务设施，包括问讯处、小件寄存处、邮政、电信、小型商业设施、旅客医务室等。

进站广厅应靠近各种车辆停靠落客区域，让步行旅客容易到达，一般布置在站房的中心位置。在新型车站中，为方便从城市不同方向到达的人流进站，站房设计采用多方向、多入口的形式，一方面方便乘客，另一方面缓解客流进站相对集中的问题。例如北京南站采用东西南北四个方向的进出站口，分别解决了出租车、小汽车与公交车的进站流线，如图4-11所示。

图4-11 北京南站进站广厅

铁路车站中的安检设备，一般设于进站广厅入口处。其优点是，方便旅客进站后灵活使用付费区、非付费区的服务设施，如餐厅、商店等，旅客服务设施可以共享，避免服务设施的重复设置，提高服务设施利用率。缺点是，不利于大型车站采用多方向进出的站房布局形式；广厅入口设置安检设施，会形成拥堵，降低进站广厅的开放程度；安检设施设置在广厅入口，不仅对乘车旅客实施安检，同时也强制其他非乘车人流（如送客人流）进行安检，这样会降低安检效率，增加旅客在站时间，影响乘车效率和环境。

有些车站将安检设备设于候车室入口。优点是，安检设施仅针对乘车旅客，提高了安检速度；消除进站广厅的拥堵现象，提高非付费区域广厅的开放性。缺点是，增加候车室区域的服务设施，旅客不方便共享非付费区的服务设施。

（2）候车室

候车室设计应开敞明亮、视线通透，尽量考虑有好的室内外景观和宽阔的视野，为候车旅客提供宜人的环境。候车室根据车站类型的不同，采用不同的设计方式，以满足旅客不同的候车行为需要。客运专线车站的旅客虽然需要一定的候车时间，但不必强调座椅严格按照先来后到的顺序设置，着重考虑方便、通畅和景观等因素，应分区域设置候车室，如普通候车区、无障碍（老弱孕和残障人士）候车区、吸烟区、商务贵宾区、母婴候车区和哺乳室等。

客运专线车站的候车室可适当提高标准，不需要设软席候车室。普通铁路车站和综合车站应考虑加大软席候车室面积（如武汉站的候车厅），以满足全软席列车的开行需要。

候车室面积应根据最高聚集人数确定。规范规定，普通铁路候车室使用面积不小于每人$1.1m^2$，软席候车室不小于$2.0m^2$；客运专线车站或城际铁路的候车室标准可以适当提高，不再区分软席和普通候车室，一律按最高聚集人数乘以每人 $1.5\mathrm{m}^2$ 控制候车室面积（贵宾室除外）。客运专线旅客车站最高聚集人数计算应考虑列车到发频率和旅客的候车时间等因素。

候车室是铁路车站站房最重要的功能空间之一。候车空间的布置方式在平面上可分为横向集中式、横向分散式、纵向分散式等形式，如图 4-12 所示。

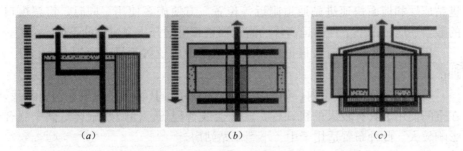

图 4-12　候车室平面布置方式示意图
(*a*) 横向集中式站房；(*b*) 横向分散式站房；(*c*) 纵向分散式站房

当代铁路车站候车厅发展的特点是由不同方向独立候车厅的设置模式逐步向集中候车厅或综合候车厅转变，候车空间由分散向集中转变，可有效提高候车空间的使用效率，简化旅客通过流程。候车厅空间开敞，普通候车区、无障碍候车区、商务贵宾区、母婴区以及商业服务区等功能空间采用绿化、座椅、服务台等软质界面进行区域划分，如北京南站中央候车大厅（图 4-13*a*）。

（3）出站厅

出站厅是铁路到达旅客（出站旅客）换乘其他交通工具的分配空间，与进站广厅具有同等重要的地位。出站厅应设置旅客厕所，检票口外应设足够面积的接客缓冲区域。在设计中应加强通过性和导向性，尽量靠近车站广场上主要交通车辆的离站停车场，并有明确的交通引导系统，图 4-13 (*b*) 所示为北京南站出站广厅。

图 4-13　北京南站
(*a*) 中央候车大厅；(*b*) 出站广厅

（4）售票厅

随着电子售票形式的不断完善，铁路部门的售票形式也日趋多样化，旅客购票方式也更加灵活方便。在铁路车站内售票方式一般有两种形式，即设置人工售票处和配置自动售票设备，包括网络售票车票打印机。这两种售票方式还可以分为集中式和分散式两种售票形式。集中设置是指站房独立设置售票厅，如长沙站、北京站、武昌站等。售票厅的数量可以根据站房的规模、等级等设置1处或2处及以上。售票口的数量应根据车站的建筑规模和最高聚集人数或日发送量合理确定。分散式售票是将人工售票处分散设置在高架进站广厅和地面快速进站通道附近等位置，方便旅客使用。同时，售票窗口的数量还应考虑季节性客运高峰的需求因素和可增开售票窗口的条件。

集中式设置售票窗口根据售票厅在站房中的位置不同，可以分为以下3种形式：

1）设在综合候车室内，如图4-14（*a*）所示。其特点是售票厅明显易找，在空间使用上具有较大的机动性，旅客流线行程短，但购票旅客对候车旅客影响较大。此种布置适用于中、小型车站站房。

2）设在营业厅内，如图4-14（*b*）所示。其特点是旅客购票与候车区不干扰。此种布置适用于中型车站站房。

3）在站房外单独设置，如图4-14（*c*）所示。售票厅与候车室用通廊相连，或通过广场相连，旅客行走流线长。

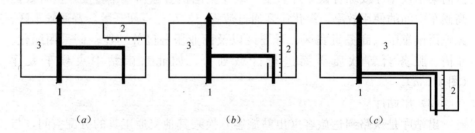

图4-14 售票厅位置示意图

1—旅客进站流线；2—售票厅；3—候车室

自动售票机一般分散设置在客运专线及城际铁路车站内，售票口和自动售票机数量可根据旅客情况设置，其数量应经计算确定。

售票厅、售票机应设在进站方向的当中或右手侧，可减少买票、打印车票客流与进出站客流的交叉。过去有些车站的售票厅设在进站方向的左手侧，增加了购票客流与进站客流的流线交叉。

（5）行包托取厅

行李、包裹托取厅的位置应与旅客托运、提取行包的顺序及行包流线紧密结合，尽量减少与其他流线的交叉。行包托取厅的位置还应考虑与站房的候车室、站台和广场的有机联系，与跨线设备及行包运输方式的密切配合等因素。

1）设一个行包房兼办托运和提取业务

根据其不同设置位置又有以下两种形式：

① 设在旅客进、出站流线之间，如图4-15（*a*）所示。其特点是旅客上车前托运行包和出站后提取行包的流程较短。但旅客出站流线、行包托取和行包专用车辆流线集中，容易堵塞，不利于安全，同时也不利于设置室外行

包堆放场，故只适用于中、小型车站站房。

　　② 设置在站房的右侧或左侧，如图 4-15（b）、（c）所示。其特点是旅客流线、行包流线和车辆流线间干扰较少，便于设置室外行包堆放场。图 4-15（b）对来托运行包的旅客比较方便，图 4-15（c）对离站提取行包的旅客比较方便。由于出站后立即提取行包的旅客较少且较集中，故大、中型车站设置一个行包房时，宜采用图 4-15（b）的布置形式。

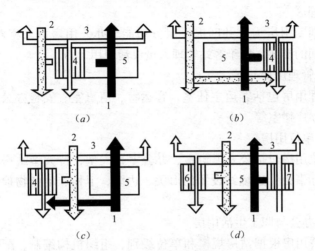

图 4-15　行包托取厅位置示意图

1—旅客进站流线；2—旅客出站流线；3—行包流线；

4—托取行包房；5—站房；6—到达行包房；7—发送行包房

　　2) 设两个行包房分别办理托运和提取业务

　　这种方式如图 4-15（d）所示。发送行包房布置在站房左侧，到达行包房布置在站房右侧。这种布置既方便进、出站旅客托、取行包，又避免旅客流线与行包流线的互相干扰。但这种布置对行包仓库利用不灵活，管理人员需增加，行包搬运不便。这种布置适用于大型、特大型车站站房。

　　大型及以上站房的行包房宜设在地下或多层行包库内，各层间采用垂直升降机和皮带搬运设施搬运行李。中转行包量较大时，宜单独设置中转行包房。

　　(6) 站台

　　铁路站台一般设在站场范围内，详见第 7 章。若是房桥合一的车站，则站台也设在站房内，站台与房屋结构共同受力。在这种情况下，也需要在站房范畴内讨论站台的有关问题。

　　铁路站台是方便旅客上下列车的基础设施，一般分为基本站台和中间站台两种，如前所述。站台可做旅客临时候车使用，设置休息座椅。地道、天桥等跨线设施的出入口和楼梯不宜布置在基本站台上，以使站台通畅无碍，方便旅客行走。

　　(7) 进、出站通道

　　客站的天桥、地道等跨线设施是旅客登乘和离开站台的通道，为付费区。天桥和地道的出入口应与进、出站检票口相配合，以减少旅客在站内的交叉干扰。旅客地道设双向出入口时，宜设阶梯和自动扶梯。天桥、地道的楼梯一侧应设旅客行李坡道，方便旅客使用。详见第 6 章第 6.5 节。

**2. 办公区**

站房内的办公区宜集中设置于站房的次要部位，并与公共区有良好的联系条件，与运营有关的用房应靠近站台。

办公区包括管理区和内部作业区等。

**（1）管理区**

管理及辅助用房为公共区提供服务功能。办公用房可以相对集中布置，采用开敞空间的形式，便于客站管理人员灵活使用。

1）客运管理用房

客运管理用房包括客运主任室、客运室、值班室、安检办公室、检票员室、补票室、广播室等。

2）驻站单位用房

驻站单位用房包括公安值班室、办公室；大型、特大型站房根据需要设置军事代表办事处；边境站设置的海关、边防、卫检、动植物检以及银行等驻站用房等。

3）行政办公与职工生活用房

行政办公用房根据站房规模和单位级别、组织机构编制、配备的定员情况确定，一般应设会议室或电话会议室、站长室、值班站长办公室、接待室、各部门办公室、职工活动室等。职工活动用房主要包括休息室、更衣室、浴室、食堂等。

**（2）内部作业区**

1）售票室

售票室是售票员进行售票作业、迅速准确地出售大量客票的工作场所，应很好地解决采光、通风、隔声等室内环境设计问题。售票室内地面宜高出售票厅 0.3m，并宜采用木地板。售票室的大小取决于售票窗口的多少，售票室附近应集中布置票据库、财务室、各种办公用房、机房等相关设备用房。

2）行包库作业区

行包库作业区包括行包托取厅及营业室、行包库房、主任室、计划室、行包办公室、安全室、票据库、总检室、装卸工休息室、车库、维修间、数据中心等用房。对于大型、特大型站应分设到达、发送、中转行包库，建设用地紧张时可考虑设置地下行包库或多层行包库。为缩短行包流线，避免与旅客流线交叉，行包库的位置应靠近旅客列车的行李（包）车。

行包库需考虑机械作业要求，室内净空高度不应低于 3m。考虑行包体积和重量的特点，行包库与提取厅之间关系密切，一般情况下只是划分作业区，不用隔墙分隔，设行包托取柜台分隔，柜台应留出不小于 1.5m 宽的运输通道。柜台面高度不大于 0.6m，宽度不小于 0.6m。

**3. 设备区**

车站设备系统是保证铁路运输正常运营，为旅客提供舒适、健康、安全的交通服务的技术系统。随着社会经济和科技水平的提高，车站技术设备也不断地更新发展。目前铁路车站设备用房主要有智能中枢系统技术用房、电视监控系统技术用房、电子显示系统技术用房、通信信号设备用房、控制室、空调机房、配电用房、水泵房、锅炉房等。该用房的规模与布局应根据车站等级、设备的工艺与使用要求确定。

设备区应远离公共设施，并尽量利用地下空间。

4. 设计举例

(1) 客货共线铁路中间站

中间站由于客货运量小，作业简单，往往将站长室、行车运转室合并于旅客站房内。

设计时，客货共线铁路车站旅客站房规模通常根据旅客最高聚集人数确定。设计年度一般取运营后 10 年的运量。中间站站房属于中、小型站房。其最高聚集人数中型站房可达 600～3000 人，小型站房在 600 人以下。小型站房约占铁路站房的 70％，一般采用标准设计。

小型站房布局通常采用候车与营业合一的综合候车室形式。图 4-16 为一中间站站房平面布置示例。

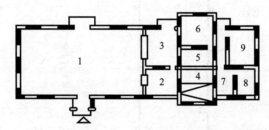

图 4-16  中间站站房平面布置图

1—综合候车室；2—售票室；3—客运值班室；4—间休室；
5—继电器室；6—运转室；7—开水间；8—仓库；9—站长室

(2) 客运专线中间站

葵潭站位于厦门至深圳铁路，站房面积为 2067m²，属于客运专线普通中间站。根据上述各功能分区的布置原则，该站第一、第二层各功能区的布置如图 4-17 所示。

### 4.3.2  流线设计

在站房内，旅客、行包、车辆的集散活动会产生一定的流动过程和流动路线，通常称之为流线。

流线设计是指通过建筑空间的布局组合和其他设计手法，对特定范围的人流、车流、物流加以分类、组织、引导，形成有秩序、有目的的流动线路的过程。流线设计是交通建筑设计的主要内容之一，通常以流线设计也是车站合理功能布局的主要依据。

1. 基本原则

旅客流线设计的基本原则是互不交叉、短捷合理、明确清晰。

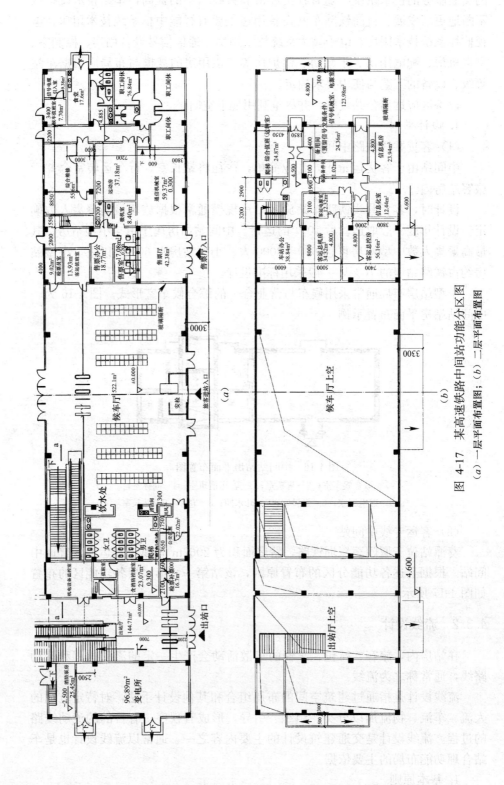

图 4-17 某高速铁路中间站功能分区图
(a) 一层平面布置图; (b) 二层平面布置图

（1）互不交叉

各种流线避免相互交叉干扰，这是车站流线设计的一般要求，尤其是进站和出站流线不能出现交叉现象。

（2）短捷合理

距离短捷合理是旅客流线设计的基本要素，应最大限度地缩短旅客在站的行走距离，避免流线迂回。由于我国各个历史阶段的经济基础和要求不同，铁路车站的建筑型制出现多次变化。从最初的车站广场、站房、站场三大块在平面上依次布局，发展到车站、广场立体组织交通并与站房紧密联系，形成站房（主要是候车室）与站场的立体叠合布置。随着铁路交通技术的大发展，在最近一些大型、特大型综合铁路车站规划设计中，已经把车站广场、站房和站场完全视为一个整体，用立交的设计手法将其他各种交通方式融入这个整体，追求多种交通方式之间的零距离换乘和无缝衔接。

（3）明确清晰

在一个大型的交通建筑中，由于规模和空间尺度等原因，旅客流线设计不可避免地遇到冗长的现象。所以对于有大量复杂流线的大型综合交通枢纽车站来说，流线设计则要把明确清晰放在重要位置。在不能兼顾两全的情况下，讲究流线清晰明确比追求短捷更重要。

2. 流线分析

铁路车站流线按其性质的不同分为旅客流线、行包流线和车辆流线；按其流动方向的不同又分为进站流线和出站流线。

（1）进站旅客流线

进站客流在检票前比较分散，不同性质的旅客在不同时间内办理各种出行手续，并在相应地点候车。进站旅客按旅客性质不同可分为以下几种。

1）普通旅客流线

普通旅客流线是进站旅客流中的主要流线。多数旅客的进站流程是到站→问讯→购票（或打印车票）→托运行李→候车→检票→上车。

2）中转旅客流线

根据换乘时间的长短，有的中转旅客办理检票后即进入候车室，随普通旅客一起检票进站；也有的中转旅客不出站而在站台上换乘列车。

3）市郊旅客流线

市郊旅客的人流密集到达，候车时间短，有些人有月票可不必购票和托运行包，多数随普通旅客一起检票进站。

4）特殊旅客流线

特殊旅客包括母子、老弱病残等旅客，在中型以上车站应单设候车区（室）和检票口，保证特殊旅客优先进站。在大型车站，团体或军人客流也都另辟候车区（室），与普通旅客分开进站。

5）贵宾流线

进站的贵宾除要求能从贵宾室单独进站外，还需设置汽车直接驶入基本站台的专门通道，其流线要求与普通旅客分开。

进站旅客流线设计应与客运服务相结合。高速铁路进站流线应采取以通过式为主或等候式与通过式相结合的流线方式。

（2）出站旅客流线

出站旅客的特点是人流集中、密度大、走行速度快、使用站房时间短。一般情况下，普通、市郊、中转旅客均汇集在一起经出站口出站。当市郊旅客较多时，可单独设置市郊旅客出站口。

（3）行包流线

1）发送行包流线。发送行李包裹的作业流程是托运→过磅→保管→搬运→装车。发送行包流线应与到达行包流线分开。

2）到达行包流线。到达行包的作业流程是卸车→搬运→保管→提取。

（4）车辆流线

车辆流线是指车站广场的公交车、出租车、社会车辆、自行车等车辆的流程，应分别进行流线设计。

3. 流线设计

根据站房类型的不同，流线设计分为以下几种形式。

（1）线侧平式站房下进下出式

车站站房位于铁路线一侧，进站旅客通过地道从候车室进入站台，出站旅客通过地道从站台抵达出站口。一般客流不大的单层候车室站房可考虑采用这种形式，如图4-18（a）所示。

（2）线侧平式站房上进下出式

车站站房位于铁路线一侧，进站旅客从天桥进站、出站旅客从地道出站，同时可将基本站台候车室设在站房下层，方便旅客直接进入基本站台，其他普通候车室则设在上层。一般两层候车室站房常采用这种形式，如图4-18（b）所示。

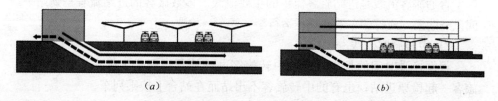

$(a)$ $(b)$

图 4-18　线侧平式站房流线

$(a)$ 下进下出式；$(b)$ 上进下出式

（3）线侧下式站房下进下出式

车站站房设于铁路线一侧并低于站台一定的高度（一般 4m 以上）。旅客流线一般可考虑进站旅客从地道进站、出站旅客从地道出站方式。两层候车室时可将基本站台候车室设在上层，其他普通候车室设在下层，如图4-19（a）所示。

（4）线侧下式站房上进下出式

车站站台与广场之间的高差不足 4m 时，站房设计为两层会使上层候车室不能与基本站台高度很好适应。为此，一种思路是利用这一高差做架空层，上层设置为候车室并布置进站流线，下层架空层设置出站厅、行包房和停车场，剖面流线为"上进下出"式，如图4-19（b）所示。

（a） （b）

图4-19　线侧下式站房流线

（a）下进下出式；（b）上进下出式

（5）线正下式站房下进下出式

车站站房设于铁路线下方，旅客流线自然为"下进下出"方式，如图4-20所示。

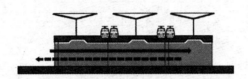

图4-20　线正下式站房下进下出式

（6）线正上式站房上进下出式

候车室设于铁路线上方，旅客流线为"上进下出"方式，如图4-21所示，也可以考虑"上进上出"方式。

图4-21　线上式站房上进下出式

（7）线端式站房平进平出式

线端式站房位于铁路线端部，如图4-22所示。其最大的好处就是旅客进出站台可以"平进平出"，省去了上下跨线设施。但是旅客均由站台一端进出，也有流线较长和相互交织的弊端。规模较大的线端式站房仍可考虑立体疏解措施。

（8）复合式站房综合式

复合式站房是多种站房形式的互相组合，则流线设计根据候车室布置的需要选择最适合的方式，合理地进行综合设计，将旅客流线进行立体疏解、人车分流。

例如北京南站采用上进下出、下进下出，通过式、等候式相结合的多种旅

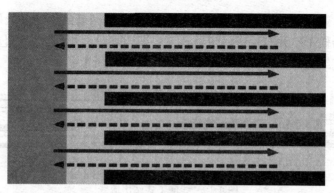

图4-22 线端式站房平进平出式

客进出站流线模式。进站客流除了高架层候车厅的主要客流之外，还有来自公交车、地下进站厅等处的客流；其出站客流除了去往地下出站厅的主要客流之外，还有去往高架进站厅的客流。其流线设计相当复杂，如图4-23所示。

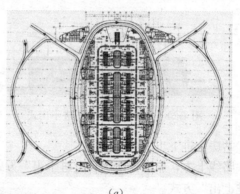

(a)

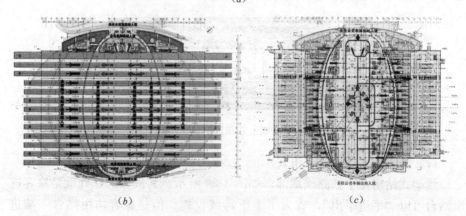

(b)　　　　　　　　　　　　(c)

图4-23 北京南站进出站流线

(a) 高架进站流线；(b) 地面进出站流线；(c) 地下进出站流线

（9）绿色通道流线设计

随着城市交通体系的日益完善，铁路交通运输技术的发展，列车车次增多，同时旅客出行经验增加，越来越多的旅客，如公务、商务、营销以及旅游团体等，往往只在开车前适时赶到车站，而不需要提前到车站长时间候车，因此需要车站设置直接进站的"绿色通道"。在传统线侧式车站中，利用高架

图 4-24　武汉站绿色通道设计

候车室之间的中央通廊，形成直接进站的通道，即"绿色通道"，使具备通行条件的旅客可不经过候车室直接进站，如北京站、广州站、武昌站等；在新建综合性站房中，结合进站通道，可在站房中部设直接进站的通道，形成"绿色通道"，如武汉站（图2-24）等。

### 4.3.3　建筑布局

站房是车站建筑的主体，站房各功能空间比如进站广厅、候车室、进站通道、售票厅、出站厅、行包房等，其相对位置及相互关系，需要根据车站的规模、性质等条件进行合理组织，以满足功能流线的要求。站房的各部分功能空间布局是站房建筑设计的核心。

随着社会经济的发展，现代交通技术的进步，站房空间布局逐步由以往的等候式的静态空间向通过式的动态空间转变，候车空间的容量、形式和内容也随着集散和换乘效率的提高而由繁至简地变化，站房布局更加讲求方便快捷的进出站流线设计。

随着铁路运输与车站建设的发展，站房中为旅客使用的公共区（包括付费区和非付费区）、客站运营管理工作所需的非公共区、交通联系（包括付费区和非付费区）等空间的不同组合，可以形成以下几种不同特点的建筑布局类型。

1. 分散等候式布局

以候车大厅为核心的分散式布局是我国传统的站房布局方式，其特征是车站的站房、站场、广场以及外围服务设施均在同一个平面上分散展开。也就是以候车大厅为核心，将候车区和进站通道组织为一个大空间，构成站房的主体；将售票厅、行包房、出站口、邮政、餐饮、购物等空间，按与候车厅的相关程度分散布置，如图 4-25 所示。

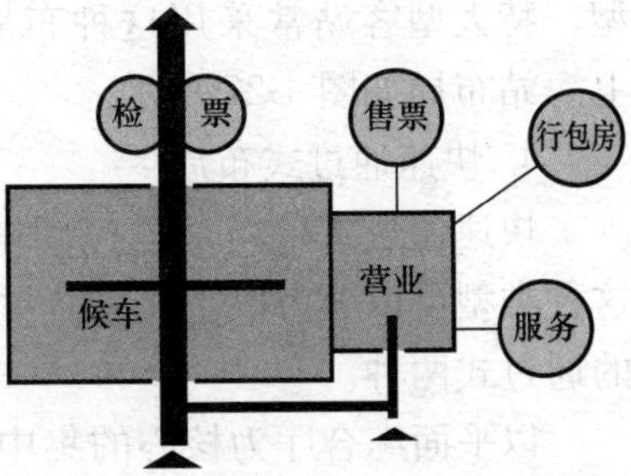

这种布局方式的对外交通主要依靠车站广场来组织，广场成为各部分之间的纽带和集散枢纽。这种布局方式适合旅客在站停留时间较长的车站。

图 4-25　分散等候式布局示意图

2. 集中等候式布局

以分配广厅为主的集中式布局过去主要应用于大型和特大型车站。为了有序组织不同车次与方向的旅客，避免人流过分集中和相互干扰，站房布局多采用以分配广厅为中心，围绕它布置几个候车室和营业服务部分的平面布局形式。其中，分配广厅又可分为横向分配广厅与纵向分配广厅两种形式，如图4-26所示。

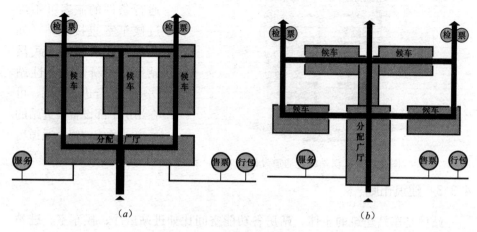

图4-26 集中等候式布局示意图
(a) 横向分配厅；(b) 纵向分配厅

这种布局方式的优点是空间划分明确，可以按分线方式划分候车区，便于组织管理和客运服务，结构构造简单，通风采光易于处理。但这种类型的客站的交通面积所占比例较大，空间使用效率低下，旅客进站流线冗长迂回，流线交叉干扰大，客流疏解不够顺畅，横向候车室易形成"袋形候车室"。如重庆站、成都站等车站采用这种布局方式。

3. 高架候车式布局

高架候车式的布局形式是将候车室设置在铁路线路和站台上方，旅客通过进站广厅，进入所在候车室，从候车室的检票口直接下到相应的站台。这种形式的优点是大大缩短候车室进入站台的距离，提高进站速度。同时，高架候车室使铁路车站向城市两个方向开放，可以从铁路线路两侧双向进站，站房主体进深也相对减小，可为旅客提供更为方便的换乘服务。现在一些大型、特大型客站常采用这种布局方式，比如上海站、天津站、杭州新站等，上海站布局如图4-27所示。

4. 快速通过式布局

快速通过式布局是适应车站功能复合化而形成的空间组织与布局类型。这种类型可以分为以平面综合厅为核心的集中式和以立体化综合空间为核心的通过式两种。

以平面综合厅为核心的集中式布局方式是中小型车站使用频率最高的候车部分，将候车室与售票、行包、问讯以及公共交通等部分合并组织在一个统一的空间内，形成一个综合性多功能的活动大厅，如图4-28所示。这种布局的优点是旅客在厅内往往只作短暂停留，大厅内的空间组织流线顺畅，进入大厅一目了然，易找到各不相同的功能部分；可灵活划分不同空间，候车、服务、检票等活动空间可调节使用；大厅开阔完整、采光通风良好，结构简单。

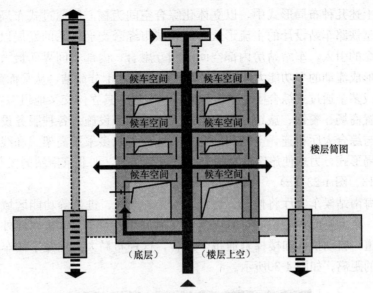

图 4-27　高架候式布局示意图（上海站）

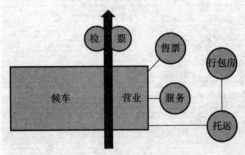

图 4-28　快速通过式布局示意图

其缺点是仍然为平面展开式的布局，只适宜旅客在站内停留时间较短的车站，如果车站规模较大、旅客较多且停留时间较长、组成复杂，这种布局会造成各种流线的相互干扰，无法适应多模式换乘的要求，也无法适应多功能要求的车站上方空间的开发，一般较大型的客站较少采用这种形式。

这种模式多见于国外的中小型车站，较为典型的是加拿大渥太华车站、荷兰鹿特丹总站（图4-29）。我国辽宁盘锦站、葫芦岛站采用的也是这种布局形式。

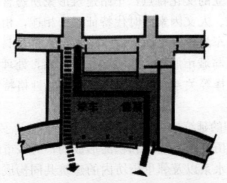

图 4-29　荷兰鹿特丹站布局示意图

在上述几种布局形式中，以立体化综合空间为核心的通过式布局是目前我国大型铁路车站设计的主流形式。随着城市综合交通体系的发展以及综合换乘概念的引入，车站站房内部空间已相互融合，内部空间界面最大限度地简化，形成流动的多功能大厅。该种方式流线设计十分简洁，从平面到立体，以一个或多个通过式综合厅为中枢，把多种交通工具立体交叉地组织在一起，适当设置商场、餐饮、旅馆、商业空间等多种服务设施。各种服务设施有多个通道与综合大厅相连，空间相互穿插。这种方式多采用高架式和线下式等空间布局形式，力求使旅客进站的流线简短而便捷，如北京南站的候车大厅，见图 4-13、图 4-23 (a)。

上海南站候车大厅将候车、售票、检票、服务、进站等功能区域有机组织在同一个大空间内，空间分割灵活，交通流线一目了然。候车厅外围为贯通的通道，自动扶梯和楼梯直通每个站台，这种布局大大缩短了候车旅客进入站台的距离，如图 4-30 所示。

图 4-30 上海南站候车大厅

### 4.3.4 形态设计

铁路车站是一座城市的"门户"和"窗口"，是城市重要的公共性建筑，代表了政府和民众所关注的城市形象。站房建筑形态所传达的形象信息，将是城市乃至周边地区地理、历史、人文、经济及时代特征的集中体现。每一座城市都有其相对独立的文化特点，车站建筑形象所蕴含的美学意义，是与自然条件、地域环境、人文因素、时代特征紧密相连，相互融合的。铁路车站的形态设计不仅是车站本身，而且对整座城市来说都具有特殊的意义。设计中应准确把握建筑与城市肌理、地域文化等关系，处理好建筑细节，以及建筑材料和色彩的选择等关系，使铁路车站建筑的性格特征和时代精神得到充分展现。

1. 保持城市肌理的延续

城市肌理是人类历史长期浸润和积淀形成的，与城市的产生和发展相依相存。城市的道路、水系以及邻里街坊内的建筑共同构成了城市的肌理，道路和水系的走向、坡度等直接影响每幢建筑的布局，这也是建筑与城市文化相互关系的重要体现。铁路车站一般都位于该区域的中心位置，规模宏大，它对城市肌理的保持、延续和形成起到重要甚至决定性作用。站房建筑设计从布局、朝向、空间造型等方面与周边道路、建筑和空间环境相协调，构成合乎空间逻辑的肌理关系。

苏州新站为在原有站房基础上的扩建项目，设计将代表苏州城市肌理特征的古典建筑形态，用坡屋顶的形式提炼出来，以一种符号的方式运用到站房建筑上，不断重复，形成气势宏大的韵律，与苏州城市风貌巧妙契合，如图4-31所示。

图 4-31　苏州站

比如北京南站，顶部装饰在北京城的整体背景下，进行具象设计，实现了"天坛"的屋面形象，为昔日至高无上的皇家穹宇加入大众化和现代化的特色，使北京南站成为同时具有文化性和时代感的公共建筑，如图4-32所示。

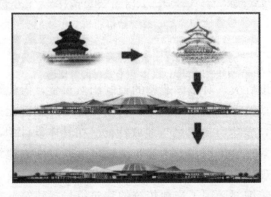

图 4-32　北京南站

**2. 注重地域文化的表达**

现代铁路车站的形态设计，可以通过反映真实结构来形成外部形态，也可以对地域特征、人文特色、时代风貌等文化因素进行综合表达。

拉萨站在设计中提取了藏族传统夯土高台式建筑的意象,采用渗入红色染料的清水混凝土外墙挂板,模拟布达拉宫的板筑红色土坯墙的意境,顶部层叠的原木挑梁构件仿似布达拉宫的金顶。立面开窗嵌入式竖向长条窗,前后错动、高低起伏,极富韵律,充分传达出浓厚的藏文化内涵,如图 4-33 所示。

图 4-33 拉萨站

再比如郑州站,站房形态以鼎、双联壶为原型进行抽象,整个车站看上去犹如一个抽象的雕塑,造型厚重沉稳,体现了传统中原文化的特质,如图 4-34 所示。

图 4-34 郑州站

3. 强调细部元素的把握

车站建筑尺度巨大,对整体造型的控制固然重要,但建筑细部对建筑形态的表达也具有至关重要的作用。比如立面设计中的细部元素可以很好地传达当地文化信息,表达历史记忆与地域特征。在具体设计中,可以将传统建筑的某一部分元素直接运用在车站建筑上,也可以对地方建筑的传统符号进行抽象演变,以现代的方式进行运用。

南京南站建筑细部运用了当地传统的建筑符号,建筑形式模仿南京城典型的"三重门"样式,屋顶采用南京传统建筑的大屋顶形式,在檐柱与斗拱的设计中,简化并提炼了干栏式建筑的构件元素,既保留了传统文化特征,又形成了简捷现代的气息,如图 4-35 所示。

图 4-35　南京南站

　　再比如，武昌站通过对传统元素的萃取，外窗借用编钟的形式，与墙体一起，形成了连续的韵律，入口雨棚吸收汉阙理念，经过尺度的调整和形式的变异，生成新的适合铁路车站建筑的表现形式，蕴含丰富的文化内涵，如图 4-36 所示。

图 4-36　武昌站

　　4. 重视色彩与材料的运用

　　建筑色彩包括建筑材料固有的色彩和人工赋予建筑的色彩，建筑除产生直接的美感外，还常常具有一定的象征意义。色彩的运用可以起到装饰建筑的作用，不同地区可以通过不同的色彩特征对地域文化进行表达。材料的合理运用可以增强建筑立面的"可读性"，同时也会引起人们的视觉联想，可以满足车站的功能需求，以及对地域环境的尊重。

　　仍以拉萨站为例，如图 4-33 所示，拉萨站的色彩以白色与棕红色相间，表面是竖向条纹人工打毛而成的肌理效果，白色条纹粗，红色条纹细，且色彩贯穿内外，表现出藏族文化特有的粗狂大气。

　　再比如敦煌站。站房外墙以烧毛面石材和透明玻璃为主，由于当地砂岩和沉积砾岩抗风化能力较弱，在外立面上仅适宜局部使用，主体石材选用锈石花岗岩。屋面坡檐采用深青灰色无釉彩瓦，材质质朴明快，与整体造型协调统一，如图 4-37 所示。

图 4-37　敦煌站

5. 追求与城市空间的融合

建筑是城市的构成要素，建筑与城市空间的融合与共享是建筑文化特色的具体体现。把具有城市空间特点的文脉传承融入建筑，使车站建筑真正成为城市空间的公共组成部分。

以南京站为例，南京站的位置得天独厚，南邻风景秀丽的玄武湖。为了

图 4-38　南京站

使车站建筑与环境景观协调，更好地融入这个城市空间之中，在建筑形态设计上，将整体造型以"船"的喻意与城市空间中的"湖"进行沟通，建立一种内在的联系。建筑立面设置大面积通透的玻璃幕墙，形成轻盈通透的建筑体态，使湖光山色成为站房内外相互融合的优美景致，如图 4-38 所示。

## 4.4　站房结构

随着我国客运专线、城际铁路以及城市轨道交通的快速发展，铁路客站流线模式正逐步从功能性较差的"等候式"向高效率的"通过式"转变。这就要求新型客站在功能布局和流线设计上与之适应，以综合大厅为中心代替以候车区为中心的格局。这种功能上的转变会直接导致站房结构设计上的变化。近年来修建的大型、特大型客站大部分为高架站，具有候车大厅空间大、桥建合一、站棚一体化等特点。在站房结构设计中，需要分别研究高架屋盖、楼盖（候车厅）、轨道层、地下结构等结构体系，如图 4-39 所示。除此之外，在大型高速铁路客站结构中，还需研究屋顶、夹层等结构。

现主要以高速铁路站房为例进行介绍。

### 4.4.1　屋盖

在房屋建筑顶部，用以承受各种屋面作用的屋面板、檩条、屋面梁或屋架及支撑系统组成的部件或以拱、网架、薄壳和悬索等大跨空间构件与支承

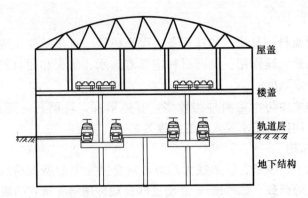

图 4-39　高架车站结构体系示意图

边缘构件所组成的部件的总体称为屋盖结构。

　　由于大型及特大型的高架站不仅满足综合交通枢纽的使用功能，同时还要实现"城市地标"的社会要求，因此各具特色的建筑造型、各具特色的屋盖结构形式，使得屋盖结构形式选型越来越复杂。图 4-40 为深圳北站高架站候车厅屋盖结构的效果图及剖面图，从图中可以看出结构形式很复杂。

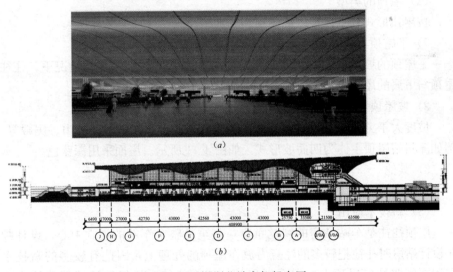

图 4-40　深圳北站高架候车厅
(a) 效果图；(b) 剖面图

　　屋盖结构体系主要由屋顶、梁板及柱组成。

**1. 屋顶结构**

　　屋顶是由屋面板、承重结构、顶棚等部分组成的车站站房最顶部的功能部件。

　　我国目前大部分站房的屋顶与其下所述的屋盖结构合二为一，在这种情况下，屋顶包括在屋盖结构体系中。对于传统的民族形式的站房和某些特殊形式的结构，还要在屋盖之上再架设屋顶结构。

　　(1) 屋顶的组成

　　屋顶一般由承重结构和屋面两部分组成，还有保温层、隔热层及顶棚等。

1）屋面

包括屋面盖料和基层，如挂瓦条、屋面板等。直接承受风雨、冰冻和太阳辐射等大自然气候作用。屋面材料应具有防水、耐火和耐自然长期侵蚀的性能，并有一定强度。

坡屋顶的屋面防水盖料种类较多，有弧形瓦、琉璃瓦、筒瓦、波形瓦、金属蒙皮板、构件自防水及太阳能面板等。

2）承重结构

一般有椽子、檩条、屋架或大梁等，承受屋面上的所有荷载、自重及其他加于屋面上的荷载（如吊顶），并将这些荷载传递给支承它的墙或柱。

坡屋顶的结构体系大体可分为三类：檩式、椽式、板式。

3）保温、隔热层

保温层和隔热层分别在寒冷地区和炎热地区设置，可设在屋面层或顶棚层。

4）顶棚

顶棚具有保温隔热和装饰作用，有直接式顶棚和吊顶两种方式。

（2）屋顶的类型

按屋顶形式分平屋顶、坡屋顶和其他屋顶。

1）平屋顶

平屋顶的坡度小于 10%，常用坡度为 3%～5%。在平屋顶情况下，往往屋顶与下属的屋盖合二而一。

2）坡屋顶

坡度大于 10% 的屋顶。坡屋顶形式有单坡、双坡、四坡、歇山、庑殿等。例如漳州站屋顶主体为四面坡形式，如图 4-41 所示。屋面采用深蓝色。

3）其他

包括尖顶、圆顶、折板、筒壳、悬索、膜结构等。

（3）新技术应用

屋顶往往是车站站房的视觉重点，甚至是整个车站的视觉中心，设计师在设计站房时往往把较多的注意力放在屋顶的处理上，因此有较多的新技术应用在铁路站房屋顶上。在会展建筑、体育建筑、机场航站楼等建筑物中采用的大跨、高耸、轻体结构技术近年来也大批应用到我国车站站房的建设中。

一些新的环保、节能减排技术也在站房屋顶上得到应用，例如天津西站在屋顶安装太阳能板，可以利用太阳能发电、节约能源，如图 4-42 所示。许多车站的屋顶能够通过自然光，节约了候车大厅的照明资源。

2. 梁板结构

梁板是实现大跨空间站房屋盖的主要结构。高架屋盖的梁板结构体系主要有钢筋混凝土＋预应力结构、钢桁架结构、实腹钢梁结构、钢网架结构、网架与桁架混合钢结构、网壳钢结构及张弦梁结构等结构形式。加入预应力筋的钢筋混凝土结构可以提高梁板结构体系的承载能力，但预应力钢筋工程

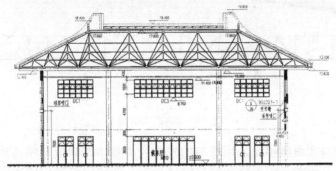

图 4-41  四面坡屋顶（霞浦站）

图 4-42  太阳能屋顶（天津西站）

量的增加也会引起工程造价的提高，同时对大跨结构的优势性没有其他钢结构形式明显；实腹钢梁自重较大，用钢量及其他材料用量均很大；网壳结构相对复杂。

经统计分析，目前我国高速铁路车站高架屋盖梁板体系多采用钢桁架结构、钢网架结构及二者相结合的混合结构。相对钢网架结构，钢桁架结构在屋盖梁板体系中应用更广。

（1）钢桁架

钢桁架是用钢材制造的桁架，最常采用的是平面桁架，在横向荷载作用下其受力实质是格构式的梁，如图 4-43 所示。钢桁架与实腹式的钢梁相比较，其特点是以弦杆代替翼缘和以腹杆代替腹板，而在各节点处通过节点板（或其他零件）用焊缝或其他连接将腹杆和弦杆互相连接；有时也可不用节点板而直接将各杆件互相焊接（或其他连接）。这样，平面桁架整体受弯时的弯矩表现为上、下弦杆的轴心受压和受拉，剪力则表现为各腹杆的轴心受压或受拉。

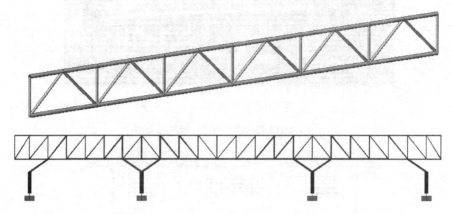

图 4-43　钢桁架结构

钢桁架与实腹梁相比是用稀疏的腹杆代替整体的腹板，并且杆件主要承受轴心力，从而能节省钢材和减轻结构自重。这使钢桁架特别适用于跨度或高度较大的结构。此外，钢桁架还便于按照不同的使用要求制成各种需要的外形。并且，由于腹杆钢材用量比实腹梁的腹板有所减少，钢桁架常可做成较大高度，从而具有较大的刚度。但是，钢桁架的杆件和节点较多，构造较为复杂，制造较为费工。

钢桁架中，梁式简支桁架最为常用。因为这种桁架受力明确，杆件内力不受支座沉陷和温度变化的影响，构造简单，安装方便；但用钢量稍大。刚架式和多跨连续钢桁架等能节省钢材，但其内力受支座沉陷和温度变化的影响较敏感，制造和安装精度要求较高，因此采用较少。在单层房屋钢骨架中，屋盖钢桁架常与钢柱组成单跨或多跨刚架，水平刚度较大。银川站的钢桁架屋盖结构如图 4-44 所示。

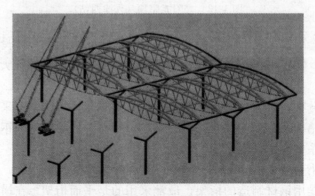

图 4-44　钢桁架屋盖结构（银川站）

厦门西站屋面采用"大跨度空间钢桁架＋双向正交钢管桁架"结构。站房最高可聚集人数为 5000 人。站房高架候车厅跨度 132m、长度 220m、高度 9m、宽度 13m、重量 1200t，候车厅内无立柱，是目前我国铁路站房中单跨桁架跨度最大的车站。

（2）钢网架

钢网架为由多根杆件按照一定的网格形式通过节点连接而成的空间结构。具有空间受力、重量轻、刚度大、抗震性能好等优点；缺点是汇交于节点上的杆件数量较多，制作安装较平面结构复杂。

网架结构根据外形不同，可分为双层的板型网架结构、单层和双层的壳型网架结构，如图 4-45 所示。板型网架和双层壳型网架的杆件分为上弦杆、下弦杆和腹杆，主要承受拉力和压力；单层壳型网架的杆件，除承受拉力和压力外，还承受弯矩及剪力。目前我国的站房网架结构绝大部分采用板型网架结构。

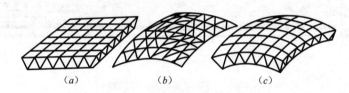

图 4-45　网架结构类型
(a) 双层板型网架；(b) 单层壳型网架；(c) 双层壳型网架

网架结构是高次超静定结构体系。进行板型网架结构受力分析时，一般假定节点为铰接，将外荷载按静力等效原则作用在节点上，可按空间桁架位移法，即铰接杆系有限元法进行计算。也可采用简化计算法，诸如交叉梁系差分分析法、拟板法等进行内力、位移计算。单层壳型网架的节点一般假定为刚接，应按刚接杆系有限元法进行计算；双层壳型网架可按铰接杆系有限元法进行计算。单层和双层壳型网架也都可采用拟壳法简化计算。

网架结构的杆件截面应根据材料强度和稳定性计算确定。为减小压杆的计算长度并增加其稳定性，可采用增设再分杆及支撑杆等措施。用钢材制作的板型网架及双层壳型网架的节点，主要有十字板节点、焊接空心球节点及螺栓球节点三种形式。十字板节点适用于型钢杆件的网架结构，杆件与节点板的连接采用焊接或高强度螺栓连接。空心球节点及螺栓球节点适用于钢管杆件的网架结构。单层壳型网架的节点应能承受弯曲内力，一般情况下，节点的耗钢量占整个钢网架结构用钢量的 15%～20%。

采用钢桁架结构时，屋盖梁板体系单位用钢量最大；而采用桁架网架混合结构比钢桁架及钢网架结构用钢量都要少，混合结构大约比钢网架结构的用钢量减少三分之一。应用桁架网架混合结构形式的车站有汉口站（图 4-46）、吉林站和贵阳北站等车站。

3. 柱结构

车站的屋盖大都由墙和柱提供支撑。屋盖柱结构形式主要有钢管混凝土、型钢混凝土、钢筋混凝土及钢结构 4 种。为满足高架候车厅的大候车空间、

(a)

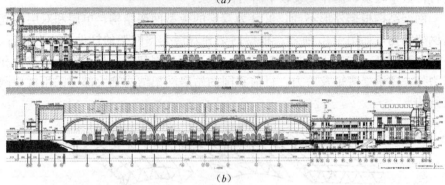

(b)

图 4-46 网架屋盖结构（汉口站）

(a) 效果图；(b) 剖面图

屋盖柱结构体系悬挑高大、柱距大的特点，在实际应用中，目前屋盖柱多采用钢柱的结构形式，它既能满足大的承载力要求，同时自身的设计截面尺寸小，较其他结构而言自重轻，适合于大型结构的侧向支撑结构选型。型钢混凝土和钢管混凝土两种结构形式在承载力等方面优势明显，但其工程数量很大，且施工复杂，在一些高架站屋盖设计中偶有应用。钢筋混凝土结构柱在大跨度结构中优势不明显，因此应用较少。

通过对目前收集到的铁路客站数据进行分析，得到高架站房屋盖柱结构形式应用数量及工程数量对比如图 4-47 所示。

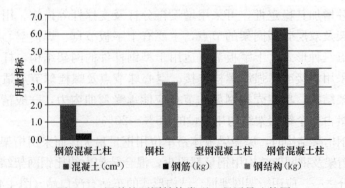

图 4-47 屋盖柱不同结构类型工程用量比较图

钢结构柱可以适用的柱网范围较大，当主要柱网中最大柱距处于 50～80m 时，目前大多采用钢结构柱，而当柱距大于 140m 时，钢结构柱同样可以满足结构设计的需求。而采用其他三种柱的结构形式时，目前柱距大都小于

72m。如图 4-48 所示为北京南站屋盖及柱结构。

图 4-48　北京南站屋盖及柱结构

从工程用量角度分析，应用混合结构的柱结构的工程用量最少；从已有工程角度分析，当最大柱距低于 80m 时，更多的车站选用了桁架钢结构柱；最大柱距大于 80m 时，大多采用网架钢结构类型，其中绥芬河站屋盖最大柱距为 95.63m，长沙南站为 145m。

同时少量样本也体现了：实腹钢梁适合小柱距结构，如宁波南站屋盖柱距为 24m；网壳结构适用于大柱距结构，如天津西站最大柱距为 138m。

### 4.4.2　楼盖

高架站楼盖，即候车厅地面楼盖，是高架站的重要组成部分，在城市轨道交通中常被称为轨道层，如图 4-39 所示。楼盖平面整体选型多为长方形，少数客站为工字形。

从结构角度划分，楼盖主要由梁板与其下的柱组成。梁板结构类型多为钢桁架与压型钢板的组合结构、预应力钢筋混凝土结构；柱结构类型多为钢骨混凝土柱和钢柱。少数客站候车厅修建商业夹层，夹层柱结构类型多为钢筋混凝土、钢骨混凝土；梁板结构多为钢筋混凝土、预应力钢筋混凝土和实腹钢梁等类型。

1. 梁板结构

目前我国高架楼盖梁板结构体系主要分为钢桁架和压型钢板组合结构、钢筋混凝土框架结构、实腹钢梁钢结构及预应力钢筋混凝土框架结构 4 种类型，其中大部分为预应力钢筋混凝土框架结构及钢桁架压型钢板组合结构。例如，虹桥站、成都东站、郑州东站、西安北站、南京南站等均采用钢桁架和压型钢板组合结构，高架候车厅结构选型为长方形。哈尔滨西站为预应力钢筋混凝土框架结构，候车厅结构选型为工字形，如图 4-49 所示。

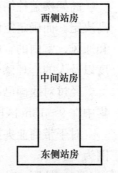

图 4-49　哈尔滨西站楼板平面

根据统计资料，我国目前不同的梁板体系结构类型工程用量（平均平米指标）如图 4-50 所示。可见钢桁架和压型钢板组合结构用钢量较大，预应力钢筋混凝土框架结构的钢结构用量较小；钢筋混凝土框架结构混凝土用量最多，钢桁架和压型钢板组合结构混凝土用量最少。

楼盖层楼板的面积应能满足站房等级的面积要求，即满足候车最高聚集人数、高峰小时发送量的要求，见表1-1。

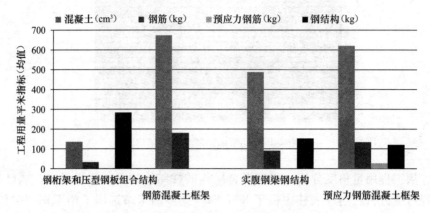

图 4-50　高架楼盖梁板体系结构类型工程用量统计图

2. 柱结构

该处所谓的柱结构是指支撑楼盖梁板的柱结构。

（1）建筑材料

高架站房楼盖结构主要分为钢筋混凝土柱、钢管混凝土柱和钢结构柱 3 种类型。目前高架站房楼盖柱采用钢管混凝土结构较多，而单纯的钢结构柱较少。从结构角度而言，同等条件下，钢管混凝土结构柱较钢筋混凝土柱承载能力强，在大跨度结构中有明显的优势。

从工程材料用量方面看，钢管混凝土柱用钢量较钢结构柱略小，混凝土与钢筋用量与钢筋混凝土结构相近，所以可以看出，钢管混凝土虽然被广泛使用，但材料用量较大。从材料用量角度，在满足设计要求及其他经济性要求前提下，钢结构柱及钢筋混凝土结构柱更节省材料。

（2）柱高

高架楼盖柱结构体系柱的高度主要由服务旅客上下车的站台以上空间净高决定。而确定空间净高的因素主要有房间的使用活动和设备的布置、采光和通风、室内的空间比例和结构构件、设备管道及电器照明设备所占用的高度以及人的心理感受等因素所决定。

经过对我国已有高架站房楼盖柱高样本进行统计分析，楼盖柱结构高度集中在 9～13m 区段范围内，大于 17m 及小于 9m 的楼盖柱样本数量比较少。

对于带商业夹层的高架候车厅，通过统计分析得到夹层部分柱高分布范围为 7～9m。

（3）柱距

按柱结构材料分组，我国高架站房楼盖柱的横向柱距目前主要集中在 20～21m 的范围内。由于高架楼盖的柱底端大多位于站台层顶端，站台层按客站线路设计需求布置站场股道，楼盖结构体系的柱布置不但要满足本身结构设计需求，同时需满足站场布置需求，由于站场线路数量及线间距有章可循，所以柱距布置相对统一，如图4-51所示。这就是无论采用什么样的结构形式，柱距相对集中的原因。同时，当柱距小于19m时，多采用钢筋混凝土结构柱，因其施工简单，材料用量不大；当柱距大于23m时，可采用钢管混凝土柱或钢结构柱。

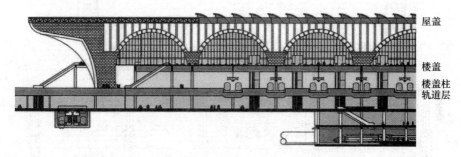

图4-51 楼盖与楼盖柱（石家庄站）

按柱结构类型分组，柱距主要集中在18～30m范围时，范围内结构形式多选用预应力钢筋混凝土框架结构、钢筋混凝土框架及实腹钢梁钢结构。当柱距大于30m时，多采用钢桁架和压型钢板混合结构。

3. 城市轨道交通站厅

站厅是乘客进出车站的缓冲区，它衔接检票通道和进出站通道，是乘客购票正式进入车站前的活动区域。站厅内根据需要应设置售检票设施及问讯处、公用电话和小卖部等设施。

城市轨道交通站厅面积的确定比较复杂，首先要确定站厅内应有的服务项目，再根据高峰时段的客流量确定这些相关服务项目的服务设施数量，按照这些设施的型号尺寸确定应占面积，并考虑在服务区的乘客人均面积不应小于$0.75m^2$和人流通道所需的基本面积来确定站厅面积。

### 4.4.3 轨道层

由于高架车站的站台下部多存在地下空间结构，即站台及线路修建于轨道层结构上，因此，轨道层结构是列车穿过高架站房这种高架车站结构类型中的重要结构组成部分。

通过统计分析，大约有70%左右的高架站含轨道层结构。当前大部分客站轨道层采用了框架结构形式，也称为房桥合一、建桥合一方式（图4-4），轨道层荷载和站台结构荷载直接传给轨道层框架，经框架柱最终传至地基基础，如图4-52（a）所示。

还有一些采用"桥＋框架"式（图4-52b）及房桥分离式的轨道层结构，如图4-3所示。

1. 梁板结构

高架轨道层梁板结构体系目前主要分为钢管混凝土框架结构、钢筋混凝

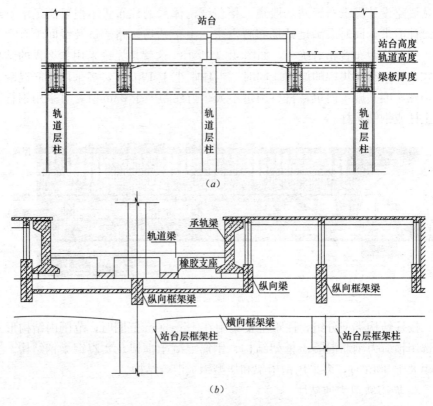

图 4-52 轨道层架构示意图

(a) 框架式结构; (b) 桥+框架式

土框架结构、型钢混凝土梁及预应力钢筋混凝土框架结构 4 种类型, 其中预应力钢筋混凝土框架结构采用比例最高。

钢管混凝土框架结构混凝土和钢筋的材料用量较小, 但钢结构用量较大; 预应力钢筋混凝土框架混凝土与钢筋的用量较大, 预应力筋用量较小, 没有钢结构的用量。

2. 柱结构

根据高架轨道层的特点, 柱结构主要分为钢筋混凝土柱、钢管混凝土柱和钢骨混凝土柱 3 种类型。目前轨道层较多采用钢骨混凝土柱结构及钢筋混凝土柱结构, 钢管混凝土柱较少。

对含轨道层结构的客站的柱高分布进行统计: 轨道层柱高集中在 10～11.5m 的范围。低于 10m 的有天津西站、汉口站、呼和浩特东站、西安北站等车站, 其中西安北站的柱高仅为 6m; 高于 11.5m 的有成都站, 柱高为 12m。

按柱结构类型分组, 对其最大柱距进行统计分析, 来反映柱网分布情况。钢骨混凝土柱的柱距范围较大, 分布在 18～25.8m 之间, 钢筋混凝土柱的柱距范围较为集中, 分布在 20.6～25.8m 之间, 而钢管混凝土柱的柱距较大, 其中有两个样本的柱距为 30m 以上。综合来看, 轨道层柱距主要集中于 20.6～24m 范围。预应力钢筋混凝土框架结构比单纯的钢筋混凝土结构更适合大柱距的结构形式。由于轨道层线路设计、设备安装设计及站台设计参数规律性强，不仅考虑结构承载情况，同时考虑满足功能尺寸要求。

对轨道层14个客站样本进行统计分析，得到其样本的极小值、极大值和均值，见表4-1，可供设计参考。

| | 某些高架站轨道层统计指标 | | 表 4-1 |
| --- | --- | --- | --- |
| 指 标 | 极小值 | 极大值 | 均 值 |
| 轨道层主要柱网长 | 3.75 | 31.200 | 22.943 |
| 轨道层主要柱网宽 | 2.70 | 27.000 | 18.011 |
| 轨道层柱的结构高度 | 5.50 | 12.000 | 10.327 |
| 轨道层结构投影面积（m²） | 1045.00 | 699996 | 77066 |

3. 站场

站场设置的有关内容详见第6章。对于高架车站，由于股道、站台、进出站通道等站场建筑物与设备均设在站房结构内，故需要在满足功能的条件下，应将站场布置的尽量紧凑些，以便控制站场规模、控制车站规模、节约工程投资。

比如石家庄站，共有13个站台，24条到发线，其中6条正线。其站场布置如图4-53所示，图中表明了站台、股道、进出站口、屋盖立柱位置等信息。

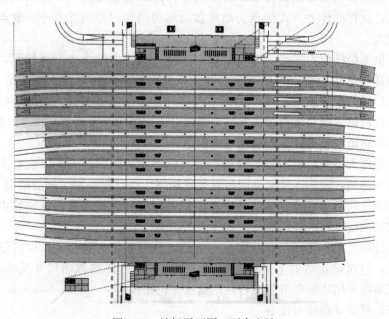

图 4-53　站场平面图（石家庄站）

4. 轨道层设计对比、分析

结构设计的优劣，取决于其功能适应、结构受力、经济指标等因素。具体到轨道层，以上海虹桥站、成都东站、郑州东站、西安北站、哈尔滨西站、南京南站6个典型高架站轨道层结构的设计为例，拟从其结构高度、传力方式、构件截面尺寸、工程量等方面进行对比分析。

(1) 轨道层高度参数对比

几个客站轨道层结构高度（站台面至梁底）、轨顶至轨道层结构板顶高度以及站台面预留建筑面层厚度见表 4-2。

轨道层参数 表 4-2

| 客 站 | 站台数量 | 股道数量 | 站台面至梁底结构高度（m） | 轨顶至轨道层结构板顶高度（m） |
|---|---|---|---|---|
| 虹桥站 | 16 | 30 | 5.05 | 1.3 |
| 成都东站 | 14 | 26 | 5.8 | 2.35 |
| 郑州东站 | 17 | 32 | 4.15 | 0.9 |
| 西安北站 | 18 | 34 | 5.5 | 1.25 |
| 哈尔滨西站 | 10 | 22 | 5.4 | 1.45 |
| 南京南站 | 15 | 28 | 4.55 | 0.9 |

表中站台面至梁底结构高度实际为轨道层总厚度，对于较大的车站，其数值在 4~6m 之间。该厚度的大小，主要取决于股道数量和柱网、柱距的大小。

(2) 轨道层结构传力方式对比

除成都东站外，其余几个站均采用了框架结构承受轨道及站台荷载；成都东站承轨层体系由两部分组成：直接承受列车荷载的轨道梁结构体系和轨道梁下的纵横向框架结构体系。轨道梁结构体系通过橡胶支座作用在横向框架梁上，这样的传力方式优点为动荷载对站房结构的影响非常小，缺点是结构高度大。

在框架结构传力方面，即使是框架结构，其传力方式也不尽相同，哈尔滨西与郑州东站类似，利用站台面与轨道之间的高差，设置上翻的站台梁，以次梁形式与框架主梁连接，承担站台荷载及部分轨道荷载，以减小框架梁尺寸；虹桥站、南京南与西安北站则直接以框架结构承担站台及轨道荷载。

(3) 轨道层下方柱截面对比

柱截面大小受柱网布置、设防烈度及柱形式等因素控制。以成都东站和南京南站为例，设防烈度、柱网布置大致相同，并且都采用了钢筋混凝土柱，南京南的柱断面尺寸要稍大些；同样的设防烈度和柱网布置，虹桥站由于采用了钢管混凝土柱，柱截面最大尺寸为 1.4m×1.4m。

比较西安北、郑州东和哈尔滨西 3 站，柱网布置大致相同，设防烈度依次降低，但西安北站由于采用了钢管混凝土，使得柱的截面尺寸反而最小，郑州东站虽采用了钢骨混凝土，柱截面尺寸仍然很大。

(4) 框架梁截面对比

框架梁截面尺寸主要受跨度、框架传力方式及梁形式等因素控制。6 个站按垂直轨道方向跨度分为 10.75m 和 21.5m 两组，比较相应的梁截面，21.5m 跨的几个站（西安北、哈尔滨西站）的横向框架梁高度达 2.7m 甚至 3m，10.75m 跨（虹桥、成都东、南京南站）的横向框架梁高度稍小些，在 2.4m 左右。郑州东站虽然梁跨为 21.5m，由于采用了预应力，反而梁高为最小。

（5）轨道层单位工程量比较

表 4-3 比较了各站的轨道层结构工程量指标。其中的面积指站场范围内有地下空间结构的轨道层面积，工程量包括该面积范围内轨道层和站台结构。由表 4-3 可见，虽然虹桥、成都东和南京南站轨道层梁跨度接近，采用型钢混凝土梁的南京南站和虹桥站单方工程量要比采用混凝土梁的成都东站高很多；另外 3 个梁跨接近的西安北、郑州东和哈尔滨西站，同样也以采用型钢混凝土梁的西安北站单方工程量最高。

轨道层结构工程量指标比较　　　　　　　　　　　　表 4-3

| 主要参数 客站 | 梁跨（m） | 地下空间结构对应的车场范围轨道层面积（m²） | 混凝土 | | 钢筋 | | 钢材 | |
|---|---|---|---|---|---|---|---|---|
| | | | m³ | m³/m² | t | kg/m² | t | kg/m² |
| 虹桥站 | 垂轨：10.75<br>顺轨：18+21+22.6+3×24+22.6+21+18 | 83719 | 84024 | 1.004 | 18281 | 218 | 19575 | 234 |
| 成都东站 | 垂轨：10.75<br>（局部 21.5）<br>顺轨：2×21+24+2×21 | 38405 | 29838 | 0.777 | 10714 | 279 | — | — |
| 郑州东站 | 垂轨：从 19.15 到 30 不等<br>顺轨：19.15+20+24+30+24+20+19.15 | 42657 | 41712 | 0.978 | 10299 | 241 | 2070 | 49 |
| 西安北站 | 垂轨：21.5<br>顺轨：14+21+24.5+21+14 | 38500 | 46973 | 1.220 | 13897 | 361 | 5563 | 144 |
| 哈尔滨西站 | 垂轨：21.5<br>顺轨：12+24+12 | 16315 | 15716 | 0.963 | 3889 | 238 | — | — |
| 南京南站 | 垂轨：10.75<br>顺轨：2×21+3×24+2×21 | 39340 | 64317 | 1.635 | 10865 | 276 | 13408 | 341 |

由表可以看出：

1）轨道层选用不同的结构形式，直接影响传力方式和结构高度。如成都东站和其他 5 个站的传力方式明显不同，结构高度也相差很大。

2）各站站台面预留的建筑面层厚度从 60～260mm 不等；轨顶至轨道层结构板顶高度也从 0.9～2.35m 各不相同。

3）轨道层框架梁采用预应力能有效降低梁截面高度，这在郑州东站尤为突出。

4）轨道层柱如果仅考虑结构受力，钢管混凝土柱比钢骨混凝土柱在减小截面尺寸上效果要明显。轨道层下方柱尽量采用钢管混凝土柱。

5）成都东站的单方工程量最低，南京南站最高。相同梁跨的客站比较说明，采用型钢混凝土梁比采用混凝土梁或预应力梁的单方工程量要高。轨道层梁尽量不采用型钢混凝土梁。

### 5. 结构设计概述

框架式轨道层结构目前在高架站房结构中应用最为广泛，是一种同时涉及了建筑框架结构和铁路桥梁结构的跨学科的结构形式，结构形式和荷载特点的差别使得桥梁结构规范和建筑结构规范对这种新型结构的规定和指导都不是很完善和全面，所以设计时应从基本的结构原理和计算力学角度出发，综合考虑两种结构的不同的使用功能、荷载效应、受力特点、控制标准、耐久性以及不同的结构可靠度的要求。

由于框架式轨道层结构兼具建筑及桥梁结构形式特点，因此对于其设计计算分为以建筑结构规范为依据的设计计算和以桥梁规范为依据的设计计算。

（1）以建筑结构规范为依据

以建筑结构规范为依据的设计计算在确定结构设计的主要技术标准和设计参数后，整体站房作为建筑结构进行计算，通常情况下分为两步：结构分算设计和整体计算设计。

1）结构分算。桥建合一框架结构站房的上部屋盖一般采用大跨空间钢结构，而下部承轨层和站台层多采用混凝土结构，把上下结构分开计算设计，在计算上部结构时，结构支座按照固定支座考虑；在计算下部结构时，提取上部结构的支座反力标准值以荷载形式加入下部结构，进行组合计算。通过把整体结构分开计算，可以快速有效地把握各个部分构件的尺寸和布局，为下一步调整和优化做好充分的准备。

2）整体计算。在结构分算以后，要对站房结构进行整体计算。现阶段用于整体计算的常用软件有 PKPM、MIDASGEN 和 SAP2000，其中 MIDAS-GEN 和 SAP2000 都可以建立完整复杂的整体结构模型。整体计算时，参考结构分算得出的结果和布局，进行精确的计算，得出设计内力并依据建筑结构规范进行构件设计（由软件进行，必要时进行手算）。

由于轨道层结构要承受列车荷载，故在计算时应考虑铁路桥梁荷载的取值和组合。本层活荷载按《铁路桥涵设计基本规范》中的规定并根据站房的具体布置取值。考虑到列车经过和停留频繁，列车荷载作为可变荷载，其组合值系数、频遇值系数和准永久系数采用了与汽车库中汽车可变荷载相同的系数；对于温度，由于《建筑结构荷载规范》中没有明确给出组合值系数、频遇值系数和准永久系数，参照欧洲规范 EN1991-1-5，在不同的设计组合中，对温度作用效应的组合值系数取 0.7，频遇值系数取 0.5，准永久值系数取 0。

抗震计算参数采用《建筑抗震设计规范》设计地震的设计参数，计算出构件的包络内力，并根据此内力按照《混凝土结构设计规范》的极限状态设计法进行构件设计。

由于轨道层采用了框架结构，其整体性比桥梁结构有明显的改善，荷载组合方式与桥梁结构的组合方式有明显区别，必须考虑列车荷载在框架内的不利布置。由于框架结构的整体性，水平力通过刚性楼盖传递到框架柱，水平荷载的组合可以适当简化。

根据上述荷载组合并结合不同站房结构的特殊性，考虑列车在线路上不同位置和站场内的不同位置对承轨层的不利影响，求出各构件的设计内力，并根据此内力进行构件设计。抗震设计时，分别进行多遇地震下、设防地震下和罕遇地震下的地震作用计算，其中多遇地震参数建议选用工程场地地震安全性评估报告中的建议，设防地震和罕遇地震选用《建筑抗震设计规范》的参数。框架梁在站台范围内，采用中震弹性计算结果，其余部分采用多遇地震下的计算结果，框架柱采用中震弹性计算结果。罕遇地震下首层塑性变形满足规范要求。结构安全等级为一级，结构重要性系数为1.1。

（2）以桥梁规范为依据

以桥梁规范为依据进行设计计算时，整个站房结构中只有承轨层承受桥梁荷载，采用建立局部模型单独针对承受铁路桥梁荷载的承轨层和基础进行设计计算（表4-4）。

单项荷载表 表4-4

| 恒载 | 结构自重、预应力、收缩徐变、基础变位 |
| --- | --- |
| 活载 | ZK双线活载（静）<br>ZK双线活载（动）<br>人群荷载<br>横向摇摆力<br>长钢轨伸缩力<br>长钢轨挠曲力 |
| 附加力 | 风力<br>整体升温<br>整体降温<br>非均匀升温<br>非均匀降温<br>制动力或牵引力 |
| 特殊荷载 | 列车脱轨荷载<br>长钢轨断轨力<br>消防车 |

计算时，上部结构（高架层和屋盖层）传下的荷载，采用依据建筑结构规范计算得出的上部结构的支座反力标准值，本层荷载按《铁路桥涵设计基本规范》中的规定并根据站房的具体布置取值，并进行荷载组合，考虑列车在线路上不同位置的荷载工况和站场内的不同位置对承轨层的不利影响，求出各构件的包络内力，并根据此内力按照《铁路桥涵钢筋混凝土和预应力混凝土结构设计规范》的容许应力法进行构件设计。

抗震计算参数采用《铁路工程抗震设计规范》设计地震的设计参数，计算出构件的包络内力，并根据此内力按照《铁路桥涵钢筋混凝土和预应力混

123

凝土结构设计规范》的容许应力法进行构件设计。

（3）计算结果的判别和分析

计算结果的判别同时以建筑结构规范和桥梁类规范、地铁相关规范为依据，对要求不同的参数加以判别后确定。

### 4.4.4 地下结构

在 20 世纪很长一段时间内，我国铁路客站地下空间给人们的印象都是狭窄昏暗的地道加上杂乱无序的商铺。随着 20 多年以来一大批新型铁路客站的涌现，兼具功能性、服务性和商业性的新型地下空间逐渐为人们所熟识。这类地下空间是连接铁路、地铁、公交、出租车等各类城市公共交通的换乘节点，也是交通枢纽与城市商业相互渗透的重要场所。随着大型铁路客站的建设，这类特殊的地下空间开发也逐渐突显其完善城市交通网络、推动城市经济发展的积极作用。

基于"零换乘"设计原则，通过建设大型铁路客站的地下空间，可以起到完善客站平面布局、梳理流线组织、连通客站两侧城市空间、消除沟通障碍的积极作用。

1. 组成

一般的大型、特大型车站均设有地下结构，主要包括出站通道、停车场、通廊结构、地铁及换乘通道等。

（1）出站通道

铁路客站进出站流线一般采用上进下出的方式，大中型客站的出站通道往往设在地下，以便于与地下停车场、地铁等衔接。关于出站口的有关内容，详见第 6 章第 6.5 节。

（2）地下停车场

为了充分利用地下空间、节约用地并且便于与地下停车场及地铁衔接，新建大型、特大型铁路客站的社会车辆停车场一般设在地下。停车场的面积需要根据预测的停车数量确定。有关停车场的设置详见第 6 章第 6.4 节。

（3）地下通廊

为了方便客流组织，可以在地下空间设置进出站客流、社会客流的通道，称之为通廊。通廊结构的设计参数包括如下内容：结构体系类型、柱类型、主要柱网、最大柱距、结构投影面积、通廊柱建筑用材（混凝土、钢筋、钢结构）、通廊梁板用材（混凝土、钢筋、预应力钢筋、钢结构）等。

（4）地铁及换乘设施

大型、特大型车站往往是所在城市的综合交通枢纽，有些车站还与地铁直接衔接，甚至与两条或多条地铁衔接，如北京南站、上海虹桥站等。在这种情况下，往往将地下一层的一部分空间布置为地铁的站厅层，地下二层、地下三层布置为地铁的站台层。北京南站的有关布置如图 3-12、图 4-23 所示。南京南站地下空间布置如图 4-54 所示。

图 4-54　南京南站地下结构布置图

### 2. 布局形式

综合考虑站场宽度和经济性等因素，目前铁路客站地下空间主要有"区域型"和"两极型"两种模式。

### (1) 区域型

区域型布局是指站房下地下空间全部开发、并与站房两端广场地下空间融为一体、且商业空间与换乘空间彼此交融的一种全面的地下空间开发方式。新建上海虹桥站就是这种开发模式。

虹桥站规模约为 23 万 $m^2$，站房长度 400 多 m，站房一侧为广场，另一侧与机场相连（图 3-8），地铁线、出租车、公交车、社会车等多种交通方式在此换乘，为典型的大型综合交通枢纽。虹桥站为"上进下出"的进出站模式，出站乘客全部出到地下层。站房投影下地下空间的两端为出站厅，中部是地铁换乘厅，出站厅外侧为出租车上客区，出站厅与地铁换乘厅之间设置商业空间。地下层与西侧广场地下空间相连，在广场地下设有公交车场和社会停车场，另一端地下则与虹桥机场候机楼连通，如图 4-55 所示。

图 4-55　上海虹桥枢纽地下空间

可以看出"区域型"的开发模式具有换乘便捷、地下空间品质高、节约土地、配套服务完善、经济效益较好等特点，但这种开发方式的初期建设投入比较大，主要是因为地下空间的上部为铁路车场，需要采取框架式结构将铁路架起。因此，这种"区域型"的开发方式比较适合站房规模特大，换乘方式多样，且必须将地铁换乘和出租车换乘引入站房正下方以实现"零换乘"

的铁路综合枢纽。

（2）两极型

两极型布局是指站房地下空间只设出站厅与连接站房两端广场地下空间的城市公共通廊，交通换乘空间以及商业开发主要布置在广场地下的开发模式。宁波南站就是这种模式。

宁波南站站房面积 4.9 万 m²，站房长度 200 多米，采用上进下出的进出站方式，如图 4-56（a）所示。站房南北各设一个广场。北广场地下有地铁 1、2 号线换乘厅以及出租车上下客区和社会停车场，在停车场远离站房处设置地下商业空间。南广场地下层设置出租车场、社会车场以及长途车场，在地下空间夹层里设置了少量商业设施。站房下的地下空间有出站通廊以及位于两个出站通廊之间的 24m 宽南北城市联系通廊，如图 4-56（b）所示。

宁波南站地下空间开发比较明显的特点是以满足"零换乘"为出发点的，将地铁换乘厅、出租车场、长途汽车站等紧邻站房两端布置，以尽量减少铁路与地铁、出租车等交通方式的换乘距离。为了实现铁路线南北城区的联系，站房下设置了城市公共通廊，使得不乘车的人也能够顺利地从一侧广场走到另一侧广场，即弥补铁路对城市空间造成的割裂。以满足交通换乘为前提，商业设施设置在离站房相对较远的位置。相对独立的商业空间虽然无法营造"区域型"模式中商业氛围浓厚的出站大厅，但在保障有限空间内有效换乘的同时，也为满足旅客和当地市民的消费需求提供了舒适环境。

因此，"两极型"交通枢纽地下开发模式的特点在于其站房地下空间开发规模较小，仅为出站通廊和城市通廊，结合车站广场地下空间共同实现多种交通方式的"零换乘"，并在一定程度上消除城市割裂，且初期投入相对较少，因此比较适合大型客站站房。

### 4.4.5 结构设计内容

站房设计是项庞大的系统工程，涉及方方面面。现以某高速铁路大型车站为例介绍站房结构设计的有关内容。

1. 概况

本工程为高架站房，建筑面积为 119634m²，其中站房面积 49836m²，换乘广场面积 13098m²，无站台柱雨棚约 56700m²，高架车道及落客平台 15553m²（未计入站房面积）。

该站高峰小时旅客发送量 9450 人/h，最高聚集人数 5000 人。

2. 站房结构设计

（1）建筑结构设计标准

1）建筑结构设计使用年限：设计基准期 50 年；耐久性要求则按中央站房及南北站房 100 年，无站台柱雨棚结构按 50 年考虑。

2）建筑结构的安全等级：中央站房、南北站房为一级；无站台柱雨棚为二级。

$(a)$

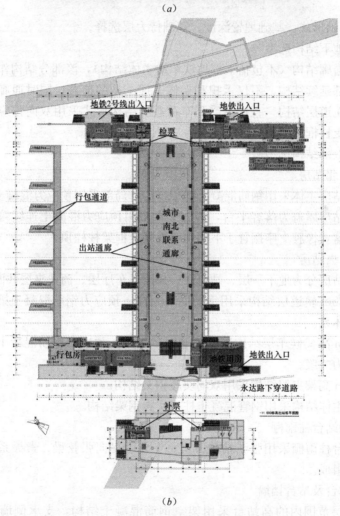

$(b)$

图 4-56　宁波南站地下出站层平面图
$(a)$ 效果图；$(b)$ 地下出站层

　　3）抗震设防类别：中央站房、南北站房为重点设防类，无站台柱雨棚为标准设防类。

　　4）地下结构防水等级为一级，结构防水设计遵循"以防为主、刚柔结合、因地制宜，综合治理"的原则，以结构自防水为根本，变形缝、施工缝为重点，辅以附加防水层加强防水。

5）变形控制：结构设计分别按施工阶段和使用阶段进行强度、变形计算，并进行裂缝宽度验算，同时满足耐久性的要求。做到安全可靠、技术先进、经济合理。

6）中央站房、南北站房地下室结构抗浮设计水位按地质勘察部门提供的抗浮设计水位取值。

（2）地基基础设计

1）基础设计安全等级：中央站房、南北站房为甲级，无站台柱雨棚为乙级。

2）基础形式、基础埋置深度、基础持力层选择。

（3）地下结构选型

地下通廊结构（不包括下部地铁车站主体结构），该部分结构作为高架候车厅的下部延续结构，不仅承担高架候车厅结构的荷载，同时通廊结构顶板结构兼做轨道层结构，直接承受列车荷载。结构形式采用双向预应力混凝土梁＋混凝土柱框架结构。抗震等级为二级。

（4）上部结构选型

1）南北站房

南北站房主体采用钢筋混凝土框架结构，局部采用预应力混凝土框架梁。

南北站房屋盖为落客平台，落客平台采用预应力混凝土连续箱梁结构形式，通过盆式橡胶支座搁置于下部钢筋混凝土框架柱柱顶。

2）中央站房

中央站房分为地下一层、站台层、高架候车厅层、商业夹层共四层。

−2.25m轨道层结构采用钢筋混凝土柱＋预应力钢筋混凝土梁，采用主次梁结构体系。

9.85m高架候车层结构采用钢管混凝土柱＋预应力钢筋混凝土梁，框架抗震等级为二级。

18.5m高架夹层结构采用双向实腹钢梁结构。

屋面主体结构采用钢管混凝土柱＋实腹钢梁结构。

3）无站台柱雨棚

无站台柱雨棚采用张弦结构方案，主要由横向张弦梁、索撑系统与钢管混凝土柱组成。

4）站台及站台挡墙

轨道层范围内的高站台采用架空钢筋混凝土结构，支承侧墙直接生根于轨道层结构板上。基本站台于轨道层范围内均考虑为架空钢筋混凝土结构。

轨道层范围外的高站台挡墙采用现浇钢筋混凝土挡墙，每隔20m左右设置一道变形缝。

（5）结构抗浮设计

（6）伸缩缝、沉降缝和防震缝的设置

（7）防水等级、人防设置情况

3. 站房建筑装饰

（1）建筑构造

含墙体、地下室防水工程、屋面工程等内容。

（2）内装修

含内墙面及柱面、楼（地）面、窗台、窗帘盒、踢脚、顶棚、墙裙、内墙阳角、防潮、门窗、楼梯及栏杆、站台、变形缝、电扶梯等内容。

（3）外装修

## 4.5 其他设施

现以高速铁路车站为例，介绍车站的其他建筑物与设备配置情况。

### 4.5.1 车站其他建筑

站房的进出站通道、换乘通道、楼梯、自动扶梯宽度应根据车站高峰小时发送量按表 4-5 计算确定，并应符合消防疏散要求。

严寒地区站房主入口处应设防风门斗，其他地区站房主入口处宜设防风门斗，门斗应轻盈通透。

旅客车站建筑可根据客流特点，合理设置为旅客服务的商业配套设施。

车站各部位最大通过能力表　　　　　　　　　　表 4-5

| 部位名称 | 每小时通过人数 | |
| --- | --- | --- |
| 每米宽楼梯 | 下行 | 2500 |
| | 上行 | 2300 |
| | 双向混行 | 2000 |
| 每米宽通道 | 单向 | 3000 |
| | 双向混行 | 2400 |
| 每米宽自动扶梯（0.65m/s） | — | 5800 |

为了防止乘客或物体坠落，位于线路上方的候车区及通道，其栏板上缘或可开启窗下缘高度不应小于 2.2m。当开启窗下缘高度小于 2.2m 时，应设可靠的防坠物设施。

线正下式车站的候车区、售票区应采取减震、隔声、降噪措施，其他形式的车站公共区宜采取减震、隔声、降噪措施。

严寒和寒冷地区站房室内应设置采暖或舒适性空气调节系统；夏热冬冷和夏热冬暖地区应设置舒适性空气调节系统。

严寒和寒冷地区的特大型和大型站房公共区盥洗间应设置热水供应设备。

站房公共区应设置冷、热饮用水供应点。

进出站天桥、地道的最小净宽度和最小净高度应符合表 4-6 的规定。

129

**天桥、地道最小净宽度和最小净高度（m）**　　　　表 4-6

| 项　目 | 旅客天桥、地道 | |
|---|---|---|
| | 特大型、大型站 | 中型、小型站 |
| 最小净宽度 | 10 | 6 |
| 最小净高度 | 3.6 | 3.0 |

旅客天桥、地道踏步高度不宜大于 0.14m，踏步宽度不宜小于 0.32m。当楼梯一侧设并行的自动扶梯作为主要提升设施时，可采用宽 0.30m，高 0.15m 的踏步。

旅客主要活动区域上、下行高差大于 6m 时，大型及特大型站应设自动扶梯，中小型站宜设自动扶梯。自动扶梯宜采用 30°倾角，当与楼梯并行时宜采用 27.3°倾角。

站房内两台相对布置的自动扶梯工作点间距不得小于 16m；自动扶梯工作点至前方影响通行的固定设施间距不得小于 8m；自动扶梯与人行楼梯相对布置时，自动扶梯工作点至楼梯第一级踏步的间距不得小于 12m。

应合理控制无站台柱雨棚的净高和屋顶镂空部分的面积，当线路上方雨棚不封闭时，雨棚边缘应有阻挡雨水和积雪融化后的导流措施。

### 4.5.2　生产及附属房屋

旅客车站站区范围内的通信、信号、信息、电力等房屋宜与站房合并设置，并按功能分区相对集中布置。特殊困难情况下，应根据工程的实际情况合理确定。

动车段（所）检修库外应设置环形消防车道。当有困难时应确保两长边对应设置消防车道，并在尽端设置符合消防车转弯半径的场地。

动车段（所）检修库内应设置横向通道，横向通道可结合跨线检修连接通道设置，间距应按现行国家标准《建筑设计防火规范》厂房安全疏散要求经计算确定，其通道宽度不宜小于 1.1m。

动车段（所）的信息处理中心机房应设置恒温恒湿机房专用空调设备。

### 4.5.3　接口设计

铁路车站房屋建筑设计应与采暖通风与空气调节、给水排水、消防、通信、信号、电力、电力牵引供电、信息等专业进行协调，并应符合综合管线功能要求和规整有序的美观要求。

站房设计应与城市规划设计部门协调，符合车站广场布局、流线与站房相匹配的要求。

站房与城市轨道交通结构合建时，应符合结构体系布置和荷载传递要求。

站房设计应与相关专业协调，满足站房进出站口与地道布置位置对应连通的要求，站房与地道结构合建部位应符合结构体系布置和荷载传递要求。

站房为线侧下式车站且站房、雨棚结构与站台挡土墙合建时，应符合结构体系布置和荷载传递要求。

站房为线正下式车站，且站房、雨棚结构与桥梁合建时，站房设计应与桥梁专业在柱位、荷载、预埋件方面协调设计。

线上式站房、站台雨棚、天桥在线间立柱时，柱位应符合限界要求。站房、雨棚、天桥与接触网共用结构体系时，应做好与站场、接触网的限界、荷载和安装构造设计。

## 思考题与习题

**4-1** 铁路站房设计应遵循哪些原则？

**4-2** 铁路站房的分类方法和分类结果。

**4-3** 铁路站房公共区包括哪些内容？各组成部分又包括哪些设施及如何布设这些设施？

**4-4** 铁路站房的流线设计应符合哪些原则？

**4-5** 简述铁路站房流线设计的形式及主要特点。

**4-6** 铁路站房建筑布局有哪些类型？各种布局的特点是什么？

**4-7** 根据铁路客运站设计现代化的要求，说明共建筑布局的发展趋势。

**4-8** 铁路站房建筑形态设计需注意哪些问题？

**4-9** 站房屋盖体系主要由哪些部分组成？各部分又包括哪些类型？设计中需注意哪些特点？

**4-10** 站房楼盖体系主要由哪些部分组成？各部分又包括哪些类型？设计中需注意哪些特点？

**4-11** 站房轨道层体系主要由哪些部分组成？各部分又包括哪些类型？设计中需注意哪些特点？

**4-12** 铁路车站站房结构设计的主要内容有哪些？

**4-13** 分析北京南站站房布置的特点，并评价其优缺点。

第5章

# 站 场 线 路

## 本章知识点

【知识点】到发线、牵出线、调车线、货物线、机车走行线、机车出入库线、机待线等站线的概念和设置，单开道岔、对称道岔、三开道岔、交分道岔的概念和特点，线路全长、铺轨长度、股道有效长、到发线有效长等线路长度的概念和确定方式，警冲标、出站信号机、钢轨绝缘的概念和相互位置，直线式、缩短式、复式梯线的特点和计算，梯形、异腰梯形、平行四边形、梭形车场的布置和优缺点，推送部分、溜放部分、峰顶平台等驼峰组成部分的构成及平纵断面设计特点。
【重　　点】站场道岔岔心间距确定，到发线有效长计算。
【难　　点】驼峰平面和纵断面设计。

铁路车站的站场是列车停靠、旅客乘降、货物装卸和列车解编的场所，主要包括线路、站台、站台雨棚及跨线设施4部分。站场设计直接影响铁路能力、铁路效益、行车安全、旅客舒适和运输方便。

本章主要介绍站场线路，站场的其他建筑物与设备则安排在下一章介绍。

## 5.1　概述

不管何种车站，其线路、建筑、设备都有相同或相似之处。本节主要介绍具有共性的车站线路的种类、线路编号和道岔编号等内容。

### 5.1.1　车站线路种类

铁路线路分为正线、站线、段管线、岔线及特别用途线（图5-1）。

1. 正线

正线是指连接区间并贯穿或直股伸入车站的线路，见图5-1中的线Ⅱ。

正线可以分为区间正线和站内正线。连接车站之间的正线部分为区间正线，贯穿或直股伸入车站的部分为站内正线（一般供列车通过之用），如图5-2所示。

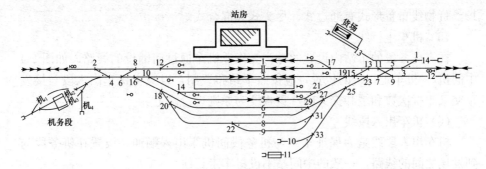

图 5-1 车站线路图

Ⅱ—正线；1、3、4、5—到发线；6、7、8—调车线；9、10、11—站修线；12、14—牵出线；
13—货物线；机₁—机车走行线；机₂、机₃—整备线；机₄—卸油线

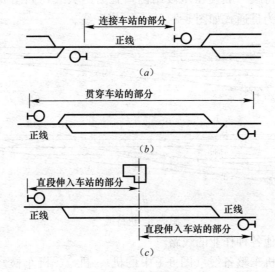

图 5-2 正线示意图

(a) 连接车站的线路；(b) 连接车站并贯穿车站的线路；(c) 直段伸入车站的线路

## 2. 站线

站线是指车站内除正线以外的线路，主要包括以下各个类别。

（1）到发线

用于接发旅客列车与货物列车的线路，见图 5-1 中的线 1、3、4、5。到发线数量应根据铁路等级、牵引质量和运输性质确定。

（2）牵出线

牵出线是指设在到发线或调车场的一端，并与到发线连接，专供车列解体、编组及转线等牵出作业使用的线路，见图 5-1 中的线 12、14。

（3）调车线

为了集结车辆、解体和编组区段列车及摘挂列车（有的还办理直通或直达列车的解体作业），停放本站作业车或其他车辆而设置的线路称为调车线。见图 5-1 中的线 6、7、8。

（4）货物线

与货场连接，用于办理货物装卸作业的线路称为货物线。见图 5-1 中的线

13。货物线布置形式有通过式、尽头式和混合式。

（5）机车走行线

在有机务段的车站内设置的专为无作业机车通过而铺设的线路，如图 5-1 中的机₁。机车走行线的位置，应按照车站布置图，以减少机车出入段与接发车交叉干扰次数和缓和交叉的严重程度为原则进行确定。

（6）机车出入段线

机车出入段线是为保证车站与机务段间机车出入畅通，设置在机务段与到发场之间的线路。一般的中间站不设机车走行线。

（7）机待线

机待线是设置在有机务段的车站远离机务段一端的咽喉区，供机车停放等待的线路。机待线一般设在压段站内，宜为尽头式，如图 5-3（a）中"J"线；必要时也可为贯通式如图 5-3（b）中"J"线。

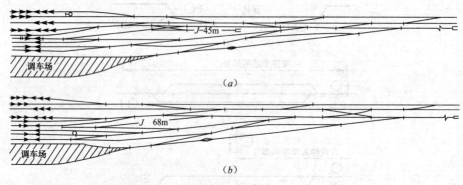

图 5-3　机待线

（8）办理其他各种作业的线路

如存车线、机车整备线（图 5-1 中的机₂、机₃）、机车检修线（图 5-1 中的线 9、10）、禁溜线、峰下迂回线等。

3. 段管线

段管线是指机务、车辆、工务、电务等段专用并由其管理的线路。

4. 岔线

岔线是指在区间或站内接轨，出岔后通向路内外其他单位的专用线路，如支线、专用线、工业企业线等。路外单外包括厂矿企业、砂石场、港湾、码头、货物仓库等。

岔线直接为厂矿企业服务，为了取送车的方便，有的岔线连接大的厂矿，也设了车站，车站间还需要办理闭塞。但这些车站不办理铁路营业业务，仅为取送车服务，均不算入铁路总公司的营业车站。

5. 特别用途线

特别用途线是指为保证行车安全而设置的安全线和避难线，详见第 6 章。

## 5.1.2　线路设备编号

为了车站作业和维修管理上的方便，站内线路和道岔应有统一的编号。同一车站或同一车场内线路和道岔均不得使用相同的编号。

## 1. 线路编号

正线应编为罗马数字（Ⅰ、Ⅱ……），站线应编为阿拉伯数字（1、2、3……）。

### （1）单线铁路

单线铁路的车站线路，从靠近站房的线路起，向站房对侧依次顺序编号；位于站房左右或后方的线路，在站房前的线路编完后，再由正线起，向远离正线顺序编号，如图5-4所示。

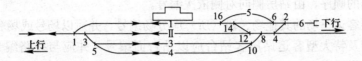

图5-4　单线铁路车站线路及道岔编号示意图

### （2）双线铁路

双线铁路的车站线路，从正线起按列车运行方向分别向外顺序编号，上行为双号，下行为单号，如图5-5所示。

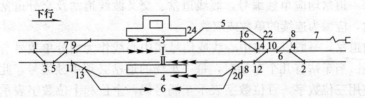

图5-5　双线铁路车站线路及道岔编号示意图

### （3）尽头式车站

尽头式车站若站房位于线路一侧时，从靠近站房的线路起，向远离车站方向顺序编号，如图5-6（a）所示；站舍位于线路终端时，面向终点方向由左侧线路起顺序向右编号，如图5-6（b）所示。

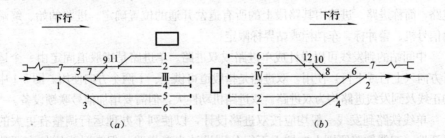

图5-6　尽头式车站铁路车站线路、道岔编号

### （4）区段站及编组站

在大型车站划分为数个车场时，应分车场编号。车场靠近站房时，股道的编号应从靠近站房（信号楼）的股道起，向远离站房方向顺序编号；车场远离站房或无站房时，顺公里标前进方向从左向右顺序编号。股道编号用阿拉伯数字，在股道编号前冠以罗马数字表示车场，如二场三股道，应为Ⅱ3股道。

（5）大型及特大型客运站

大型及特大型客运站线路编号应符合下列规定：

客运车场的正线及到发线编号应由站房侧起，按"1、2、3……"依次向外连续编号；当分场横列布置时也应连续编号。

客运车场两侧均设有站房时，线路编号应以主站房侧的线路起顺序向辅助站房侧编号。

客运车场内其他线路的编号，应在正线及到发线编号后，再按先上行端、后下行端的顺序，由站房侧向对侧依次编号。

衔接客运车场的其他场、段（所）应分场编号，并冠以场号或场名。

大型及特大型客运站旅客站台应以站台面编号，并应与线路编号一致。线路不邻靠站台时，站台可不连续编号。

2. 道岔编号

道岔用阿拉伯数字从车站两端由外而内，由主而次依次编号，上行列车到达端用双数，下行列车到达端用单数。如果车站一端衔接两个以上方向（有上行、也有下行）时，道岔应按主要方向编号，如图5-1、图5-4、图5-5所示。每一道岔均应单独编号，渡线道岔、交叉渡线道岔及交分道岔等处的联动道岔，应编为连续的单数或双数。

站内道岔，一般以车站中心线或信号楼中心线作为划分单数号与双数号的分界线。当车站有几个车场时，每一车场的道岔必须单独编号，此时道岔号码应使用三位数字，百位数字表示车场号码，个位和十位数字表示道岔号码。应当避免在同一车站内有相同的道岔号码。

3. 扳道房的编号方法

由下行到达一端顺序编为 N1、N2、N3，直到车站另一端扳道房。

### 5.1.3 列车进路

列车在车站接入、发出、通过所经由的一段线路称为列车进路，也叫做作业进路，简称进路。进路由其路段上的所有道岔开通的位置确定。进路的始、终端由信号机、警冲标、车挡标或站界标限定。

中间站的到发线可以设计成单进路或双进路。单进路是指股道固定由一个运行方向（上行或下行）使用，双进路是指股道可供上、下两个方向使用。图5-1中的正线及到发线进路均为双进路。双进路机动性大，但需要增加信号联锁设备。

单线铁路到发线一般均应按双进路设计，以使列车办理运行调整有更大的灵活性。双线铁路原则上应按上下行分别设计为单进路，但有时为增加在调整列车运行上的灵活性以及方便摘挂列车作业，个别到发线也可按双进路设计。

互不妨碍的两条进路，叫做平行进路，即两项作业可以同时办理；互相妨碍的两条进路叫做敌对进路（或称交叉进路），即两项作业不能同时办理。

上下行列车不同运行方向的进路由不同方向的箭头表示，其中货物列车的进路由单箭头表示，旅客列车的进路由双箭头表示，客货混用的进路由三个箭头表示，如图5-1、图5-3、图5-4、图5-5所示。

### 5.1.4  高速铁路站线平面布置

高速铁路车站线路平面布置应根据引入线路数量、线路客运能力、客车作业量及开行方案、车站性质及运营要求确定。

车站到发线数量在越行站应设 2 条，在中间站可设 2～4 条。始发站和有立折作业的中间站到发线数量应根据车站最终承担的旅客列车对数及其性质、列车开行方案、引入线路数量和车站技术作业过程等因素确定，并应符合高峰时段列车密集到发的要求。

车站咽喉区布置应符合固定列车接发需要和能力要求。

车站咽喉区布置应紧凑，并应减少正线上道岔数量。当有动车段（所）出入线引入时，其引入端咽喉区布置应符合列车到、发，动车出、入段（所）平行作业数量的要求。

车站可在两端各设一条单渡线组成八字渡线。个别与相邻站间距较近的车站，可不设渡线。始发站的两端和有始发作业的中间站有发车作业端，应设一组八字渡线。

当正线长度为 100km 左右时，宜在车站内设置一条施工作业车停留线；每 200km 左右还应增设一个大型养路机械、卸砟车和换轨车停留基地。停留线或停留基地内的线路有效长度应为 650m。

## 5.2  线间距

线间距是指相邻线路间的中心距离及线路中心线与主要建筑物（设备）的距离。线间距根据铁路运输性质、设备类型、机车车辆限界和建筑限界确定。

### 5.2.1  限界

铁路限界是指为了确保机车车辆在铁路线路上运行的安全，防止机车车辆撞击邻近线路的建筑物和设备，而对机车车辆和接近线路的建筑物、设备所规定的不允许超越的轮廓尺寸线。铁路基本限界包括机车车辆限界和基本建筑限界。

1. 机车车辆限界

机车车辆限界是规定机车、车辆或动车组不同部位的宽度、高度的最大尺寸和底部零件至轨面的最小距离，是机车车辆横断面的最大极限。无论是具有最大标准公差的新车，或是具有最大标准公差和磨耗限度的旧车，在停放在水平直线上、无侧向倾斜与偏移的条件下，除电力机车升起的集电弓外，其他任何部分均不得超出这个范围。

2. 建筑限界

为了保证列车运行安全，要求靠近铁路线路修建的建筑物及设备，均不得侵入规定的与线路中心线垂直的断面轮廓尺寸线，称为建筑限界。

图 5-7 是客货共线铁路（$v < 160$km/h）各种限界的主要尺寸，图 5-8 是高速铁路建筑限界轮廓及基本尺寸。

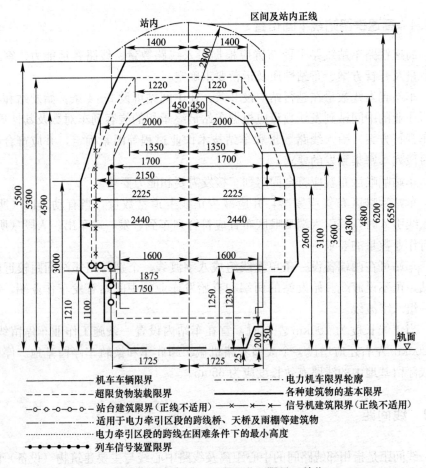

图 5-7 客货共线铁路（$v<160km/h$）限界（单位：mm）

图例：
—————— 机车车辆限界
——————— 电力机车限界轮廓
- - - - - - 超限货物装载限界
—————— 各种建筑物的基本限界
-○-○-○- 站台建筑限界（正线不适用）
-×-×-× 信号机建筑限界（正线不适用）
·········· 适用于电力牵引区段的跨线桥、天桥及雨棚等建筑物
··········· 电力牵引区段的跨线在困难条件下的最小高度
-●-●-●- 列车信号装置限界

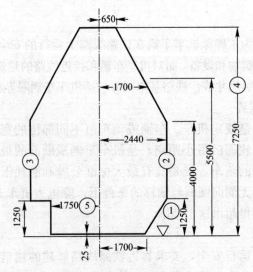

图 5-8 高速铁路建筑限界轮廓及基本尺寸（单位：mm）

注：①轨面；②区间及站内正线（无站台）建筑限界；③有站台时建筑限界；
④轨面以上最大高度；⑤线路中心线至站台边缘的距离（正线不适用）

建筑限界包括直线建筑接近限界、桥梁建筑限界、隧道建筑限界。

建筑限界和机车车辆限界之间的空间为安全空间，是为了适应运行中列车的横向偏移和竖向振动，防止与邻近的建筑物或设备发生碰撞。

3. 超限货物和设计要求

铁路所承运的货物的高度和宽度都有一定的限制。如果一件货物装车后有任何部位超出机车车辆限界即为超限货物。由于机车车辆限界和建筑接近限界之间有一定的安全空间，如采取一定的措施，有些超限的大件货物还是可以通过铁路运送，这就是超限货物运输。

判断超限货物的标准有三条：一是一件货物装车后，在平直线路上停留时，货物的高度和宽度有任何部位超过机车车辆限界者，即为超限货物。二是一件货物装车后，在平直线路上停留虽不超限，但行经半径为300m的曲线线路时，货物的内侧或外侧的计算宽度仍然超限的，亦为超限货物。三是对装载通过或到达特定装载限界区段内各站的货物，虽没有超出机车车辆限界，但超出特定区段的装载限界时，也是超限货物。

根据货物的超限程度，超限装备分为三个等级：一级超限、二级超限和超级超限。

铁路车站设计时需考虑超限货物的运输，即在站内一般要有通过超限货物的股道，这时有关的线间距及线路中心线距相邻建筑物或设备的距离需要加宽。

### 5.2.2 线路中心线与主要设施的距离

车站内各种用途线路的两旁，一般都设有相应的设施，如旅客站台、货物站台、各种技术房屋、信号机、警冲标、水鹤、接触网及电力照明的支柱等建筑物及设备。这些建筑物和设备的设置必须保证行车及人身安全和不影响办理规定的作业，应根据建筑接近限界、机车车辆限界以及其他有关因素来确定这些建筑物（设备）到线路中心线的距离。

1. 客货共线铁路

在线路的直线地段，客货共线铁路站内各建筑物及设备至相邻线路中心线的距离见表5-1。在曲线地段，需根据有关规定进行加宽。

客货共线铁路车站主要建筑物和设备至线路中心的距离　　　　表5-1

| 序号 | 建筑物和设备名称 | | | 高出轨面的距离（mm） | 至线路中心线的距离（mm） |
|---|---|---|---|---|---|
| 1 | 跨线桥柱、天桥柱和接触网、电力照明等杆柱边缘 | 位于正线或站线一侧（$v \leqslant 160$km/h） | | 1100及以上 | ≥2440 |
| | | 位于正线或车站最外侧站线一侧（$160 < v \leqslant 200$） | | 1100及以上 | ≥3100 |
| | | 位于车站相邻线间（$160 < v \leqslant 200$）或雨棚柱（$v \leqslant 160$） | 位于正线或通行超限货物列车的到发线一侧 | 1100及以上 | ≥2440 |
| | | | 位于不通行超限货物列车的到发线一侧 | 1100及以上 | ≥2150 |

续表

| 序号 | 建筑物和设备名称 | | | 高出轨面的距离（mm） | 至线路中心线的距离（mm） |
|---|---|---|---|---|---|
| 1 | 跨线桥柱、天桥柱和接触网、电力照明等杆柱边缘 | 位于站线最外站线的外侧（v≤160km/h） | | 1100 及以上 | ≥3000 |
| | | 位于最外梯线或牵出线一侧 | | 1100 及以上 | ≥3500 |
| 2 | 高柱信号机边缘 | 位于正线或通行超限货物列车的站线一侧 | 一般 | 1100 及以上 | ≥2440 |
| | | | 改建困难（v≤160km/h） | 1100 及以上 | 2100（保留） |
| | | 位于不通行超限货物列车的站线一侧 | 一般 | 1100 及以上 | ≥2150 |
| | | | 改建困难（v≤160km/h） | 1100 及以上 | 1950（保留） |
| 3 | 货物站台边缘 | 普通站台（v≤160km/h） | | 1100 | 1750 |
| | | 高站台（v≤160km/h） | | ≤4800 | 1850 |
| 4 | 旅客站台边缘 | 高站台 | | 1250 | 1750 |
| | | 普通站台 | | 500 | 1750 |
| | | 位于正线或通过超限货物列车站线一侧的低站台 | | 300 | 1750 |
| 5 | 车库门、转车盘、洗车架和专用煤水线、洗罐线、加冰线、机车走行线上的建筑物边缘 | | | 1120 及以上 | ≥2000 |
| 6 | 清扫或扳道房和围墙边缘 | 一般 | | 1100 及以上 | ≥3500 |
| | | 改建困难 | | 1100 及以上 | 3000（保留） |
| 7 | 起吊机械固定杆柱或走行部分附属设备边缘及货物装卸线 | | | 1100 及以上 | ≥2440 |

注：表序列号 1，第 1～3 栏数值，当有大型养路机械作业时，各类建筑物至线路中心线的距离不应小于 3100mm。

**2. 高速铁路**

在直线地段，高速铁路站内各建筑物及设备至相邻线路中心线的距离见表 5-2。

客运专线车站主要建筑物和设备至线路中心的距离 表 5-2

| 序号 | 建筑物和设备名称 | | | | 至线路中心线的距离（mm） |
|---|---|---|---|---|---|
| 1 | 跨线桥柱、天桥柱、电力照明和雨棚等杆柱边缘 | 位于正线一侧 | | | ≥2440 |
| | | 位于站线一侧 | | | ≥2150 |
| | | 位于站场最外站线的外侧 | | | ≥3100 |
| 2 | 旅客站台边缘 | 位于站线一侧 | | | 1750 |
| 3 | 连续墙体、栅栏、声屏障边缘 | 位于正线或站线一侧（无人员通行） | | | 路基面外 |
| 4 | 清扫或扳道房和围墙边缘 | 位于正线一侧 | 200～250km/h | | ≥2700 |
| | | | 200～250km/h | 有砟 | ≥3100 |
| | | | | 无砟 | ≥3000 |
| | | 位于站线一侧 | | | ≥2500 |
| | | 位于站场最外站线的外侧 | | | ≥3100 |

注：1. 有砟轨道线路考虑大型养路机械作业时，序号 1 主要建筑物和设备至线路中心的距离采用 3100mm；

2. 接触网柱边缘至线路中心的距离，困难条件下，位于正线一侧不应小于 2500mm，位于站线一侧不应小于 2150mm。

车站内线路的曲线地段，各类建筑物和设备至线路中心线的距离应按规定进行加宽。

在线路的直线地段，站内两相邻线路中心线的线间距应符合下列规定：

（1）两正线间的线间距应与区间正线相同。

（2）当两线路间无建筑物或设备时，正线与相邻到发线间、到发线间或到发线与其他线间不应小于5.0m。

（3）当两线路间设有建筑物或设备时，按上表中的建筑物和设备至线路中心线的距离和建筑物及设备的结构宽度计算确定。

### 5.2.3　相邻线路间的中心距离

线间距是指两相邻线路中心线之间的距离。区间正线的线间距见表5-3。

区间正线第一、二线间最小线间距　　　　　　　表5-3

| 铁路类型 | 客运专线 | | | | 客货共线铁路 | | |
|---|---|---|---|---|---|---|---|
| 最高设计速度 $v_{max}$（km/h） | 350 | 300 | 250 | 200 | 200 | 160 | ≤140 |
| 最小线间距（m） | 5.0 | 4.8 | 4.6 | 4.4 | 4.4 | 4.2 | 4.0 |

在车站内，线间距一方面要保证行车安全及车站工作人员工作时的安全和便利；另一方面还要考虑通行超限货物列车、大型养路机械和在两线间装设行车设备的需要。对于客运专线上的车站，线间距还应考虑列车交会时压力波的影响。线间距取决于下列各项因素：

（1）机车车辆限界；

（2）建筑限界；

（3）超限货物装载限界；

（4）设置在相邻线路间有关设备的计算宽度；

（5）在相邻线路间办理作业的性质；

（6）线路上通行的列车速度；

（7）车站平面布置。

当相邻两线间装有高柱信号机，且只有一线通行超限货物列车，其线间距按式（5-1）计算：

$$S = S_{JX} + S_{XK} + S_{XJ} + S_Y \tag{5-1}$$

式中　$S$——线间距（mm）；

　　　$S_{JX}$——建筑限界（mm）；

　　　$S_{XK}$——信号机宽（mm）；

　　　$S_{XJ}$——信号机建筑限界（mm）；

　　　$S_Y$——余量（mm）。

到发线与其他线间有中间站台式时的线间距为：

$$S = S_{ZX} + S_{ZK} + S_{ZX} \tag{5-2}$$

式中　$S_{ZX}$——站台边缘至站线中心距离（mm）；

　　　$S_{ZK}$——站台宽度（mm）。

根据相邻线路的类型，对以上因素进行取舍、累加，并考虑一定的余量，便可计算出线间距离。例如，在 $v \leqslant 160$km/h 客货共线铁路车站上，相邻两线间装有高柱信号机，且只有一线通行超限货物列车，其线间距按式（5-1）计算：

$$S = S_{JX} + S_{XK} + S_{XJ} + S_Y = 2440 + 280 + 2150 + 30 = 5000 (\text{mm})$$

又如，在速度为 $250 \sim 350$km/h 高速铁路车站上，到发线与其他线间有中间站台式时的线间距按式（5-2）计算：

$$S = S_{ZX} + S_{ZK} + S_{ZX} = 1750 + L_{站台宽} + 1750 = 3500 + L_{站台宽} (\text{mm})$$

在线路的直线地段，站内两相邻线路中心线的间距见表 5-4、表 5-5。

客货共线铁路车站内线间距　　　　　　　　表 5-4

| 序号 | 名称 | | | 线间距（mm） |
|---|---|---|---|---|
| 1 | 站内正线 | | | 5000 |
| 2 | 站内正线与相邻到发线间 | | 无列检作业 | 5000 |
| | | $v \leqslant 120$km/h | 一般 | 5500 |
| | | | 改建特别困难 | 5000 |
| | | 120km/h$<v \leqslant$160km/h | 一般 | 6000 |
| | | | 改建特别困难 | 5500 |
| | | 160km/h$<v \leqslant$200km/h | 一般 | 6500 |
| | | | 改建特别困难 | 5500 |
| 3 | 到发线间、调车线间 | | 一般 | 5000 |
| | | | 铺设列检小车通道 | 5500 |
| | | | 改建特别困难 | 4600（保留） |
| 4 | 次要站线间 | | | 4600 |
| 5 | 装有高柱信号机的线间 | | 相邻两线间均通行超限货物列车 | 5300 |
| | | | 相邻两线只一线通行超限货物列车 | 5000 |
| 6 | 客车车底停留线间、备用客车存放线间 | | 一般 | 5000 |
| | | | 改建特别困难 | 4600 |
| 7 | 客车整备线间 | | 线间无照明、通信等电杆 | 6000 |
| | | | 线间有照明、通信等电杆 | 7000 |
| 8 | 货物直接倒装的线路间 | | | 3600 |
| 9 | 牵出线与其相邻线间 | | 区段站、编组站及其他调车作业频繁者 | 6500 |
| | | | 中间站及其他仅办理摘挂取送作业者 | 5000 |
| 10 | 调车场各线束间 | | | 6500 |
| 11 | 调车场设有制动员室的线束间 | | | 7000 |
| 12 | 梯线及其相邻线间 | | | 5000 |
| 13 | 中间有或预留有电力机车接触网支柱位置的线间 | | | 6500 |
| 14 | 线间设有融雪设备的相邻线间 | | | 5800 |
| 15 | 安全线与其他线路 | | | 5000 |
| 16 | 编组站、区段站的站修线与相邻线间 | | | 8000 |

注：1. 客运专线正线与新建客货共线铁路、既有铁路并行地段线间距不应小于 5.3m。

2. 表列序号 3，列检小车通道不宜设在通行超限货物列车的到发线间；新建 I 级铁路列检所所在车站，线间铺设机动小车通道的相邻到发线间距不应小于 6000mm。

3. 在区段站、编组站及其他大站上，最多每隔 8 条线路应设置一处不小于 6500mm 的线间距，此线间距宜设在两个车场或线束之间。

4. 照明和通信电杆等设备，在站线较多的大站上，应集中设置在有较宽线间距的线路间；在中间站宜设置在站线之外。

客运专线车站内线间距　　　　　　　　　　表 5-5

| 序号 | 名称 | 线间设施 | 线间距（mm） |
|------|------|----------|--------------|
| 1 | 站内正线与相邻到发线间 | 无 | 5000 |
|   |   | 声屏障 | 5940＋结构宽 |
|   |   | 接触网支柱 | 5200＋结构宽 |
|   |   | 雨棚柱 | 4590＋结构宽 |
|   |   | 有站台 | 3530＋站台宽 |
| 2 | 到发线间或到发线与其他线间 | 无 | 5000 |
|   |   | 接触网支柱 | 5000＋结构宽 |
|   |   | 雨棚柱 | 4300＋结构宽 |
|   |   | 有站台 | 3500＋站台宽 |
| 3 | 正线与其他线间 |   | 5000 |

### 5.2.4　曲线地段线间距加宽

位于曲线地段的车站，其线间距有可能需要加宽线间距。

1. 加宽原因

（1）车体几何关系引起

车辆位于曲线上时，车辆中部向曲线内侧凸出，其值为 $W_1$，两端向外侧凸出，其值为 $W_2$，如图 5-9（$a$）所示。当车体长 $L$，转向架中心距为 $Z$，曲线半径为 $R$ 时，根据几何关系，可求出 $W_1$、$W_2$ 如下：

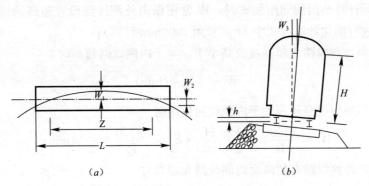

（$a$）　　　　　　　　　　（$b$）

图 5-9　曲线上车体的凸出和倾斜

$$W_1 \approx \frac{Z^2}{8R}, W_2 \approx \frac{1}{8R}(L^2 - Z^2) \tag{5-3}$$

式中　$L$——车体长（m）；

　　　$Z$——转向架中心距（m）；

　　　$R$——曲线半径（m）。

我国车辆按最大长度 $L=26\text{m}$，$Z=18\text{m}$ 计算，则：

$$W_1 \approx \frac{18^2}{8R} \times 1000 = \frac{40500}{R}(\text{mm})$$
$$W_2 \approx \frac{1}{8R}(26^2 - 18^2) \times 1000 = \frac{44000}{R}(\text{mm}) \tag{5-4}$$

（2）外轨超高引起

曲线上外侧实设超高 $h$ 使车体向内侧倾斜，如图 5-9（$b$）所示，在距轨

143

面高度 $H$ 处，车体内侧倾斜值为 $W_3$（两轨头中心距按 1500mm 计）。

$$\frac{W_3}{H} = \frac{h}{1500}$$

$$W_3 = \frac{H}{1500}h \quad (\text{mm}) \tag{5-5}$$

式中　$H$——计算高度，一般可取 2000mm；

　　　$h$——曲线地段外轨超高（m）。

2. 加宽值计算

根据曲线地段加宽值的计算公式，得到曲线地段线间距的加宽值。

（1）建筑物在曲线内侧时：

$$W_n = W_1 + W_3 = \frac{40500}{R} + \frac{H}{1500}h(\text{mm}) \tag{5-6}$$

（2）建筑物在曲线外侧时

$$W_w = \frac{44000}{R}(\text{mm}) \tag{5-7}$$

（3）加宽值计算

曲线地段线间距加宽值，应为内外侧加宽值之总和，即：

$$W = W_n + W_w = \frac{84500}{R} + \frac{H}{1500} \cdot h(\text{mm}) \tag{5-8}$$

实际计算站内线间距加宽时，$W$ 常根据内外侧线路设置超高的情况分三种方式进行简化计算（式中 $H$ 值采用 2000mm 计算）：

① 当外侧线路无超高或超高小于、等于内侧线路超高时

$$W = \frac{84500}{R}(\text{mm}) \tag{5-9}$$

② 当外侧线路超高大于内侧线路超高时

$$W = \frac{84500}{R} + \frac{1}{2}\left(\frac{H}{1500} \cdot h\right) = \frac{84500}{R} + \frac{2}{3}h(\text{mm}) \tag{5-10}$$

③ 当外侧线路有超高而内侧线路无超高时

$$W = \frac{84500}{R} + \frac{H}{1500} \cdot h = \frac{84500}{R} + \frac{4}{3}h(\text{mm}) \tag{5-11}$$

3. 曲线线间距加宽方法

曲线车站各股道中心线一般均设计为同心圆曲线。由于正线有外轨超高并一定要设缓和曲线，而站线无外轨超高，既可设缓和曲线也可不设缓和曲线。因此，为满足上述曲线加宽要求，车站曲线可采用下列不同的线间距加宽方法。

站线不设超高时，当站线在正线外侧时，依靠调整、加长正线缓和曲线长度，使正线缓和曲线内移量 $p$（如图 5-10 所示，其计算见式 5-12）满足线间距加宽 $W$ 的要求，此时直线部分线间距不加宽；当站线在正线内侧时，外侧正线缓和曲线的内移量 $p$ 使曲线线间距减小，为使曲线线间距加宽 $W$，直线线间距应加宽 $\Delta D = p + W$，使曲线部分线间距正好加宽 $W$ 值。

$$p = \frac{l_0^2}{24R} - \frac{l_0^4}{2688R^3} \approx \frac{l_0^2}{24R} \tag{5-12}$$

式中 $l_0$——缓和曲线长度（m）。

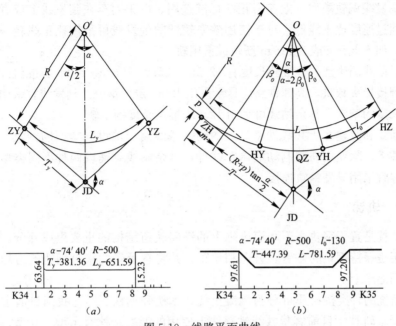

图 5-10　线路平面曲线
(a) 未设缓和曲线；(b) 设缓和曲线

在站线设缓和曲线的情况下，无论是站线和正线之间或是站线和站线之间均可利用调整站线的缓和曲线长度，使内移量之差达到线间距加宽要求。

## 5.3　轨道

与区间线路一样，站场轨道也是由钢轨、轨枕、道床所组成，如图 5-11 所示。不同之处为，在站场内铺设了大量的道岔。本节主要针对客货共线铁路进行讨论。

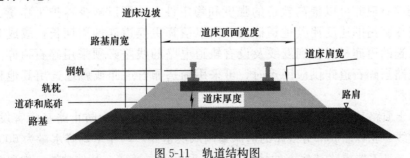

图 5-11　轨道结构图

### 5.3.1　钢轨

钢轨是轨道结构的直接受力部分，它引导机车、车辆、动车组车轮前进，承受车轮的巨大作用力并将从车轮传来的作用力传递给轨枕及以下轨道结构。

钢轨类型一般按取整后的每米钢轨重量（kg/m）来分类。我国目前使用的标准钢轨有 75、60、50、43kg/m 等类型。除了重载铁路之外，目前我国新建客运专线、干线铁路和城市地铁交通等的正线都选用 60kg/m 钢轨。

到发线钢轨类型一般参考正线标准选用。由于列车在到发线上或者停站或者通过速度比正线低，对于使用效率较低的到发线可采用比正线轻一级的钢轨，如 50kg/m 或 43kg/m 新轨或再用轨。

目前我国生产的标准轨长度有 12.5m、25m、50m 和 100m 标准轨。为了减少焊接接头数量，高速铁路应尽量采用 100m 定尺钢轨。到发线宜采用 25m 标准长度的钢轨，其余站线可采用 12.5m 标准长度的钢轨。

新建和改建客货共线铁路站线的同一条线路应铺设同类型的钢轨。在困难条件下，除使用铁鞋制动的调车线外，其余站线可铺设两种不同类型的钢轨，并宜采用异型钢轨连接。

### 5.3.2 轨枕

轨枕是置于钢轨之下和道床之上的铁路轨道结构的重要组成部分。轨枕的功用是保持钢轨的位置、方向和轨距，并将它承受的来自钢轨的力均匀地分布到道床上。

轨枕的种类按材质可分为混凝土枕、木枕和钢枕三类。我国目前主要使用混凝土轨枕。目前客货共线铁路线上使用的混凝土枕有 I 型、II 型、III 型普通混凝土枕，有砟桥面用预应力混凝土枕，混凝土宽枕，50kg/m 钢轨 9 号、12 号预应力混凝土岔枕，60kg/m9 号、12 号混凝土岔枕以及为提速线路研制的 60kg/m12 号单开、交叉渡线固定辙叉和 12 号、18 号单开可动心轨辙叉提速混凝土岔枕等。

### 5.3.3 道床

道床是轨枕的基础，有以松散道砟组成的道床、用混凝土灌注的整体道床和沥青等加工材料灌注的沥青道床等。

碎石道砟抗压强度高，碎石道砟还有排水性能好、弹性好的特点，所以使用碎石道砟可以提高轨道的强度和稳定性，并可以减少养护工作量。碎石道砟脏污的速度比其他道砟慢，所以清筛更换道砟的周期长，故成为站线首选的道砟材料。到发线及设有轨道电路的线路必须采用碎石道砟。其他线路当碎石道砟供应困难时，可采用筛选卵石道砟或就地选用其他种道砟材料。

土质路基采用单层道砟，易造成各种路基病害，为防止路基病害发生，到发线、驼峰溜放部分线路的道床采用双层道砟。当年平均降水量为 600mm 以下，且不造成路基病害的情况下，可采用单层道砟。其他站线，次要站线道床较薄，不宜再做成双层，这是因为面砟太薄易与底砟混杂，而底砟太薄又宜变形，失去反滤作用，因此应做成单层道砟。

站内各种线路的道床一般应分别按单线设计，但在编组站、区段站上经常有调车作业和列检车作业的调车线、到发线、牵出线、客车整备所的客运及技术整备线及其外侧和扳道作业或调车作业繁忙的咽喉区范围内，为了作业的安全与便利，又不影响排水，应采用渗水性材料（最好采用与面层相同而粒径较小的材料）将线路道床间及最外线路外侧的洼垅填平，为抽换轨枕方便而填至轨枕底下 3cm。

为防止道床表面水分锈蚀钢轨和扣件，并避免传失轨道电路的电流，混凝土枕道床顶面应比轨枕顶面稍低。

整体道床具有使站场整洁，改善劳动条件，作业安全，提高作业效率等优点，特别是液态散粒粉状等危险品货物的装卸线上采用这种道床，可及时清扫回收，便于运输车辆、线路场地的洗刷消毒，防止对环境的污染。在客车整备线、洗车线、散装货物线、车辆架修线、石油装卸线、电子轨道衡引线、车库线及危险品库线等专用设备线上，因地制宜地铺设一些整体道床，可取得良好的经济和社会效果。整体道床的结构形式，可根据水文地质、工程地质条件和技术作业特点，选用钢筋混凝土支承式和整体灌注式。

站线轨道类型应根据站线的用途按表 5-6 选用。

客货混线铁路站线轨道类型　　　　表 5-6

| 项目 | | | 单位 | 到发线 | 驼峰溜放部位线路 | 其他站线及次要站线 |
|---|---|---|---|---|---|---|
| 钢轨 | | | kg/m | 50 或 43 | 50 或 43 | 43 |
| 轨枕 | 混凝土枕 | 型号 | | I | — | I |
| | | 铺轨根数 | 根/km | 1520 | — | 1440 |
| | 防腐木枕 | 型号 | | II类 | II类 | II类 |
| | | 铺轨根数 | 根/km | 1600 | 1600 | 1440 |
| 道砟道床厚度 | 非渗水路基 | 双层道砟 | 特重型 | cm | 面砟 20 底砟 20 | 面砟 25 底砟 20 | — |
| | | | 重型 | cm | | | |
| | | | 次重型 | | | | |
| | | | 中型 | cm | 面砟 15 底砟 15 | | |
| | | | 轻型 | | | | |
| | | 单层道砟 | 特重型 | | 35 | 35 | 其他站线 25 次要站线 20 |
| | | | 重型 | cm | | | |
| | | | 次重型 | | | | |
| | | | 中型 | cm | 25 | | |
| | | | 轻型 | | | | |
| | 岩石、渗水路基 | | 特重型 | | 25 | 30 | 20 |
| | | | 重型 | cm | | | |
| | | | 次重型 | | | | |
| | | | 中型 | cm | 20 | | |
| | | | 轻型 | | | | |

注：1. 钢轨系指新轨或旧轨；
　　2. 到发线（含到达线、出发线和编发线，下同）的轨道，正线为 50kg/m 时，到发线采用 43kg/m 时，当正线为 60kg/m 及以上时，到发线均采用 50kg/m；
　　3. 驼峰溜放部分线路（系指自峰顶至调车线减速器或脱鞋器出口的一段线路）及延伸一节钢轨，宜采用 50kg/m；作业量较小的小能力驼峰也采用 43kg/m；
　　4. 其他站线系指调车线、牵出线、机车走行线及站内联络线，次要站线系指除到发线及其他站线以外的站线；
　　5. 改建车站时，次要站线上可保留 38kg/m 的钢轨；
　　6. 在按速度要求须采用 18 号单开道岔，且铺设混凝土枕的线路上，应采用 II 型混凝土枕。

### 5.3.4 道岔

为了保证列车能够由一条线路进入或跨过另一条线路，在铁路车站需铺设线路连接设备。在线路连接设备中，使用最广泛的是道岔。

1. 道岔种类

道岔种类很多，常用的有单开道岔、对称道岔、三开道岔及交分道岔 4 种。

(1) 单开道岔

单开道岔的主线为直线，侧线由主线向左侧或右侧岔出，分为左开、右开两种形式，如图 5-12 (a) 所示。它由尖轨及转辙器部分、辙叉及护轨部分和连接部分组成，其几何要素如图 5-12 (b) 所示。单开道岔是线路连接中采用较多的一种道岔，约占各类道岔总数的 90% 以上。为了提高单开道岔的过岔速度，除可采用辙叉号数较大的道岔外，还可采用活动心轨辙叉，以从根本上消灭有害空间。活动心轨辙叉组成部分如图 5-13 所示。

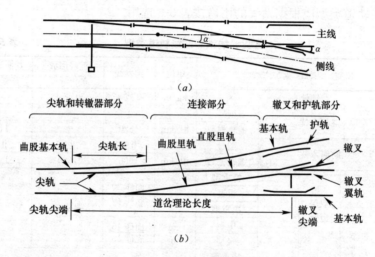

图 5-12 单开道岔

(a) 结构图（右开）；(b) 组成图（左开）

(2) 对称道岔

对称道岔（图 5-14）由主线向两侧分为两条线路，道岔各部件均按辙叉角平分线对称排列，两条连接线路的曲线半径相同，无直向或侧向之分，因此两侧线运行条件相同。这种道岔具有增大导曲线半径和缩短站场长度的优点，因此对称道岔一般可在调车场头部或尾部铺设，也可在到达场、机务段和货场等处的线路上铺设，必要时可将对称道岔与单开道岔混合使用。

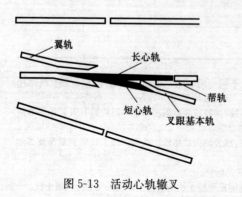

图 5-13 活动心轨辙叉

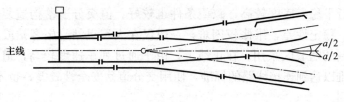

图 5-14　对称道岔

（3）三开道岔

三开道岔（图 5-15）是当需要连接的线路较多，而地形又受到限制，不能在主线上连续铺设两个单开道岔时铺设的一种道岔。这种道岔的优点是长度较短，缺点是尖轨削弱较多，转辙器使用寿命短，同时两组普通辙叉在主线内侧无法设置护轨，列车沿主线不能高速运行。这种道岔只有在地形不允许以及需要尽量缩短线路连接长度的地方，如调车场的头部或尽头式车站内连接机车走行线与相邻两到发线的连接处采用。

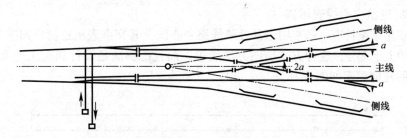

图 5-15　三开道岔

（4）交分道岔

交分道岔是将一个单开道岔纳入另一个道岔内构成的，由多组尖轨、辙叉和导曲线组成，用于将两条交叉线路直接连接在一起，并开通多个方向的线路连接设备，如图 5-16 所示。

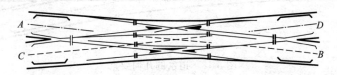

图 5-16　交分道岔

交分道岔起到了两个道岔的作用，占地较短，特别是连接几条平行线路时，比单开道岔连接的长度缩短得更为显著（图 5-17），而且列车通过时弯曲

图 5-17　用地长度比较图

（a）用普通单开道岔时；（b）用复式交分道岔时

较少，走行平稳，速度较高，瞭望条件也较好。但交分道岔构造复杂，零件数量较多，稳定性差，维修较困难，一般仅在大编组站、旅客站或其他用地长度受限制的咽喉区采用。在正线上，由于通过列车速度较高，道岔的直向通过速度难以达到连接线路的标准，使用交分道岔安全性较差，也不好养护，故尽量少用。

交分道岔按其构造不同有普通交分道岔和活动心轨交分道岔两种。图 5-16 所示为普通交分道岔，其特点是，四组辙叉都是固定型的，在两钝角辙叉处存在着没有护轨防护的有害空间，如道岔辙叉号数较大，则列车通过时该处有脱轨的可能。而活动心轨交分道岔，由于采用了活动心轨钝角辙叉，从根本上消除了钝角辙叉在直通方向的有害空间。

三开道岔和交分道岔的共同特点是将一个道岔套到另一个道岔上，既缩短了用地，又起到了两组道岔的作用，故这类道岔称为复式道岔，而单开和双开道岔则称为单式道岔。

2. 道岔中心线表示法

在车站设计中，通常用道岔处两线路中心线及其交点表示道岔，如图 5-18 所示的上半部分。这种方式绘图方法简单，而且能够满足设计和施工的需要。道岔的几何要素如图 5-18。

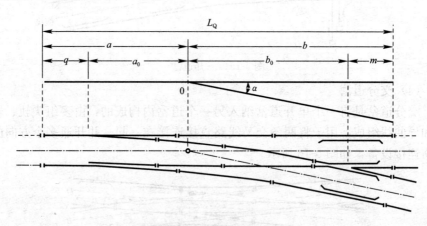

图 5-18　道岔的几何要素

$q$——尖轨前基本轨长，从道岔基本轨始端轨缝至尖轨始端的距离；$a_0$——从尖轨始端至道岔中心的距离；$a$——从基本轨始端轨缝至道岔中心的距离；$b_0$——从道岔中心至辙叉理论尖端的距离；$m$——辙叉后跟长，从辙叉理论尖端至辙叉后跟轨缝的距离；$b$——从道岔中心至辙叉后跟轨缝的距离；$L_Q$——道岔全长，从道岔基本轨始端轨缝至辙叉后跟轨缝的距离；$\alpha$——道岔辙叉角

3. 道岔号码及选用

（1）道岔号码

道岔的辙叉号码 $N$ 可用辙叉角 $\alpha$ 的余切来确定，即：

$$N = \cot\alpha \tag{5-13}$$

辙叉号码 $N$ 越大，辙叉角 $\alpha$ 越小，导曲线半径越大，侧向过岔允许速度就越高。但 $N$ 越大，则道岔全长越长，占地长度也越长，工程费用也越高。

站场设计时，道岔的辙叉号码应按《铁路技术管理规程》、《铁路站场及枢纽设计规范》、《高速铁路设计规范》等有关规定选用。

（2）客货共线铁路道岔号码选用

客货共线铁路站场道岔辙叉号码应尽量取得大些，并按以下规定选用：

① 正线道岔的列车直向通过速度不应小于路段设计行车速度。

② 列车直向通过速度为100～160km/h的路段内，正线道岔不应小于12号。在困难条件下，改建区段站可采用9号。

③ 列车直向通过速度小于100km/h的路段内，侧向接发列车的会让站、越行站、中间站的正线道岔不应小于12号，其他线路可采用9号。

④ 列车侧向通过速度大于80km/h，但不大于140km/h的单开道岔，不得小于30号。

⑤ 列车侧向通过速度大于50km/h，但不大于80km/h的单开道岔，应采用18号。

⑥ 列车侧向通过速度不大于50km/h的单开道岔，不应小于12号。

⑦ 侧向接发旅客列车的道岔，不应小于12号，在困难条件下，非正线上接发旅客列车的道岔，可采用9号对称道岔。

⑧ 正线不应采用复式交分道岔，在困难条件下需要采用时，不应小于12号。

⑨ 其他线路的单开道岔或交分道岔不应小于9号。

⑩ 驼峰溜放部分应采用6号对称道岔和7号对称三开道岔；改建困难时，可保留6号对称道岔。必要时到达场入口、调车场尾部、货场及段管线等线路上，可采用6号对称道岔。

客货共线铁路车站，除一些特殊情况外，应优先选用混凝土岔枕道岔。列车直向通过速度大于120km/h的正线上应采用混凝土岔枕的道岔；路段设计行车速度120km/h以下的正线和站线宜优先采用混凝土岔枕的道岔。

（3）高速铁路道岔号码选用

客运专线以及高速铁路的列车运行速度高，行车密度大，应采用高于客货共线铁路站场的道岔号码。具体要求如下：

① 正线道岔的直向通过速度不应小于路段设计行车速度。

② 正线与跨线列车联络线连接的单开道岔应根据列车设计通过速度确定，选用侧向允许通过速度为160km/h或侧向允许通过速度为220km/h的道岔。跨线列车联络线接轨于车站且列车均停站时，可采用侧向允许通过速度为80km/h的18号道岔，高速铁路应采用高速道岔。

③ 车站咽喉区两正线间渡线应采用侧向容许通过速度为80km/h的道岔，在高速铁路上应为高速道岔。困难条件下，改扩建大型站可采用12号道岔。

④ 正线与到发线连接的单开道岔应采用侧向容许通过速度为80km/h的18号道岔，在高速铁路上应为高速道岔。

⑤ 到发线与到发线连接应采用侧向容许通过速度为80km/h的18号单开道岔。困难条件下，全部或绝大多数列车均停站的个别车站以及改扩建大型站可采用12号道岔。

⑥ 动车、养护维修列车等走行线在到发线上连接时应采用不小于 12 号道岔。段管线、维修线在到发线上出岔时，可采用 9 号道岔。

⑦ 位于动车段（所）内到发停车场到达（出发）端外方的道岔，宜采用 12 号道岔，困难条件下可采用 9 号道岔；其他采用 9 号道岔。

为了保证行车平稳以及延长道岔的使用寿命，规定道岔地段的轨型应与线路轨型一致，当直向通过速度大于等于 160km/h 时，应采用可动心轨道岔。

常用单开道岔尺寸见表 5-7。

常用单开道岔尺寸　　　　　　　　表 5-7

| 道岔号码 | 辙叉角 $\alpha$（°） | 导曲线半径 $R$（mm） | 道岔始端至道岔中心距离 $a$（mm） | 道岔中心至辙叉跟段距离 $b$（mm） | 道岔全长 $L_Q$（mm） | 侧向通过道岔允许速度（km/h） |
|---|---|---|---|---|---|---|
| 9 | 6°21′25″ | 180000 | 13839 | 15730 | 29569 | 30 |
| 12 | 4°45′49″ | 330000 | 16853 | 19962 | 36815 | 45 |
| 18 | 3°10′12.5″ | 800000 | 22667 | 31333 | 54000 | 75 |
| 客专 60-30 | 3°10′47.4″ | 1100000 | 31729 | 37271 | 69000 | 80 |
| 客专 60-42 | 1°21′50.13″ | 5000000 | 60573 | 96627 | 157200 | 160 |
| 客专 60-62 | 0°55′26.56″ | 8200000 | 70784 | 130216 | 201000 | 220 |

**4. 道岔配列**

设计车站时，为了缩短车站咽喉长度以及列车站内走行距离，并节省工程投资及运营费用，相邻道岔应力求排列紧凑。但如果两岔心间距离太短，则会影响行车的安全、平稳及道岔使用年限。为此，铁路规定了两相邻道岔间的最小距离。该距离与道岔配列的形式及其办理的作业性质有关。

相邻道岔间常常需插入直线段，其目的是为了减少列车过岔时的剧烈冲撞和摇晃，以保证列车安全和提高旅客的舒适度，有时也为道岔结构所限。正线上行车速度较高，其插入的直线段长度应较长些，到发线可稍短些，其他站线和次要站线因无正规列车通过，且行车速度较低，一般可不插入短轨。

常见的配列形式有如下几种：

（1）在基线异侧、同侧布置两个对向道岔（基异对、基同对）

在基线异侧、同侧布置两个对向的道岔布置见表 5-8。

两相邻道岔间的最小距离应为：

$$L = a_1 + f + a_2 + \Sigma\Delta \tag{5-14}$$

式中　$a_1$——从第一组道岔基本轨起点到道岔中心的距离（m）；

$\quad\quad a_2$——从另一组道岔基本轨起点到道岔中心的距离（m）；

$\quad\quad f$——两对向道岔基本轨起点间插入的直线段长（m），如表 5-8 所示；

$\quad\quad \Sigma\Delta$——轨缝的累计长度，$\Delta$ 为一个轨缝的长度，对于 25m 或 12.5m 标准轨取 0.012m，12.5m 以下的短轨按 0.008m 计。

采用这两种形式，若两相邻道岔紧密布置，则在机车经过时，易使机车产生扭力，影响行车平稳，而且对道岔损害也大。如在两道岔间加一直线段，则行车就比较平稳，对道岔损害也小。

**两对向单开道岔间插入钢轨的最小长度 $f$（m）**　　表 5-8

| 道岔布置 | 线别 | | 有正规列车同时通过两侧线时 | | 无正规列车同时通过两侧线时 |
|---|---|---|---|---|---|
| | | | 一般情况 | 特殊情况 | |
| 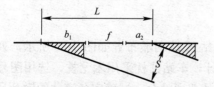 | 正线 | $v \leqslant 120km/h$ | 12.50 | 6.25 | 6.25 |
| | | $120 < v \leqslant 160$ | 12.5 | 12.5 | 12.5 |
| | | $v > 160km/h$ | 50.0 | 33.0 | 25.0 |
| | 到发线 | 客货共线铁路 | 6.25 | 6.25 | 0 |
| | | 客运专线 | 25.0 | 12.5 | 12.5 |
| | | 其他站线和次要站线 | — | — | 0 |

注：表中 $v$ 为路段设计速度。

（2）在基线异侧布置两个顺向道岔或在基线支线上布置两个顺向道岔。

采用这两种形式时，两道岔间最小距离应为：

$$L = b_1 + f + a_2 + \Delta \qquad (5\text{-}15)$$

式中　$b_1$——从第一组道岔辙岔后跟到道岔中心的距离。

两道岔间插入钢轨最小长度 $f$ 如表 5-9 所示。

**基线异侧两顺向单开道岔间插入钢轨的最小长度 $f$（m）**　　表 5-9

| 道岔布置 | 线别 | | 木岔枕道岔 | 混凝土岔枕道岔 |
|---|---|---|---|---|
| （见图） | 正线 | $v \leqslant 120km/h$ | 6.25 | 8.0 |
| | | $120 < v \leqslant 160$ | — | 12.5 |
| | | $v > 160km/h$ | | 25.0 |
| | 到发线 | 客货共线铁路 | 4.5 | 8.0 |
| | | 客运专线 | — | 12.5 |
| | | 其他站线和次要站线 | 0 | 8.0 |

（3）在基线同侧布置两个顺向道岔（基同顺）

在基线同侧布置两个顺向道岔如图 5-19 所示。梯线上两相邻道岔亦属此种布置形式，两相邻岔心间的最小距离 $L$ 决定于相邻线路的最小容许间距 $S$。其长度为：

$$L = \frac{S}{\sin\alpha} \qquad (5\text{-}16)$$

$$f = L - (b_1 + a_2)$$

（4）在基线异侧布置两个辙岔尾部相对的道岔（基尾对）

在基线异侧布置两个辙岔尾部相对的道岔如图 5-20 所示。两平行线间

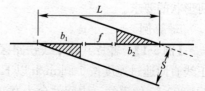

图 5-19　在基线同侧布置两个顺向道岔　　图 5-20　在基线异侧布置两个辙岔
尾部相对的道岔

渡线道岔的布置亦属此种形式。

此种形式的两相邻岔心间的最小距离 $L$ 亦决定于相邻线路的最小容许间距 $S$，其长度为：

$$L = \frac{S}{\sin\alpha_{min}} \tag{5-17}$$

$$f = L - (b_1 + b_2)$$

两相邻道岔间插入钢轨的最小长度除符合以上规定外，还应按道岔结构的要求适当调整，对于无缝线路，插入的短轨长度尚应满足应力检算的要求。以下为两相邻单开道岔间插入短轨的特殊要求：

1）设计速度为 160km/h 的客货共线铁路，正线上两对向单开道岔有列车同时通过两侧线时，18 号单开道岔插入钢轨长度不应小于 25m。

2）客货共线铁路到发线有旅客列车同时通过两侧线时，道岔间插入钢轨的最小长度一般情况应为 12.5m。

3）相邻两道岔轨型不同时，所插入的钢轨应采用异型轨。

4）在其他站线和次要站线上，木岔枕与木岔枕相接时，如一组道岔后顺向并连两组 9 号单开或 6 号对称道岔时，其中至少一个分路的前后两组道岔间应插入不小于 4.5m 长的钢轨。站线上两组 9 号单开混凝土岔枕道岔顺向连接时，两道岔间可插入 6.25m 长的钢轨。

5）客车整备所线路采用 6 号对称道岔连续布置时，插入钢轨长度不应小于 12.5m。

6）两道岔连接时，在正线上应采用同种类岔枕，站线上宜采用同种类岔枕。当客货共线铁路站线上采用不同种类岔枕：两道岔顺向连接时，插入钢轨长度不应小于 12.5m；两道岔对向连接时，插入钢轨长度不应小于 6.25m。

7）高速铁路相邻道岔间插入钢轨长度应符合下列规定：

① 正线上道岔对向设置，有列车同时通过两侧线时，应插入不小于 50m 长度的钢轨；受站坪长度限制时，应插入不小于 33m 长度的钢轨。无列车同时通过两侧线时或道岔顺向布置时，可插入不小于 25m 长度的钢轨。

② 到发线上两道岔间，有列车同时通过两侧线时，应插入不小于 25m 长度的钢轨；特殊困难条件下，应插入不小于 12.5m 长度的钢轨。无列车同时通过两侧线时，应插入不小于 12.5m 长度的钢轨。

在计算相邻道岔岔心间的最小距离时，所需数据可参阅有关文献。相邻两道岔中心间的距离除应满足最小距离的要求外，还需满足站场线路布置几何形状的要求。

5. 算例

【例 5-1】 客货共线单线铁路区段站 $A$ 端咽喉布置如图 5-21 所示，列车正线直向通过速度按 100km/h 以下设计，车站岔枕采用木岔枕，选用图号为 TB 399-75 的道岔，中间站台为宽 9m 的普通站台。试确定各道岔的辙叉号码及相邻道岔岔心间的距离。

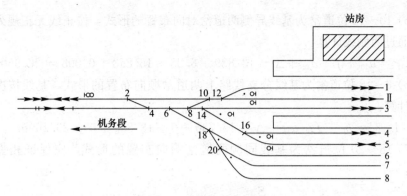

图 5-21 某站 $A$ 端咽喉布置

(1) 确定相邻线路中心间距

1) 1 至 Ⅱ、Ⅱ 至 3 间为站内正线与相邻到发线间距离，按无技术作业查表 5-4，取值 5.0m。

2) 3 至 4 间夹有中间站台，查表 5-1，旅客站台边缘至线路中心距为 1750mm，站台宽度取为 9m，其线间距按式（5-2）计算确定：

$$S_{3-4} = S_{3-站台边缘} + S_{站台宽} + S_{站台边缘-4}$$
$$= 1750 + 900 + 1750 = 12500mm = 12.5m$$

3) 4 至 5 间为到发线间距离，查表 5-4，取值 5.0m。

4) 5 至 6 间为到发场与调车场间距离，查表 5-4，取值 6.5m。

5) 6 至 7 及 7 至 8 间为调车线间距离，查表 5-4，取值 5.0m。

6) 正线至机车出入段线间按照站内正线与相邻到发线间距离取值，为 5.0m。

(2) 确定各道岔应选用的辙叉号码

2、4、12、14、16 位道岔需侧向接发旅客列车，采用 12 号辙叉。其他道岔采用 9 号辙叉。

(3) 计算两相邻道岔岔心间的距离

1) 2～4 位道岔为基线异侧两个道岔辙叉尾部相对布置的形式，采用式（5-1）计算，查表（5-1），得 12 号道岔的辙叉角为 4°45′49″。

$$L_{2-4} = \frac{S}{\sin\alpha_{min}} = \frac{5}{\sin4°45′49″} = 60.208m$$

2) 4～6 位道岔为基线异侧两道岔对向布置的形式，按到发线无正规列车同时通过两侧线考虑，不设插入轨，查表 5-7 得 2 位道岔基本轨起点至道岔中心的距离 $a = 16853mm$，按式（5-14）进行计算：

$$L_{4-6} = a_4 + f + a_6 + \Delta = 16.853 + 0 + 13.839 + 0 = 30.692m$$

3) 6～8 位道岔为基线异侧道岔顺向布置的形式，基线按到发线计算，采用 9 号道岔，查表 5-9 得 $f = 4.5m$，查表 5-7 得 6 号道岔 $b = 15.730m$：

$$L_{6-8} = b_6 + f + a_8 + \Delta = 15.730 + 4.5 + 13.839 + 0.008 = 34.077m$$

4) 8～14 位道岔为基线异侧两道岔顺向布置形式，基线按到发线计算：

$$L_{8-14} = b_8 + f + a_{14} + \Delta = 15.730 + 4.5 + 16.853 + 0.008 = 39.091m$$

5）10～12 位道岔为基线异侧两道岔对向布置的形式，按正线无正规列车同时通过两侧线计算：

$$L_{10-12} = a_{10} + f + a_{12} + \Delta = 13.839 + 6.25 + 16.853 + 0.008 = 36.950\text{m}$$

6）6～18 位道岔为基线分支线路上两道岔顺向布置的形式，基线按次要站线计算：

$$L_{6-18} = b_6 + f + a_{18} + \Delta = 15.730 + 0 + 13.839 + 0 = 29.269\text{m}$$

7）18～20 位道岔为基线同侧两道岔顺向布置的形式，应保证相邻线间距：

$$L_{18-20} = \frac{S}{\sin\alpha} = \frac{5.0}{\sin 6°21'25''} = 45.158\text{m}$$

8）14～16 号道岔为基线同侧两道岔顺向布置的形式，应保证相邻线间距：

$$L_{14-16} = \frac{S}{\sin\alpha} = \frac{12.5}{\sin 4°45'49''} = 150.521\text{m}$$

## 5.4 线路

本节主要介绍站场线路中的有关站线、线路长度、线路连接、线路设备、有效长计算及安全线等内容。

### 5.4.1 站线

1. 到发线

中间站的到发线数量不仅与列车对数有关，而且与车站性质和本站作业量也有密切关系。

单线铁路中间站至少应设两条到发线，以使车站具有三交会的条件，这样可以保持良好的运行秩序，对提高作业效率和加速车辆周转十分必要，也能适应某些特殊车辆如水槽车、机械化养路的工程车和轨道车以及不能继续运行而必须在车站摘下的车辆停留的需要。

双线铁路中间站至少应设两条到发线，以使双方向列车有同时待避的机会；但客货作业量大的车站，摘挂列车的作业时间一般较长，可采用三条到发线。

此外，下列中间站的到发线数量可根据车站性质及作业需要酌情增加：

（1）枢纽前方站、铁路局局界站

这两种车站，是调度区的分界处，列车易产生不均衡到达的情况。为便于调整列车运行秩序，协调好两调度区域的工作，可在枢纽前方站和局界站上，于进入枢纽或进入相邻铁路局方向的一侧增设到发线。

（2）补机牵引的始、终点站和长大下坡的列车技术检查站

由于列车需要进行摘挂补机和凉闸及自动制动机试验等技术作业，停站时间较长，交会机会较多，可增加到发线。

（3）机车乘务员换乘站

由于乘务组要进行交接班，每列换乘的列车要停站 15min 左右，列车交会因此增多，故需增加到发线。

（4）有两个方向以上的线路引入或有专用线接轨并有大量本站作业的中间站

由于各方向列车交会的需要，作业复杂、停留车辆多、线路占用时间长，应根据与车站接轨的线路和专用线的作业量及作业性质增设到发线，必要时亦可增设调车线或存车线。

（5）采用长交路的区段

摘挂列车经过在一些中间站甩挂作业后，需要在中途中间站上进行整编作业。因此，在这些中间站上应根据整编作业量的大小增加到发线和调车线。

（6）办理机车折返作业的中间站

由于列车占用到发线时间较长，机车出入折返站（所）需占用到发线，故其到发线数量应根据需要确定。

当某站同时具备上述两项及以上的作业时，其线路数量应根据作业情况综合考虑，不宜逐项增加。

为保证通行超限货物列车，在区段内应选定 3~5 个满足超限货物列车会让与越行要求的中间站。上述车站除正线外，单线铁路应另有一条线路，双线铁路上、下行应各有一条线路能通行超限货物列车。

2. 牵出线

中间站是否设置牵出线，应根据衔接区间正线数、行车速度高低、行车密度大小、车站调车作业量以及货场设置位置等因素确定。

双线铁路中间站应设置牵出线。对单线铁路中间站，当路段设计行车速度大于 120km/h，或平行运行图列车对数在 24 对以上，或车站调车作业量大时，一般应设置牵出线。

当中间站上有岔线接轨且符合调车作业条件时，可利用岔线进行调车作业。不设牵出线的单线铁路中间站，可利用正线进行调车作业。

当利用正线或岔线调车时，为避免调车作业越出站界，进站信号机可适当外移，外移距离应满足调车作业的需要，但不应超过 400m。其平、纵断面及视线等条件应适合调车作业的要求。在困难条件下曲线半径不应小于 300m，坡度不应陡于 6‰。

牵出线的有效长度应满足摘挂列车一次牵出车列长度的需要，一般不短于该区段货物列车长度的一半。当受地形限制或本站作业量不大时，至少应满足每次能牵出 10 辆、有效长度不小于 200m 的要求。

3. 货物线

为了办理货物的装卸作业，中间站应铺设货物线。其数目和长度与货物装卸量有关，应根据需要确定。

为了便于车站的正常运营工作，中间站货物线一般铺设 1~2 条。其长度除应满足平均一次来车的长度外，还应保证货物线两侧有足够的货位。

中间站货物线与到发线间的间距，在线间无装卸作业时，一般不小于6.5m。线间有装卸作业时，一般不小于15m。

集装箱、长大笨重货物、散堆装货物装卸线的间距，应根据装卸机械类型、货位的布置、通道的宽度以及相邻线路的作业性质等因素确定。

### 5.4.2　线路连接

车站线路连接是指在车站范围内正线与正线、正线与站线、站线与站线之间的相互连接与过渡方式，包括线路终端连接、渡线、梯线及线路平行错移等形式。

1. 线路终端连接

(1) 普通式线路终端连接

在站场设计中，将相邻两平行线路中的一条线路的终端与另一条线路连接起来，便构成最常见的普通式线路终端连接，如图5-22所示。

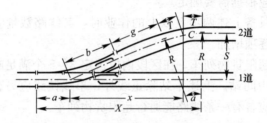

图 5-22　普通式线路终端连接

普通式线路终端连接由一副单开道岔、一段连接曲线及道岔与曲线间的直线段组成。为了标定曲线及全部连接长度，应确定角顶 $C$ 的坐标，即：

$$x = (b + g + T)\cos\alpha \qquad (5-18)$$

$$y = (b + g + T)\sin\alpha = S \qquad (5-19)$$

全部连接长度在水平方向的投影为：

$$X = a + x + T \qquad (5-20)$$

连接曲线切线长度为：

$$T = R \cdot \tan\frac{\alpha}{2} \qquad (5-21)$$

式中　$R$——连接曲线半径，其值不应小于连接道岔的导曲线半径，根据道岔辙叉号码不同，普通铁路分别选用 200m、300m、400m 和 500m，并尽量用大者，以改善列车运行条件；

　　　　$g$——道岔与连接曲线间的直线段的长度，按式（5-22）进行计算：

$$g = \frac{S}{\sin\alpha} - (b + T) \qquad (5-22)$$

直线段 $g$ 的长度除应满足线间距离的要求外，还应满足道岔前后曲线轨距加宽的要求，曲线轨距加宽值及夹直线最小长度见表5-10。如果连接曲线设有缓和曲线，可不插入此直线段。

| 圆曲线半径（m） | 轨距加宽值（mm） | 岔前夹直线最小长度（m） | | 岔后夹直线最小长度（m） | |
|---|---|---|---|---|---|
| | | 一般 | 困难 | 一般 | 困难 |
| R≥350 | 0 | 0 | 0 | 2 | 2 |
| 350>R≥300 | 5 | 2.5 | 2. | 4.5 | 4 |
| R<300 | 15 | 7.5 | 5 | 7.5 | 7 |

注：道岔采用混凝土岔枕时，岔后直线段长应为道岔跟端至末根岔枕的距离与轨距加宽递减所在长度之和；连接曲线需设超高时，应按超高顺坡设直线段。

通行正规列车的站线，两曲线间应设置不小于 20m 的直线段；不通行正规列车的站线，两曲线间应设置不小于 15m 的直线段；困难条件下，可设置不小于 10m 的直线段。

道岔应尽量避免布置在竖曲线范围内。当条件困难、必须设置在竖曲线范围内时，竖曲线半径不能太小，在正线及到发线上竖曲线半径不小于 10000m，在其他线路上不小于 5000m。

由于道岔导曲线与岔后连接曲线形成反向或同向曲线，在客运专线上，通行旅客列车的到发线上的直线段 $g$ 的长度还应考虑减少列车振动叠加，提高旅客乘车舒适度的要求，其长度应满足：

$$g \geqslant 0.4v \tag{5-23}$$

式中　$v$——道岔侧向允许通过速度（km/h）。

困难条件下应满足 $g \geqslant 0.2v$，但 $g$ 应大于道岔跟端至末跟岔枕的长度与曲线超高顺坡所需长度之和，且不应小于 20m。

例如：侧向通过速度 80km/h 的 18 号道岔岔后连接曲线间的直线段长度：

$$g \geqslant 0.4v = 0.4 \times 80 = 32m$$

考虑采用标准轨，即 1 根 25m 标准轨和一根 8m 短轨，故最终取 33m。

（2）缩短式线路终端连接

当两平行线路的线间距很大时（如机务段、货场、车辆段等地），如按上述方式连接，则全部连接的长度就很长，如图 5-23（a）所示。为了缩短全部连接的长度，可将岔道处以 α 角出岔后的岔线再向外转一个 φ 角，形成缩短式的线路终端连接，如图 5-23（b）所示。

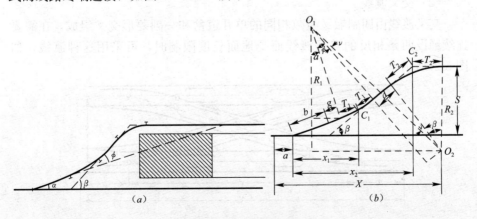

图 5-23　缩短式终端连接

这种线路连接方式需要铺设一段附加曲线，并在道岔终点与附加曲线起点间设置直线段 $g$，在反向曲线间设置直线段 $d$。直线段 $g$ 应根据连接曲线对轨距加宽的要求确定。直线段 $d$ 在通行正规列车的线路上应不短于 20m，不通行正规列车的站线上应不短于 15m，在困难条件下，亦不能短于 10m。

2. 渡线

为了使列车能从一条线路进入另一条线路，应在站场线路间设置渡线。

（1）普通渡线

普通渡线设在两平行线路之间，由两副辙叉号数相同的单开道岔及两道岔间的直线段组成。图 5-24 是最常见的一种渡线。

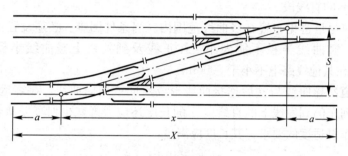

图 5-24　普通渡线

若两道岔的辙叉号码已经选定，线间距 $S$ 为已知，则渡线在水平和垂直方向的投影为：

$$x = (2b + f + \Delta)\cos\alpha = \frac{S}{\tan\alpha} \approx NS \tag{5-24}$$

$$y = (2b + f + \Delta)\sin\alpha = S \tag{5-25}$$

$$f = \frac{S}{\sin\alpha} - 2b - \Delta \tag{5-26}$$

全部连接长度在水平方向的投影为：

$$X = 2a + x \tag{5-27}$$

普通渡线一般适用于线间距不大于 7m 的两平行线之间的连接。

（2）交叉渡线

交叉渡线由四副辙叉号数相同的单开道岔和一副菱形交叉组成。在需要连续铺设两条相反的普通渡线而受地面长度限制时，可采用这种渡线，如图 5-25 所示。

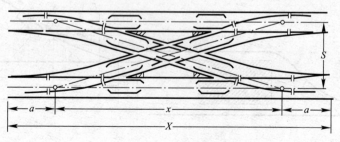

图 5-25　交叉渡线

交叉渡线的计算与普通渡线相同。

3. 线路平行错移的连接

在车站两平行线路间的某一段需要修建站台或其他建筑物，以及为某种作业需要而变更线间距离时，其中一条线路要平行移动，移动后的线路与原线路之间用反向曲线连接，这种连接形式称为线路平行错移。图5-26所示的线路平行错位的线间距由 $S$ 变为 $S_1$。

在站内正线设置反向曲线时，其曲线半径应根据铁路的性质与等级，结合路段行车速度及地方条件比选确定。曲线半径应根据线路的类型确定。

图5-26　线路平行错移连接

站内正线两反向曲线的缓和曲线间应设置夹直线，其最小长度应满足规范的要求。客货共线铁路站线一般不设缓和曲线，两相邻曲线间也应设置夹直线 $d$，其长度一方面要满足曲线轨距加宽的要求，另一方面还应能平衡车辆绕纵轴的旋转，保证车辆运行的平顺。对于客货共线铁路车站，在通行正规列车的线路上 $d$ 应不短于20m，在不通行正规列车的站线上，夹直线 $d$ 应不短于15m，在困难条件下，亦不能短于10m。对于设计时速200～250km的客运专线，到发线两曲线间应设不小于30m的直线段，并应满足无超高直线段长度不小于5m的要求。对于时速250～350km的高速铁路，列车到发进路上的曲线设置缓和曲线时，圆曲线和两曲线之间的夹直线长度不应小于25m，不设缓和曲线时，两曲线间应符合无超高直线段长度不小于20m的要求。

### 5.4.3　线路长度

车站线路的长度用线路全长、铺轨长度和有效长三种形式表示。

1. 线路全长

线路全长也称车站全长，指的是线路一端的道岔基本轨接头至另一端道岔基本轨接头的长度；对于尽头式线路，则是至尽头端车挡的长度，如图5-27所示。

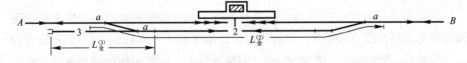

图5-27　线路全长示意图

确定线路全长，主要是为了设计时便于估算工程造价，比较设计方案。站内正线铺轨长度已在区间正线合并计算，故不另计全长。

2. 铺轨长度

铺轨长度为线路全长减去该线路上所有道岔的长度。

3. 股道有效长

股道有效长也称线路有效长，是指在线路全长范围内可以停放列车而不

162

影响信号显示、道岔转换及邻线列车通过部分的长度，如图5-28所示。

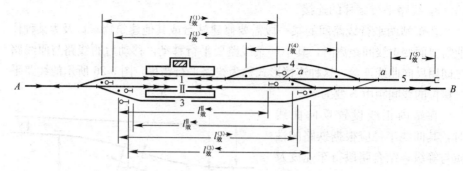

图5-28 股道有效长

线路有效长起止范围主要由下列设备来确定：警冲标；道岔的尖轨始端（无轨道电路时）或道岔基本轨接头处的钢轨绝缘（有轨道电路时）；出站信号机（或调车信号机），客运专线车站到发线上不设出站信号机时应为出站信号机对应的钢轨绝缘；车挡（尽头式线路时）；车辆减速器。

股道有效长是按上、下行进路分别计算的。例如图5-28中1道$B$方向有效长$l_{效}^{(1)} \rightarrow$是由$B$方向出站信号机至另一端的警冲标；而$A$方向有效长$l_{效}^{(1)} \leftarrow$则是$A$方向出站信号机至另一端道岔基本轨接缝（有轨道电路）。途中每股道的出站信号机设在出发方向的左侧，股道两边均有警冲标时受最近一处的控制。确定线路的有效长，主要视线路的用途和连接形式而定。

4. 到发线有效长

到发线有效长是全线或全区段的有效长的最短控制标准，是铁路主要技术标准之一。一定范围内所有车站正线、到发线有效长最短的股道有效长为到发线有效长。

我国客货混线铁路采用的货物列车到发线有效长，在Ⅰ、Ⅱ级铁路上为1050m、850m、750m及650m；在Ⅲ级铁路上为850m、750m、650m，有特殊需要时可选用1050m。采用何种有效长，应根据输送能力的要求、机车类型及所牵引列车的长度，结合地形条件，与相邻铁路到发线有效长配合情况等因素确定。

客运专线到发线应按照双方向进路设计，到发线两侧均应考虑安全防护距离和警冲标至绝缘节的距离。我国规定设计速度200～250km/h时，到发线有效长（警冲标至警冲标）一般为700m。困难条件下，单方向使用的到发线有效长可采用575m。速度为250～350km/h的高速铁路到发线有效长为650m。

### 5.4.4 有关设备位置确定

为了确定线路有效长，必须先确定影响有效长各因素的位置，包括警冲标、信号机、钢轨绝缘及相互之间的关系。

1. 警冲标

警冲标是防止停留在一条线路上的机车、车辆、动车组与邻线行驶的机车、车辆、动车组发生侧面冲突、设在两条汇合线路中心线内侧、距每一侧线路间垂直距离各 2m 的地点设置的线路标志，如图 5-29 所示。

当警冲标位于直线与直线之间时，警冲标与直线的垂直距离为 $P_1=P_2=2m$，如图 5-30（$a$）所示；当警冲标位于直线与曲线（包括道岔的导曲线）之间时，其与曲线的距离为 $P_2+W_1$（$W_1$ 为曲线内侧加宽量，按式 5-3 进行计算），如图 5-30（$b$）所示。

图 5-29　警冲标

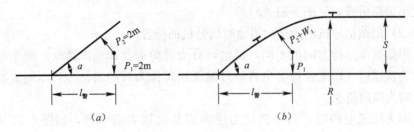

图 5-30　警冲标的位置
（$a$）位于直线-直线间；（$b$）位于直线-曲线间

道岔中心与警冲标的水平投影距离 $l_{警}$ 与辙叉角 $\alpha$、线间距离 $S$ 及连接曲线半径 $R$ 等因素有关。具体数据可查阅有关的设计手册。

2. 出站信号机

在车站内正线、到发线列车运行方向的左侧应装设出站信号机。它的位置除满足限界要求外，还决定于信号机处道岔的方向（顺向或逆向）、信号机类型及有无轨道电路等。

（1）出站信号机机柱中心与两侧线路中心的最小距离

出站信号机一般采用的种类有：

① 高柱信号机

一般指高柱色灯信号机，客货混线铁路站内正线及到发线均可使用，见图 5-31（$a$）。

（$a$）　　　　　　　　　　（$b$）

图 5-31　出站信号机
（$a$）高柱信号机；（$b$）矮柱信号机

163

高柱信号机距两侧线路中心的允许垂距，按下式计算：

$$P = 0.5b + B + W_1 \tag{5-28}$$

式中　$b$——信号机基本宽度，高柱信号机有380mm和410mm两种宽度；

　　　$B$——信号机建筑限界，线路通行超限列车时为2440mm，不通行时为2150mm；

　　　$W_1$——曲线加宽值，见式（5-3），在直线段$W_1=0$。

② 矮柱信号机

也称矮型色灯信号机，在不办理列车通过的到发线及其他股道用作出站或发车进路信号，见图5-31（$b$）。

（2）出站信号机前为逆向道岔时信号机的位置

根据列车运行方向的不同，道岔可分为对向道岔和顺向道岔。列车迎着道岔尖轨运行（即先经过岔尖再经过辙叉）时称为对向道岔。列车顺着岔尖运行时为顺向道岔。

如无轨道电路时，信号机应与逆向道岔尖轨尖端平列，如图5-32（$a$）所示。

如有轨道电路时，可将信号机安设在基本轨接头绝缘节处，如图5-32（$b$）所示。

（3）出站信号机前为顺向道岔时信号机的位置

出站信号机至道岔中心距离$l_信$的计算方法与至警冲标的距离$l_警$计算相同。水平投影距离$l_信$与辙叉角$\alpha$、线间距离$S$及连接曲线半径$R$等因素有关（图5-33）。确定信号机中心与两侧线的最小垂距时，要考虑下述因素：

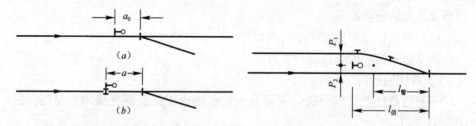

图5-32　逆向道岔前出站信号机位置　　　图5-33　顺向道岔前出站信号机位置

① 信号机的基本宽度。我国采用的高柱信号机的基本宽度主要为380mm；矮柱色灯信号机根据配置的机构数量以及是否有表示器等具有不同的宽度。

② 信号机边缘至相邻线路中心的距离。在直线地段，对于高柱信号机，若相邻线路通行超限货物列车时，则采用直线建筑限界；否则采用信号机建筑限界；对于矮柱色灯信号机，其边缘不得侵入建筑限界。在曲线地段，需要在限界的基础上，增加曲线加宽的距离。

具体数据可查阅有关的设计手册。

3. 轨道电路钢轨绝缘的设置

轨道电路是利用铁路线路的两条钢轨做导体，两端分别连接电源（发送设备）和接收设备，用以检查有无车占用并能传递信息的电路。也用于控制信号装置或转辙装置，以保证行车安全。

一个区间依据轨道电路区分成许多闭塞分区，各闭塞分区以轨道绝缘接头隔开，形成一独立轨道电路。各闭塞分区的起始点处皆设有信号机，当列车进入闭塞区间后，轨道电路立即反应，并传达本分区已有列车占用，此时位于闭塞分区入口的信号机立即显示为红色，禁止其他列车进入该分区，如图5-34所示。

（1）一般要求

为了保证轨道电路的可靠工作，线路与道岔应符合下列要求：轨距保持杆与道岔连接杆、连接垫板、尖端杆等均应装设绝缘，混凝土轨枕应有良好的绝缘性能。

符合下列条件之一的区段应装设轨道电路：

1）电气集中联锁车站内的列车和调车进路；

2）装有动力（如电动、电控或电液）转辙集中控制的道岔区段；

3）电锁器联锁车站的正线及到发线接车进路的股道上；

4）电气集中车站（场）内的牵出线、机待线、出库线、尽头线、禁溜线、迂回线和专用线等入口处调车信号机的接近区段；

5）装有驼峰车辆减速器或其他调速设备并进行自动或半自动控制的轨道区段以及驼峰调车线测长轨道区段。

（2）钢轨绝缘的设置地点

钢轨绝缘可划分轨道电路闭塞分区，以保证轨道电路可靠工作、排列平行进路的需要和便于车站作业。

1）一般地段

装设钢轨绝缘的地点，在做配轨设计时，应留出轨型相同的轨缝（因异型轨处无法安装绝缘），同时两钢轨绝缘的错开距离（死区段）不得大于2.5m，见图5-35。

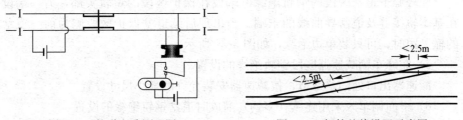

图5-34　轨道电路原理图　　　　图5-35　钢轨绝缘设置示意图

2）道岔地段

① 一般道岔处应留有钢轨绝缘缝，如图5-36所示。

图5-36　道岔钢轨绝缘设置示意图

② 单渡线和交叉渡线道岔应留轨缝，如图 5-37 所示，道岔辙叉跟处的接缝一般不能安装绝缘。

在电力牵引区段为了使交叉渡线两侧的轨道电路稳定工作，必须增设两组单边钢轨绝缘（如图中带圈所示），使两侧轨道电路完全隔开，为了使死区段不大于 4.4m，在辙叉根处的绝缘可设胶接绝缘，在工厂生产道岔时加上。

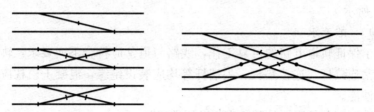

图 5-37 渡线道岔钢轨绝缘设置示意图

3）联锁区与非联锁区之间的距离

联锁区与非联锁之间应留有足够的间隔，从顺向道岔的警冲标至非联锁道岔尖轨尖端应不少于 3.5m+q（q 值为尖轨尖端至基本轨缝长度），以便于设防护调车信号机，如图 5-38（a）所示。若不留足够的距离（图 5-38b），无法设钢轨绝缘及防护调车信号机，会扩大联锁范围，当相邻的车场为电气集中设备时，还会增加场间相互联锁的复杂性。

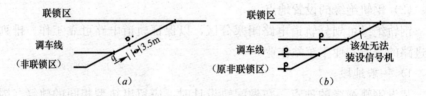

图 5-38 联锁区与非联锁区之间应留距离示意图

4）驼峰调车场峰下道岔钢轨绝缘的设置

驼峰峰下道岔区段的钢轨绝缘一端设在保护区段的短轨头部，另一端设在基本轨接缝及道岔导曲线的末端。当出现后续道岔保护区段侧为前一道岔的辙叉跟时，可只装单边绝缘，如图 5-39 所示。

5）驼峰车辆减速器区段钢轨绝缘的设置

减速器出口处的绝缘节，按减速器安装允许的最小尺寸设置。

6）平面调车区采用连续（多钩）溜放时道岔钢轨绝缘的设置

① 当采用 6 号对称道岔作为分路道岔时，道岔的钢轨绝缘设置与驼峰调车场峰下道岔的钢轨绝缘设置相似，不再重述（但不准设单边绝缘，应加一节 4.5m 短轨）。

② 当采用 9 号单开道岔作为溜放进路的分路道岔时，道岔的钢轨绝缘设置见图 5-40。

它设有保护区段轨 BG、道岔区段轨 CG、岔后轨 CHG，当分路道岔间距离较远时，可设多段岔后轨，小区段长度不大于 25m，分路道岔保护区段 BG 最长不大于 12.5m，最短不小于 10.44m，为了避免岔后与下面的道岔保护区

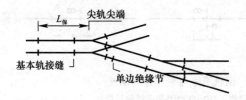

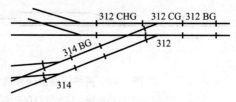

图 5-39　驼峰峰下道岔的钢轨绝缘　　　　图 5-40　平面调车区连续溜放道岔的
　　　　　设置示意图　　　　　　　　　　　　　钢轨绝缘设置示意图

段设成单边绝缘（岔后跟插一节 4.5m 短轨），要求前后岔心间距不小于 44m，并要求岔间均应设轨道电路，不允许间断。

4. 信号机、钢轨绝缘与警冲标的相互位置

当信号机处设有轨道电路时，还应考虑出站信号机、钢轨绝缘与警冲标的相互位置。

钢轨绝缘应与通过信号机、进站信号机、出站信号机、进路信号机及调车信号机设在同一坐标处，如图 5-41（a）所示。当不能并列安装时，应符合下列规定：

（1）出站信号机处

为了避免在安装信号时造成串轨、换轨或锯轨等，出站（包括出站兼调车）或发车进路信号机、自动闭塞区间单置信号机处的钢轨绝缘可设在信号机前方 1m 或后方 6.5m 范围内，如图 5-41（b）、（c）所示。

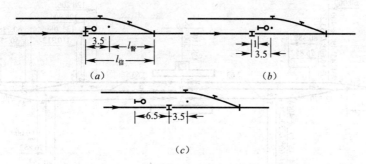

图 5-41　出站信号机、钢轨绝缘及警冲标的位置

在确定出站信号机、钢轨绝缘和警冲标的位置时，首先应考虑在不影响到发线有效长的条件下，按现有的钢轨接缝设绝缘节和信号机的安设位置，然后再将警冲标移设至距钢轨绝缘 3～4m 的距离。如现有的钢轨接缝安装绝缘不能保证到发线有效长或不宜设置信号机时，应以短轨拼凑等方法安装绝缘，以满足各方面的要求。

（2）进站信号机处

进站进路、接车进路、自动闭塞区间并置通过信号机处的钢轨绝缘可设在信号机前方或后方各 1m 的范围内，如图 5-42 所示。

（3）调车信号机处

调车信号机处的钢轨可设在其信号机前方或后方各 1m 的范围内，当该信号机设在到发线上时，应按上条规定执行。

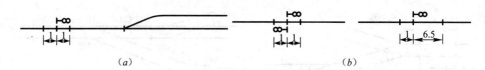

图 5-42 进站、通过信号机、钢轨绝缘与警冲标的设置

(*a*) 进站进路、接车进路调车信号机；(*b*) 自动闭塞通过信号机

（4）警冲标处

设在警冲标内方的钢轨绝缘，除渡线上外，其安装位置距警冲标的计算位置，对于客货共线铁路约为 3～4m（一般取 3.5m），对于客运专线约为 5m。这样可保证车轮停在该钢轨绝缘节内方时，车钩不至于越过警冲标。

### 5.4.5 坐标及线路有效长的计算

设计车站线路时，在平面图上要计算各有关点的坐标，并确定各线路的实际有效长。现举例说明其计算过程。

【例 5-2】 已知：设计速度 160km/h 客货共线铁路中间站 *A*，线路及设备布置如图 5-43 所示。列车侧向过岔速度不超过 50km/h，采用混凝土岔枕。正线兼到发线 Ⅱ 道通行超限货物列车，安全线有效长为 50m，中间站台宽 4m，到发线有效长为 850m。出站信号机采用基本宽度为 380mm 的高柱色灯信号机，有轨道电路，到发线采用双进路。

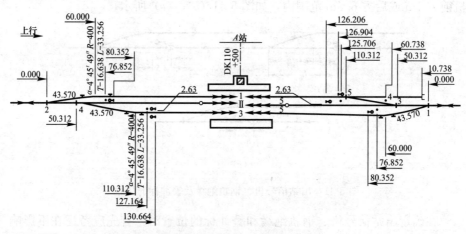

图 5-43 *A* 站坐标计算示意图（单位：m）

要求：①标出各道岔中心、连接曲线角顶、警冲标及信号机坐标；②确定各到发线的实际有效长。

计算过程如下：

1. 计算各有关点的坐标

（1）线路及道岔编号；

（2）确定各线路间距；

（3）确定各道岔的辙叉号码及道岔配列，根据已知条件，选用图号为专线 4249 的 12 号提速道岔；

（4）确定各连接曲线半径，并标明转角 $\alpha$、曲线半径 $R$、切线长度 $T$ 及曲

线长度 $L$（几根相同的曲线，标明其中一条即可），在线路终端连接的斜边上标明道岔中心至曲线切点的距离，如图 5-43 中 3 道右端的 43.570m；

（5）以车站两端正线上的最外方道岔中心为原点，由外向内逐一算出各道岔中心、连接曲线的角顶、警冲标及出站信号机等的 $x$ 坐标。见表 5-11 $y$ 坐标一般不计算，只需将警冲标和信号机中心至邻线的垂直距离（如图 5-43 的 2.63m）标明即可。

计算过程中，有关数据可以从附录或设计手册中查出。线路数目不多的区段站和中间站可将计算结果标在布置图上。采用这种方法可使尺寸一目了然，但线路多且构造复杂时，因坐标点太多，应另列坐标表。

2. 推算各条线路实际有效长

将各条线路有效长控制点（信号机及警冲标）的 $x$ 坐标填入表 5-12 的 3、4 栏内，这两栏数字相加得第 5 栏。第 5 栏中数值最大者就是有效长度最短的线路（即控制有效长的线路），其有效长度按规定的标准长度 850m 设计。其他各线路的实际有效长根据给定的到发线有效长标准值与该线路有效长的差额之和确定，如表 5-12 最后一列所示。

坐标计算                                                                    表 5-11

| 基点 | 计算说明 | 坐标（m） | 基点 | 计算说明 | 坐标（m） |
|---|---|---|---|---|---|
| 2 | 原点 | 0.000 | 3 | $B_1+f+a_3+\Delta$（$f=12.5$） | 50.312 |
| 4 | $b_2+f+a_4+\Delta$（$f=12.5$） | 50.312 | 5 | $C_3+NS$（$NS=60$） | 110.312 |
| $D_2$ | $NS=12\times5$ | 60.000 | $D_1$ | $NS=12\times5$ | 60.000 |
| $D_4$ | $C_4+NS$（$NS=12\times5$） | 110.312 | $S_1$ | $a_3+C_5$ | 126.904 |
| $X_1$ | $L_{信}^1=80.352$ | 80.352 | $S_{II}$ | $C_3+L_{信}^{II}$（$L_{信}^{II}=78.894$） | 129.206 |
| $S_{II}$ | $C_4+L_{信}^{II}$（$L_{信}^{II}=80.352$） | 130.664 | $S_3$ | $L_{信}^3=80.352$ | 80.352 |
| $X_3$ | $C_4+L_{信}^3$（$L_{信}^3=80.352$） | 130.664 | ① | $L_{信}^3-3.5$ | 76.852 |
| ② | $L_{信}^1-3.5$ | 76.852 | ③ | $C_3+L_{信}^{II}-3.5$ | 125.706 |
| ④ | $C_4+L_{信}-3.5$ | 127.164 | ⑤ | $C_5-L_警$（$L_警=49.574$） | 60.738 |
| 1 | 原点 | 0.000 | $D_j$ | $L_⑤-50$（$L_⑤=60.738$） | 10.738 |

注：1、2、3、4、5 表示各道岔岔心；
①表示 1 号道岔警冲标；
$D_1$ 表示 1 号道岔连接曲线角顶；
$S_1$ 表示上行出站信号机；
$X_1$ 表示下行出站信号机；
$D_j$ 表示尽头线车挡；
$C_4$ 表示 4 号道岔中心 $z$ 的坐标。

线路有效长推算表                                                             表 5-12

| 线路编号 | 运行方向 | 线路有效长控制点 $x$ 坐标（m） | | 共计（m） | 各线路有效长之差（m） | 各线路有效长（m） |
|---|---|---|---|---|---|---|
| | | 左端 | 右端 | | | |
| 1 | 2 | 3 | 4 | 5 | 6 | 7 |
| 1 | 上行方向 | 76.852 | 126.904 | 203.756 | 52.614 | 902 |
| | 下行方向 | 80.352 | 126.904 | 207.256 | 49.114 | 899 |
| 2 | 上行方向 | 127.164 | 129.206 | 256.370 | 0 | 850 |
| | 下行方向 | 130.664 | 125.706 | 256.370 | 0 | 850 |
| 3 | 上行方向 | 127.164 | 80.352 | 207.516 | 48.854 | 898 |
| | 下行方向 | 130.664 | 76.852 | 207.516 | 48.854 | 898 |

## 5.5 线形

在铁路正线的平、纵断面上设置车站配线的地段叫做站坪。在铁路站坪范围内的线路平纵断面，除了满足区间平纵断面设计的基本要求外，还必须满足车站设计的特殊要求。

### 5.5.1 站坪长度

站坪长度包含到发线有效长、咽喉区长度和为避免区间平面或竖曲线与车站咽喉区最外侧道岔叠加而需要设置的直线段长度，如图5-44所示。

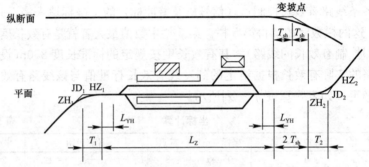

图5-44 站坪与区间平、纵断面配合

在新建客货共线铁路线路设计时，中间站和区段站的站坪长度可根据远期的车站布置图形和到发线有效长设计，站坪长应不小于表5-13中的数值。

客货共线铁路站坪长度（m）　　　　　　　　　　　　　表5-13

| 车站种类 | 车站布置形式 | 远期到发线有效长度（m） | | | | | | | |
|---|---|---|---|---|---|---|---|---|---|
| | | 1050 | | 850 | | 750 | | 650 | 550 |
| | | 单线 | 双线 | 单线 | 双线 | 单线 | 双线 | 单线 | 单线 |
| 会让站、越行站 | 横列式 | 1450 | 1700 | 1250 | 1500 | 1150 | 1400 | 1050 | 850 |
| 中间站 | 横列式 | 1600 | 2000 | 1400 | 1800 | 1300 | 1700 | 1200 | 1000 |
| 区段站 | 横列式 | 2000 | 2500 | 1800 | 2300 | 1700 | 2200 | 1600 | 1350 |
| | 纵列式 | 3500 | 4000 | 3100 | 3600 | 2900 | 3400 | 2600 | 2000 |

注：1. 站坪长度未包括站坪两端竖曲线长度；
2. 如有其他铁路接轨时，站坪长度应根据需要计算确定；
3. 多机牵引时，站坪长度应根据机车数量及长度计算确定；
4. 会让站、越行站、中间站和区段站的站坪长度，除越行站、双线中间站两端按各铺一组18号道岔单线渡线确定外，正线上其他道岔采用12号道岔确定，区段站站坪长度系按旅客列车进路采用12号道岔、正线其他进路采用9号道岔确定，若条件不同，站坪长度应按实际需要计算确定；
5. 复杂中间站、区段站的站坪长度可按实际需要计算确定。

时速200km客货共线铁路及客运专线车站站坪长度需要根据到发线有效长度、远期车站分布形式及道岔类型等因素计算确定。

当站坪受车站两端的纵断面坡度或平面曲线限制时，还应考虑下列规定：

（1）在平面上，若在站端外设置曲线，则缓和曲线不要伸入站坪范围内，即曲线交点与站端的距离至少大于曲线的切线长 $T_1$、$T_2$，如图5-44所示。在地形条件允许时还应适当留有余地。当中间站利用正线调车时，为考虑作业视线条件，最好使曲线与进站信号机间要有不小于 200m 的直线段。

（2）在纵断面上，站坪端部至站坪外变坡点的距离不应小于竖曲线的切线长度 $T_{SH}$（图 5-44）。

（3）站坪范围内的平面和纵断面设计要很好配合，以保证车站两端道岔咽喉区设在直线上，在困难条件下，也要尽量避免进入竖曲线范围内。

### 5.5.2 站坪正线平面

站线平面的设置受正线的平面布置、地形、作业类型与方式、作业量以及列车走行速度的影响。为了保证作业安全与高效，站坪一般应设在直线上。

车站的规模越大、作业越多，上述影响越严重。因此，有关规范对站坪平面线形作出了规定。

1. 圆曲线

在线路设计时，不可能做到将所有站坪都设置在直线地段，尤其是在地形复杂的地区。设在曲线上时，曲线半径的选用应因地制宜，合理选用，以使曲线半径既能满足列车走行速度、瞭望人员联系、作业便利、设置建筑物以及线路维修等项要求，又能适应地形地质条件，减少工程量，做到技术可行、经济合理。车站内到发线的曲线半径标准应与正线的曲线半径标准相一致，曲线部分一般按同心圆设计。

设置在曲线上的站坪有以下缺点：司机瞭望条件不好；影响作业安全；增加了曲线附加阻力，列车起动困难；车站管理不便，需增加有关人员；小半径曲线将限制不停站列车的通过速度；道岔布置在曲线上，设计、铺设和养护都较困难。

（1）客货共线铁路

《铁路线路设计规范》GB 50090—2006（以下简称《线规》）就设计速度小于等于 160km/h 的客货共线铁路车站做出规定：

区段站应设在直线上，中间站、会让站、越行站宜设在直线上；

在困难条件下需设在曲线上时，曲线半径不得小于表 5-14 规定的数值；

改建车站时，一般应按上述标准执行。特殊困难条件下，如有充分技术经济依据，可保留小于表 5-14 规定的曲线半径。

车站最小圆曲线半径（m）　　　　表 5-14

| 路段旅客列车设计行车速度（km/h） | | | 160 | 140 | 120 | 100 | 80 |
| --- | --- | --- | --- | --- | --- | --- | --- |
| 区段站 | | | 1600 | 1200 | 800 | | |
| 中间站、会让站、越行站 | 工程条件 | 一般 | 2000 | 1600 | 1200 | 800 | 600 |
| | | 困难 | 1600 | 1200 | 800 | 600 | 600 |

注：特殊困难条件下，Ⅲ级铁路路段旅客列车设计行车速度达 80km/h 时，中间站、会让站的最小圆曲线半径可采用 500m。

（2）$v>160$km/h 的快速铁路、高速铁路车站

对于 $v>160$km/h 的线路，车站均应设在直线上。困难条件下设在曲线上时，曲线半径应结合设计速度合理确定。曲线半径一般宜符合区间正线标准，困难条件下可按通过列车速度确定，但不得低于 1000m。

车站咽喉采用 18 号道岔时，列车到发进路上的曲线半径不应小于 800m；采用 12 号道岔时，按现行国家标准《铁路车站及枢纽设计规范》的有关规定执行。

曲线车站应尽量减少曲线偏角，以改善作业视线条件。

（3）反向曲线

若相邻两个曲线的转角方向相反，则这组曲线被称为反向曲线。反向曲线对接发列车及调车作业极为不利，因此规定：

1）对于 $v \leqslant 160km/h$ 的客货共线铁路，横列式车站不应设在反向曲线上，以免更加恶化瞭望条件，降低作业效率，影响安全；纵列式车站如设在反向曲线上时，则每一运行方向的到发线有效长度范围内，不应有反向曲线，且其曲线半径应不小于 800m，如图 5-45 所示。

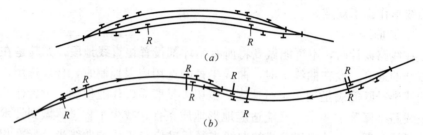

图 5-45　设在曲线上的车站
(a) 同向曲线；(b) 反向曲线

2）对于 $v > 160km/h$ 的线路，车站均不应设在反向曲线上。

2. 外轨超高与缓和曲线

列车到发进路上的曲线应设外轨超高，曲线超高值根据平面曲线半径以及列车通过速度计算确定，并应符合允许欠超高、允许过超高以及过、欠超高之和允许值的规定，且不应小于 20mm。

列车到发进路上的曲线应设缓和曲线，缓和曲线长度应根据列车通过速度、曲线设计超高、（欠）超高时变率、超高顺坡率计算确定，且不应小于 20m。当曲线半径大于等于 1200m 时，可不设缓和曲线。

3. 夹直线

位于正线上的车站咽喉区两端最外一组道岔，其直向与相邻曲线之间应设有一定长度的直线段过渡，以减少正线上列车高速运行时的振动和摇晃。该直线段长度应保证列车在曲线上产生的振动与道岔上产生的振动不叠加，其长度受列车振动、衰减特性和列车运行速度影响。

我国现行规范规定，该道岔至曲线超高顺坡终点（系指当缓和曲线长度不足或无缓和曲线时）之间的直线段长度，路段设计行车速度低于 120km/h 的线路不应小于 20m；120～160km/h 的线路不应小于 40m，困难条件下，不应小于 25m。对于速度 200km/h 客货共线铁路，要求车站两端正线上道岔基本轨接缝至缓和曲线间的直线段不宜小于 70m，困难条件下不得小于 30m；客运专线正线上位于车站两端减、加速地段的缓和曲线与道岔前后接缝间的直线段长度应按下列公式计算：

一般条件下 $\qquad\qquad\qquad\qquad L_j \geqslant 0.6v$

困难条件下（时速 200～250km 客运专线） $L_j \geq 0.4v$ (5-29)

困难条件下（时速 250～300km 客运专线） $L_j \geq 0.5v$

式中 $L_j$——直线段长度（m）；

$v$——设计速度（km/h）。

列车到发进路上的曲线设缓和曲线时，圆曲线和两曲线间夹直线长度不应小于 25m。不设缓和曲线时，两曲线间应符合无超高直线段长度不小于 20m 的要求。

4. 咽喉区

车站咽喉区范围内有较多道岔，道岔设在曲线上有严重缺点，如尖轨不密贴且磨耗严重，道岔导曲线和直线部分不易连接，轨距复杂不好养护，列车通过时摇晃严重且易脱轨。曲线道岔又需特别设计和制造。所以车站咽喉区范围内的正线，无论新建或改建车站，均应设在直线上，以保证道岔能够布置在直线上。

### 5.5.3 站坪正线纵断面

与区间纵断面一样，站坪纵断面也包括坡度、坡段长度和坡段连接三部分内容，但具体规定则差别较大。

1. 站坪坡度

为了车站作业安全和运营方便，站坪应设在平道上。受地形、地质、水文条件的限制必须设在坡道上时，站坪坡度必须保证列车在站内停车后能顺利起动。在有调车、甩车或摘下机车作业的车站上，单独停放的车辆受外界条件（如风力及振动等）影响时不致滑溜走动，保证调车作业的安全与方便。站坪布置应遵守下列原则：

① 新建车站时，站坪一般宜设在平道上，困难条件下，客货共线铁路允许设在不大于 1.5‰ 的坡道上。在地形特别困难条件下，允许将会让站和越行站设在不陡于 6.0‰ 的坡道上，但不得连续设置。客运专线车站，在困难条件下，可设在不大于 1.0‰ 的坡道上，特殊困难条件下，越行站可设在不大于 6.0‰ 的坡道上。

② 改建车站时，站坪坡度原则上应按上述新建车站的规定办理。在特殊困难条件下，如有充分依据，可以保留既有坡度，但应采取防溜安全措施。在特殊困难条件下，有充分技术经济依据时，改建车站的咽喉区可设在不大于限制坡度或双机牵引坡度的坡道上，但区段站和中间站、会让站、越行站咽喉区的坡度分别不得大于 4‰ 和 15‰。

③ 旅客乘降所允许设在旅客列车能起动的坡道上，但不宜大于 8‰。在特别困难条件下，有充分依据时，允许设在陡于 8‰ 的坡道上。

④ 车站咽喉区坡度宜与站坪坡度相同。特殊困难条件下，允许将咽喉区设置在限制坡度减 2‰ 的坡道上，但区段站、客运站上不得大于 2.5‰，中间站、会让站、越行站不得大于 10‰。咽喉区外的个别道岔和渡线可设在不大于限制坡度的坡道上。

⑤ 站坪范围内一般应设计为一个坡段，如因地形条件或车站布置需要，

也可以设计成几个坡段，但变坡点不应多于两个，坡段长不应小于 200m，每个坡段坡度的最大值不应超过规定的站坪坡度。

⑥ 在大风地区，应根据风向考虑风力影响，适当减缓站坪坡度，一般宜设计为平道和凹形纵断面。

⑦ 所有设计在坡道上的车站，均应保证列车的起动条件，并按下式进行列车起动检查：

$$i_{q(max)} = \frac{F_q - Pw'_q - Gw''_q}{(P+G)g}(‰) \tag{5-30}$$

式中  $P$——机车计算质量（t）；

$F_q$——机车计算起动牵引力（kN）；

$G$——列车牵引质量（t）；

$w'_q$——机车的单位起动阻力，电力、内燃机车取 $5gN/t$；

$w''_q$——货车车列单位起动阻力，$w''_q = (3+0.4i_q)g$，$w''_q$ 小于 $5gN/t$ 时取 $5gN/t$；

$i_q$——列车起动地段的折算坡度（‰）。

客运专线动车组的启动牵引力和制动性能较高，列车的启动、停车以及站内作业安全都不成问题，因此不需进行启动检查。

2. 坡段长度

车站到发线是接发客货列车的线路，列车在到发线上要进行制动减速和起动加速。为了减少列车经过变坡点时产生附加力的影响，使列车运行安全及平稳，在列车长度范围内尽量减少变坡点。故纵断面宜设计为较长的坡段。

站坪一般设计为一个坡段，但由于较短的坡段能较好地适应地形，为了减少工程量，在地形困难地段也可将站坪设在不同的坡段上。当设置多个坡段时，需满足客运列车运行平稳、货运列车不致产生断钩事故的要求。

客货共线铁路站坪坡段的设置以货运列车的需求为主，兼顾客运列车。坡段的长度受纵断面形式、列车牵引质量、车钩强度以及制动机类型的影响，同时需保证相邻两变坡点的竖曲线不重叠。其到发线的纵断面坡段长度不宜小于表 5-15 的规定。其他行驶正规列车的站线（例如有正规列车到达经过的场间联络线），考虑到其长度较短，为了坡段连接方便，同时使列车长度范围内的变坡点不增加过多，故坡段长度不应小于 200m。

站内不行驶正规列车的站线、联络线、机车走行线、三角线和段管线，仅行驶单机或车组，因行车速度低，车钩附加应力小，可采用较小的竖曲线半径。为了配合地形条件，尽量减少工程量，其坡段长度可减少到 50m，但应保证竖曲线不重叠，以免给行车及养护造成困难。

**客货共线铁路坡段长度（m）**　　　　　　　　　　　　表 5-15

| 远期到发线有效长度 | 1050 | 850 | 750 | 650 | 550 |
|---|---|---|---|---|---|
| 坡段长度 | 400 | 350 | 300 | 250 | 200 |

注：1. 路段设计行车速度为 160km/h 地段，最小坡段长度不宜小于 400m，且不宜连续使用 2 个以上。
　　2. 路段设计行车速度为 200km/h 地段，最小坡段长度不宜小于 600m，个别最小坡段长度不应小于 400m，且连续使用时不得超过 2 个。

从列车运行平稳性的角度考虑，客运专线正线的最小坡段长度除应满足两竖曲线不重叠外，还应考虑两竖曲线间有一定的夹坡段长度，确保列车在前一个竖曲线上产生的振动在夹坡段长度范围内完成衰减，不与下一个竖曲线上产生的振动叠加。

现行线规规定在设计速度为 $200\sim250\text{km/h}$ 客运专线上，正线坡段长度一般条件下不应小于 800m，困难条件下不小于 600m；$250\sim350\text{km/h}$ 高速铁路上的正线坡段长度一般条件下不应小于 1200m，困难条件下不小于 900m，同时应满足式（5-31）的计算要求，并取整为 50m 的整倍数。

$$L_{\text{p}} = (\Delta i_1 + \Delta i_2)/2 \times R_{\text{sh}} + \beta v_{\text{max}} \tag{5-31}$$

式中　$L_{\text{p}}$——最小坡段长度（m）；

　　　$\Delta i$——相邻坡段最大坡度差（‰）；

　　　$R_{\text{sh}}$——竖曲线半径（m）；

　　　$\beta$——速度系数，对于速度 $200\sim250\text{km/h}$ 客运专线，取值为 0.4，速度 $250\sim350\text{km/h}$ 的高速铁路取值为 0.8；

　　　$v_{\text{max}}$——设计最高行车速度（km/h）。

到发线上列车运行速度一般不超过 80km/h，为保证列车在制动减速和启动加速阶段运行平稳，在有效长范围内宜设计为一个坡段，困难条件下坡段长度不应小于 450m，可保证一个列车长度内变坡点不超过两个。

3. 坡段连接

坡段连接参数包括竖曲线和相邻坡段的坡度代数差。枢纽进出站线路和站线竖曲线的设置，主要是从保证列车通过变坡点时不脱轨、不脱钩和行车平稳等条件来考虑，当相邻坡度差超过一定数值时，应以竖曲线连接。

竖曲线半径大小受轮缘高度、列车运行速度以及相邻车钩中心线允许的上下错动量等因素影响。现行规范对车站内竖曲线半径选取的标准规定如表 5-16。

竖曲线半径（m）　　　　　　　　　　　　　　　　　表 5-16

| 线路类型 | | | 相邻坡段坡度差（‰） | 竖曲线半径（m） |
|---|---|---|---|---|
| 客货共线铁路 | 正线 | $160\text{km/h}<v\leqslant200\text{km/h}$ | $\Delta i\geqslant1$ | $R_{\text{sh}}\geqslant15000$ |
| | | $v=160\text{km/h}$ | $\Delta i>1$ | $R_{\text{sh}}=15000$ |
| | | $v<160\text{km/h}$ | $\Delta i>3$ | $R_{\text{sh}}=10000$ |
| | 到发线、通行列车的站线 | | $\Delta i>4$ | $R_{\text{sh}}=5000$ 困难时 $R_{\text{sh}}\geqslant3000$ |
| | 不通行列车的站线 | | $\Delta i>5$ | $R_{\text{sh}}\geqslant3000$ |
| | 设立交的机走线 | | $\Delta i\leqslant30$ | $R_{\text{sh}}\geqslant1500$ |
| | 高架卸货线 | | — | $R_{\text{sh}}\geqslant600$ |
| 客运专线 | 正线 | $250\text{km/h}\leqslant v\leqslant350\text{km/h}$ | $\Delta i\geqslant1$ | $25000\leqslant R_{\text{sh}}\leqslant30000$ |
| | | $160\text{km/h}\leqslant v\leqslant250\text{km/h}$ | | $15000\leqslant R_{\text{sh}}\leqslant30000$ |
| | | $v<160\text{km/h}$ | $\Delta i>3$ | $10000\leqslant R_{\text{sh}}<30000$ |
| | 到发线 | $250\text{km/h}\leqslant v\leqslant350\text{km/h}$ | $\Delta i>3$ | $R_{\text{sh}}=10000$ |
| | | $200\text{km/h}\leqslant v<250\text{km/h}$ | $\Delta i>4$ | $R_{\text{sh}}=5000$ |

175

道岔是轨道薄弱环节之一，结构较复杂，为使列车经过道岔时保持较好的平稳性和减少对道岔的冲击力，故布置道岔时一般应离开纵断面的变坡点，其距离不小于竖曲线的切线长度。在困难条件下必须布置时，在车站到发线和列车行车速度不大于 100km/h 的正线上，竖曲线半径不应小于 10000m；在不行驶正规列车的线路上，竖曲线半径不应小于 5000m；在特别困难条件下和驼峰溜放线上，当竖曲线半径小于 3000m 时，可将竖曲线布置在道岔的辙叉与尖轨之间。

竖曲线与缓和曲线不应重叠设置。

车站道岔不应与竖曲线和变坡点重叠；高速铁路正线道岔两端距竖曲线起、终点或变坡点不宜小于 20m。

正线与到发线、到发线与到发线的轨顶宜按等高设计。咽喉区轨面有高差时，其轨面高差的顺接，应根据路基面横向坡度和道床厚度等因素设计。到发线的顺接坡道范围应为道岔终端后普通轨枕至停车标起点。顺接坡道的坡度不宜大于 6‰，且相邻坡段的坡度差不宜大于 3‰，坡段长度不应小于 50m。其他站线上的顺接坡道按现行国家标准《铁路车站及枢纽设计规范》的有关规定办理。

### 5.5.4　站线与进出站线路平面

1. 曲线半径

（1）进出站线路

为了满足各种列车运行要求，在进出枢纽或车站论处修建并且与正线相衔接的线路统称为进出站线路。

进出站疏解线路因与区间线路直接连接，为使客、货列车保持正常运行，故其平面设计应与所衔接的正线规定一致。但位于枢纽范围内车站的进出站线路，大多在城市附近，列车进出站速度较低。因此，在困难条件下，为避免引起大量工程，减少用地和拆迁，其线路最小曲线半径可采用 300m。

（2）编组站线路

编组站由到达场、到发场、出发场、调车场和编发场等车场组成，各种作业复杂而量大。为改善运营条件，提高作业效率，要求编组站各车场应设在直线上。如果条件困难，为了节省工程量，可允许利用咽喉区的道岔及其连接曲线，在车场咽喉部分设置较小的转角以适应地形的需要，但在线路有效长度范围内，仍应保持直线。

在特别困难条件下，如有充分依据，允许将到达场、出发场和到发场设在曲线上，其曲线半径不应小于 800m。但调车场不得设在曲线上，因为设在曲线上的调车场影响车辆溜放。

（3）牵出线

牵出线如设在曲线上会造成调车司机瞭望信号困难，调车司机与调车人员联系不便，调车速度不易控制，给作业带来困难，不仅降低了调车效率，而且作业也不安全，容易发生事故。因此，牵出线应设在直线上，在困难条件下，根据不同的调车方式使用不同的标准。

对于办理解编作业的调车牵出线，因调车工作量大，作业比较繁忙，在困难条件下，为了节省工程量，可将牵出线设在半径不小于1000m的同向曲线上；在特别困难条件下，半径不应小于600m。

对于仅办理摘挂、取送车作业的货场或其他厂、段的牵出线，因调车作业量小，调车方式简单，当受到正线、地形或其他条件的限制时，可采用低于上述标准，但曲线半径不应小于300m。

牵出线如设在反向曲线上，在进行调车作业时，信号瞭望更加困难，对司机和调车员的联系极为不利，影响作业安全；此外，车列受到的外力复杂，不易掌握调车速度。因此，牵出线不应设在反向曲线上，但在咽喉区附近为调整线间距而设置的转线走行地段的反向曲线除外。

改建车站由于受到地形、建筑物的限制，施工中又对运营产生干扰，故经过技术经济比较并有充分依据，作为特殊情况可保留既有牵出线的曲线半径。

（4）货物装卸线

货物装卸线如设在小半径曲线上时，由于车辆距站台的空隙较大，装卸不便又不安全；同时，相邻车辆的车钩中心线相互错开，车辆的摘挂作业困难。因此，货物装卸线应设在直线上；在困难条件下，可设在半径不小于600m的曲线上，在特别困难条件下，曲线半径不应小于500m。

（5）大型客运站高站台旁线路

客运站位于旅客高站台旁的线路应设在直线上，若在曲线上，将导致车门与站台之间缝隙过大，造成旅客乘降和行包装卸的不便。对于客货共线铁路，改建客运站或其他车站，在困难条件下，旅客高站台旁的线路可设在半径不小于1000m的曲线上，特别困难条件下，曲线半径不宜小于600m。

（6）其他

站内联络线、机车走行线和三角线等，因列车在其上运行的速度较低，可采用较小半径的曲线，但其最小值必须保证列车的安全运行。根据我国机车车辆的构造，同时考虑尽量减少线路养护维修工作量，这类线路的曲线半径不应小于200m，但编组站车场间联络线的曲线半径不应小于250m。

时速250～300km客运专线列车到发进路上的曲线应设缓和曲线，其长度不应小于20m，当曲线半径大于等于1200m时，可不设缓和曲线。其他站线上由于行车速度较低，曲线段可不设缓和曲线，有时为了节省工程量，改善运营条件，也可设置缓和曲线。

2. 超高

站线上由于行车速度较低，一般不超过45～55km/h，因此站线范围内的曲线可不设缓和曲线和曲线超高，但有时为了线间距加宽、节省工程数量、改善运营条件，也可设置缓和曲线和曲线超高。

为了平衡列车曲线通过时产生的离心力，保证行车安全，减轻钢轨偏磨，利于维修养护，并考虑列车进入曲线的平顺性和旅客的舒适度，在电气化铁路的车站内，凡架设接触网到发线上的曲线地段和连接曲线宜设曲线外轨超高。

除道岔内的导曲线外，道岔后连接曲线的外轨可采用 15mm 的超高；到发线曲线地段的外轨可设 25mm 的超高；并宜在直线段顺坡，顺坡率可采用 1‰～3‰。

3. 夹直线

通行正规列车的站线，两曲线间应设置直线段，直线段长度主要考虑如下几个因素：

（1）为满足曲线轨距加宽递减的需要，按轨距最大加宽至 1450mm、递减率≤2‰计算，两曲线间的直线段应大于等于 15m。

（2）两曲线间的直线段应大于一辆车的转向架中心距，以平衡车辆绕纵轴的旋转。客车转向架中心距采用 18m，所以直线段取 20m。

（3）考虑到旅客列车运行的平顺性和旅客舒适度，其直线段长度可按下列公式计算：

$$L \geqslant \frac{Tv}{3.6} + K \tag{5-32}$$

式中　$L$——夹直线的最小长度（m）；

　　　$v$——列车通过夹直线的速度，按 45km/h 计；

　　　$T$——车辆弹簧振动的消失时间（s），按 1.5s 计；

　　　$K$——缓冲距离（m），站线可不考虑此值。

则 $L \geqslant 1.5 \times 45/3.6 = 18.6$（m），故夹直线最小长度取 20m。

综合如上因素，通行正规列车的普通铁路站线上，两曲线间的直线段长度不应小于 20m。

对于不通行正规列车的普通铁路站线，可仅考虑曲线轨距加宽递减的需要，故两曲线间的直线段最小为 15m；在困难条件下，为了避免工程量增加和节约用地，曲线轨距加宽递减率可按 3‰考虑。因此，两曲线间的直线段长度不小于 10m。

在站线上，道岔后连接曲线半径不宜小于相邻道岔的导曲线半径，道岔至其连接曲线间的直线长度应按表 5-17 的规定确定。

道岔至其连接曲线直线长度（m）　　　　　　　　表 5-17

| 序　号 | 道岔前后圆曲线半径 $R$ | 直线长度 | |
|---|---|---|---|
| | | 岔前 | 岔后 |
| 1 | $R \geqslant 350$ | 0 | 2 |
| 2 | $350 > R \geqslant 300$ | 2 | 4 |
| 3 | $R < 300$ | 5 | 7 |

注：1. 道岔前后两端连接曲线设有缓和曲线时，可不插入直线段；
　　2. 道岔采用混凝土岔枕时，岔后直线段长度应为道岔跟端至末根岔枕的距离与轨距加宽递减所需长度之和；
　　3. 连接曲线需设超高时，应按超高顺坡设直线段。

### 5.5.5　站线及进出站线路纵断面

1. 坡度

（1）进出站线路

进出站线路的纵断面应符合相邻区段正线纵断面的规定。在困难条件下，仅为列车单方向运行的进出站线路可设在大于限制坡度的下坡道上；Ⅰ、Ⅱ级铁路坡度不应大于12‰，Ⅲ级铁路不应大于15‰；相邻坡段最大坡度差应符合《站规》的有关规定。

当在繁忙干线和电气化铁路上需利用该线作反向运行时，则应经动能闯坡检算以不低于列车计算速度通过该线。

进出站线路的坡段长度，应采用相邻区段正线的规定。在困难条件下，可不小于200m，以避免两竖曲线的切线重叠。

（2）编组站线路

峰前到达场宜设在面向驼峰的下坡道上；在困难条件下，可设在上坡道上，其坡度不应大于1.5‰，并应保证车列推峰和回牵的起动条件和解体时易于变速。

调车场纵断面，应根据所采用的调速工具及其控制方式、技术要求确定。

到发场和出发场宜设在平道上，在困难条件下，可设在不大于1.5‰的坡道上。

到发场、出发场和通过车场当需利用正线甩扣修车时，正线的纵断面应满足半个列车调车时的起动条件。

对于改建车站，当到达场、到发场、出发场和通过车场采用上述标准引起较大工程时，应采取相应的防溜安全措施。

编组站车场间联络线的坡度应满足整列转场的需要。

（3）牵出线

牵出线的纵断面根据不同的调车方式采用不同的规定。办理解编作业的调车牵出线，如编组站、区段站、工业站等有大量解编作业的牵出线，往往采用溜放或大组车调车，为确保解体作业的安全和效率，牵出线应设在不大于2.5‰的面向调车线的下坡道上或平道上。坡度牵出线系以机车推力为主、车辆重车为辅来解体车列的调车设备，其坡度可根据设计需要计算确定。

车站调车使用的机车，要求动作灵活方便，但其牵引力一般较区段使用的本务机车为小。由于调车通过咽喉区时增加道岔及曲线阻力，为使调车方便，利于整列转线，故咽喉区坡度不应大于4‰。平面调车的调车线在咽喉区范围内应尽可能设在面向调车场的下坡道上，这样能使调机进行多组连续溜放，提高调车效率。

货场或其他厂、段的牵出线一般采用摘挂、取送调车，牵引辆数不多，作业量也少。但为考虑有利用牵出线存放车辆的可能，牵出线的坡度不宜大于1.5‰。如为了节省较大工程，在困难条件下，允许将牵出线设在不大于6‰的坡道上。

（4）货物装卸线

货物装卸线如设在较大的坡道上时，车辆受外力影响易于溜动，很不安全。因此，货物装卸线应设在平道上。在困难条件下为与站坪坡度一致，可设在不大于1.5‰的坡道上。

液体货物装卸线、危险货物装卸线、漏斗仓线应设在平道上。

179

180

货物装卸线起讫点距竖曲线始、终点不应小于 15m，相当于留出 1 辆货车的长度，目的是使车辆不易溜走，保证作业安全。

（5）其他线路

旅客列车和个别客车整备或停放的线路，因为客车采用滚动轴承，为防止自行溜走，确保安全，宜设在平道上；困难条件下，方可设在不大于 1.5‰的坡道上。

站场某些建筑物内也会设置线路，如库内的机车、车辆检修线和库、棚内的货物装卸线和洗罐线等。这些线路一般都有检修作业或装卸作业。由于检修和装卸作业有可能对车体各部位产生附加外力，如设在坡道上，就容易造成车辆溜动，危及检修和装卸作业人员的人身安全以及设备安全，因此应设在平道上。

2. 站坪与区间纵断面的配合

车站站坪与区间纵断面的配合，常见的有以下 6 种形式。

（1）站坪和两端线路均为平道或和缓坡道。此种配合有利于利用区间正线调车作业。

（2）站坪位于凸形断面上。列车出站为下坡，有利于加速；列车进站为上坡，便于制动停车；当上、下行列车同时进站时也较安全，如图 5-46（a）所示。地铁设计将这种坡度称为节能坡。但这种配合也有缺点，如进站上坡较陡，列车因故在进站信号机外方停车后，起动较困难。为了克服这个缺点，可在进站信号机前不短于远期列车长度范围内，设置能保证列车起动的启动缓坡。

（3）站坪位于凹形断面上。列车出站为上坡，不易加速；列车进站为下坡，不易减速，如图 5-46（b）所示。当两端坡度较陡时，为了克服上述缺点，可将站坪两端 200～300m 范围内设计为缓坡。这种站坪也有其优点，如当站线上停留车辆时，尤其是车辆采用滚珠轴承后，偶有外力推动时不会溜入区间。

（4）站坪位于阶梯形纵断面上，如图 5-46（c）所示。此种配合一般用于越岭地段，其特点是半凸半凹，对一个方向列车运转有利，而对另一方向列车运转不利。在分方向限制坡度地段，最好将重车方向设为对列车运转有利的阶梯形断面。

（5）站坪位于半凹形断面上，如 5-46（d）所示，特点与凹形相似。

（6）站坪位于半凸形断面上，如图 5-46（e）所示，特点与凸形相似。

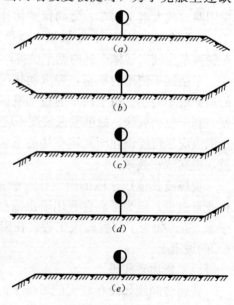

图 5-46 站坪与区间纵断面配合
（a）凸形；（b）凹形；（c）阶梯形；
（d）半凹形；（e）半凸形

### 3. 进出站缓坡

在客货共线铁路，有时因到发线无空闲等原因可能导致列车在进站信号机前停车。若是在上坡段，为了防止列车停车后再启动的困难，当牵引质量较大且坡度较陡时，需在站外进站信号机前设置不短于远期到发线有效长的起动缓坡，如5-47（a）所示。

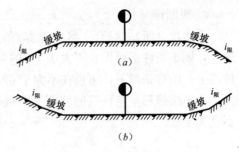

图 5-47　进出站缓坡设置

客货共线铁路站坪起动缓坡应不大于列车最大起动坡 $i_{q(max)}$，按式（5-30）计算确定。在列车启动范围内如有曲线时，则列车长度内包括曲线附加阻力的加算坡度值不应大于最大起动坡度。

车站出站方向如为上坡道，为使出站上坡的列车自车站起动后能顺利加速，若列车进入限坡以后的运行速度低于计算速度，宜在出站邻接站坪处考虑设置加速缓坡，如图 5-47（b）所示，其坡度和坡段长度按有关规定计算确定。

### 5.5.6　高速铁路站场线形

高速铁路站场在线形方面与客货共线铁路大体相同，但也需考虑自身的特殊性。

1. 折返线

有大量立即折返列车作业的高速铁路车站，宜在接车方向末端设置折返线。正线通过列车较多时，应设置立交折返线。折返线的设置应符合下列规定：

（1）折返线有效长度不应小于 480m。

（2）折返线宜设在直线上，困难条件下可设在曲线半径不小于 600m 的曲线上。

（3）折返线宜设在平道上，困难条件下可设在不大于 6‰坡道上。

（4）折返线用于走行部分线路的平面曲线半径不宜小 400m，坡度不宜大于 30‰。

2. 动车段（所）

动车段（所）平面布置应符合下列规定：

（1）车场应设在直线上。

（2）道岔后连接曲线半径不应小于相邻道岔导曲线半径，且不应小于 250m。

（3）道岔至曲线的直线段长度，岔前不应小于 6.0m；岔后不应小于道岔跟端至末根岔枕的距离与设置曲线轨距加宽和曲线超高所需的最小直线段长度之和。

（4）轨距加宽递减率不应大于 2‰，困难条件下不应大于 3‰。曲线超高顺坡率不应大于 2‰。

（5）曲线地段可不设缓和曲线。

3. 综合工区（保养点）

综合工区（保养点）的平面设计标准应符合现行《铁路车站及枢纽设计规范》和《高速铁路设计规范》的有关规定。

**4. 纵断面**

动车段（所）、综合工区（保养点）、大型养路机械段内的线路宜设在平道上，困难条件下可设在不大于 1‰ 的坡道上。咽喉区可设在不大于 2.5‰ 的坡道上，困难条件下，可设在不大于 6‰ 的坡道上。

养护维修列车走行线的坡度，困难条件下不应大于 30‰；牵出线的坡度不宜大于 6‰。

## 5.6 车场

铁路区段站和编组站和其他较大的车站线路较多，为便于管理和减少各种车站作业间的互相干扰，实行平行作业，提高能力，将办理相同作业的线路两端用梯线连接起来，便成为车场。

### 5.6.1 梯线

将几条平行线连接在一条公共线上，这条公共线就叫梯线。梯线应与牵出线（或正线、连接线）直接连通，以保证停在某一条线路上的机车车辆能够转线到其他任一条线路上去。

梯线按各道岔布置的不同，可分为直线梯线、缩短梯线及复式梯线 3 种形式。

**1. 直线梯线**

直线梯线的特点是各道岔依次排列在一条直线上。图 5-48（a）是常见的梯线，该梯线与各平行线路的倾角均为道岔角 $\alpha$。各道岔的辙叉号码相同时，其全长投影 $X$ 为：

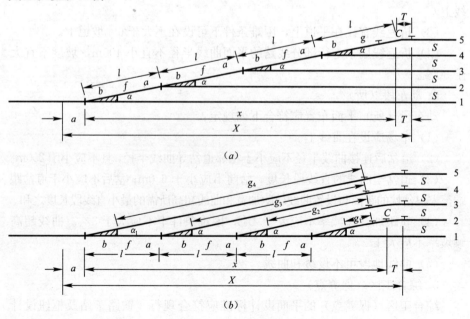

图 5-48 直线梯线

$$X = a + (n-1)l\cos\alpha + T \qquad (5\text{-}33)$$

式中　$n$——平行线路数；

　　　$l$——两相邻道岔中心距离。

在图 5-48（$b$）中，梯线与 1 道的延长线重合。如果各道岔的辙叉号码及道岔间插入段长度 $f$ 相同，则各线路间距相等，各连接曲线半径也一样，则各部分都是平行的。曲线前的各直线段 $g_{(n-1)}$ 为：

$$g_{(n-1)} = \frac{S(n-1)}{\sin\alpha} - (b+T)$$

梯线的全长投影为：

$$X = a + (n-2)l + (b+g_1+T)\cos\alpha + T \qquad (5\text{-}34)$$

直线梯线的优点是扳道员扳道时不需跨越线路，比较安全，瞭望条件好，便于车站作业上的联系。缺点是当线路较多时，其梯线较长，各线经过的道岔数也不均匀，影响调车作业效率。同时，内外侧两条线路长度相差很大（1 道与 5 道），因此，这种梯线仅适用于线路较少的到发场与调车场。

2. 缩短梯线

当平行线路间距较大时，为了缩短梯线的长度，将梯线在与平行线路成一道岔辙叉角 $\alpha$ 的基础上再转一个角而与平行线路成 $\beta$ 角（$\beta > \alpha$），这样就形成缩短式梯线，如图 5-49 所示。从图中可以看出，倾斜角 $\beta$ 越大，梯线就越短。由于两相邻道岔的中心距离 $l$ 不得小于 $a+b$，故 $\beta$ 角有一最大值。当已知道岔号码和线路间距时，则 $\beta$ 角的最大值可表示为：

$$\sin\beta_{max} = \frac{S}{a+b} \qquad (5\text{-}35)$$

根据需要，缩短式梯线的线间距可各不相同（图 5-49a），也可以设计为

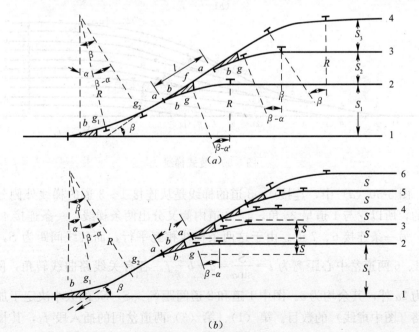

图 5-49　缩短式梯线

大部分为 5m 的线间距（图 5-49b）。

这种梯线的主要优点是缩短了梯线的连接长度，使内外线路长度相差悬殊的情况得到改善。线路间距较大时，还能提高土地有效使用面积，另外还可保持直线梯线扳道员扳道时不跨越线路的优点。其缺点是连接曲线较多，对调车不利，同时由于 $\beta$ 角受到一定限制，连接线路多时，缩短梯线连接长度的优点不显著。故这种梯线仅适用于需要线路较少且线间距离较大的地方（如货场、车辆段及机务段燃料场等处）。

3. 复式梯线

将几条与基线呈不同倾斜角的梯线组合起来，连接较多的平行线路，既可缩短梯线的长度，又可使各平行线的长度均匀，这种连接方法叫复式梯线连接（图 5-50）。

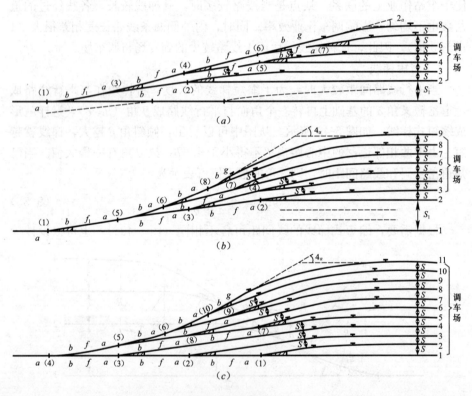

图 5-50 复式梯线

图 5-50（a）中，连接 4~8 道的梯线是从连接 1~3 道的梯线外侧分出去的，所以它与 1 道呈 $2\alpha$ 角，4~8 道内侧又分出两条梯线，一条连接 4、5 道，另一条连接 6、7 道。由于这两条梯线相互平行，而且线间距为 $S$，故第 4、6 两道岔中心距离为 $l = \dfrac{S}{\sin\alpha} = a + b + f$。各有关线路曲线转角，除 8 道为 $2\alpha$ 外，其余均为 $\alpha$。图中 1 道和 2 道间距 $S_1 > S$，$S_1$ 的大小决定于加铺线路（图中虚线）的数目。第（1）、第（3）两道岔间的插入段 $f_1$，其长度主要视 $S_1$ 而定。

图 5-50 (b) 中，复式梯线的构造特点是 8 条调车线每两条为一组，车辆进入各条线路（1 道除外）所经过的道岔数相等（都是 4 个）。从图中可以看出，3、4 道，5、6 道，7、8 道及 9 道的连接曲线的转角分别为 $\alpha$、$2\alpha$、$3\alpha$ 及 $4\alpha$。图中 1 道和加铺线路（两虚线）可以是调车线或到发线。如果是到发线，则 $S_1 = 6.5 + 2 \times 5 = 16.5\text{m}$。

由图 5-50 (c) 可以看出，线路分组有一定的变化规律。11 条线路分为 4 组，即 $4 + 3 + 2 + (1 + 1) = 11$。16 条线路则可分为 5 组，即 $5 + 4 + 3 + 2 + (1 + 1) = 16$，其余类推。车场内线路很多时，可采用这种复式梯线。

与直线梯线相比，复式梯线的优点是缩短了梯线的长度，可使进入各条线路的车辆经过道岔数目相等或相差不多，可根据需要适当变化梯线结构，以调整各条线路有效长等。它的缺点是曲线多且长，道岔布置分散，当道岔非集中操纵时，扳道员扳道要跨越线路，安全性较差。

当调车线数较多时，常用复式梯线连接。有时，调车线数不多，但用直线连接不能保证各条线路需要的有效长时，也可采用复式梯线。

### 5.6.2 车场图形

车场按其用途可分为到发场、到达场、出发场及调车场等。按其形状可分为梯形车场、异腰梯形车场、平行四边形车场及梭形车场。

1. 梯形车场

梯形车场两端用直线梯线连接，具有直线梯线的种种优点，在线路数目少的情况下可用作到发场或调车场，如图 5-51 (a) 所示。但这种车场也有缺点，如线路数目较多时，道岔区较长，各条线路有效长不均匀，除最外侧两条线路相同外，其余的两相邻线路有效长都相差 2 倍的线间距与道岔号码的乘积 $2NS$，使整个车场占地很长，进入不同线路的车辆经过的道岔数也不相同，车辆进入 1 道只经过一个道岔，而进入 5 道却要经过 5 个道岔等。

两端用复式梯线连接的梯形车场如图 5-51 (b) 所示，道岔区长度大为缩短，各条线路的有效长及进入各条线路的道岔数接近相等，车辆进入任何一条线路所受的阻力大致相等，但增加了曲线，对运营不利，所以这种车场仅适用于无正规列车运行的调车场。

2. 异腰梯形车场

异腰梯形车场克服了上述梯形车场的缺点。从图 5-51 (c) 可以看出，不论线路多少，各线路有效长除外侧两条稍长一些外，其余各条线路都是相同的。比较图 5-50 (a) 与图 5-51 (c) 可以看出，在占用地面长度方面，异腰梯形车场比梯形车场大约短 $(M-3)NS$（$M$ 为线路数目）。但从运营观点来看，异腰梯形车场由于在线路有效长范围内设有曲线，瞭望条件不好，用作到发场及调车场时对接发列车及调车作业都不利，线路越多，这个缺点越突出。因此，这种车场只有在用地长度受限制且要保证各线路具有必要的有效长时方宜采用，一般用在线路数量不多的到发场及调车场。

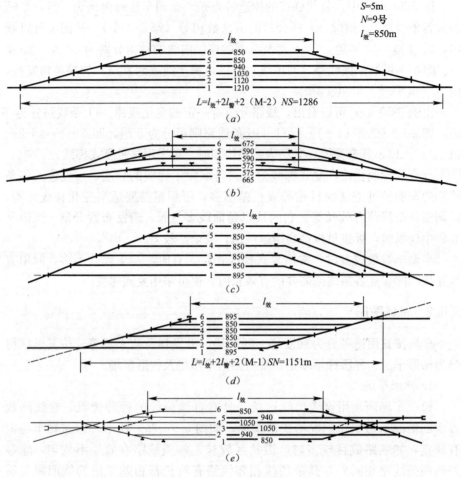

图 5-51 车场的种类

### 3. 平行四边形车场

平行四边形车场如图 5-51（d）所示。这种车场具有异腰梯形车场的上述优点而没有其缺点。从车场本身看，这种车场是比较好的，但车场是车站的一个组成部分，从整个车站的布置来考虑，由于这种车场两端的出入口不在一条直线上，对不停站列车的通过作业有不利影响，对调车作业亦不方便。因此，平行四边形车场只适用于特殊地形，一般不宜用在到发场或调车场，但用作客车整备场是合适的。

### 4. 梭形车场

梭形车场如图 5-51（e）所示。在车站线路较多的情况下，梭形车场比上述车场都优越。其优点是各条线路有效长相差不大而又不增加曲线，用地长度也较短，另外，还能在两端设两条进路，以改善作业条件。但梭形车场是对称的，实际上是两个梯形车场组合而成的，采用时必须与整个车站的布置相配合，一般可用在到发场、到达场、出发场。

上述各种车场都有其特点，选用时应根据车场的用途、线路数目、车站地形及整个车站的布置等因素来决定。

### 5.6.3 咽喉区

车场或车站两端道岔汇聚的地方，是各种作业（列车到发、机车走行、调车和车辆取送作业等）必经之地，故可称为车场或车站的咽喉区，简称咽喉区，如图5-52所示。

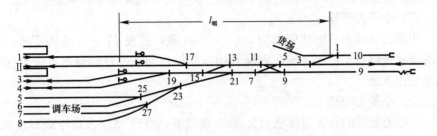

图5-52 咽喉区

自进站最外方道岔基本轨始端（或警冲标）至最内方出站信号机（或警冲标）的距离为车站咽喉长度，如图5-52中的$l_咽$所示。

车站或车场咽喉区是行车和调车作业繁忙的地方。它的布置是否合理，对作业安全和效率关系很大，对工程费及运营费也有影响。所以咽喉区的布置必须符合保证安全、提高效率和节约费用的原则。

为保证有关作业能够同时办理，应根据需要设置平行进路。例如，图5-52中的渡线13、15可保证3或4道发车（或接车）与牵出线调车作业平行进行。同时，15及21两道岔的距离必须符合道岔配列有关规定才能保证安全。

为了节省费用，咽喉区不应有多余的道岔，各道岔辙叉号码亦应按规定选用。对图5-52所示的普通客货共线铁路咽喉区，若列车运行速度低于160km/h，除13、15及17三组道岔用12号外，其余均为9号道岔。

## 5.7 驼峰

驼峰是将调车场始端道岔区前线路抬高到一定高度，主要利用其高度和车辆自重，使车辆自动溜到调车线上，用以解体、编组车列的一种调车设施。

### 5.7.1 驼峰分类

驼峰是编组站的主要特征，是编组站解体车列的一种主要方法和设施。

1. 根据技术装备划分

驼峰按技术装备不同可分为：简易驼峰、非机械化驼峰、机械化驼峰、半自动化驼峰和自动化驼峰。

## 2. 根据解体能力划分

根据每昼夜解体的车辆数和相应的技术设备，调车驼峰可分为大能力驼峰、中能力驼峰、小能力驼峰三类。

（1）大能力驼峰

大能力驼峰的日解体能力为 4000 辆以上，应设 30 条及以上调车线，应配有溜放进路自动控制系统、钩车溜放自动调速系统及推峰机车遥控系统。

（2）中能力驼峰

中能力驼峰的日解体能力为 2000～4000 辆，应设 17～29 条调车线，应配有溜放进路自动控制系统，宜配有钩车溜放自动或半自动调速系统及推峰机车遥控系统。

（3）小能力驼峰

小能力驼峰的每天解体能力为 2000 辆以下，应设 16 条及以下调车线和 1 条溜放线，应配有溜放进路控制系统，宜配有钩车溜放半自动调速系统及驼峰机车信号。作业量较少时，也可采用简易现代化调速设备，逐步取消人工调速设备。

驼峰类型应根据解体作业量的大小、车站站型及发展趋势选定。设计解体能力利用率不应大于 0.80，困难时不应大于 0.85。

### 5.7.2 驼峰的组成

驼峰的范围是指峰前到达场（不设峰前到达场时为牵出线）与调车场头部之间的部分线段。它包括推送部分、溜放部分和峰顶平台（图 5-53）。

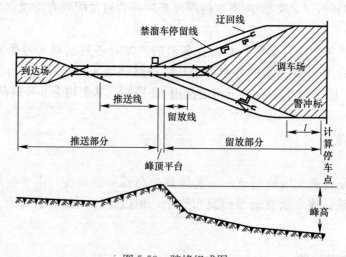

图 5-53 驼峰组成图

## 1. 推送部分

推送部分是指由驼峰解体的车列，其第一钩位于峰顶平台始端时，车列全长所在的线路范围。其目的是为了使车辆得到必要的位能，并使车钩压紧，便于摘钩。其中，由到达场出口咽喉最外警冲标到峰顶平台始端的线段叫推送线。

2. 溜放部分

溜放部分是指由峰顶（峰顶平台与溜放部分的变坡点）到计算点的线路范围。这个长度也叫驼峰的计算长度。驼峰调车场的调速制式不同，计算点的位置也不同。其中峰顶至第一分路道岔始端的这段线路称为溜放线。

3. 峰顶平台

峰顶平台是指驼峰推送部分与溜放部分的连接部分，设有一段平坡地段。峰顶平台包括压钩坡和加速坡两条竖曲线的切线长。不包括竖曲线的切线长时称作净平台。

迂回线是将车列内不能通过驼峰或减速器的车辆绕过峰顶送往调车场的线路。

禁溜车停留线是暂时存放解体作业过程中不能从驼峰溜放车辆的线路。

### 5.7.3 驼峰设备

驼峰的主要任务是进行车列的解体、编组和其他调车作业。为了指挥调车作业，在驼峰范围内设有各种设备。

1. 驼峰信号设备

为了指挥调车作业，在驼峰范围内设有各种信号设备。

（1）驼峰主体信号机

驼峰主体信号机用来指挥驼峰机车进行解体作业，每条推送线设一架，位于驼峰线路的最高处，以保证有足够的显示距离。

（2）线束调车信号机

为了指挥驼峰机车在峰下调车线之间进行转线调车，在每个线束的头部均设有线束调车信号机。当一个线束内有两台以上的调车机进行整备作业时，由于一个线束设置一架上峰方向的线束调车信号机而难以区分指示哪台机车上峰作业，此时应在每条调车线上设置线路表示器。

（3）峰上调车信号机

为了指挥驼峰机车在峰上进行调车作业，如经由迂回线向调车场转送禁止过峰的车辆等作业，应设有峰上调车信号机。

2. 驼峰调速设备

驼峰调速设备有减速设备、加速设备及加减速设备。

在钩车溜放过程中，减速设备用以消耗钩车的能量使车辆减速，如钳夹式车辆减速器、非钳夹式车辆减速器、减速顶等。我国铁路目前采用的减速器主要有压力式钳形减速器和重力式减速器两种。

减速顶是一种无需外部能源和外部控制、简单易行地实现对车辆溜放速度自动控制的设备。各类型、型号的减速顶规定有不同的临界速度，当车辆的溜放速度高于减速顶的临界速度时，减速顶才对车辆起减速作用。减速顶既可安装在轨道外侧，也可安装在内侧。安装在轨道内侧的减速顶如图 5-54 所示。

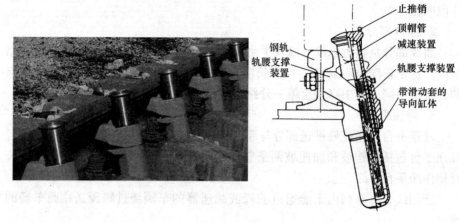

图 5-54 减速顶

在钩车溜放过程中，加速设备给予钩车能量使其加速，如钢索牵引推送小车、加速顶等。

加减速设备兼有加速和减速功能，如加减速顶等。

3. 驼峰调速系统

驼峰调速系统是根据驼峰采用的调速设施，对钩车溜放全过程的速度进行调整和控制的系统，大体划分为如下 3 类。

（1）点式调速系统

在驼峰溜放部分及调车线内，车辆溜放的调速设备全部采用减速器，在溜车路径上的一个或几个固定地点设置减速器制动位，每个制动位控制钩车一定的溜放距离，这种调速制式称为点式调速系统。该系统全部采用钳夹式减速器作为调速设备。

（2）连续式调速系统

在驼峰溜放部分及调车线内，连续布设调速设备，实现对钩车的连续式调速。全减速顶连续式调速系统简称为连续式调速系统。连续式调速设备包括减速顶、加减速顶、绳索牵引推送小车等。

（3）点连式调速系统

在驼峰溜放部分和调车场入口地段采用减速器（点式）调速，在调车线的车辆连挂区与停车区采用连续式调速。这种调速系统称为点连式调速系统。

4. 驼峰测量设备

为了对驼峰溜放车辆的速度进行准确控制，必须有一套能测出溜放车辆速度、重量、车辆走行性能（阻力）和线路空闲长度等的测量设备。驼峰测量设备主要有测速雷达、测重机、车轮传感器、光挡、气象站、车轮存在探测器等。

（1）测速设备

我国驼峰一般采用驼峰多普勒测速雷达进行测速。

（2）测长设备

测长（或测距）设备用来测量调车线空闲长度，是驼峰点式或点连式调速系统不可缺少的基础设备。测长设备品种很多，我国主要采用音频动态测长器。

（3）测重设备

测重设备是驼峰自动化基础设备之一，它不仅为非重力式减速器的控制提供车辆重量等级参数，还可供编组作业自动化统计编成车列的重量，也可根据车重粗略地确定车辆的走行阻力。近年来，我国多采用塞孔式压磁测重机。

（4）测阻设备

在驼峰调速系统中，能否准确地测量和处理溜放车辆的阻力是影响调速系统效果的关键因素。在点式控制制动位前都要设置测阻区段，以便测出溜放车辆的运动加速度，进一步计算阻力值。

5. 驼峰溜放进路自动控制设备

驼峰进路包括推送进路、溜放进路和调车进路。其中推送进路和调车进路实行计算机联锁的集中控制，也可在联锁的基础上实行自动控制。

驼峰溜放车辆进路自动控制是驼峰解体作业过程的重要环节，也是驼峰自动化的基础设备之一。国内外绝大多数驼峰均采用道岔自动集中来实现溜放进路的自动控制，道岔自动集中控制设备包括控制信号设备和控制道岔设备两部分。

6. 驼峰推送机车速度自动控制

驼峰推送机车速度控制主要有以下 4 种方式：驼峰信号控制方式、驼峰机车信号控制方式、驼峰机车遥控控制方式、驼峰机车自动控制方式。

驼峰机车上装设无线遥控装置可以改善乘务员的劳动条件，提高作业效率，为进一步实现驼峰推送速度自动化创造条件。

我国大能力驼峰基本上已实现了驼峰机车无线遥控，目前正进一步研制全部由微机控制推峰作业全进程的设备。

7. 自动提钩及自动摘接风管设备

列车在开始解体前，要关闭车辆的折角塞门，封闭货车制动机的风路，拆开风管接头并将其悬挂在风管销上。在车列解体作业中，要根据解体计划来摘开车钩。车列编成后还要进行接风管作业。目前上述作业采用人工操作，驼峰作业中自动提钩和自动摘接风管的设备还处在研究试验阶段。

### 5.7.4 驼峰溜放部分平面设计

驼峰溜放部分平面也称调车场头部平面，该部分平面设计是计算峰高和设计纵断面的依据，其设计质量对调车作业的效率、安全和工程投资都有直接影响。

驼峰溜放部分平面设计应遵循如下要求：尽量缩短自峰顶至各条调车线计算点的距离；各条调车线自峰顶至计算点的距离及总阻力相差不大；满足正确布置制动位的要求，尽量减少车辆减速器的数量；尽量缩短各溜放钩车的共同走行径路，以便各钩车迅速分散；不铺设多余的道岔、插入短轨及反向曲线，以免增加阻力；使道岔、车辆减速器的铺设以及各部分的线间距等均符合安全条件。

1. 道岔类型

为了缩短由峰顶至调车场计算停车点的距离，并便于调车场内股道成线束形对称布置，一般在调车场头部采用 6 号对称道岔和 7 号三开道岔。当调车场内股道较多时，最外侧线束的最外侧道岔可以采用交分道岔或 9 号单开道岔。

2. 道岔绝缘区段

在采用集中道岔的情况下，为了防止在道岔转换过程中驶入车辆以致造成事故，应在每一分路道岔的尖轨尖端前设一段保护区段 $l_{保}$，它是道岔绝缘区段 $l_{绝}$ 的一部分，如图 5-55 所示。

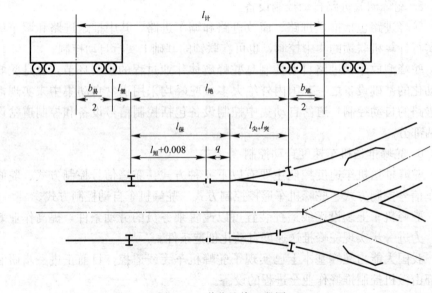

图 5-55　道岔绝缘区段图

其长度决定于道岔转换时间 $t_{转}$ 和车辆驶入各该道岔的最大速度 $v_{max}$，即：

$$l_{保} = v_{max} \times t_{转}(m) \tag{5-36}$$

式中的 $v_{max}$ 对于第一分路道岔和其他道岔是有区别的，因为第一分路道岔距峰顶较近，速度稍低。采用 ZK 型电空转辙机时，$t_{转}$ 按 1.0s 计算。

考虑轨缝设置（按 8mm 计）后，道岔绝缘区段 $l_{绝}$ 可按下式计算：

$$l_{绝} = 0.008 + l_{短} + q + l_{尖} + l_{突}(m) \tag{5-37}$$

式中　$l_{突}$——道岔尖轨末端至外侧基本轨接缝处的距离；

　　　$q$——道岔基本轨接缝至尖轨尖端的距离；

　　　$l_{短}$——保护区段内插入短轨的长度；

　　　$l_{尖}$——尖轨长度。

继电器吸起时间内车辆走行的距离为：

$$l_{继} = v_{岔} \times t_{继} \tag{5-38}$$

式中　$v_{岔}$——车辆在 $l_{绝}$ 范围内的平均溜放速度。

经分析计算，可得到 $l_{短}$、$l_{保}$、$l_{绝}$ 等有关数据，见表 5-18。

| 转辙机类型 | 道岔类型 | $l_短$ | $l_保$ | $l_绝$ | 适用情况 | |
|---|---|---|---|---|---|---|
| | | | | | $v_{max}$（m/s） | 道岔位置 |
| ZK 型<br>$t_转 = 1S$ | 6 号对称 | 5.000 | 6.308 | 12.828 | 6.3 | 第一分路道岔 |
| | | 6.250 | 7.558 | 14.078 | 7.5 | 其余分路道岔 |
| | 6.5 号对称 | 5.000 | 6.022 | 13.008 | 6.0 | 第一分路道岔 |
| | | 6.250 | 7.272 | 14.258 | 7.2 | 其余分路道岔 |

### 3. 线束的布置

当调车场的线路在 16 条以上时，为了满足上述各项要求，一般都采用两侧对称的线束形布置。具体线束布置方案见表 5-19。

线束分配方案　　　表 5-19

| 调车线数量 | 12 | 16 | 18 | 20 | 24 | 28 | 32 | 36 | 40 | 48 |
|---|---|---|---|---|---|---|---|---|---|---|
| 调车线（束）及每束线路数量（条） | 2×6 | 2×8 | 3×6 | 1×8+2×6 | 4×6 或 3×8 | 2×6+2×8 | 4×8 | 6×6 | 4×6+2×8 | 6×8 |

在大、中型驼峰上，往往是在每一线束之前设有一个制动位。如果调车线总数一定时，则每一线束内的股道数增多，线束数就可以减少，因而可以节省一些制动设备。但这却会增加溜经这一制动位的车数，也会增加这一制动位至最后分路道岔的距离。这将使前后钩车在最后道岔分路时加长共同经路，降低驼峰解体能力。所以，当采用对称道岔时，一般采用 6 或 8 股一束。

在调车线多的调车场，由于中间线束比较顺直，曲线阻力较小，因此中间线束的股道可以较外侧线束稍多，以平衡各股道的总阻力。

### 4. 减速器制动位的布置

减速器制动位一般应设在直线上。减速器前后有道岔或曲线时，不能直接连接，要有一段直线段。减速器前的直线段是为了设置护轮轨，使车辆的转向架进入减速器时运行平稳，避免对减速器产生侧向冲击。直线段的长度要视所采用的护轮轨的长度而定，一般采用 6 号对称道岔的护轮轨。在减速器之后也应有一段直线段，以便设置复轨器。

### 5. 曲线设置

如条件允许，调车场应尽可能采用稍大的曲线半径（如 300m 和 450m），以降低曲线阻力、利于车辆溜放并减少钢轨的磨耗。线路应尽量避免反向曲线，必须设置时，两曲线间应有不短于 10m 长的直线段，以便车辆的两台转向架不致同时位于两个反向曲线上。

为了缩短调车场头部的长度，曲线半径一般采用 200m，条件困难时可采用 180m。为了缩短咽喉长度，曲线可以直接连接道岔基本轨或辙叉跟，不设直线段，其轨距加宽和外轨超高可以在曲线范围内处理，曲线加宽递减率与道岔相同。

在两个连续道岔之间，为了缩短调车场头部的长度，或者为了得到必要的股道间距，往往需要在保护区段的插入短轨范围内设置曲线。该曲线转角 $\alpha$ 可由下式计算：

193

$$\alpha = \frac{l_{短} \times 180}{\pi R} \tag{5-39}$$

式中 $l_{短}$——保护区段内插入短轨的长度，注意在计算时应扣除夹板的长度（m）。

6. 推送线和溜放线

驼峰前设有到达场时，应设 1 条推送线；如采用双溜放作业时，可设 3～4 条推送线；峰前不设到达场时，根据解体作业量的大小，可设 1 条或 2 条推送线（即牵出线）。经常提钩地段的推送线应设计成直线，推送线不宜采用对称道岔。两推送线间不应设置房屋，两推送线的线间距不应小于 6.5m。当需要设置有关设备时，不应妨碍调车人员的作业安全。

驼峰溜放线的数量应根据调车线数量、线束数量、解体作业量和作业方式确定。采用单溜放作业方式时，可设 1～2 条溜放线。采用双溜放作业方式时，应设 2 条溜放线。

7. 迂回线和峰顶禁溜车停留线

在车列解体过程中遇有因车辆所装载货物的性质不能溜放和车辆本身结构的原因不能通过驼峰或减速器的车辆，要送往靠近峰顶的禁溜线暂存，以便车列的继续溜放。待车列解体完毕，且禁溜线上已满载时，由调机经由绕过峰顶和减速器的迂回线送往峰下调车场。

驼峰前设有到达场时，应设置迂回线；峰前不设到达场时，可根据需要设置迂回线。设两条推送线和两个峰顶的驼峰，作业量大，一般设两条迂回线；作业量不大，只设一个峰顶的驼峰，可在调车场有站修线的一侧设置一条迂回线。

有两条推送线和两个峰顶的驼峰，应设两条禁溜线。如禁溜车较少，可设一条禁溜线或与迂回线合为一条。禁溜线与迂回线合设时，该共用线按迂回线要求设计，靠近峰顶端设一段平坡，以供存放禁溜车使用。禁溜线的有效长度可采用 150m，一般要求能存放 10 辆车左右。禁溜车的停车地段应设成直线，其车挡不宜正对信号楼等建筑物。禁溜线始端道岔一般采用 9 号单开道岔，直股通溜放线。禁溜线出岔位置应尽量靠近峰顶，以减少取送禁溜车的调车行程和时间。

8. 峰顶至第一分路道岔前基本轨缝的距离

峰顶至第一分路道岔之间，一般都不设制动位置，其距离应根据加速坡的陡度确定，以保证从峰顶溜下的最不利的钩车组合时，第二分路道岔能够及时转换位置，使前后车组安全地通过该道岔，分别进入不同股道。

根据我国驼峰运营经验和理论分析，当加速坡的陡度为 30‰～55‰时，第一分路道岔的基本轨接缝至峰顶之间的距离以采用 30～40m 为宜。这时，当推峰速度为 5～7km/h 时，可以保证有足够的道岔转换时间。

### 5.7.5 驼峰纵断面设计

驼峰纵断面设计主要包括峰高计算、溜放部分纵断面、调车场纵断面、峰顶平台有关线路纵断面设计等内容。

1. 驼峰峰高计算

驼峰的峰高是指峰顶与难行线计算点之间的高差，应根据驼峰的类型、朝向、所在地区的气象条件以及采用的调速系统等因素确定。驼峰峰高应保证在溜车不利条件下以 5km/h 的推送速度解体车列时，难行车能溜至难行线的计算点。计算点的位置应根据驼峰调速系统确定。

溜车不利条件是指车辆的基本阻力与风阻力之和为最大的溜放条件。难行线是指调车场所有溜车的线路中车辆溜放总阻力最大的线路。

为了计算货车的溜放阻力，将经过驼峰解体的车辆分为易行车、中行车和难行车三种。易行车为经驼峰溜放时基本阻力与风阻力之和最小的车辆，规定采用满载的 60t 敞车，总重 80t；中行车为经驼峰溜放时基本阻力与风阻力之和较小的车辆，规定采用满载的 50t 敞车，总重 70t；难行车为经驼峰溜放时基本阻力与风阻力之和较大的车辆，规定采用不满载关门窗的 50t 棚车，总重为 30t。

大中能力驼峰的峰高还应保证在溜车不利条件下，以 5km/h 的推峰速度解体车列时，难行车溜至难行线的计算点并达到其调速系统规定速度的要求。当设计驼峰的溜车方向与当地冬季主要季风方向相反时，设计峰高应按计算出的峰高再加 10%。

减速器＋减速顶点连式驼峰高度，应保证在不溜车条件下以 5km/h 的推送速度解体车列时，难行车溜到打靶区段末端仍有 5km/h 的速度进入减速顶的控制区。其峰高 $H_{峰}$ 可按下式计算：

$$H_{峰} = \left[ L_{溜}\left( \frac{w_{基}^{溜} + w_{风}^{溜}}{g'_{难}} \right) + L_{场}\left( \frac{w_{基}^{场} + w_{风}^{场}}{g'_{难}} \right) + 8\Sigma\alpha + 24n \right]$$
$$\times 10^{-3} + \frac{v_{挂}^2 - v_{难}^2}{2g'_{难}} \tag{5-40}$$

式中　$L_{溜}$——峰顶至难行线车场制动位有效制动长度入口的距离（m）；

　　　$L_{场}$——车场制动位有效制动长度入口至打靶区末端（计算点）的距离（m）；

　　　$w_{基}^{溜}$、$w_{基}^{场}$——不利溜放条件下，难行车在驼峰溜放部分和车场部分的列车运行单位基本阻力（N/t）根据牵引计算和线路设计原理，列车单位阻力与坡度的千分数可以互相换算，即 $w = ig$；

　　　$w_{风}^{溜}$、$w_{风}^{场}$——不利溜放条件下，难行车在驼峰溜放部分和车场部分的列车运行单位风阻力（N/t）；

　　　$n$——峰顶至难行线车场制动位范围内的道岔个数；

　　　$\Sigma\alpha$——峰顶至难行线车场制动位范围内的曲线、道岔转角之和（°）；

　　　$v_{推}$——推峰速度（km/h）；

　　　$v_{挂}$——安全连挂速度（km/h）；

　　　$g'_{难}$——考虑了转动惯量影响的难行车重力加速度（m/s²）。

在计算峰高时，难行车在冬季溜车不利条件下，驼峰溜放部分的平均溜放速度应按表 5-20 采用；打靶区的平均溜放速度应按表 5-21 采用。

将公式（5-40）中的 $L_溜$、$L_场$ 合并为 $L_计$，则驼峰计算公式可以化简为：

$$H_峰 = \left[L_计\left(\frac{w_基^难 + w_风^难}{g_难'}\right) + 8\Sigma\alpha + 24n\right] \times 10^{-3} + \frac{v_挂^2 - v_推^2}{2g_难'} \qquad (5\text{-}41)$$

式中 $L_计$——峰顶至难行线打靶区段末端的距离（m）；

$w_基^难$——在不利的溜放条件下难行车的单位基本阻力（N/t）；

$w_风^难$——在不利溜放条件下难行车的单位风阻力（N/t）。

溜放部分难行车平均溜放速度（m/s）　　　　　　　　表 5-20

| 调速系统<br>风速<br>计算气温<br>（℃）（m/s） | 减速器与减速顶<br>点连式 | | | 减速器与牵引小车<br>点连式 | | | 全部为减速器<br>点式 | | |
|---|---|---|---|---|---|---|---|---|---|
| | 3 | 4 | 5 | 3 | 4 | 5 | 3 | 4 | 5 |
| 0 及其以上 | 4.5 | 4.6 | 4.7 | 3.8 | 4.0 | 4.2 | 5.0 | 5.2 | 5.3 |
| -5 | 4.5 | 4.7 | 4.8 | 3.9 | 4.1 | 4.4 | 5.1 | 5.2 | 5.4 |
| -10 | 4.6 | 4.7 | 4.9 | 4.1 | 4.3 | 4.5 | 5.1 | 5.2 | 5.4 |
| -15 | 4.6 | 4.8 | 4.9 | 4.2 | 4.4 | 4.6 | 5.2 | 5.3 | 5.5 |
| -20 | 4.7 | 4.9 | 5.0 | 4.3 | 4.5 | 4.7 | 5.2 | 5.4 | 5.5 |
| -25 | 4.8 | 4.9 | 5.1 | 4.4 | 4.6 | 4.8 | 5.3 | 5.4 | 5.6 |

注：本表适用于 24～26 条调车线的驼峰，27～32 条调车线的驼峰在上表风速数值中增加 0.1m/s，32 条调车线以上的驼峰增加 0.2m/s，24 条调车线以下的驼峰减少 0.1m/s。

点连式调速系统打靶区难行车平均溜放速度（m/s）　　　表 5-21

| 计算温度（℃） | 0 | -5 | -10 | -15 | -20 | -25 |
|---|---|---|---|---|---|---|
| 平均溜放速度（m/s） | 2.2 | 2.2 | 2.2 | 2.3 | 2.4 | 2.4 |

2. 溜放部分纵断面设计要求

驼峰的峰高应保证难行车在不利的溜放条件下能够溜到难行线的计算点。但是，峰高相同而纵断面设计不同时，车辆在纵断面上各点的溜行速度、溜行时间和前后钩车的间隔却不一样。因此，驼峰的峰高确定以后，溜放部分纵断面设计的优化对驼峰作业的安全、解体能力和工程投资具有重要意义。

溜放部分的纵断面设计要求主要如下：

（1）驼峰溜放部分纵断面应设计为面向调车场方向的连续下坡，均设计为凹形纵断面；

（2）在有利的溜放条件下，以 7km/h 的推峰速度解体车列，易行车进入减速器时，不超过最大的允许速度；

（3）调机采用蒸汽机车时，加速坡的第一坡段不应陡于 40‰；采用内燃机车时，不应陡于 55‰；困难条件下不应小于 30‰；

（4）制动位所在的中间坡，一般不应小于 8‰，寒冷地区应适当加大；

（5）道岔区的平均坡不宜大于 2.5‰，边缘线束不应大于 3.5‰；

（6）纵断面的变坡点距减速器制动位、道岔尖轨和辙叉部分不小于竖曲线的切线长 $T_竖$，即：

$$T_{SH} = \frac{R_{SH}\Delta i}{2000} \qquad (5\text{-}42)$$

式中 $R_{SH}$——竖曲线半径（m）；

$\Delta i$——相邻坡段的坡度代数差（‰）。

纵断面相邻坡度的竖曲线最小半径，在峰顶的推送部分和溜放部分采用350m，溜放部分的其他部分采用250m。

3.驼峰溜放部分纵断面设计

我国的自动化、半自动化驼峰广泛采用减速器＋减速顶点连式调速系统。自动化、半自动化驼峰的解体能力大，要求有较高的解体速度和车辆溜放速度。在设计自动化驼峰溜放部分纵断面时，应使车辆在峰顶脱钩后尽快加速，在加速区内达到或接近容许的最大速度，然后在高速区范围内继续保持高速溜行，并进入减速区。减速区的坡度比较缓，曲线道岔的附加阻力比较大，钩车溜放为减速趋势，但钩车在减速区的溜行速度仍然比较高，一直到钩车进入车场制动位（Ⅲ制动位）经过目的制动后，速度才迅速降下来。由于难、易行车的溜放阻力相差比较大，对纵断面的要求不同，适合难行车实现矩形速度曲线的纵断面却对易行车则不利。

驼峰溜放部分纵断面除了要保证钩车高速溜放外，还应保证前后钩车溜经道岔和减速器制动位时有必要的时间间隔（或距离）。因此希望难、易行车的速度曲线互相接近，使难、易行车的溜行时差 $\Delta t$ 最小。因而溜放部分纵断面应兼顾难、易行车两方面的要求，所谓的矩形速度曲线只能是近似的。

点连式驼峰溜放部分纵断面可分为加速区、高速区、减速区和打靶区4个坡段（图5-56）。驼峰纵断面设计的主要内容是确定各区各坡段的坡度和坡段长度。各坡段的设计方法及步骤如下。

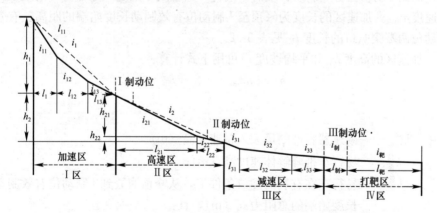

图5-56　点连式驼峰溜放部分纵断面

（1）绘制难行线平面展开图

画难行线平面展开图，需计算峰顶至各道岔中心、曲线的始点和终点、减速器有效制动位始端和终端的长度，计算曲线和道岔的转角 $\Sigma a$ 度数及道岔数。图5-57为某一车站难行线展开图。

图中 $P$ 为各点的代号，峰顶至 $P_1$，$P_2$，$P_3$，$\cdots$，$P_n$ 各点的长度可根据驼峰头部平面图计算求得。平面图中减速器制动位的长度减去两端喇叭口的长度即为有效制动位的长度。各类型减速器每节的制动位长度 $l_制$、制动能高 $h_制$、每台减速器两端喇叭口的长度 $l_R$ 和两组减速器之间的间隔 $l_间$ 如表5-22所示。

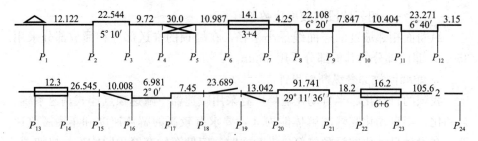

图 5-57 驼峰头部难行线平面展开图

减速器资料 (m)          表 5-22

| 类　型 | $l_{制}$ | $h_{制}$ | $l_R$ | $l_{间}$ |
|---|---|---|---|---|
| J·JK | 1.8 | 0.117 | 0.55 | 0.4 |
| T·JK$_{2A}$ | 1.2 | 0.12 | 0.29 | 1.2 |
| T·JY$_{2A}$ | 1.2 | 0.12 | 0.58 | 0 |
| T·JK$_3$ | 1.2 | 0.125 | 0.58 | 0 |
| T·JY$_3$ | 1.2 | 0.125 | 0.58 | 0 |

（2）计算加速区高度

加速区的高度应使易行车在有利的溜放条件下，以 7km/h 的速度推峰解体，溜到 I 制动位有效制动长度的始端时，其速度不超过减速器容许的最大入口速度 $v_{max}$。加速区的长度为峰顶至 I 制动位有效制动长度始端的距离。有效制动位两端喇叭口的长度 $l_R$ 见表 5-22。

加速区的高度 $h_1$ 和平均坡度 $i_1$ 可用下式计算：

$$h_1 = h_{vmax}^{易} + h_{w1}^{易} - h_{推}^{易} \tag{5-43}$$

$$i_1 = \frac{h_1}{l_1}$$

式中　$h_{vmax}^{易}$——减速器容许的最大入口速度高（m）；

　　　　$h_{推}^{易}$——易行车推峰解体速度高（m）；

　　　　$h_{w1}^{易}$——易行车在有利的溜放条件下，从峰顶溜放到 I 制动位有效制动
　　　　　　　长度始端的总阻力高（m），且：

$$h_{w1}^{易} = \left[ l_1 \left( \frac{w_{基}^{易} \pm w_{风}^{易}}{g} \right) + 8\Sigma\alpha + 24n \right] \times 10^{-3} \tag{5-44}$$

　　　　$l_1$——加速区段长度（m）；

　　　　$w_{基}^{易}$——在有利的溜放条件下易行车的单位基本阻力（N/t）；

　　　　$w_{风}^{易}$——在有利的溜放条件下易行车的单位风阻力（N/t）；

$\Sigma\alpha$、$n$——分别为 $l_1$ 范围内的转角度数和道岔数。

（3）高速区设计

高速区的长度 $l_2$ 是从 I 制动位有效制动长度的始端到 II 制动位有效制动长度的末端。高速区一般设计成 $l_{21}i_{21}$ 和 $l_{22}i_{22}$ 两个坡段，如图 5-58 所示。

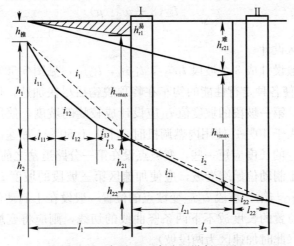

图 5-58  加速区、高速区纵断面图

高速区应使难行车用 7km/h 的推峰解体速度，在不利的溜放条件下自由溜过加速区以后，在高速区的第一坡段 $l_{21}i_{21}$ 范围内继续加速到容许的最大速度，然后在第二坡段 $l_{22}i_{22}$ 范围内保持高速溜行。

高速区两个坡段的变坡点宜靠近 II 制动位，距 II 制动位有效制动长度始端的距离大于 $T_{竖}+l$，根据变坡点的位置确定 $l_{21}$ 和 $l_{22}$ 的长度，然后计算第一坡段的坡度 $i_{21}$。由图 5-60 可知：

$$h_1 + h_{21} + h_{推}^{难} = h_{w21}^{难} + h_{vmax}^{难} \tag{5-45}$$

$$h_{21} = \left[ (l_1 + l_{21}) \frac{w_{推}^{难} + w_{风}^{难}}{g} + 8\Sigma\alpha + 24n \right] \times 10^{-3} + h_{vmax}^{难} - h_1 - h_{推}^{难} \tag{5-46}$$

$$i_{21} = \frac{h_{21}}{l_{21}}$$

式中  $h_{w21}^{难}$ ——难行车在不利的溜放条件下从峰顶溜到高速区第一坡段末端的总阻力高（m）；

$h_{推}^{难}$ ——难行车推峰解体速度高（m）；

$l_{21}、i_{21}、h_{21}$ ——高速区第一坡段的长度、坡度和高度；

$h_{vmax}^{难}$ ——减速器容许的最大入口速度高（m）。

高速区的第二坡段 $l_{22}i_{22}$ 应使难行车在不利溜放条件下离开第一坡段后，继续保持高速溜行，因此应使第二坡段的坡度 $i_{22}$ 等于难行车的阻力当量坡。在 $l_{22}$ 范围内没有曲线和道岔，故：

$$i_{22} = \frac{w_{总}^{难}}{g} = \frac{w_{基}^{难} + w_{风}^{难}}{g}$$

$$l_{22} = l_2 - l_{21} \tag{5-47}$$

$$h_{22} = l_{22}i_{22}$$

式中  $w_{总}^{难}$ ——难行车在不利的溜放条件下的单位总阻力（N/t）；

$l_{22}、i_{22}、h_{22}$ ——高速区第二坡段的长度、坡度和高度。

如果 $i_{22} < 8‰$，则应采用 $i_{22} = 8‰$，但这样会使难行车在 $l_{22}i_{22}$ 范围内继续加速运行，最后超过 $h_{vmax}$。为此，可调整 $i_{21}$，令 $i_{21}' = i_{21} - \Delta i$，则：

$$\Delta i = \frac{l_{22}(8 - w_{\text{总}}^{\text{难}}/g)}{l_{21}} \tag{5-48}$$

（4）加速区设计

加速区一般设计成 3 个坡段 $l_{11}i_{11}$，$l_{12}i_{12}$，$l_{13}i_{13}$，见图 5-58。加速区的第一坡段 $l_{11}i_{11}$ 应使各种走行性能的钩车在峰顶脱钩后尽快加速，使前后钩车拉开间隔。因此，第一坡段的坡度值 $i_{11}$ 应设计成较陡的坡度。使用蒸汽机车调机时，坡度不大于 40‰；使用内燃调机时，不大于 50‰。加速区第一坡段的坡度较陡时，$l_{11}$ 的长度应短一些，变坡点设在第一分路道岔之前。

为了不在 Ⅰ 制动位始端变坡，应使加速区第三坡段的坡度 $i_{13} = i_{21}$。加速区第三坡段 $l_{13}i_{13}$ 与第二段坡 $l_{12}i_{12}$ 变坡点的位置一般设在 Ⅰ 制动位与顺向道岔之间。如上述位置的长度放不下两条竖曲线的切线，则应将变坡点设在第一分路道岔之前（此时加速区为两段坡）。

加速区第一坡段 $l_{11}i_{11}$ 和第三段坡 $l_{13}i_{13}$ 设计完成后，可进行加速区第二坡段 $l_{12}i_{12}$ 的设计。

$$l_{12} = l_1 - l_{11} - l_{13}$$
$$h_{12} = h_1 - h_{11} - h_{13} \tag{5-49}$$
$$i_{12} = h_{12}/l_{12}$$

式中 $l_{12}$、$i_{12}$、$h_{12}$——加速区第二坡段的长度、坡度和高度。

若 $i_{12} < i_{13}$，则应调整 $l_{11}i_{11}$，使 $i_{12} \geq i_{13}$。另外，如驼峰峰高较低时，高速区设计的坡度较缓，可降低加速区的高度 $h_1$ 和减缓平均坡度 $i_1$。

（5）打靶区设计

打靶区的长度 $l_4$ 是从 Ⅲ 制动位有效制动长度始端至打靶区末端的距离，如图 5-56 所示。打靶区由 Ⅲ 制动位的长度 $l_{\text{制}}$ 和打靶距离 $l_{\text{靶}}$ 两部分组成。

$$l_4 = l_{\text{制}} + l_{\text{靶}} \tag{5-50}$$

Ⅲ 制动位的任务是承担溜放钩车的目的制动，对入线的钩车进行调速，使之安全进入连挂区。这样，驼峰溜放部分的 Ⅰ、Ⅱ 制动位主要担当间隔制动，从而可以提高驼峰的解体能力。Ⅲ 制动位应设在每条调车线的始端，离岔后曲线尾端要有一定长度的直线段。在不设测阻区段的情况下，此直线段只需一辆车（14m）长度，以使溜放车辆进入减速器时两个转向架都处在直线段上，不再受曲线的影响。

Ⅲ 制动位的坡度不考虑车辆被夹停后重新起动所需要的较陡坡度。此段坡的坡度一般采用 2‰～3‰，高寒地区采用 3‰～4‰。Ⅲ 制动位所需减速器的制动力要根据计算确定。制动位的长度宜采用 25～30m。

打靶坡度与长度取决于气象条件及减速器出口速度控制误差和难、易行车离开 Ⅲ 制动位的出口速度等因素。

实践证明，打靶坡度如偏陡，将发生易行车超速。即偏陡的打靶坡度，其坡长受易行车控制；而偏缓的打靶坡度，其坡长受难行车溜放远度的控制。打靶长度一般为 80～150m。设计中不能片面追求 $l_{\text{靶}}$ 的长度，应因地制宜、综合考虑，合理地确定 $l_{\text{靶}}$ 的长度。我国南方地区车辆的单位阻力小，驼峰高度较低，适当增加 $l_{靶}$ 的长度即增加驼峰的高度，有利于驼峰纵断面的设计，可以提高驼峰的作业效率。在寒冷地区，车辆的单位阻力较大、驼峰的高度较高时，适当减少 $l_{靶}$ 的长度，降低峰高，对驼峰作业和工程投资都有利。

打靶坡段的坡度一般采用 $0.6‰ \sim 1.0‰$ 的下坡，必要时可以采用平坡。

（6）减速区设计

减速区的长度 $l_3$ 为 Ⅱ 制动位有效制动长度的末端至 Ⅲ 制动位有效制动长度始端的距离。减速区的高度为：

$$h_3 = H_{峰} - h_1 - h_2 - h_4 \tag{5-51}$$

点连式驼峰设有 Ⅲ 制动位，钩车离开 Ⅱ 制动位的出口速度比较高。减速区的坡度应使易行车在有利的溜放条件下适当减速。减速区可采用 $0‰ \sim 2.5‰$ 的下坡。如果驼峰较高，减速区的坡度值大于易行车在该坡段的阻力当量坡时，应保证易行车溜到 Ⅲ 制动位的入口速度不超过制动能高容许的速度。减速区一般设计成三个坡段 $l_{31}i_{31}$、$l_{32}i_{32}$、$l_{33}i_{33}$，见图 5-56。

为了不在 Ⅱ 制动位末端变坡，设 $i_{31} = i_{22}$，$l_{31} \geqslant T_{SH} + l_R$，使 $i_{31}$ 与 $i_{32}$ 变坡时，其竖曲线的切线不侵入 Ⅱ 制动位范围内。

在设计 $l_{32}i_{32}$ 和 $l_{33}i_{33}$ 时，应先计算这两个坡段的平均坡 $i_{均}$：

$$i_{均} = \frac{h_3 - h_{31}}{l_3 - l_{31}} \tag{5-52}$$

式中　$h_3$——减速区的高度（m），且 $h_3 = l_{31}i_{31} + l_{32}i_{32} + l_{33}i_{33}$；

　　　$l_3$——减速区的长度（m）。

然后令 $i_{32} = 2‰$，令 $i_{33} = i_{32} - 1‰$（或 $0.5‰$）。

$i_{32}$ 和 $i_{33}$ 的值确定后，用下式计算 $l_{32}$ 和 $l_{33}$：

$$l_{32} = \frac{h_3 - h_{31} - (l_3 - l_{31})i_{33}}{i_{32} - i_{33}} \tag{5-53}$$

$$l_{33} = l_3 - l_{31} - l_{32}$$

图 5-59 为点连式驼峰在不利的溜放条件下难、易行车的速度曲线示意图。图中实线为难行车自由溜放的速度曲线，虚线为易行车经制动位调速后的速度曲线。

从图 5-59 中可以看出，在加速区范围内，易行车的速度高于难行车；在高速区范围内，难行车的速度高于易行车；在减速区范围内，难、易行车的速度互有高低；在打靶区范围内，难行车的速度又高于易行车。从车辆在纵断面上溜行的全过程来看，难、易行车的溜行速度都比较高，而且互相接近，可以保证 7m/h 的推峰解体速度。

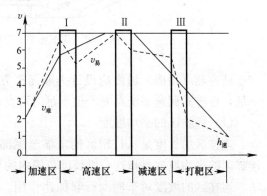

图 5-59　难、易行车速度曲线示意图

综上所述，点连式驼峰溜放部分纵断面设计的特点如下：

1）在有利的溜放条件下，用易行车从峰顶溜到Ⅰ制动位有效制动长度入口时，其速度不超过容许速度 7km/h 为约束条件，进行加速区的设计；

2）在不利的溜放条件下，用难行车从峰顶溜到Ⅱ制动位有效制动长度入口时，其速度不超过容许速度 7km/h 为约束条件，进行高速区的设计；

3）减速区的坡度一般采用易行车在有利溜放条件下的阻力当量坡，使易行车溜出高速区之后不加速；

4）打靶区的坡度一般采用 0.6‰～1‰。

4. 调车场纵断面设计

点连式驼峰调车场的纵断面由连挂区坡段和尾部停车区坡段组成。连挂区为车辆集结的区段，尾部停车区段的作用是防止驼峰解体时车辆溜出调车线的末端，并利用停车区进行尾部调车作业。

车辆自峰顶脱钩后，经溜放部分Ⅰ、Ⅱ制动位调速后进入调车线，再由调车线头部的Ⅲ制动位"打靶"一段距离，使车辆低速进入减速顶控制的连挂区段，然后以不大于容许的连挂速度继续往前溜行，直至与停留车或前行车安全连挂。图 5-60 为点连式驼峰调车场平、纵断面示意图。

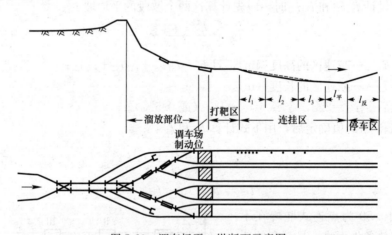

图 5-60　调车场平、纵断面示意图

减速器（顶群）坡段应设计为顺溜车方向的下坡。打靶区坡段应设计为下坡，点连式调速系统高差严重不足时可设计为平坡。

（1）连挂区的平均坡度

连挂区的长度是从打靶区的末端至尾部停车区平坡段始端的距离。所谓连挂区的平均坡就是指这一段长度范围内的平均坡度。

连挂区的坡度对车辆溜行起加速作用。连挂区内布置的减速顶对超过规定速度的车辆起减速作用。二者互相配合可以使各种走行性能的车辆均以不高于容许的连挂速度继续往前溜行。如果使难、中、易行车都能自己溜到连挂区的末端，则连挂区的平均坡应采用在不利溜放条件下难行车的阻力当量坡。但是，这个坡度较大，土方工程量大，布置的减速顶的数量多。考虑到解体车流中易行车和中行车的比重很大，这些车辆有多余的动能，在串车连挂时对难行车有能量传递和转移的作用。它可以使少数动能不足的难行车借助易行车和中行车的多余动能溜到较远的地点。另外，难行车如与中、易行车组成大车组时，平均阻力也小于单个难行车的阻力。为了节省工程投资，连挂区的平均坡不采用难行车在不利溜放条件下的阻力当量坡，而是采用中行车在不利溜放条件下的阻力当量坡。

（2）连挂区第一坡段设计

连挂区应设计为前陡后缓多坡段的纵断面。在高差相同的条件下，多坡段纵断面与单一坡段纵断面相比较，前者对运营更为有利。

对于前陡后缓多坡段的连挂区，其第一坡段 $l_1$ 起排空作用，应使难行车在不利溜放条件下能溜出这个坡段，使易行车在有利溜放条件下不超速。为此，需要在该坡段设置相应数量的减速顶，对易行车进行减速。

要使难行车溜行的距离愈长，则第一坡段的坡度愈陡。实践中，一般地区宜采用 2.3‰～3.2‰ 的坡度，东北地区采用 2.6‰～3.2‰ 的坡度。

连挂区第一坡段的长度应根据解体车流情况、地形条件或原有车场的纵断面（改建时）来确定，如解体车流中难行车较多时，第一坡段应尽量采用 200m。这样可以使连挂区的前部经常保持空线，有利于大组车的溜放。如条件困难时，可缩短其长度。

（3）连挂区第二坡段的设计

第二坡段 $l_2$ 应使大量的中行车顺利地通过该坡段。因此，其坡度取中行车在不利溜放条件下的阻力当量坡。我国北、南方地区一般采用 1.7‰～2.2‰，东北地区采用 2.2‰～2.4‰ 的坡度。有根据时可以适当增减。

第二坡段的长度应根据中行车需要的溜行远度而定。一般要求中行车能溜到调车线有效长的 3/4 处。因此，第二坡段的长度一般取 200m。

（4）连挂区第三坡段的设计

第三坡段 $l_3$ 的坡度应采用易行车在有利溜放条件下的阻力当量坡。我国的易行车绝大多数为滚动轴承，其阻力当量坡为 0.6‰～1.0‰。第三坡段的长度一般为 200m。

上述连挂区三个坡段的长度之和约 600m，再加上打靶区的长度 100m，总计为 700m。该长度已接近驼峰调车场头部与尾部作业区的分界线。此后设计为平坡 $l_平$。

（5）调车场尾部线路纵断面

调车场尾部（指连挂区平坡末端至警冲标）平面调车牵出线应设在不大于 2.5‰ 的面向调车场的下坡道上或平道上，并保证整列牵出时，一度停车后能够起动。在坡度牵出线与其连接的编组摘挂等多组列车线束的咽喉区入口处设一加速坡段。

调车场尾部应采用面向调车场的下坡 $l_反$，线路纵断面应符合下列规定：当调车场尾部无摘挂等多组列车编组作业时，宜采用 1.5‰～2.5‰ 的下坡，高差不宜小于 0.3m，困难情况下不应小于 0.2m；当调车场尾部办理摘挂等多组列车编组作业，但无单独线束办理时，该坡道可加大到 4‰，但应保证牵出车列在任何地段停车后能够起动。

调车场尾部有单独线束进行摘挂等多组列车编组作业时，该线束纵断面应符合下列规定：道岔区平均坡度不宜大于 2.5‰，边缘线路不应大于 3.5‰；采用平面牵出线，坡度牵出线或小能力驼峰调速方式时，在有效控制长度内可按中行车和易行车的当量坡度设计成两段坡；采用平面调车与可控顶调速方式时，在尾部有效控制长度内，坡度按该系统要求设计；调车场尾部设置辅助调车场时，纵断面可按设在车场内相应的调速方式设计。

5. 峰顶平台及有关线路纵断面设计

（1）峰顶平台

峰顶平台的用途是连接溜放坡和推送坡，防止解体作业中发生车辆断钩、脱钩，并保证不致降低驼峰的实际高度等。峰顶平台的净长（不包括竖曲线切线长）一般采用 7.5～10m。压钩坡较大时，平台长度也应采用较大值。峰顶平台的净长应能满足禁溜车停留线在峰顶出道岔时设置尖轨或辙叉的长度。

（2）推送部分纵断面设计

推送部分的线路纵断面系指当其第一辆车停在峰顶时，驼峰解体车列长度范围内的纵断面。推送部分线路的平均坡 $i_{推}$ 由车场坡 $i_{场}$ 和压钩坡 $i_{压}$ 组成，见图 5-61。

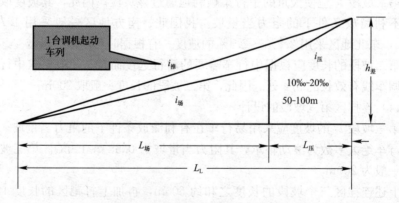

图 5-61　驼峰推送部分纵断面图

推送部分纵断面对车列的推峰、起动、提钩、解体速度以及机车的燃料消耗等都有影响，对峰前到达场（或牵出线）、进站线路的纵断面和工程数量也有影响。因此，设计时应综合考虑作业的要求和运营费、工程费的经济合理性。

推送部分线路纵断面的设计条件如下：保证车列停在任何困难条件下，用一台调机能够起动车列；峰前应设一段压钩坡，其坡度宜采用 10‰～20‰，困难条件下不大于 30‰，其长度宜采用 50～100m，以便提钩。

驼峰推送部分的平均坡度可按下式计算：

$$i_{推} = \frac{F - [P(w_0' + w_q') + G(w_0'' + w_q'')]}{(P+G)g} - \frac{8\Sigma\alpha + 24n}{L_L} \tag{5-54}$$

式中　$F$——驼峰调车机车牵引力（kN）；

$P$、$G$——机车、车列质量（t）；

$w_0'$、$w_0''$——机车和车辆的单位基本阻力（按 $v=10km/h$ 计算，单位 N/t）；

$L_L$——解体车列的全长（m）；

$n$——$L_L$ 范围内的道岔个数；

$\Sigma\alpha$——$L_L$ 范围内的曲线转角（°）；

$w_q'$——机车起动情况下的单位基本阻力，电力、内燃机车为 $5g$（N/t）；

$w_q''$——车列起动单位基本阻力（N/t），且 $w_q'' = (3 + 0.4i_{起})g$，其中 $i_{起}$ 为车列起动地段的加算坡度（‰），可由下式计算：

$$i_{起} = i_{推} + \frac{8\Sigma\alpha + 24n}{L_L} \tag{5-55}$$

当计算的 $i_{起}$ 小于 $5g$ N/t 时，应采用5N/t。

驼峰推送部分纵断面一般设计成两个坡段，即：

$$L_L = L_{场} + L_{压} \tag{5-56}$$

$$L_{列}\, i_{推} \times 10^{-3} = (L_{场}\, i_{场} + L_{压}\, i_{压}) \times 10^{-3} = h_{差}$$

（3）迁回线纵断面设计

迁回线纵断面可设计成在其始端道岔后有一段平坡，然后为一段不陡于20‰的下坡与调车线连接。这种方式作业比较方便。例如，在解体过程中，遇有不能通过峰顶和减速器的车辆，可先暂存在平坡地段内，等机车空闲时再送往调车场。这样可节省调车行程和时间。

一件货物的长度跨及两辆或三辆平车并由两辆平车负重方法装载，则称为跨装货物。跨装超长货物的装载方法有：两车跨装；两车负重，中间使用游车；两车负重，中间两端均使用游车。游车是因货物长度关系而加挂的不承载超限、超长货物重量的平车，用于货物长度大于车辆长度或者货物长度影响最小曲线时的装载限界，起到隔离作用。

迁回线通过不能过峰的车辆时，竖曲线半径应满足车辆底梁不碰钢轨、跨装货物的游车与货物不互相碰撞，以及两相邻车辆不会自行脱钩等要求。

根据我国现有车辆的类型和货物装载的规定，按上述要求进行计算，该竖曲线半径可采用2000m。两相邻竖曲线间应有不短于30m的直线平坡段，使同一车辆的转向架不同时位于两个竖曲线上。如果利用禁溜线兼作迁回线，且禁溜线始端道岔的辙叉设在峰顶平台上，竖曲线设在道岔导曲线范围内，因受导曲线长度的限制，竖曲线半径可不小于1000m。

（4）禁溜线纵断面设计

禁溜线的纵断面应设计成凹形，在始端道岔至警冲标附近设为下坡，然后设一段平坡，距车挡10m范围内为不小于10‰的上坡。这样有利于防止禁溜车溜回峰顶或撞击车挡。

禁溜车较少的驼峰，禁溜线可与迁回线合设。迁回线与禁溜线合设时，应铺设安全线，其长度应满足距车挡 10m 范围内设置不小于 10‰上坡。

## 思考题与习题

**5-1**　站场线路包括哪些种类？各能办理什么作业？

**5-2**　铁路中心线与主要建筑物（设备）之间的距离是如何确定的？

**5-3**　影响相邻线路间距的因素有哪些？客运专线车站相邻线路间距相比客货共线铁路有哪些变化？

**5-4**　常见的道岔种类有哪几种？试绘出单开道岔几何要素图。

**5-5**　为什么道岔辙叉号码大小能影响列车侧向通过速度？

**5-6**　常见的道岔配列形式有哪几种？相邻岔心间所插入直线段的作用是什么？

**5-7**　车站线路连接有哪些种形式？

**5-8**　道岔与连接曲线间所插入直线段的作用是什么？

**5-9**　车站股道有效长起止范围由哪几项因素来确定？试绘图标出普通单线铁路各股道的有效长。

**5-10**　为什么有轨道电路时，要考虑警冲标和信号机的相互位置？如何考虑？

**5-11**　试列出车站坐标及有效长的计算过程。

**5-12**　直线、缩短梯线以及复式梯线的优点和缺点各是什么？

**5-13**　梯形、异腰梯形、平行四边形以及梭形车场的优点和缺点各是什么？

**5-14**　车站咽喉区是指哪段范围？车站咽喉设计要满足哪些要求？

**5-15**　站坪范围内的正线、站线与进出站线路在平面设计方面有哪些要求？

**5-16**　站坪范围内的正线、站线与进出站线路在纵断面设计方面有哪些要求？

**5-17**　高速铁路站坪范围内的平纵断面设计方面有何要求？

**5-18**　驼峰是由哪几部分组成的？各部分的线路范围是什么？

**5-19**　根据作业量及相应的技术设备，调车驼峰分为几类？各有何特征？

**5-20**　现代化驼峰采用哪些设施？目前，我国驼峰常用的设施有哪些？

**5-21**　驼峰自动化调速系统可分哪几类？它们的特点和区别是什么？

**5-22**　驼峰调车场头部平面设计的要求有哪些？在设计过程中如何体现这些要求？

**5-23**　何为驼峰推送线、溜放线、迂回线、禁溜线？其设计条件是什么？

**5-24**　峰高计算的条件是什么？

**5-25**　驼峰溜放部分纵断面设计的要求有哪些？在设计过程中如何体现这些要求？

**5-26**　驼峰溜放部分为什么设计成凹形纵断面？

5-27　驼峰设计中为何要划分易行车、中行车、难行车？我国驼峰设计中对这三种车的车型和重量是怎样规定的？

5-28　在驼峰溜放部分纵断面设计过程中，应如何兼顾难、易行车两方面的要求？

5-29　在驼峰溜放部分纵断面设计中，加速区、高速区、打靶区、减速区的设计要点是什么？

5-30　点连式驼峰调车场连挂区的作用及采用多坡段纵断面的原因是什么？

5-31　驼峰推送部分的设计条件是什么？

# 第6章
# 站 场 设 施

## 本章知识点

> 【知识点】站场路基面宽度、形状、路肩高程、路基边坡、路基排水等的定义及参数取值，基本站台、中间站台、分配站台、低站台、一般站台、高站台等站台分类及特点，悬挑雨棚、无柱雨棚的概念、分类和设计特点，平交过道、人行天桥、地下通道等跨线设施的概念和设计特点，尽端式、通过式和混合式货场的设计特点，机务段、机务折返段、机车整备所、机务折返所、机务换乘所、动车段的概念和区别，车辆段、列检所、站修所、客车整备所的概念和区别，自动闭塞、半自动闭塞、站间闭塞的特点和适用条件，安全线、脱轨器、避难线等安全隔开设施的种类及设置条件。
>
> 【重　点】悬挑雨棚、无柱雨棚的类型和结构设计特点。
>
> 【难　点】客货共线铁路、高速铁路、城市轨道交通站场设施的共同点和不同点。

　　除了站房与站场线路之外，铁路车站内还有许多其他类型的铁路建筑物与设备，包括站台、雨棚、跨线设施、货物装卸设施等，是完成铁路客货运输不可或缺的设施。站场线路的有关内容已在上一章进行了详细介绍，本章介绍其他站场设施。

## 6.1　概述

　　站场设施主要包括站场建筑物和站场设备。

### 6.1.1　站场建筑物

　　站场建筑物是设在站场内用于铁路运输生产和各种技术作业的建筑物，除了站场路基、取送货物的道路及停车场、给排水等基础设施之外，还有用于客、货运输的站台、雨棚、人行天桥、地下通道等，有用于机车车辆整备检修作业的检查坑、灰坑、水塔、水鹤、给砂设备、给煤设备、站场照明灯桥等。

　　站台是车站内供旅客上、下车或装卸货物用的平台，分为旅客站台和货物站台两种。旅客站台是为旅客上、下车及行李包裹（简称行包，下同）、邮件装卸和搬运而设置的站台。货物站台是供货物列车到发、中转、换装、存放货物需要而设置的站台。

雨棚按用途可分为旅客站台雨棚、货物站台雨棚。旅客站台雨棚是车站为使上、下车旅客免受日晒、雨淋而设置的雨棚。客运专线均设雨棚，对于客货共线铁路，雨棚一般设置在多雨地区，以及客流量较大且一次上、下车旅客人数较多的车站。货物站台雨棚是车站为使存放的货物不受日晒、雨雪等天气条件影响而设置的雨棚。

人行天桥是在铁路站场的站台间，为旅客和行人跨越股道修建的桥梁建筑物。人行天桥一般设置在旅客人数较多的通过式大、中车站上，或设在通路经常被通过列车、停站列车或调车车列所占用的车站上。

地下通道为铁路车站内穿越站台间股道的地下建筑物，设在旅客众多、运输繁忙的车站内。有的车站除设有旅客人行地道外，还因行包、邮件数量很多而设有行包、邮件专用地道。

检查坑按用途可分为机车检查坑与车辆检查坑。机车检查坑是对机车走行部和车架进行检修、注油的建筑物，设于机务段车库或整备场，视机车牵引类型不同分有蒸汽、电力、内燃机车检查坑。车辆检查坑分为客车段油漆库线检查坑和整备线检查坑两种。油漆库线检查坑是为了进行客车底架和转向架油漆而设置的。整备线检查坑是在整备线上，为客车下部配件进行检修而设置的。

水塔是供应铁路生产和生活用水的架空储水设备，又称高位水箱，设于枢纽站、机务段、折返段和中间给水站等地区。

在机车运行中，为增加机车车轮与钢轨间的摩擦力，有时需向轨面撒砂，以利机车启动、制动和运转。为了向机车供给砂粒而设置的设备，通常称给砂设备，包括贮砂场、干砂室及向机车给砂装置等。

站场照明灯桥是为了便于夜间机车检查、车辆检修和调车作业而设置的高架照明建筑物。

## 6.1.2 站场设备

为了完成铁路客货运作业，铁路站场应设有下列主要设备：

（1）客运设备。

（2）货运设施。包括场库设备、装卸设备及消防设备。

（3）其他设备。还可根据作业需要设置机车整备设备、车辆检修设备、集装箱及托盘的维修保养设备、货车消毒洗刷设备、篷布维修设备、货物检斤和量载设备等。

## 6.2 站场基础设施

站场基础设施包括站场路基、给水排水设施、取送货物的道路及停车场等设施。

### 6.2.1 路基

铁路路基是为满足轨道铺设和运营条件而修建的土工建筑物。它是轨道（钢轨、轨枕、道床）的基础，承受着轨道及列车的荷载，并将荷载传递至地基。

站场路基具有面积大、投资大等特点。站场路基设计、施工质量的好坏，将直接影响整个铁路车站的使用效能。因此，设计路基时，应保证路基的稳定，合理调配填方和挖方数量，并保证地面水和地下水排除畅通。

站场路基应结合地形、地质、水文、气象等条件，并考虑排水设备的要求和农田水利的需要进行设计。站内正线或进出站线路路基标准应与区间正线相同。客货共线铁路站线路基的路基填料和压实度应按Ⅱ级铁路路基标准设计。

#### 1. 路基面宽度

路基面由道床及两侧路肩组成，其宽度一般称为路基面宽度，简称路基宽度。路基宽度等于道床覆盖的宽度与两侧路肩宽度之和，如图 6-1 所示。当道床的标准为既定时，路基面的宽度便决定于路肩的宽度。路肩的宽度应保证线路稳定、养护维修、作业人员安全避让以及路肩上设备埋设的需要。

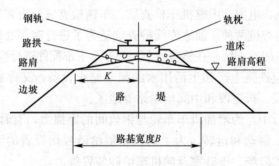

图 6-1  区间正线轨道及路堤横断面图

车站范围内的路基面宽度（$B$），应根据线路数目按下式确定：

$$B = K_1 + E + K_2 \tag{6-1}$$

式中  $K_1$、$K_2$——最外侧线路中心线至路基边缘（路基面和两旁边坡的交点），可采用表 6-1 中的数值；

$E$——各线间距的总和。

外侧线路中心至路基边缘宽度表                    表 6-1

| 线路名称 | | | 距离（m） |
|---|---|---|---|
| 客货<br>共线<br>铁路 | 一般站线 | $v \leqslant 160km/h$ | ≥3 |
| | | $160km/h < v \leqslant 200km/h$ | ≥3.1 |
| | 梯线 | | ≥3.5 |
| | 牵出线有调车人员上下一侧 | | ≥3.5 |
| | 驼峰推送线无摘钩作业一侧 | | ≥4 |
| | 驼峰推送线有摘钩作业一侧 | | ≥4.5 |
| 客运<br>专线 | 到发线 | | ≥4.4 |
| | 其他线路 | | ≥3.5 |

站内单线（如联络线、机车走行线和三角线等）的路基面宽度，对于速度不大于 160km/h 的客货共线铁路，非渗水土路基不应小于 5.6m，岩石、渗水土路基不应小于 4.9m；速度为 200km/h 的客货共线铁路，非渗水土路基不应小于 5.6m，渗水土路基不应小于 5.0m。客运专线站线路肩宽度不应小于 0.6m。

凡是通过正规列车的联络线，路基面宽度与所连接的正线标准相同。

按上述方法确定的路基宽度，如遇下列情况应进行加宽：

(1) 曲线地段；

(2) 路基边缘设有扳道房，或现有宽度不能满足埋设接触网支柱、信号机柱、电缆沟槽及其他设备的需要时；

(3) 机械化养路区段对路基有加宽要求时。

2. 路基面的形状

站内正线和单独线路路基的形状按区间正线路基的方法和标准考虑。

站场路基面应有一定的横向坡度，以保证及时排走路基面上的雨水、雪水，保持路基干燥。

车站路基面的形状应根据路基宽度、排水要求、路基填挖等情况，可将中间站、会让站、越行站等线路较少的车站路基设计为单面坡或双面坡，站线数量较多的编组站、区段站等宜采用锯齿形坡，如图 6-2 所示。

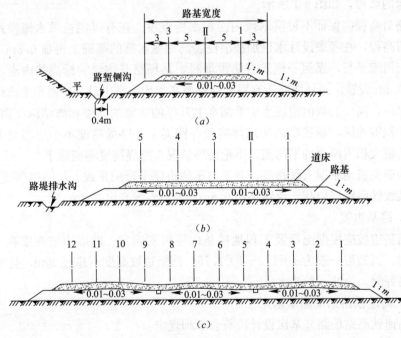

图 6-2 站场路基面的形状
(a) 单面坡；(b) 双面坡；(c) 锯齿形坡

站场横向坡度可根据土及道砟的种类、降雨量以及同一坡面上的线路数而定，对路段设计速度不大于 160km/h 的客货共线铁路，其车站横向坡度及坡面最大线路数一般可采用表 6-2 中的标准。

**路基面横向坡度及线路数量**　　　　　表 6-2

| 基床表层岩土种类 | 地区年平均降雨量（mm） | 横向坡度（％） | 一个坡面最多线路数（条） |
|---|---|---|---|
| 除上述外其他土质 | ＜600 | 2 | 4 |
| | ≥600 | 2 | 3 |
| 细粒土、粉砂、改良土 | ＜600 | 2 | 3 |
| | ≥600 | 2～3 | 2 |

注：横向坡度为零时，其线路数不受本表限制；线路较多的区段站、编组站和工业站等宜采用锯齿形坡。

为保证正线路基的稳定性，正线与站线路基共用时，应保证正线路基为三角形，其横坡率在时速 160km 客货共线铁路上为 3‰，时速 200km 客货共线铁路以及客运专线上为 4‰。客运专线除正线外，到发线应设在横坡为 4‰的路基面上。

当采用单面坡时，横向排水坡应从旅客站房、仓库或堆放场向外侧倾斜。降雨量较大及线路较多的车站可采用双面坡，其横向排水坡应由中间的线路向两侧倾斜。

为了减少土方工程，挖方时一般宜采用单面坡，填方时则采用双面坡。

3. 路肩高程

路肩高程也称路肩标高，一般指站场的最外侧线路（包括外包正线）路基边缘的高程，如图 6-1 所示。

路肩高程应保证不被洪水或内涝积水所淹没。在有可能被洪水淹没地带的路肩高程，在考虑设计水位加波浪侵袭高加壅水高的基础上再加 0.5m。当站场与河流平行，靠河一侧筑有防洪堤时，站场路基边缘的标高按内涝水位另加 0.5m 设置。站场线路所有路基的路肩高程均应高出最高地面积水或最高地下水位，高出的数值应视土中毛细水上升可能达到的高度和冻结深度而定。在易于积雪地区，新建车站的站坪应设在路堤上，路堤高度不小于当地十年的每年最大积雪厚度的平均值。不论何种情况，路堤高度不应低于 0.6m。

为避免机动车误入铁路线，对于与车站道路平行的正线、联络线等线路，客货共线铁路路肩应高于道路路肩 0.6m，客运专线高出 0.7m。

4. 路基边坡

路基边坡应根据土质及工程地质条件等因素确定。路堤边坡高度在 8～20m 时，其边坡一般为 1∶1.3～1∶1.75。路堑边坡高度不超过 20m，且地质条件良好时，边坡一般为 1∶1.0～1∶1.75。

5. 高速铁路站场路基基床

高速铁路站场路基基床设计应符合下列规定：

（1）车站内正线路基基床标准应与区间正线相同。

（2）到发线与正线处于同一路基时，到发线路基应与正线标准相同。到发线与正线间设有纵向排水槽、站台等设施时，到发线路基可与正线路基分开设置。

（3）到发线路基与正线路基分开设置时，到发线的路基填料和压实标准应按客货共线Ⅱ级铁路标准设计，路基基床表层厚度为0.6m，基床底层厚度为1.9m，基床总厚度为2.5m。

（4）到发线以外的站线、动车段（所）及综合工区（保养点）内的线路路基填料和压实标准应按Ⅱ级铁路标准设计，路基基床表层厚度为0.3m，基床底层厚度为0.9m，基床总厚度为1.2m。

（5）在利用既有铁路车站改扩建地段，应根据列车的最高通过速度确定车站正线路基的加固措施。

（6）在高速铁路路基基床上修建排水沟、站台墙等，路基的回填应符合其相应部位的压实标准。

### 6.2.2 排水

铁路站场内的地面水主要有雨水、雪水、客车上水时的漏水、洗车时的废水等。排水系统的功能是拦截路基处的地面水和地下水，汇集路基本体内的地面水和地下水，并把它们导入顺畅的排水通道，通过桥涵将其宣泄到路基下方。

铁路站场建筑物多，排水面积大，地面高程不一，应设置满足要求的排水系统。站场地面排水设施应根据站场路基排水的特点和要求，整体规划、合理设置，并应与铁路内既有排水系统及地方的排灌系统密切配合，能及时迅速将水排走。

1. 排水设施

站场排水设施的类型有多种。按设置位置分为纵向排水及横向排水设施。

纵向排水设施的主要作用是汇集线路间的积水，横向排水设施的主要作用是把纵向沟内的水排出站外。排除地面水的纵向排水设施一般采用排水槽（砟顶式或砟底式）、排水管或排水沟等，穿越线路的横向排水设施一般采用三角涵管、排水槽（砟底式）、排水管和检查井等（图6-3）。

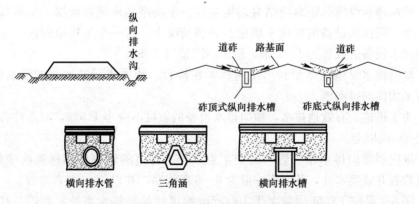

图6-3 站场纵、横向排水设施

排水设施的选择应根据地区气候、站场作业性质及特点、各类排水设备的性能、结构的经济合理性以及施工养护方便等因素，本着因地制宜的原则确定。

2. 站场排水设施的布置

站场排水设施布置的合理与否，对车站路基面排水的好坏起着决定性的作用。

（1）布置原则与要求

① 设计站场排水系统时，要从全局出发，处理好站场排水与农田水利、城市排污系统的关系，做到排水顺畅且经济合理。在改建或扩建站场时，应尽量利用既有的排水设备。

② 纵向和横向排水设施应紧密配合。为了使站内的积水迅速、畅通地排出站外，应使水流径路最短，并尽量顺直。

③ 站场排水设施的横断面尺寸，应按 1/50 洪水频率的流量进行设计。在地势较低或受潮汐影响的地区，应注意防止站外水流倒灌站内。

④ 横向排水设施宜利用站内桥涵。无桥涵可用时，可采用横向排水槽或排水管。客运专线横向排水槽不宜穿越正线。

⑤ 站（段）场内下列部位应根据具体情况适当加强路基排水：设有给水栓和有车辆洗刷作业的客车到发线、整备线；货场内的仓库站台线、两站台夹一条线路的装卸线和车辆清洗线以及加冰线和牲畜装卸线；设有车辆减速器、设有轨道电路的大站道岔区；驼峰立交桥下的线路路基、进出站疏解线路所形成的低洼处。

（2）纵向排水设备的布置

客运站和办理上水作业的车站，一般在两站台之间设一条纵向排水槽；客车整备场内，每隔 2～4 条线路设一条纵向排水槽。

货场排水应与货区场地的路面硬化相结合。

纵向排水设施的坡度应使水流的平均速度不小于 0.5m/s，其纵坡一般不应小于 2‰，困难条件下，不应小于 1‰。

（3）横向排水设施的布置

横向排水设施的距离应结合站场宽度、车场路基面横向坡度、出水口位置和纵、横排水设备的深度来确定。一般情况下，在一个车场范围内，主要横向排水设备的数量为 1～2 条，最多不应超过 3 条。

横向排水设施应尽量利用站内桥涵在桥台、涵顶或涵壁预留的泄水洞，也可采用横向排水槽。

为了迅速、有效地排水，横向排水设备的坡度不应小于 5‰，有条件者可增至 8‰或以上。

纵向和横向排水槽（管）的交汇点、排水管道的转弯处和标高改变处，应设检查井或集水井，其间距一般为 3～6 条线路，并以 40m 左右为宜。

图 6-4 是位于年降雨量大于 1000mm 地区的站场排水系统示意图。其中图 6-4（a）为路基横断面，采用锯齿式横断面，路基面横向坡度为 3%；图 6-4（b）为排水系统平面图，每隔 4 条线路设一纵向排水槽，线路间地面水经排水槽流入集水井，经横向排水涵管流出站外；图 6-4（c）为排水槽槽底纵断面图，表示出集水井间距、排水槽各段的坡度及各变坡点的标高。

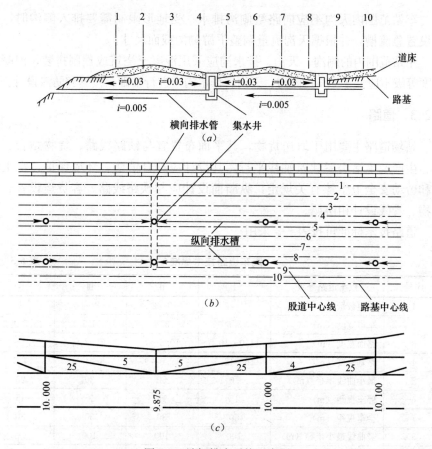

图 6-4 站场排水系统示意图

(a) 路基横断面图；(b) 排水系统平面图；(c) 纵向排水槽槽底纵断面图

3. 高速铁路站场排水设施

高速铁路车站站场排水槽的设置应符合下列规定：

（1）车站站台范围内纵向排水槽宜设于到发线与到发线、到发线与站台之间。困难条件下，也可设于到发线与正线之间。

（2）在纵向排水槽凹型纵坡变坡点处，宜设置横向排水槽，横向排水槽不宜穿越正线。

（3）站、场、段内排水槽应设置盖板。

（4）纵向排水槽底宽宜采用 0.4m，深度大于 1.2m 时，底宽应采用 0.6m。

（5）一个坡面上的线路数量不宜超过 2 条。

（6）站场排水设施不应与接触网柱、雨棚柱基础等交叉。困难条件下可绕行，但不得降低排水能力。

（7）水管、风管等管线应系统设计，避免与排水设施相互干扰。

（8）无砟道岔岔区，应采取措施避免积水。

（9）其他有关排水设施应符合现行国家标准《铁路车站及枢纽设计规范》的有关规定。

车站范围内天沟不应向路堑侧沟排水；受地形限制需要排入侧沟时，必须设置急流槽，并根据天沟流量调整下游侧沟截面尺寸。

车站范围内的侧沟、天沟、排水沟应采用混凝土浇筑或预制拼装，混凝土强度等级不应低于C25。侧沟、天沟、排水沟应进行基础、接缝和防渗设计。

### 6.2.3 道路

站场道路主要用于取送货物，其平面布置宜与铁路线路、货物站台、货位、生产及生活房屋建筑轴线平行，其设计应符合消防、环境保护、水土保持和劳动安全卫生等有关规定，纵断面设计应与铁路线路、客货运设备、建筑物、管线设计相协调。

道路技术标准可按表6-3采用。

汽车道路技术标准　　　　　　　　　　　　表6-3

| 序号 | 汽车道路等级 | Ⅰ | Ⅱ | Ⅲ | Ⅳ |
|---|---|---|---|---|---|
| 1 | 车道数量 | 4～3 | 3～2 | 2～1 | 1 |
| 2 | 车道宽度（m） | 3.5 | 3.5 | 3.5 | 3.5或3 |
| 3 | 路面宽度（m） | 14.0～10.5 | 10.5～7 | 7～3.5 | 3.5～3 |
| 4 | 路基宽度（m） | 16～12.5 | 12.5～9 | 8～4.5 | 4.5 |
| 5 | 最小曲线半径（m） | 50 | 50 | 30 | 20 |
| 6 | 停车视距（m） | 15 | 15 | 15 | 15 |
| 7 | 会车视距（m） | 30 | 30 | 30 | 30 |
| 8 | 竖曲线最小半径（m） | 100 | 100 | 100 | — |
| 9 | 最大纵坡（‰） | 40 | 60 | 80 | 80 |
| 10 | 最小纵坡长度（m） | 100 | 50 | 50～25 | 25 |

注：1. 工程特殊艰巨的山岭区，Ⅳ级道路最大纵坡可增加10‰，但在海拔2000m以上地区不得增加，在积雪冰冻地区不应大于80‰；
　　2. 通往炸药库的道路，路面宽度应采用3.5m，路基宽度应采用5m；
　　3. 消防车道的路面宽度不应小于3.5m，高层建筑周围不应小于4m；
　　4. 为列检作业、客车整备作业设置的线间道路，路面宽度可采用2.5m；
　　5. 困难条件下的，最小曲线半径，Ⅰ、Ⅱ级道路不应小于15m，当通行鞍式列车时，不应小于18m；Ⅲ、Ⅳ级道路不应小于11m。

站场汽车道路与铁路交叉，可采用平面交叉或立体交叉。

平过道宜设在视线开阔的地点，不宜设在铁路曲线地段、道岔、桥头和有调车作业的范围内，严禁设在道岔尖轨和辙叉处。站场汽车道路与铁路平面交叉宜为直线正交，斜交时其交叉角不应小于45°；特殊困难条件下，交叉角可适当减少。平过道两侧道路直线长度不宜小于15m。困难条件下，可不设直线段。

车站道路与正线平行地段，道路路肩应低于铁路路肩不少于0.7m。当不符合要求时，应在其间设置安全防护设施。

结合地形或桥涵构筑物情况，有条件时宜设置立体交叉。立体交叉的位置应根据车站总布置的要求，并结合地形、地质、水文、环境要求和站区美观等因素综合确定。立体交叉宜采用正交。当必须斜交时，交叉角宜大于

45°。道路与铁路立体交叉的建筑限界应符合规范和国家现行标准《标准轨距铁路建筑限界》GB 146.2-1983 的规定。

## 6.3 旅客站台

为保证旅客上、下车的安全和便利，加快旅客的乘降速度，缩短行包、邮件的装卸及旅客列车的停站时间，提高车站的通过能力，在办理客运业务的车站和旅客乘降所应设置旅客站台。

### 6.3.1 站台的型式与布局

1. 站台分类

（1）按照与站房的平面关系划分

旅客站台按其与站房和车站到发线的相互位置可分为基本站台、中间站台和分配站台3种，如图2-4、图6-5、图6-6所示。通过式客运站中，靠近站房一侧的站台为基本站台，设在线路中间的为中间站台。尽端式客运站中设在线路尽端，位于站房和基本站台之间的为分配站台。

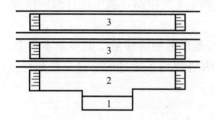

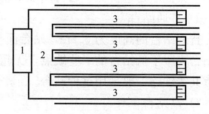

图 6-5　通过式客运站的站台　　　　　　图 6-6　尽端式客运站的站台
1—站房；2—基本站台；3—中间站台　　　1—站房；2—分配站台；3—中间站台

不论单线铁路还是双线铁路，中间站均应设置基本站台，以便利旅客乘降。在单线铁路中间站上，当旅客列车在7对以上时，列车交会的机会增多。一般在客流量较大，旅客乘降较多或有旅客列车进行技术作业（如试风、晾闸等）的中间站，由于旅客列车会让的次数较多，因此应设置中间站台；当旅客列车和摘挂列车对数不多，客流量又不大时，则视其远期发展情况，适当设置中间站台或预留其位置。

双线铁路中间站因行车是按上、下行分开运行，且列车行车速度高、行车密度大，在客流较大的中间站，宜设置中间站台。

中间站台的位置，原《站规》图型推荐设在旅客站房对侧到发线与正线之间。现行《站规》图型推荐设在旅客站房对侧正线相邻的到发线外侧。其主要理由如下：

1）由于正线的行车速度提高后，靠近正线候车对旅客乘降的人身安全不利，高速正线一侧的中间站台需修建安全隔离防护栅，中间站台要求的宽度较宽，所需要的工程投资较大。

2）中间站台设在正线与到发线之间时，靠正线一侧站台只能采用低站台，高度仅为 0.3m，对旅客乘降不太方便，使得现有高速动车组列车不能停靠。

（2）按照与轨顶的高程关系划分

按站台面高出相邻线路轨顶面的高度，旅客站台可分为低站台、普通站台和高站台三种，如图 6-7 所示。

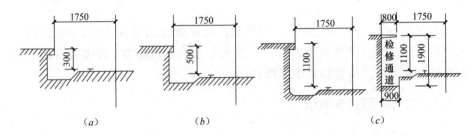

图 6-7 旅客站台高度示意图（单位：mm）

(a) 低站台；(b) 普通站台；(c) 高站台

1）低站台

低站台的高度（轨顶面距离站台面的高度）为 0.3m，站台面在客车车厢阶梯最低踏步以下，旅客上、下车、行包装卸不方便，线路养护时抬道比较困难。其优点是造价低，通行超限货物列车不受限制，便于进行列检作业。

2）普通站台

普通站台的高度为 0.5m，站台面与客车车厢阶梯最低踏步基本相平。这种站台克服了低站台的一些缺点，无超限货物列车通过的站台一般都可采用。客货共线铁路一般采用这种站台。

3）高站台

高站台的高度一般为 1.1～1.25m。适用于旅客列车的高站台高度为 1.25m，其站台面与客车车厢底面基本等高，便于旅客上、下车，但不便于车站工作人员跨越线路及列检作业，造价高，且靠站台的线路不能通行超限货物列车，旅客列车不便高速行驶通过。非邻靠正线或不通行超限货物列车到发线的旅客站台宜采用高站台。客运专线一般采用高站台。

因此，在普速客货共线铁路中间站上，旅客站台高度一般应高出轨面 0.5m；邻靠正线及通行超限货物列车线路旁侧的站台应高出轨面为 0.3m；在高速铁路中间站上，旅客站台高度一般应高出轨面 1.25m；正线及通行超限货物列车线路旁侧一般不设站台。既有铁路提速改造时，可将设在正线与到发线之间的中间站台靠正线一侧仍采用高出轨面为 0.3m，靠到发线一侧改造为高出轨面为 1.25m 的高站台。

2. 旅客站台的布置

旅客站台的数量及位置应与站房、旅客列车到发线的布置相适应，站台与线路的相互位置见图 6-8。

每两站台之间设一条到发线（图 6-8a、b）时，能保证同一列车旅客由一个站台下车的同时另一个站台的旅客上车，加快旅客上、下车时间。但当旅客到发线较多时，站台增多，占地面积大，对列检作业及更换轨枕不方便，站台利用率也低。

每两站台之间设两条到发线（图 6-8c、d）时，可克服上述缺点，是一种最广泛采用的布置形式。

每两站台之间也可布置三条到发线（图 6-8e、f），在通过式客运站上，中间一条用作列车通过或机车走行，在尽端式客运站上，中间一条仅用作机车走行。

每两站台之间设四条到发线（图 6-8g），中间两条线路主要通行不停车通过的列车，两侧的两条线路停靠停站的列车。高速铁路中间站一般采用这种站台布置方式。

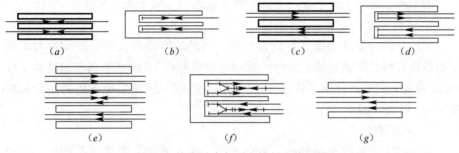

图 6-8　旅客站台与到发线相互位置图

### 6.3.2　客货共线铁路

1. 站台长度

旅客站台长度应根据旅客列车编挂辆数确定，一般按 550m 设置；改、扩建既有客运站，在特殊困难条件下，有充分依据时，个别站台长度可采用 400m。仅服务于短途小编组旅客列车和节假日代用旅客列车的站台长度可适当缩短，可按其实际列车长度确定。尽端式客运站站台长度应按上述规定增加机车及供机车出、入的必要长度。其他办理客运业务车站旅客站台长度应按客流量和具体情况确定，但不宜小于 300m。

2. 站台宽度

旅客站台的宽度应根据客流密度、行包搬运工具和站台上设置的建筑物和设备的尺寸确定。在旅客站房和其他较大建筑物范围内，基本站台宽度由房屋的突出部分外墙面算至站台边缘，一般特大型站、大型站宜为 20m，中型站宜为 12m，小型站宜为 8m，困难条件下不应小于 6m。在旅客站房和其他较大建筑物范围以外，基本站台宽度不应小于中间站台的宽度。

设有天桥、地道并采用双面斜道时，大型客运站旅客中间站台的宽度不应小于 11.5m，一般客运站不应小于 10.5m，其他办理客运业务的车站不应小于 8.5m；采用单面斜道的中间站台宽度不应小于 9m；不设天桥、地道但需设雨棚时，不应小于 6m。不设天桥、地道和雨棚时，单线铁路中间站的中间站台宽度不应小于 4m，双线铁路中间站的中间站台宽度不应小于 5m。路段设计行车速度为 120km/h 及以上时，靠近正线一侧的中间站台应按上述宽度再增加 0.5m。

3. 建筑物边缘至站台边缘宽度

旅客站台上设有天桥或地道的出入口、房屋和其他建筑物时，站台边缘

219

至建筑物边缘的距离，客运站上不应小于3m，其他办理客运业务的车站不应小于2.5m。

4. 站台高度

过去的站台因为造价和方便列检作业等诸多原因，除少数车站的基本站台外，一般都设置为0.3m或0.5m较低的站台，使得列车门和站台之间存在较大的高差，旅客上下车不方便，如图6-9（a）所示。

### 6.3.3 高速铁路

为了便于旅客上、下车，客运专线车站站台一般采用高站台。

1. 站台长度

客运专线一般只考虑开行旅客列车，因此旅客站台长度是按旅客列车长度加前后富裕长度确定的。站台长度一般按能停留16辆编组动车组计算、按450m设置，困难条件下不应小于430m。只停留8辆编组动车组的站台长度按230m设置，困难条件下不应小于220m。

2. 站台宽度

站台的宽度根据车站性质、站台类型、客流密度、安全退避距离、站台出入口宽度等因素确定，可按表6-4采用。

旅客站台宽度　　　　　　　　　　　　　表6-4

| 名　称 | 特大及大型站（m） | 中型站（m） | 小型站（m） |
|---|---|---|---|
| 站房（行车室）突出部分边缘至站台边缘距离 | 15.0～20.0 | 12.0～15.0 | ≥8.0 通道正对站房处≥10.0 |
| 岛式中间站台 | 11.5～12.0 | 10.5～12.0 | 10.0～11.0 |
| 侧式中间站台 | 8.5～9.0 | 7.5～8.0 | 7.0～8.0 |

注：基本站台宽度：当通道出入口设于基本站台站房范围以外地段时，其宽度不应小于侧式中间站台标准。

3. 站台高度

高速铁路旅客站站台高度应高出轨面1.25m。车厢地面与站台面平齐，乘客可方便地上下车。如图6-9（b）所示。

（a）　　　　　　　　　　　　（b）

图6-9　低站台与高站台比较

（a）低站台；（b）高站台

4. 站台的布置

高速铁路的普通中间站较多采用两台四线的站台布置方式，即在基本站台和最外侧的侧式站台之间布置 4 条线路，如图 6-8（g）所示。

有高速列车通过的正线两侧不宜设站台，当站台位于到发线一侧时，为了保证旅客安全，站台旅客安全退避距离为 1.0m，当站台位于有不停车通过的正线一侧时，正线一侧站台安全退避距离应采用 2.0m，并设置防护栅栏；站台应位于直线上，困难条件下可适当伸入到曲线范围内；站台两端应设置宽度不小于 3.5m 的栅栏门，并标有禁行标志。

安全标线宜采用黄颜色，并应与提示盲道合并铺设，宽度不大于 250mm，不小于 17mm。

站台宜设在直线上；站台设在曲线上时，曲线半径不宜小于 800m；采用 12 号道岔时，困难条件下，曲线半径不应小于 600m。

站台端部最小宽度不宜小于 5.0m。

站台两端应设置台阶或坡道及防护栅栏，设宽度不小于 1.0m 的栅栏门，并标有禁行标志。

站台上应设置停车位置标，具体位置由铁路局规定。

## 6.3.4　城市轨道交通

1. 站台长度

站台长度分为站台总长度和站台有效长度两种类型。

站台总长度是包含了站台有效长度和所设置的设施、管理用房及迂回风道（指采用闭式系统时）等总的长度，即车站规模长度。

站台有效长度即站台计算长度，其量值为远期列车编组有效使用长度加停车误差。

2. 站台宽度

站台的宽度应该满足高峰小时客流量的需要，并与车站的规模相匹配。

为了保证车站安全运营和安全疏散的基本需要，我国《地铁设计规范》规定了车站站台的最小宽度尺寸，见表 6-5 所示。

地铁车站站台最小宽度　　　　　　　　表 6-5

| 车站站台形式 | | 站台最小宽度（m） |
|---|---|---|
| 岛式站台 | | 8.0 |
| 多跨岛式车站的侧站台 | | 2.0 |
| 无柱侧式车站的侧站台 | | 3.5 |
| 有柱侧式车站的侧站台 | 柱外站台 | 2.0 |
| | 柱内站台 | 3.0 |

3. 站台高度

站台有高站台和低站台之分。车厢底板与站台同高即为高站台，反之则为低站台。城市轨道交通的站台往往选用高站台，以方便乘客上下车。

221

4. 站台上部净空

为了给乘客在站台候车时提供一个比较明快舒适的感觉，除了要有站台面积的基本保证之外，还要有站台上部净空高度的基本要求。站台上部净空高度通常由顶部建筑和施工方法来决定，一般规定站台上部净空高度不得小于 4m。

## 6.4 雨棚

为了使旅客以及行包不受日晒、雨淋，并保证旅客在恶劣天气下能在站台上通行或候车，需要在站台上方设置站台雨棚，如图 1-15 所示。

### 6.4.1 雨棚结构的发展

20 世纪 50 年代，站台雨棚一般采用钢筋混凝土"Y"形柱，上铺木檩条石棉瓦或瓦楞铁；60 年代多采用预制的钢筋混凝土檩条，上铺石棉瓦；70 年代以后，一般采用钢筋混凝土 Y 柱，上铺预应力钢筋混凝土圆孔板，板面做沥青油毡防水层。

有些大型站房雨棚在 20 世纪 80 年代改为纵向梁上铺预应力混凝土圆孔板，柱距可达 9m 和 12m。

20 世纪 90 年代后，也有雨棚采用 12m 大柱距现浇钢筋混凝土柱梁板结构。

2004 年北京站无站台柱钢结构雨棚启用后，大量采用大跨度空间结构的无站台柱雨棚开始涌现。目前大部分客运专线车站采用无站台柱雨棚结构。

### 6.4.2 结构类型

影响雨棚结构及经济性的因素很多，包括建筑方面、结构方面、施工方面、维护方面、宏观经济方面等。而结构方面，主要有跨度、荷载、结构形式的选择，高跨比、高宽比、刚度要求和钢材等级的选择等影响因素。

根据不同的分类方法，雨棚有多种类型。

1. 与站房的位置关系

雨棚与铁路旅客站房有着密切的关系。由于使用功能和客流组织需要，雨棚与站房两者呈相连或相互交融式。铁路旅客站房的布置形式根据站房一层地面与广场、站台面间的高差关系划分为线下式、线上式、线侧式、线端式、复合式等类型。

目前雨棚与站房的平面关系有两种典型布置。一类是线侧式，如图 6-10 (a) 所示，雨棚覆盖整个站台，站房位于雨棚一侧，雨棚和站房需要衔接；另一类是线上式，如图 6-10 (b) 所示，站房位于站台上方，此时雨棚需要覆盖站房两端站台。

对于线侧式雨棚，根据站房与雨棚的竖向关系又可分为两种。一种是线侧下（上）式，两者由于高差较大而分别设置，仅仅是反映在屋盖空间部分

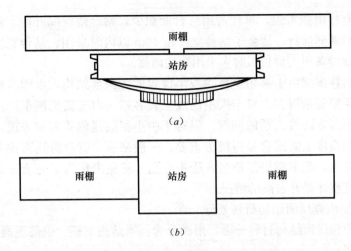

图 6-10　雨棚与站房位置关系图
(a) 线侧式站房与雨棚；(b) 线上式站房与雨棚

重合，而建筑不实际连接；另一种是线侧平式，站房与雨棚高差较小，雨棚与站房屋盖在平面可重叠。前者雨棚与站房结构彼此相互独立，受力合理，目前多数雨棚采用这种类型。而后者由于建筑造型或空间整体要求，建筑师往往将基本站台侧站房范围内的雨棚与站房合柱，雨棚与站房事实上成为一个整体结构。由此带来两种结构体系刚度、变形、位移难以协调的问题，连接部位需采取特殊的技术处理措施，并从结构分析上加以考虑。对于抗震设防区的雨棚则应该尽量避免站房和雨棚共柱，国内外历次震害经验告诉我们，这种形式是不利于结构抗震的。

2. 与跨线设施的关系

雨棚柱列与站台跨线设备出入口的关系如图 6-11 所示，图 6-11 (a) 为一般地段采用的单柱雨棚，而在天桥、地道口处改成双柱，其距离为 1 柱距，旅客流线和行包流线干扰小，使用效果较好；图 6-11 (b) 为单排雨棚柱与天桥、地道口的一侧对齐，旅客流线与行包流线互不干扰，使用效果良好，但雨棚为不对称形式，需个别设计；图 6-11 (c) 为双排雨棚柱与天桥、地道外边齐，柱距大，便于车辆穿行。

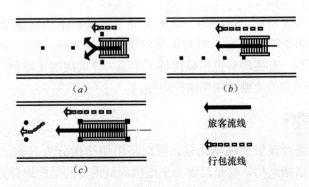

图 6-11　雨棚柱列与站台跨线设备出入口的关系

对于有柱雨棚来说，单柱占用站台面积少，站台内空间开敞，便于旅客和搬运车辆两侧通行，适合于站台宽度在 10m 以内时采用。站台宽度在 10m 以上，跨线设备出入口较多时多采用双柱雨棚。

无站台柱雨棚由于采用全覆盖或半覆盖的大跨度结构，雨棚与跨线天桥之间的关系要复杂得多。对于大型的线上式客站，由于高架候车厅横跨在站台之上，不存在跨线天桥的问题。但对于中小型的线侧式客站来说，雨棚与跨线天桥在高度上的配合显得极为重要。一般来说，应对跨线天桥上方的雨棚做局部处理，把雨棚局部抬高或逐步升起，避免出现为了完全覆盖天桥而将雨棚高度整体提升过高的情况。

3. 按照雨棚屋面结构材料划分

按照雨棚屋面结构材料分类，雨棚分为：木结构雨棚、钢筋混凝土雨棚、钢结构雨棚。

（1）木结构雨棚

该种雨棚的屋面结构材料为木结构。除了早期车站外，木结构雨棚现在极少采用。

（2）钢筋混凝土结构雨棚

按照其施工方法，钢筋混凝土雨棚结构可以为分为两类：装配式雨棚和现浇整体式雨棚。装配式雨棚有安装速度快、减少现场模板，方便施工等特点，如图 6-12 所示；但当遇到不规则站台时不好处理，此时则需采用现浇结构。现浇钢筋混凝土雨棚还可以创造一些建筑造型，使车站站台雨棚形式更加多样化，如北戴河站雨棚，在雨棚边缘设置了一些半圆形缺口，换成蓝色采光板，给人以到达海滩见到贝壳的感觉。

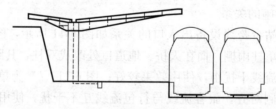

图 6-12　旅客普通站台钢筋混凝土有柱雨棚

（3）钢结构雨棚

钢桁架、实腹钢梁、张弦梁、管桁架等结构是钢结构雨棚经常采用的结构形式。用圆形钢管柱代替了粗大笨重的钢筋混凝土柱，用工字形钢梁改变雨棚屋面的造型，鲜艳的彩色钢板代替了千篇一律的混凝土颜色。

目前越来越多的雨棚采用钢结构雨棚。

## 6.4.3　悬挑雨棚

按照站台是否设置雨棚结构柱，可以将雨棚结构分为两类：悬挑雨棚和无（站台）柱雨棚结构，这是目前关于雨棚的最主要的结构划分方式。

悬挑雨棚也称为有站台柱雨棚，简称有柱雨棚，是在站台上设置一排或两排柱子来支撑雨棚。雨棚宽度为站台宽度，高度也尽量低些，满足铁路限界要求即可，一般在 4.55m 左右，完全是为旅客上下车遮雨而设置，属于功能型雨棚。

悬挑雨棚大多应用在侧式站房的站台之上。

1. 悬挑方向

根据功能与结构的不同，站台雨棚可以只向一个方向悬挑，也可以向双侧悬挑，前者称为单侧悬挑雨棚，后者称为双侧悬挑雨棚。

（1）单侧悬挑雨棚

单侧悬挑雨棚向左或向右单侧悬挑，如图 6-13 所示。

单侧悬挑结构简单，单榀雨棚的造价低。但因为雨棚向单侧悬挑，雨棚左右侧受力不均，雨棚柱承受的弯矩较大。故这类雨棚适合于股道数量少的车站，或者设在站场两侧的侧式站台上。

（2）双侧侧悬挑雨棚

单侧悬挑雨棚既向左也向右悬挑，如图 6-14 所示。

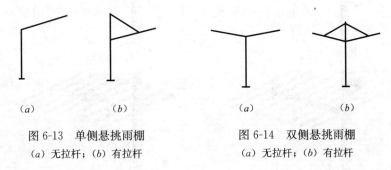

$(a)$ 　　　　　　 $(b)$ 　　　　　　　　 $(a)$ 　　　　　　 $(b)$

图 6-13　单侧悬挑雨棚　　　　　　图 6-14　双侧悬挑雨棚

$(a)$ 无拉杆；$(b)$ 有拉杆　　　　　　$(a)$ 无拉杆；$(b)$ 有拉杆

相比于单侧悬挑雨棚，双侧悬挑结构单榀雨棚的造价较高。但因为雨棚向双侧悬挑，雨棚左右侧受力比较均匀，雨棚柱承受的弯矩较小。故这类雨棚适合于股道数量较多的车站，或者设在站场中间的岛式站台上。

2. 雨棚拉杆

根据雨棚上方是否设置拉杆，雨棚又分为无拉杆雨棚和有拉杆雨棚。

（1）无拉杆雨棚

当雨棚悬挑长度不太长且雨棚结构刚度较大时，雨棚上方可不设拉杆结构，如图 6-13 $(a)$、6-14 $(a)$ 所示。目前钢筋混凝土结构雨棚大多采用这种无拉杆雨棚，如图 6-12 所示。

（2）有拉杆雨棚

当雨棚悬挑长度较长且雨棚结构刚度不大时，为了增强雨棚悬挑部分的抗弯性能，可在雨棚悬挑部分的中部设置斜拉杆，斜拉杆的另一端固定在立柱上方，此种雨棚称为有拉杆雨棚，如图 6-13 $(b)$、6-14 $(b)$ 所示。目前钢结构雨棚大多采用这种有拉杆雨棚，如图 6-15 $(c)$、$(d)$ 所示。

在结构尺寸选用及优化方面，一般先确定雨棚的跨度、悬挑长度、柱高的参数；再初选主梁和檩条截面，由于檩条自重很大，其对主梁的截面选择影响较大，所以先通过应力应变验算来优化檩条截面；待檩条截面确定好之后，再验算主梁截面，要求同时满足强度和刚度要求。

3. 檩条结构

檩条在雨棚屋面之下，既承受雨棚屋面的荷载，又将荷载传递到雨棚立柱，既要有足够的强度和刚度，又要考虑经济因素，还要考虑美观因素。目前在铁路雨棚檩条结构中广泛采用的是钢结构。

钢结构檩条又可划分为实腹、平面桁架等形式。与前述的单侧、双侧、有拉杆、无拉杆组合后，共有8种计算图式，如图6-15所示。

实腹檩条采用实腹钢板制作，如图6-15（a）、（c）、（e）、（g）所示。

平面桁架，如图6-15（b）、（d）、（f）、（h）所示，参见屋盖结构（图4-43）。

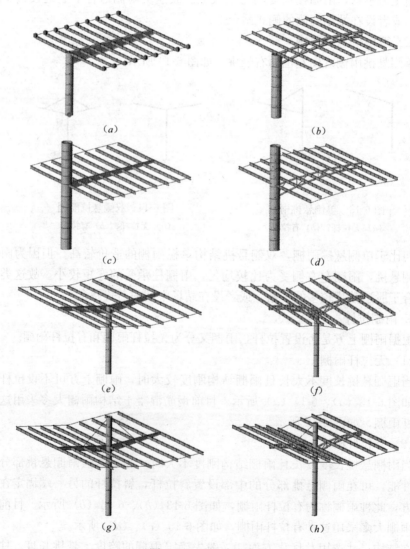

（a）　　　　　　　　　　　　　（b）

（c）　　　　　　　　　　　　　（d）

（e）　　　　　　　　　　　　　（f）

（g）　　　　　　　　　　　　　（h）

图6-15　雨棚计算模型

（a）单侧悬臂实腹；（b）单侧悬臂平面桁架；（c）单侧拉杆实腹；（d）单侧拉杆平面桁架；
（e）双侧悬臂实腹；（f）双侧悬臂平面桁架；（g）双侧拉杆实腹；（h）双侧拉杆平面桁架

此外，雨棚檩条结构还有采用型钢、箱梁、空间桁架等结构形式。

4. 站台柱

（1）柱身材质

雨棚柱一般采用钢筋混凝土、型钢、钢管、钢管混凝土等材料制成。

随着社会的发展、混凝土结构的普及，钢筋混凝土结构雨棚已被普遍采用钢筋混凝土。其结构形式又分为装配式、现浇整体式两种，装配式雨棚大多采用现浇钢筋混凝土梁、柱，上面铺设大型预应力钢筋混凝土屋面板，如旧天津西站、临沂车站，或铺设钢筋混凝土"V"形折板，如廊坊站。

目前，有一些客站采用钢管混凝土等新型雨棚柱。

（2）柱高

对既有侧式站房有柱雨棚站台柱的柱高进行统计，可以看出主要集中在4.5~7m 和 13~14.5m 两个范围。通常第一种站台柱高度较低，满足功能、空间等要求的情况下可选用；而第二种站台柱由于上部大部分为钢索斜拉结构，可满足较高空间的要求。

（3）顺股跨度

顺股跨度实际上为顺股柱距。对于既有侧式站房，若采用钢桁架结构体系，顺股跨距均大于 14m，主要跨距有 14.4m 和 15m 两种；钢箱梁结构体系雨棚较少，且顺股跨度主要为 13.5m；型钢梁是较多雨棚采用的结构形式，其顺股跨度较小，如 12m，通常在小跨度布置的情况下选用型钢梁的结构形式。

5. 悬挑长度

利用同样的方法，分析雨棚屋面结构体系悬挑长度的分布规律。样本中，采用钢桁架屋面结构体系，屋盖悬挑长度大多选用 12m；采用钢箱梁结构时，屋盖悬挑长度大多为 11m；采用型钢梁结构时，屋盖悬挑长度大部分在 8 到 13.6m 之间。

### 6.4.4 无柱雨棚

无柱雨棚全称为无站台柱雨棚，其结构柱设置在铁路股道之间，站台上不设置结构柱，为旅客提供更为开敞和舒适的候车与通过空间，如北京站、北京南站、延安站、盐城站，如图 6-16 所示。

无站台柱雨棚可以突出景观特点，设计新颖，造型别致，形成覆盖整个站台的通透的无柱空间。无站台柱雨棚与过去传统车站的有柱雨棚相比，站台上除了上下天桥地道的楼梯外没有一根柱子，可以最大限度给站台上的旅客留下活动空间，使旅客在站台上的通行和视线不受阻碍，给站台带来宽敞、通透的视觉美感。大跨度的雨棚解决了风雨对旅客、列车和站台的侵扰问题，同时无站台柱雨棚也使得车站的城市门户形象给旅客以更深刻的感受。当然，无柱雨棚的造价比有柱雨棚高。到底采用有柱、还是无柱雨棚需要根据客站的等级、客运量的大小等因素综合考虑决定。

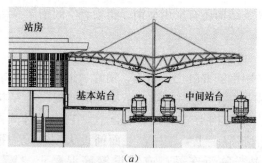

（a）

（b）

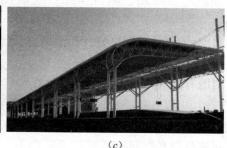

（c）

图 6-16 无站台柱雨棚

（a）布置图；（b）延安站；（c）盐城站

## 1. 侧式车站

无站台柱雨棚是一个全开敞建筑，屋面会出现较大的负风压（吸力）；由于跨度大，通常还有较大的悬挑，风荷载体形系数大，风振效应明显，需对结构构件或体系进行调整。

无站台柱雨棚与站房的结合创造了更加完善的乘降空间，也使客站的建筑体量更为宏大，体现出高度的综合性，完整性和更为恢宏的造型立意。但对于采用线侧式布局的中小型站房，由于站房体量相对较小且偏于一侧，相对来说雨棚与站房结合的处理比较困难。

对于中小型的线侧式车站来说，无站台柱雨棚与跨线天桥在高度上的配合较复杂。一般来说，应对跨线天桥上方的雨棚做局部处理，把雨棚局部抬高或逐步升起，避免出现为了完全覆盖天桥而将雨棚高度整体提升过高的情况。

但对于传统客站的有站台柱雨棚与跨线天桥之间一般来说只存在衔接问题，关系比较简单明了。而无站台柱雨棚由于采用全覆盖或半覆盖的大跨度结构，雨棚与跨线天桥之间的关系要复杂得多。

基于对收集的样本进行统计，无站台柱雨棚结构柱高最小值 8m，最大值 26.3m，平均高度为 12.8m；而有站台柱雨棚结构柱高最小值 4.6m，最大值 16.8m，平均高度为 9m。从数据分析，无站台柱雨棚为大跨结构，上部为钢结构屋盖体系，追求大空间，所以柱子净高通常较高。这样的屋盖结构体系和增大的柱高都使得工程数量、工程造价不同程度地增加。

基于上述分析，对于中小型侧式站房，应优先选用传统的有站台柱雨棚结构，这样既可以简化设计和施工、节省工程用量，同时也可以满足中小型客站的服务旅客上下车的空间设施的要求。

2. 高架车站

对于大型的客运枢纽站，大多采用线上的跨线高架站形式。主站房横跨在雨棚之上，一般来说这种站房形式对站、棚一体化的处理比较容易，如上海、武汉、北京南站。石家庄站雨棚与高架站房的结合如图 6-17 所示。

(1) 柱高

雨棚高度方面需要考虑列车通

图 6-17　雨棚与站房的结合（石家庄站）

行以及与站房、天桥等高程和形体的协调，其高度达到十几米乃至二三十米。由于无站台柱雨棚利用大跨度结构，将支撑雨棚的柱子设立在站台外、轨道间，形成覆盖整个站台的通透的无柱空间，一般情况下，无柱雨棚结构柱子较高，结构造型较复杂。除去柱顶端复杂结构部分，柱高主要集中于 12~16m 的范围内。

(2) 顺股跨度

无柱雨棚的顺股跨度值集中分布在几个点上，18m、20m、23m、24m。说明雨棚结构的设计参数取值规律性强。钢管混凝土柱结构形式的雨棚柱设计的顺股跨度值目前集中在 22~24m，最小顺股跨度值 16m 也是采用了这种结构形式。而顺股跨度值大于 30m 的样本大多采用钢结构柱。

(3) 垂股跨度

雨棚垂直轨道方向的雨棚柱跨度值，由于受到站台布置的影响，故分布规律性较强：大多数样本对应的垂轨跨度集中于 42~47m，还有不多样本的垂轨跨度集中于 20~22m。目前采用钢管混凝土柱的样本较多，且垂轨跨度集中在 42~50m 范围内。垂股跨度值低于 40m 的多采用钢结构柱；而垂股跨度值高于 50m 的多采用钢管混凝土柱结构。

3. 桥式车站

目前桥式站中，80％以上的雨棚采用无柱结构的雨棚。

(1) 雨棚结构高度与柱高

桥式站房的无柱雨棚结构高度变化范围较大，主要集中在 10~20m 范围内。因为雨棚结构高度的变化范围较大，雨棚柱的高度范围变化也较大，主要集中在 6~16m 的范围内。

(2) 雨棚柱跨度

目前雨棚柱顺股道跨度布置主要为 10.9m 和 32.7m 两种布置方式。

雨棚柱垂直股道跨度范围为 5~70m，变化较大。其中采用较多的两种跨度为 17m 和 30m。雨棚柱垂直股道的跨度布置主要考虑车站到发线和站台的布置，由于站场规模不同，故变化范围较大。

（3）雨棚柱类型

雨棚柱的类型目前主要有钢柱、钢管混凝土柱、钢筋混凝土柱、钢管柱和钢筋混凝土柱相结合等四种类型。目前我国客运专线、城际铁路中，桥式车站雨棚柱的类型主要为钢柱，占数据样本总数的 70％以上；其次为钢管混凝土柱，占数据样本总数的 15％左右；其他类型柱的数据样本较少。

钢筋混凝土柱的工程用量相对较小，但采用此种结构形式的例子并不多，与其他结构形式比较，钢筋混凝土结构柱在用于大跨度结构时优势不明显；钢管混凝土在承载力等方面优势明显，但其施工复杂，应用此种形式的样本较少；钢结构柱相对于钢管混凝土结构柱，自重小，承载力强，大部分桥式雨棚柱结构选用钢结构柱这种结构形式。

4. 形式与尺寸举例

客运站的雨棚应与站台等长；站房规模 400 人以上车站的雨棚长度一般不宜小于 200m（少雨地区可适当减短）；站台地道出入口处应设雨棚。雨棚的宽度应与站台的宽度相适应，且不应小于中间站台的宽度。

影响雨棚形式和尺寸的主要因素是股道和站台的布置及数量以及站房、地道的位置。股道和站台的布置及数量影响雨棚的横向跨度，如站房和地道与雨棚柱结合，将直接影响雨棚的纵向跨度。图 6-18～图 6-20 给出了几种主要的雨棚形式与相应尺寸。

## 6.4.5　雨棚屋面

为了建筑外观的需求，现代雨棚采用了多种符合不同风格的新型建筑材料，从色彩、质感等方面比传统的雨棚有了大幅的发展。另外，雨棚跨度大、空间高、覆盖面积大，屋面的清洁、排水等问题比较突出，如果处理不好可能会严重影响雨棚的使用与美观。

1. 典型做法

屋面做法一：0.8mm 厚压型钢板（镀铝锌），50mm 厚玻璃棉（高强聚丙烯贴面），钢檩条（镀锌钢龙骨），0.8mm 厚钢扣板（密拼）。

屋面做法二：0.8mm 厚压型钢板（镀铝锌），50mm 厚玻璃棉（高强聚丙烯贴面），钢檩条（镀锌钢龙骨），1.0mm 厚铝扣板（板宽 180mm，缝宽 120mm）。

封口檐板均采用 3mm 厚铝板，屋面排水沟采用 2.5mm 厚不锈钢天沟。

2. 屋面清洁

雨棚巨大的金属和玻璃屋面容易积灰尘污垢，不及时清洁会影响美观，尤其是在北方地区，风沙灰尘多，问题就显得更加突出。如果采用传统的人工清洗方式不仅费用高昂而且难度大，效率也低。所以应采用新型屋面材料，如防水等级高、耐老化、轻盈美观并有较好自洁作用的彩钢板、复合铝板等材料，可提高屋面的自洁效果，从而减少清洗次数。另外，对于有大面积玻璃等清洁度要求较高的屋面，可以专门设置屋面清洁通道和清洁设备。

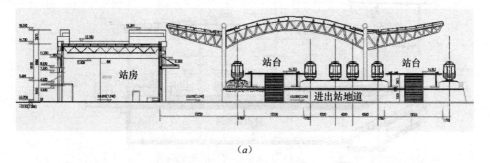

(a)

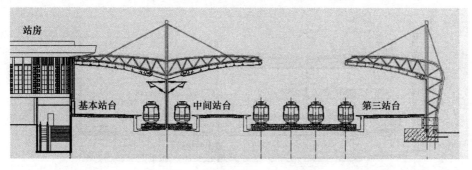

(b)

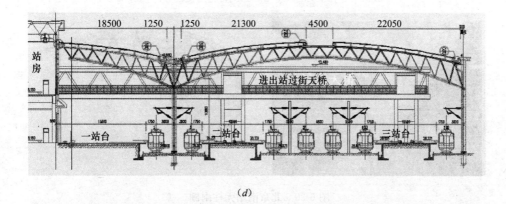

(c)

(d)

图 6-18　雨棚与站房分离

(a) 线侧平式-两台六线；(b) 线侧平式-三台六线；(c) 线侧下式-两台四线；

(d) 线侧上式-三台七线

232

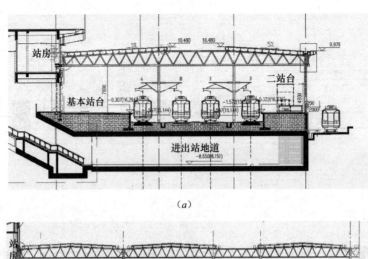

(a)

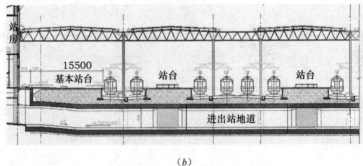

(b)

图 6-19 雨棚与站房结合

(a) 两台五线；(b) 三台七线

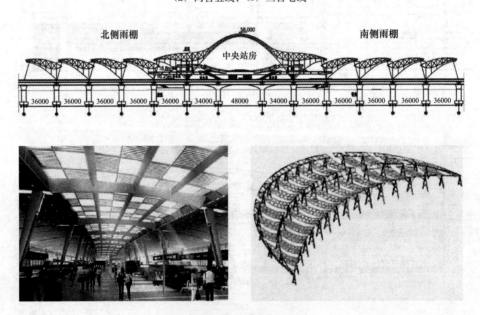

图 6-20 北京南站无柱雨棚

3. 排水处理

在铁路客站设计中不允许站台雨棚把水直接排在轨道面上，因此传统的站台雨棚都采用 Y 形的形式，把水汇集到雨棚中间再排出。无站台柱雨棚往往采用造型独特的大型金属屋面，因此屋面的排水设计成为了建筑设计中的难点。

首先应保证建筑屋面雨水排水系统安全、可靠，同时不影响建筑的整体造型和美观。目前较先进的屋面排水系统有压力流（亦称虹吸或满管流）排水系统。压力流排水系统出现于 20 世纪 60 年代末，其主要原理是利用屋面雨水斗与排出管之间的高差，当降雨强度达到设计值时，管道内雨水呈满流状态，雨水从水平管流入立管时，管道内形成负压，产生虹吸作用，可快速排除屋面雨水。实践证明其对大面积的屋面排水具有很高的效率。该系统目前在我国国内也有一些应用，如张家界站的无站台柱雨棚屋面排水系统(图 6-21)。

图 6-21　张家界站雨棚

## 6.5　跨线设施

跨线设施也称为横越设施、横越设备，是站房与中间站台间或站台与站台间的来往通道。按与站内线路交叉方式的不同，跨线设施分为平交过道、人行天桥和地下通道。按其用途之不同，跨线设施分为供旅客使用和供搬运行包、邮件使用的跨线设施。

### 6.5.1　平交过道

1. 人行平交过道

人行平交过道跨线距离短，不占用站台，不遮挡视线，造价低，适用于客运量较小的客运站及有旅客乘降作业的其他车站。

在客运量较小的通过式客运站及有旅客乘降的其他车站上，平交过道一般设于站台端部，以便于必要时机动车辆跨线走行。供旅客和运转人员使用的平交过道可布置在站台的中部接近进出站检票口处。平交过道的宽度不应小于 2.5m，如图 6-22 所示。

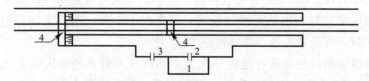

图 6-22　通过式客运站平人行交过道设置示意图

1—站房；2—进站检票口；3—出站检票口；4—平交过道

大型客运站应设专供运转人员和食品售货车使用的平交过道，设于运转室附近和站台端部。

234

**2. 行包、邮件平交过道**

在一般通过式客运站上，供搬运行包使用的平交过道设在站台的两端。行包搬运由两端平交过道至中间站台可形成由行包房经基本站台两端及平交过道至中间站台的2条流线，便于行包搬运。

尽端式客运站上，由于旅客进、出站及行包搬运均通过分配站台至中间站台，分配站台上交叉干扰大，因此搬运行包用的平交过道应设在咽喉区的站台端部，行包房可设在站房一侧或分别在两端设置到达和发送行包房，如图6-23所示的位置。

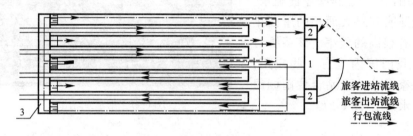

图6-23　尽端式客运站行邮平交过道设置示意图
1—站房；2—行包房；3—平交过道

## 6.5.2　人行天桥和地下通道

在旅客上、下车人数较多且旅客出、入站的通路经常被通过列车、停站列车或调车作业阻断的通过式客运站上，以及站房设于线路一侧、旅客列车较多的尽端式客运站上，应设置旅客人行天桥和地下通道。

人行天桥的优点是造价低，受水文、地质条件影响小，维修、扩建方便，排水、通风、采光条件好，但其升降高度较大，斜道占用站台面积较多，遮挡工作人员视线；而地道则相反。故一般情况下应优先采用地道。

天桥和地道的出、入口应与站台、站房、进出站检票口及车站广场的位置相配合，以减少旅客在站内的交叉干扰，其位置应保证旅客通行和行包、邮件装卸作业的安全与便利。

天桥、地道的数量应根据同时上、下车的客流量和行包邮件量确定。中小型客运站可设置1~2处天桥或地道；大型、特大型客运站可设置2~3处；设有高架候车室时，出站天桥（地道）不应少于1处；当客流和行包、邮件数量很大时，可设置行包、邮件地道1~2处。

在双线区段，地县所在地或一次上下车旅客人数在400人以上（或日均发送人数在1500人以上）的车站，以及一次上下车旅客人数在200人以上的技术作业站上，可设天桥或地道。单线区段，客车对数在10对以上，一次上下车旅客人数在400人以上的车站，可设立交横越设备。

小型车站设1处天桥或地道时，宜设在进出站检票口之间，其位置如图6-24（a）中的虚线所示；设2处时宜分别靠近进站和出站检票口附近，如

图 6-24（b）所示，也可将进出站的天桥或地道分别与站房及出站检票口相连，以便进出站旅客分开使用，中型车站可采用该种进出站方式；对大型客运站，长短途、市郊旅客均多，应设置长短途和市郊旅客的进站通道，一般设 3 处旅客跨线设施，如图 6-24（c）中 2、3、4 所示，长途和短途旅客由高架通廊进站上车，市郊旅客由地道进入站台，出站旅客则由另一地道出站，形成合理的旅客流线，避免客流的交叉。

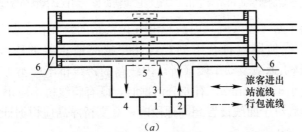

（a）

1—站房；2—行包房；3—进站检票口；4—出站检票口；5—跨线设施；6—平交过道

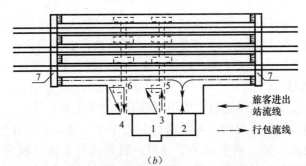

（b）

1—站房；2—行包房；3—进站检票口；4—出站检票口；
5—进站跨线设施；6—出站跨线设施；7—平交过道

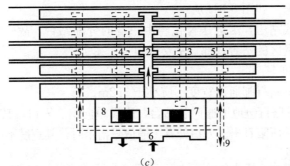

（c）

1—站房；2—进站高架通廊；3—市郊进站地道；4—出站地道；5—行邮地道；
6—纵向行邮地道；7—发送行包房；8—到达行包房；9—通邮政大楼

图 6-24 跨线设施设置示意图
（a）小型车站；（b）一般客运站；（c）大型客运站

天桥、地道的宽度亦应根据同时上、下车的客流量来确定。客运站天桥或地道的宽度为 6～8m，行包、邮件地道的宽度不小于 5.2m。旅客地道的净高不应小于 2.5m，行包、邮件地道不应小于 3m。

天桥和地道的出、入口阶梯或斜道宽度一般与天桥和地道的宽度相同。

通向各站台的天桥、地道宜设双向出、入口。旅客站台出入口的宽度按表 6-6取值。

旅客站台出入口宽度 表 6-6

| 名　称 | 特大及大型站（m） | 中型站（m） | 小型站（m） |
|---|---|---|---|
| 基本站台、岛式中间站台 | 5.0～5.5 | 4.0～5.0 | 3.5～4.0 |
| 侧式中间站台 | 5.0 | 4.0 | 3.5～4.0 |

注：特大及大型站的旅客进出站通道出入口宽度已包括设置一部自动扶梯的宽度。

高速铁路车站、段（所）内跨越电气化铁路的跨线桥，其梁底距桥下轨面的高度在直线地段应符合下列规定：跨越高速正线的跨线桥不应小于7250mm；跨越折返线及动车段（所）内线路的跨线桥不应小于6550mm，困难条件下不应小于6200mm，有充分依据时，既有跨线桥不应小于5800mm。

跨线桥梁底位于曲线设置超高地段时，立交桥净高应根据计算另行加高。

### 6.5.3　行邮通道

大型客运站的行包、邮件数量较大时，为了使人流和行包流分开，应设置专用的行包、邮件通道，也可简称为行邮地道，以消除站台上行包、邮件搬运与旅客作业间的交叉干扰，缩短作业时间，确保车站作业的安全。

1. 通道数量

大型站宜设 2 处行邮通道；中小型站不应少于 1 处。

对于线侧式站房，当到达与发送行包集中于一处时，可在站台一端设置专用的行包地道，另一端采用平交过道；当到达与发送行包房分设两处时，应在站台两端各设 1 条行包地道。为了便于行包的中转作业，可设置纵向地道，将到达与发送行包房联系起来。为了便于邮件运送，可将行包地道与邮政大楼联系起来（如图 6-24c 所示）。

对于线端式站房，因运送行包经由一端的分配站台，故一般不设行包地道。但应在咽喉区的站台端部设平交过道。

2. 通道宽度

高速铁路车站行邮通道宽度不应小于 5.2m。

客货共线铁路行包地道通向各站台，应设单向出、入口，其宽度不宜小于4.5m。当受条件所限且出、入口处有交通信号指示时，其宽度不应小于 3.5m。

3. 通道高度

高速铁路车站行邮通道的净高不宜小于 3.0m。

4. 其他

行邮通道通向旅客站台的出、入口，宜设计为单向出、入口，其宽度不应小于 4.5m。

通道应设置在站台的端部。

### 6.5.4　综合跨线方式

跨线设施的设置应根据车站站型、客流量、客流性质及站台、站房、车站广场的相互位置等因素确定。跨线设施的类型、数量和位置对车站的流线组织起着重要的作用。当有大量旅客上下车和进出站时，跨线设施成为人流疏散过程中的控制地段，其流线应分开，进、出站跨线设施应分设。并应在客运站旅客跨线设施及高架候车室通往各站台的出入口设置方便老、弱、病、残旅客使用的通道及电梯，以达到合理的流线组织，保证旅客通行，上下车和行包、邮件搬运，装卸作业的安全与便利。

跨线设施的设置数量应根据客运量及行包、邮件数量确定。旅客人行天桥、地道的设置，当站房规模为 400～2000 人以下不应少于 1 处，站房规模为 2000～10000 人以下不应少于 2 处，站房规模为 10000 人及以上的大型客运站不应少于 3 处；设有高架候车室时，出站地道或天桥不应少于 1 处。当行包和邮件数量很大时，可设行邮地道 1～2 处，也可根据需要分别设置行包地道和邮件地道各 1 处。无中间站台的中间站及尽端式客运站设平交过道 1 处，有中间站台的中间站及客运量较小的通过式客运站应设 2 处，其他站应不少于 2 处。

客运量较大的通过式车站的旅客跨线设施，应选用立交跨线天桥或地道；客运量较小的车站可采用平交过道。天桥或地道的选用主要取决于地形、车站与广场之间的地势高差、站房的布置、工程地质条件等因素。

### 6.5.5 城市轨道交通的通道与升降设备

城市轨道交通的通道是乘客进出车站、出入站台以及换乘列车的必由之路。通道的数量和宽度不仅要满足乘客出入车站的方便和高峰小时的乘客通行需求，还要满足紧急情况下的乘客快速疏散，同时还要兼顾与城市道路、市郊公路的立交功能。因此，通道的设计要与车站的总体设计相适应。

为了乘客在通道内的方便和快速行走，在通道的上坡地段往往还需设置升降设备（通常是自动扶梯）。

车站通道的宽度一般要在满足防灾要求基础上，根据客流量计算确定。

为保证一定的通过能力，通道和天桥的最小宽度不应小于 2.5m，楼梯宽度不应小于 2m。

## 6.6 货运设施

货运设施包括货场、货物站台、货场仓库、货物堆放场、行包房和货运办公房屋等内容，是完成铁路货运作业的必备设施。中间站的货运设施如图 6-25 所示。

### 6.6.1 货场

货场是铁路车站的组成部分，是铁路组织货物运输的基层生产单元。在货运量较大的车站，都设有专门办理货运作业的货场，其主要任务是办理货物的承运、保管、装卸和交付等作业。

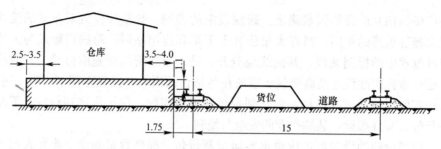

图 6-25　中间站货运设施示意图（单位：m）

1. 货场的分类

货场按办理货物的种类可分为综合性货场和专业性货场。

（1）综合性货场

按运量可分为大、中、小型三种。年运量不 0.3Mt 时为小型货场；年运量为 0.3Mt 及以上但不满 1Mt 时为中型货场；年运量在 1Mt 及以上时为大型货场。

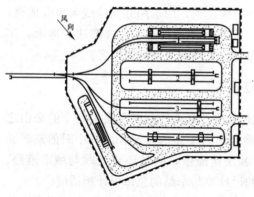

图 6-26　货区布置示意图

1—成件包装货区；2—集装箱货区；3—长大笨重货区；
4—散堆装货区；5—危险货物货区

为了便于管理，综合性货场可以根据货物品类、作业量、作业性质，划分为成件包装货区、集装箱货区、长大笨重货区、散堆装货区、危险货物货区等，如图 6-26 所示。综合性货场作业区划分时，一般成件包装货区应远离散堆装货区布置，并宜在这两货区间布置长大笨重货区；集装箱货区宜布置在成件包装货区与长大笨重货区之间；散堆装货区宜布置在货场主导风向下方。

在大型货场内，还可按货物的到达、发送、中转或按方向划分作业区。办理水陆联运业务的货场，水运货区和铁路货区应分开布置。

（2）专业性货场

包括整车货场、危险货物货场、散堆装货物货场、液体货物货场和集装箱货场等。为加速集装箱运输的发展，今后新建及改建铁路应优先发展集装箱货场。

2. 货场的主要设施

根据车站货运量的大小及办理货物的性质，货场内应相应设置下列主要设施：

（1）配线。包括装卸线、存车线、倒装线等。

（2）场库。包括仓库、货棚、站台、堆场等。

（3）装卸牲畜较多的车站应设有牲畜装卸及饮水设备。

（4）各种装卸机械及其检修设备。

（5）货车的洗刷及消毒设备。

（6）货物检斤设备和量载设备。

（7）货场道路和生产用房。

3. 货场布置图

大、中型综合性货场布置图基本上可分为尽端式、通过式和混合式三种类型。

（1）尽端式货场

装卸线为尽端式，布置在货场引入线路的末端或一侧，如图 6-27 所示。

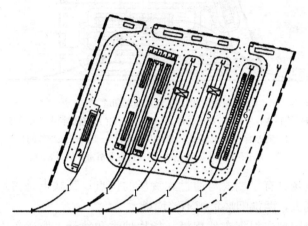

图 6-27　尽端式货场布置图

1—货物线；2—危险货物仓库及站台；3—成件包装货区；

4—集装箱货区；5—长大笨重货区；6—散堆装货区

这种布置图的优点是货场占地小、工程投资少；货场内道路和货物线交叉少，因此搬运货物车辆出入方便，与取送车干扰少；货场布置易结合地形，有利于与城市规划配合。其缺点是货车取送作业集中在货场一端进行，该咽喉区的负担较重。

货场的装卸线布置分为平行、部分平行和非平行布置。平行或部分平行布置比较紧凑、用地省，便于货物装卸和搬运作业，有利于货场发展及实行装卸搬运机械化，并便于排水和道路布置。

（2）通过式货场

通过式货场的装卸线为通过式，如图 6-28 所示。

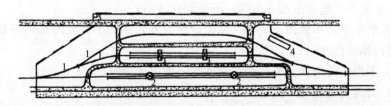

图 6-28　通过式货场布置图

1—货物线；2—链斗式联合卸车机；3—螺旋卸车机；

4—装卸机械维修间；5—门卫室

这种布置图的优点是取送车作业可在货场两端咽喉同时进行，互不干扰；可办理整列装卸作业，提高调车作业效率。其缺点是占地比尽端式货场多，工程投资也相应增大；货场道路与装卸线交叉处多，取送调车与搬运货物车辆作业相互干扰。

（3）混合式货场

装卸线一部分为尽端式，一部分为通过式，如图6-29所示。

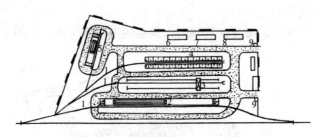

图6-29 混合式货场布置图

1—货物线；2—整车货物站台及仓库；3—龙门式起重机大笨重货区；

4—高站台；5—危险货物站台及仓库；6—装卸机械维修间；

7—叉车存放保养及充电间；8—食堂及浴室；9—门卫室

混合式货场具有尽端式与通过式货场的优点；其缺点是占地和工程投资较尽端式货场大，两端咽喉负担不够均衡。

货场布置图型应根据车站规模、货物种类和数量、取送车方式、货场在枢纽内的位置、货场与车场的相互配置和地形条件等因素进行选择。一般情况下，大、中型货场宜设计为尽端式，其线路可采用平行布置或部分平行布置。中间站小型货场可设计为通过式或混合式。

### 6.6.2 货场站台

货物站台是装卸及存放货物的重要设施，可分为普通站台、高站台、尽端站台等类型。

1. 普通货物站台

普通货物站台是指站台面距轨顶高1.1m的站台。

（1）设置条件

普通货物站台一般在下列情况下设置：

1）为了存放不受风、雨、雪及阳光等自然条件影响的成件货物，并且用人力、手推车、电瓶车和叉车等进行装卸作业时；

2）整车中转车辆由于货物（笨重货物除外）装载不良或因车辆需要修理必须进行换装作业时；

3）零担中转货物需要按到达站或方向加以选用时；

4）当需要设置仓库或货棚时。

（2）长宽的确定

站台的长度可根据需要确定。

站台的宽度，可根据货物品种、作业量、作业性质、装卸搬运机械设备及站台上设置仓库等情况确定。如有仓库时，按仓库要求加两边走道考虑；如无仓库时，一般露天站台其宽度不宜小于12m；零担中转站台其宽度以20~40m为宜。

站台坡度，当有人力架子车上站台时，不宜陡于1：10。

2. 尽端式货物站台

为了装卸能自行移动的货物（汽车、军用装备车辆、拖拉机等）应设置尽端式货物站台。

尽端式站台设在线路尽端处（图6-30a），也可与平行线路的站台合并设置（图6-30b、c）。

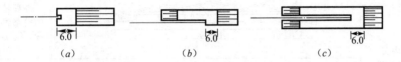

(a)             (b)             (c)

图6-30　尽端式站台形式图（单位：m）

（a）单独形尽端式站台；（b）L形尽端式站台；（c）凹形尽端式站台

3. 高站台

为了节约劳力，加速货物装卸作业，对大量散装货物及不怕摔碰的货物利用敞车装车时，根据地形条件和材料情况，设置平顶式、滑坡式的高站台。高站台站台面距轨顶高度大于1.1m。

高站台投资较大，使用范围不广，采用时应有充分根据。当地形条件许可及装卸机械能力不足时方可采用。

高站台可分为平顶式高站台和滑坡式高站台两种类型。滑坡式高站台较少采用。平顶式高站台适用于煤炭、砂石、小铁块及原木等装车作业。

### 6.6.3　货场仓库

货运仓库是以库房、货场及其他设施、装置为劳动手段，对货运物资进行收进、整理、储存、保管和发送等作业的场所。

1. 仓库形式及选择

仓库可分为单层仓库、双层仓库和多层仓库。

单层仓库一般设计成库外布置装卸线的仓库。当气候不良，作业量较大，且有适当根据时，也可设计为库内布置装卸线仓库，见表6-7。

在货运量大，用地困难，有相应装卸机械设备时可采用双层或多层仓库。

**单层仓库形式选择表**　　　　　　　　　　　　　　　　　　　表6-7

| 仓库形式 | 仓库剖面示意图 | 选择条件 |
|---|---|---|
| 库外布置装卸线 | 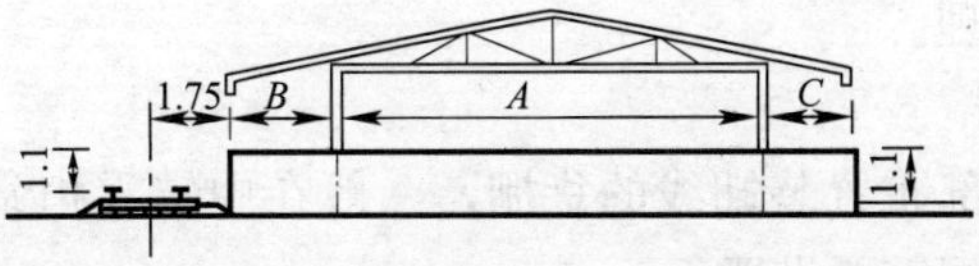 | 气候良好或仓库作业量较少 |

241

续表

| 仓库形式 | 仓库剖面示意图 | 选择条件 |
| --- | --- | --- |
| 库外布置装卸线 | | 宜用于多雨地区 |
| | | |
| 库内布置装卸线 | | 办理较大量的整车到发作业，气候不良 |
| | | 办理零担中转作业，气候不良，作业量较大 |

注：A——仓库宽度，小型货场一般以 9~12m 为宜，大、中型货场一般不小于 15m。

　　B——靠货物线侧货物站台宽度，叉车作业时宜采用 4.0m，但主要零担货物中转站台宜采用 7.0m；人力作业时可采用 3.5m。

　　C——靠道路侧货物站台宽度，叉车作业时宜采用 3.5m，但作业量大的零担仓库宜采用 4.0m；人力作业时可采用 2.5m。

2. 仓库尺寸的确定

为方便装卸作业，仓库应设在货物站台上。仓库墙壁外侧至站台边沿的宽度，在铁路一侧一般不小于 3m，在场地一侧一般不小于 2m。

（1）仓库的宽度

应根据货运量、货物品种、作业性质、装卸机械类型、取送车组长度以及仓库结构的模数等因素确定，见表 6-7。中间站小型货场货物仓库宽度一般采用 9~12m。

（2）仓库的长度

应根据需要的堆货面积和所采用的仓库宽度计算确定。当仓库的总长度比较长时，为了便于仓库的管理及成组装卸作业，减少取送调车与装卸作业的干扰，仓库的总长度应分为若干节。对矩形站台仓库，每节仓库长度如下：大型货场不大于 210m，中形货场不大于 140m，跨线仓库以 210m 为宜，阶梯形站台仓库一般 70~100m。

3. 仓库的设置位置

仓库一般设置在站台上并与装卸线及货场道路综合布置，力求货物装卸与搬运作业布置合理。

4. 货棚、雨棚

跨线货棚是内部布置装卸线的货棚，一般在中转零担站台和多雨地区且作业量大的货场根据需要设置。

为避免货物装卸和搬运作业时遭受湿损，在一般情况下，仓库雨棚的宽度应伸至站台边缘。在多雨地区且作业繁忙的大中型货场仓库，雨棚在铁路一侧时可根据需要伸至车辆中心线或将车辆全部遮盖，此时伸出宽度为3.75m；在场地一侧时，应满足库门站台处汽车门顺向作业的需要，一般应伸出站台边缘3.5m。雨棚形式，一般有上翘式和下落式两种。

上翘式雨棚净空较高，调车作业安全，不影响仓库采光，雨棚及库顶汇集的雨水，不致淋落于车辆上，但下雨时，雨水有时飘入仓库站台。

下落式雨棚较低，下雨时可减少雨水飘入库内，但棚檐要用水槽截水，而且采光不好，对铁路一侧调车作业不安全。设计时可根据仓库形式、气候条件选择。

5. 库门

库门大小应满足装卸机械作业要求，一般大、中型货场不小于3.0m，小型货场采用人力作业时不小于2.4m。

考虑到货车车辆以50t、60t为主，两库门间的距离通常采用14m。

### 6.6.4　堆放场

堆放场主要用于堆积长大、散堆装和粗杂货物。堆放场地面一般与路基面平，有时也可做成与轨枕顶平。为了便于装卸，货位一般与装卸线平行布置。货堆之间的通道宽度为0.5～0.7m，货堆边缘距公路边缘的安全距离为0.5m，距装卸线钢轨外侧在有装车时不少于2m，仅卸车时不少于1.5m。

### 6.6.5　行包房

行包房全称行李、包裹用房，是办理旅客行李、包裹的托运、储存和提取等作业的场所。客货共线铁路客运站行包房的位置应与旅客托、取行包的顺序及行包流线密切相关，应尽量减少与其他流线的交叉。行包房的位置还应与候车区（室）、站台和广场取得有机联系，与跨线设施及行包运输方式密切配合。

1. 行包房布置

（1）设一个行包房

中小型客站可设一个行包房，兼办托运和提取业务，根据其不同设置位置又有以下两种形式：

1）设在旅客进、出站流线之间，见图6-31（a）中之4。其特点是旅客上车前托运行包和出站后提取行包的流程较短。但旅客出站流线、行包托取流线和行包专用车辆流线集中，容易堵塞，不利安全，同时也不利于设置室外行包堆放场，故只适用于中、小型站房。

2）设置在站房的右侧或左侧，见图6-31（b）、（c）。其特点是旅客流线、行包流线和车辆流线间干扰较少，便于设置室外行包堆放场。图6-31（b）中之4的行包房对来站托运行包的旅客比较方便；图6-31（c）中之4对离站提取行包的旅客比较方便。但在图 6-31（b）中，旅客出站后立即提取行包又与进站旅客流线交叉；图 6-31（c）旅客来站托运行包又与出站旅客流线交叉。由于出站后立即提取行包的旅客较少，故大、中型客运站设置一个行包房时，宜采用图 6-31（b）的布置。

（2）设两个行包房

行包托取业务量较大的车站可设两个行包房，分别办理托运和提取业务，见图 6-31（d）。发送行包房（7）布置在站房右侧，到达行包房（6）布置在站房左侧。这种布置既方便了进、出站旅客托、取行包，又避免了旅客流线与行包流线的互相干扰。但这种布置时行包仓库利用不灵活，管理人员需增加，行包搬运不便。这种布置适用于大型或特大型站房。

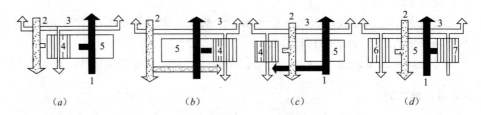

图 6-31　行包房在站房中位置示意图

1—进站客流；2—出站客流；3—行包流线；4—行包房；5—候车室；6—到达行包房；7—发送行包房

大型及以上旅客站房和线下式站房的行包房宜设在地下或设置多层行包房，各层间采用垂直升降机和皮带搬运设施搬运行李。中转行包量较大时，宜单独设置中转行包房。特大型、大型站房的行李、包裹库房宜与跨越股道的行李、包裹地道相连。特大型站的行李提取厅宜设置行李传送带。

2. 主要组成

行李、包裹用房主要由包裹库、托运厅、票据室、拖车存放处等组成，其设置应符合表 6-8 的规定。包裹托取厅使用面积及托取窗口数不应小于表 6-9 的规定。

包裹用房的主要组成　　　　　　　　　　　　　表 6-8

| 设计包裹库存件数 N（件） | N≥2000 | 1000≤N<2000 | 400≤N<1000 | N<400 |
|---|---|---|---|---|
| 包裹库 | 应设 | 应设 | 应设 | 应设 |
| 包裹托取厅 | 应设 | 应设 | 应设 | 不设 |
| 办公室 | 应设 | 应设 | 应设 | 宜设 |
| 票据室 | 应设 | 应设 | 宜设 | 不设 |
| 总检室 | 应设 | 不设 | 不设 | 不设 |
| 装卸工休息室 | 应设 | 应设 | 宜设 | 不设 |
| 牵引车库 | 应设 | 应设 | 宜设 | 宜设 |
| 微机室 | 应设 | 应设 | 应设 | 应设 |
| 拖车存放处 | 应设 | 宜设 | 宜设 | 不设 |

注：1000 件以下包裹库的微机室宜与办公室合设。

| 设计包裹库存件数 $N$（件） | $N<600$ | $600 \leqslant N$ $<1000$ | $1000 \leqslant N$ $<2000$ | $2000 \leqslant N$ $<4000$ | $4000 \leqslant N$ $<10000$ | $10000 \leqslant N$ |
|---|---|---|---|---|---|---|
| 托取窗口（个） | 1 | 1 | 2 | 4 | 7 | 10 |
| 托取厅（m²） | — | 20 | 30 | 60 | 150 | 300 |

## 6.7 机务、车辆、动车组设施

机车、车辆、动车组是铁路的重要组成部分，在车站内需要配备相应的建筑物与设备为其服务。

### 6.7.1 机务设施

机务设施主要针对客货共线铁路而言。

1. 分类

机务段是最主要的机务设施。机务段按工作性质和设备规模分为机务段和折返段。

（1）机务段

机务段也称机务基本段，配属有一定数量的机车，担任其相邻交路的运转作业，并设有机车整备和检修设备，配属本段的机车在此整备、检修，隶属本段的机车乘务组在此居住并轮换出乘。按机车修程和牵引种类机务段可分为以下三种：

① 中修机务段。担任机车的整备作业及中修、小辅修等作业。

② 小辅修机务段。担任机车的整备作业及小辅修等作业。

③ 运用机务段。担任干线机车交路的机车保养和运用任务，可设机车辅修设备。

此外，机务段还有担任补机、调机或小运转机车整备作业的机务整备所和担任折返机车部分整备作业的折返所。

（2）机务折返段

折返段设在机车返程站上，不配属机车，机车在折返段进行整备和检查，乘务组在此休息或驻班。机务折返段可以有以下两种形式：

① 无派驻机车的折返段。这种折返段无派驻机车（或仅派驻有少量调车机车和小运转机车，但仍按无派驻机车考虑），不担任机车交路，仅为外段机车折返整备。根据需要设置全部或部分运转整备设备，不设检修设备。

② 有派驻机车的折返段。这种折返段有派驻机车，担任工作量较小的机车交路、小运转和调车业务，设有运转整备设备。为了派驻机车的需要，有时可设置机车中检及部分临修设备。

（3）机车整备所

机车整备所担当补机、调机、小运转机车等的整备作业。

（4）机务折返所

机务折返所担任小运转机车、补机折返或个别机车交路不需在折返站折返的整备作业。

（5）机务换乘所

机务换乘所为长交路乘务员中途换乘之处，负责安排乘务员的出乘班次和生活。

2. 机车交路

机车交路又称机车牵引区段，是指机车担当运输任务的固定周转区段，即机车从机务段所在站到折返段所在站之间往返运行的线路区段。机车交路是组织机车运用工作，确定机务段的设施和配置、机车类型分配、机车运用指标的重要依据。

（1）机车交路种类

① 肩回运转外段驻班交路。

② 肩回运转立即折返交路。

③ 肩回运转中途换班交路。

④ 循环运转交路。

⑤ 半循环运转交路。

上述机车交路参见图 2-6。

（2）机车交路的设计原则

① 机车交路应根据近、远期的牵引种类、机车类型、编组站分工、车流性质、线路条件，并结合路网规划、机务设备的布局、既有设备的利用、职工生活条件等因素，经技术经济比较确定。

② 内燃、电力机车牵引采用长交路。货运机车交路原则上从一个编组站到下一个编组站。客运机车交路原则上从一个较大的客运站到另一个较大的客运站。机车交路不应受局界或省界限制，但不宜超过 2 个乘务区段和生活保障。

③ 机车运转宜采用肩回运转制。当直通列车对数较多、货流比较稳定时，也可采用循环或半循环运转制。

④ 机车乘务制度，内燃、电力机车宜采用轮乘制。机车乘务组一班一次连续工作时间（从出勤到退勤），客车牵引单程不超过 8h，货车牵引单程不超过 10h，但其中连续旅行时间宜为 6～7h。

⑤ 不同牵引种类区段的接轨点一般应设在机务段或机务折返段所在的车站。

（3）机务设施设置原则

机务设施设置应遵循以下主要原则：

① 机务设施的布局应进行全面的技术经济比较，并应贯彻长交路、轮乘制、专业化、集中修的原则，以充分发挥各项设备能力和提高机车运用效率。

② 机务段、机务折返段的设置，在满足运输要求的条件下，应靠近县以上的城镇或有工矿企业的地区，并应有可靠的水源和生活保障。

③ 机务设施的分布及规模应根据机务工作量、局管内现有机务设备能力及分布情况，并结合路网规划、专业化集中修分工、机车回送条件等统筹安排，合理确定。

④ 客运、货运机车所需的机务设施宜共用，根据枢纽内客运站和编组站的分布以及牵引种类、机车整备和检修工作量等情况，必要时也可分设。

3. 机务段和折返段的设施

机务段设施包括机车检修、运转整备和其他三部分。机务折返段不设检修设施。

机务段的检修设施包括检修机车用的各种设备、工具备品及有关建筑物。检修设施的合理设计直接关系到机车检修质量、检修停时及基建投资效果。检修设施的规模及能力是根据机务段所承担的机车修程和检修工作量确定的。检修线群的布置，按车库形式不同分为尽头式和贯通式两种。检修线群可包括中修库线、小修库线、辅修库线、油漆库线、机车负载实验线等。

为保证机车在定期检修之间正常地担任牵引任务，必须对机车进行日常的整备。因此，机车运转整备设施是机务段的主要组成部分，是机车运行的基本保证，直接影响机车运用效率。

机务段、机务折返段运转整备设施的设置：肩回运转时，机车的主要整备设施应在机务段内；循环运转时，机车的主要整备设施可设在机务折返段内，如经过技术经济比选认为合理时，也可在机务段所在站到发线上设置必要的整备设施。

内燃机车运转整备设施一般应设置机车外皮洗刷、燃料油供应、润滑油供应、冷却水供应、给砂、检查、待班、转向、化验、自动停车装置的测试设备等。电力机车的运转整备设备一般应根据需要设置机车外皮洗刷、给砂、给润滑油、检查、待班、自动停车装置测试等设备。在各种牵引类型的机务段内，电力机车的整备设施最简单，其规模也最小。运转整备线群包括机车出入段线、机车整备待班线、机车走行线、转向设备、卸油线、卸砂线、卸机油线、机车外皮清洗线等。

其他设施还包括备用、待修机车停留线、锅炉房卸煤线、救援列车停留线等其他线路。

4. 机务设施的布置

（1）机务段

1）布置原则

整备设施的布置可遵循以下原则：

① 各整备作业应尽量平行进行，动车次数要少，整备行程要短而顺直，尽量避免机车在段内走行的相互干扰。

② 在同一段、所内，有不同牵引种类的机车整备作业时，内燃与电力机车的整备待班线应分开设置。

③ 在客、货机车混合段内，客、货运机车分开使用时，整备台位宜共用，待班线可单独设置。

2）整备设施的布置方式

内燃、电力机车的整备设施较为简单，整备场的占地面积较小，容易按平行作业进行布置。内燃、电力机车机务段内应考虑设转向设备，机务折返段内不设转向设备。

内燃机车在段内的整备作业程序为：转向→给燃料油、给润滑剂、给砂、给冷却水、检查机车、吹扫牵引电动机→待班，如图 6-32 所示。

电力机车在段内的整备作业程序为：转向→给润滑剂、给砂、检查机车、吹扫牵引电动机→待班，如图 6-32（b）及图 6-33 所示。

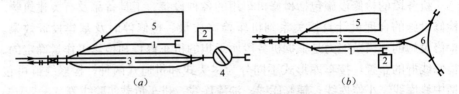

图 6-32　内燃机务段布置示意图

1—卸油线；2—油库；3—整备、带班；4—转盘；5—厂房；6—三角线

注：其中图 6-32（b）去掉卸油线和油库即为电力机务段布置示意图。

3）检修设施的布置

为使厂房之间的配件、材料搬运方便，检修厂房应尽量布置在同一标高上。根据作业需要，定修库应直接与修配车间相连或靠近修配车间。

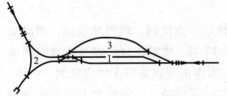

图 6-33　电力机务段布置示意图

1—整备、待班；2—转向；3—厂房

中修库线及小辅修库线一般可分为两组，分别布置在修配车间两端或两侧。

4）检修设施与整备设施的相对位置

检修设施与整备设施一般采用平行布置。平行布置的主要优点是设备集中、便于管理、作业联系方便、检修线群可与出段待班线部分连接，保证机车自车库出段有方便的通路。库线采用贯通式布置时，另一端可与机务段的尾部三角线连接。

采用平行布置方式时，机务段的长度一般较短，但占地较宽。当地形、地质条件在宽度上受到限制时，也可考虑改变上述检修线群在整备线群部分的出岔地点，而使检修设施与整备设施适当地纵向错开，其错开的距离应随地形和地质条件不同而异。

图 6-34 为内燃机车中修机务段布置图，它的整备线群与检修线群错列分布。

图 6-35 为电力机车小修机务段布置图，它的整备线群与检修线群平行分布。

（2）机务折返段、所

机务折返段、所设置有简单的整备设备。内燃、电力机车折返所一般仅设机车检查、待班设备，必要时也可设内燃机车给燃料油的设备。

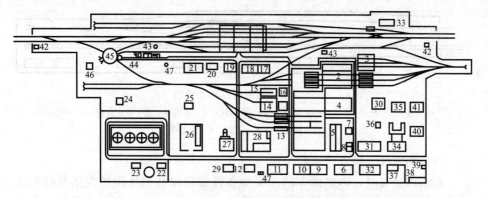

图 6-34　内燃机车中修机务段布置图

1—中修库及边跨；2—小修库及边跨；3—辅修库；4—机床间；5—冷却器、热交换器间；

6—检对办公室；7—配电间；8—空压机间；9—热处理间；10—蓄电池间；11—材料间；

12—锻工间；13—清洗棚；14—存轮棚；15—喷漆库；16—杠间；17—机车信号、无线测试间；

18—运转整备楼；19—地勤、行修间；20—干砂间；21—冷却水制备、油脂发放间；

22—油库值班间；23—消防泵间；24—油泵间；25—危险品仓库；26—污水处理间；27—锅炉房；

28—材料院；29—汽车库；30—水阻实验间；31—设备车间；32—技术室；33—救援列车办公室；

34—食堂；35—浴室；36—茶炉房；37—教育室；38—自行车棚；39—门卫；40—段办公室；

41—候乘楼；42—闸楼；43—扳道房；44—转盘工休息室；45—转盘；46—油脂再生间；47—厕所

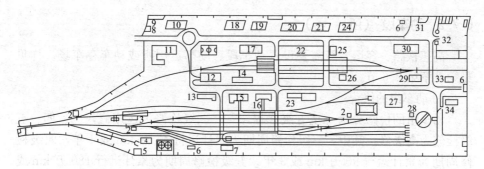

图 6-35　电力机车小修机务段布置图

1—闸楼；2—扳道房；3—机车外皮清洗机控制楼；4—内燃整备间；5—油泵间；6—厕所；

7—救援列车办公室；8—门卫；9—自行车棚；10—段办公室；11—食堂；12—乘务员候乘楼；

13—机车信号、无线测试间；14—化验、油脂发放间；15—运转办公楼；16—地勤、行修间；

17—浴室；18—教育室；19—工休室；20—检修办公室；21—变配电间；22—小辅修库及边跨；

23—干砂间；24—机床间；25—浸漆干燥间；26—空压机间；27—锅炉房；28—转盘工休息室；

29—锻工间；30—设备维修间；31—汽车库；32—材料院；33—木工油漆间；34—污水处理间

图 6-36 为内燃或电力机务折返段布置图。图 6-37 为机务折返所布置图。

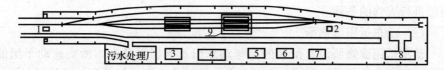

图 6-36　机务折返段布置图（内燃或电力）

1—闸楼；2—扳道房；3—机车信号、无线测试间；4—运转办公楼；5—食堂；

6—浴室；7—锅炉房；8—公寓；9—整备棚

6.7　机务、车辆、动车组设施

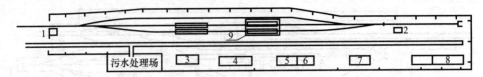

图 6-37　机务折返所布置图

1—闸楼；2—扳道房；3—机车信号、无线测试间；4—运转办公楼；5—食堂；6—浴室；
7—锅炉房；8—公寓；9—整备棚

（3）到发线上机务设施的布置

在循环运转时，内燃机车的主要整备设施应设在机务段所在站的到发线上或机务折返段内，并应根据技术经济比较确定。电力机车的主要整备设施应设在机务折返段内，并在机务段所在站的到发线上设必要的整备设施。

1）在循环运转制时，内燃机务段所在站到发线上的机务设施应有给燃料油、给砂、给冷却水、给润滑油等设施，还应有吹扫牵引电动机的给风栓及检查坑等。

2）在循环运转制时，电力机务段所在站到发线上的机务设施主要应有给砂、给润滑油、吹扫牵引电动机的给风栓及检查坑等，由于不需要供应燃料，其设备较内燃机车更为简化，在到发线机车停留处布置整备设施亦更为容易。

### 6.7.2　动车段（所、场）

高速铁路、客运专线需要设置动车段、动车运用所或动车存车场。详见见第 2 章第 2.6 节。

1. 动车组的修程

动车组的检修分为一至五级修程，一、二级检修为运用修，三、四、五级检修为高级修。其中，三级检修周期为累计运行 45 万 km 或 1 年，四级检修周期为累计运行 90 万 km 或 3 年，五级检修周期为累计运行 180 万 km 或 6 年。

2. 动车段（所）的类型

（1）动车段

动车段是负责动车组的检修和整备的设施。动车段除了要有动车整备设施外，还要有拖车的整备设施。动车段与客货共线铁路的机务段不同之处在于，机务段只负责机车的检修和整备而不需要设置客车整备设施。

动车段配属一定数量的高速动车组，承担动车组日常运用、夜间存放、备用车组长期存放以及客运整备作业，一级至三级修程的检修任务。一般应预留进行大修的条件。

（2）动车运用维修所

动车运用维修所没有配属的高速动车组，承担派驻在本所高速动车组的日常运用、夜间存放、折返、客运整备、日常检查和一级修程的检修任务。

（3）动车运用所

动车运用所没有配属的高速动车组，仅承担外段动车组的折返停留、客运整备以及外段动车组的日常检查任务。

3. 设置原则和要求

（1）动车组运用检修设备设置应符合路网规划，贯彻"集中检修、分散存放"的原则，满足动车组"快速检修、安全可靠、高效运营"的检修运营要求。

（2）其规模应根据列车对数、列车编组、管辖范围内配属动车组、检修周期和检修时间计算确定。

（3）动车组检查设施的设置应以满足动车段（所）配属的主型动车组检查、整备作业要求为主，兼顾其他车型作业，实现对动车组的快速检查，提高动车组周转与使用效率。动车组检修设施的设置宜采用状态修与定期修相结合的检修制度，检修方式以换件修为主，主要零部件实行专业化、集中修的原则。检修能力满足所配属动车组集中检修的需要。

（4）动车段应设于客运中心所在地，动车运用所（场）应设在有大量始发、终到列车的大型客运站的适当地点，以节省动车组的出入段时间，并与城市规划密切配合，有利于环境保护。

（5）动车段（所、场）宜靠近车站，有良好的接轨条件。与车站的相互位置，可横向或纵向布置，纵向布置时，动车组出入段不必折返运行，作业流水性强，可以节省出入段时间。横向布置时，动车组出入段不仅折角，且与正线交叉。

（6）动车组出入段（所、场）应对车站作业干扰最少，并应适应站型和运输发展的需要。车站与动车段（所、场）间有专门的回送线相连接，出入段次数较多时宜采用复线，并与高速正线立交疏解。出入段次数较少时，也可采用单线。

（7）动车段（所、场）的位置选择宜避开工程地质和水文地质不良地段，应有良好的自然排水条件。

4. 设施的布置方式

动车段（所）的主要设施有：到发兼停车场、检修库（线）、台车检查设备，机动车清洗设备等。动车段（所、场）总平面布置应有利于动车组运用，检修作业流程顺畅，避免流程交叉、相互干扰。动车段（所）内主要设备的布置形式有如下两种：

（1）横列式

在横列式动车段中，到发兼停车场与检修库横向排列，如图6-38所示。

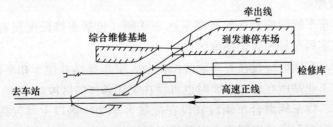

图6-38 横列式动车段设备布置图

252

优点是占地少、作业集中；缺点是检修车需折返运行，增加转线作业费用，且咽喉区有交叉干扰。当停车的动车组数较少（4～10列）时可以采用。

（2）纵列式

到发兼停车场与检修库纵向排列，如图6-39所示。其优点是节省动车组转线作业时间，转线作业与到发作业互不干扰；缺点是占地范围较长。当动车组到发列数较多时采用。

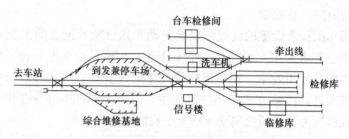

图6-39 纵列式动车段设备布置图

分析国外动车段（所）平面图发现，无论动车段或动车运用所，新建时一般均采用纵列式布置形式，只有当利用既有设施改建成动车段（所）时，由于受到地形的制约，才可能采用横列式。

动车段（所、场）的线路包括：出入段线、走行线、存车（整备）线、车体外皮清洗线、轮对踏面诊断线、卸污线、检修（检查）线、临修线、不落轮旋转线、试验线、牵出线、材料运输线等。

高速铁路的各项固定设备必须经常保持高质量工作状态，以确保列车安全运行。应贯彻预防性计划修和状态修相结合的原则，建立固定设备、设施的综合检测和综合维修体系。综合检测机构承担所辖范围固定设备、设施的综合检测作业，对线路、路基、接触网、通信、信号等规定设备、设施进行动态检测和质量状态分析。综合维修基地应配置线路、路基、桥梁、隧道、接触网、电力、通信信号等日常专项监测、检测机具和设备，并根据设备检修需要配置检修设施。

### 6.7.3 车辆设施

对于客货共线铁路的车辆，为保证车辆良好的技术状态，需要设置进行定期检修作业的车辆段。车辆段主要承担车辆的段修、车辆的部分事故性临修、维修，保养段管范围的设备、机具，并供应所需的材料和配件。

1. 设置原则

（1）客车车辆段应设在配属客车达300辆（包括委修段配属客车）的始发、终到旅客列车较多客运站地区；

（2）货车车辆段应设在有车辆解编作业、空车集结并便于扣车的编组站、港口及厂矿工业站所在地，必要时也可设在上述条件的区段站；

（3）客、货车辆混合车辆段宜设在配属客车200辆以上（包括委修段配属客车）且远期客运量发展不大以及货车段修年工作量1800辆左右的地区；

（4）罐车车辆段应设在配属专列罐车较多或有大量油类产品装卸的车站；

（5）机械保温车辆段应根据易腐货流情况，设在编组站或大量装卸易腐货物的车站上。

为了对车辆进行日常维修和整备作业，需设车辆运用设备。车辆运用设备分为客车运用设备和货车运用设备。客车运用设备有客车技术整备所、旅客列车检修所等；货车运用设备有货物列车检修所、站修所、机械冷藏车加油站等。

**2. 货车车辆段**

货车车辆段一般由修车库、辅助车间、办公生活房屋和线路等四部分组成。

车辆段内各生产房屋及设施应以修车库为中心，根据工艺流程，按系统进行布置。与修车库关系密切的辅助生产车间宜布置在侧跨或其附近便于车辆、配件、材料运输的地点。

车辆段应设修车线、存车线、轮对装卸线、卸料线，并根据需要设牵出线、整备线、机车走行线、洗罐线等。货车车辆段的平面布置如图6-40所示。

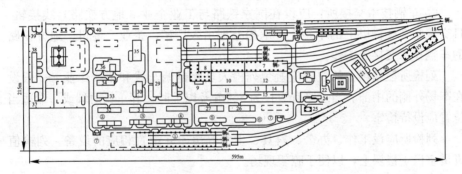

图6-40　6台位货车车辆段及22台位站修所总平面布置图

1—修车库；2—钩缓间；3—铆焊间；4—备品间；5—漆工间；6—木工间；7—存轮场；8—转向架冲洗间；9—水泵间；10—转向架间；11—配件加修间；12—轮轴间；13—轮对滚动轴承同温压装间；14—滚动轴承退卸间；15—滚动轴承间；16—调机库；17—调梁库；18—门卫；19—材料棚；20—易燃品间；21—材料库；22—油泵间；23—锅炉房；24—气浮间；25—浮油收集棚；26—机械钳工间；27—金属利材间；28—制动间；29—设备维修间；30—压缩空气间；31—电气工具设备修车办公更衣综合楼；32—化验计量修配办公综合楼；33—变电所；34—浴室；35—锻工间；36—食堂；37—工休室；38—段办公室；39—门卫；40—厕所
①—修车棚；②—材料库材料棚；③—木工备品修车工具存放间；④—锻工熔焊配件加修间；⑤—工具机械钳工间；⑥—站修所办公楼；⑦—厕所

股道：辆1~2—存车线；辆3—调梁线；辆4~6—修车线；辆7—卸轮线；辆8~10—站修线；辆11—牵出线

**3. 货物列车列检所**

货物列车检修所（简称列检所）应根据保证车辆运行安全、提高运输效率的要求，结合机车交路、站型及线路特点等进行设置。

列检所根据检修范围、工作性质划分为主要列检所、区段列检所两类，此外还有列检所的派驻机构。

（1）主要列检所

主要列检所设在作业量大的编组站或距编组站较远而作业量大的车站。其任务是对列车按规定的技术作业范围进行检查修理，保证列车能安全运行到下一个编组站。

（2）区段列检所

区段列检所应设在编组作业量较大的车站。实行长交路的区段，应根据实际情况设置区段列检所。其任务是对列车按规定的技术作业范围进行检查，以消除危及行车安全的故障。

（3）列检所的派驻机构

① 装卸列检所：应设在每日装卸车 100 辆以上或特殊需要的地点。对装车前和卸车后的车辆施行技术检查，并应处理对装货或运行安全有影响的车辆故障，同时应负责监督用车单位合理使用车辆，办理车辆技术交接等工作。

② 制动检修所：应设在接近长大坡道区间的车站。除承担更换闸瓦、调整制动缸活塞行程的工作外，尚应进行制动机全部实验。

③ 车辆技术交接所：应设在国家铁路与工业企业（地方铁路）线接轨、日交接车 200 辆以上的车站上。承担办理出入厂矿、企业、港口、地方铁路的车辆技术交接等工作。

列检所在站场上的位置应避免列检人员跨越调车线和正线作业，一般设在车场外侧的中部。当线路有效长为 850m 及以上时，其车场两端或一端适当位置应设待检室。

列检所应设工作、办公、料具、生活等房屋并配置相应的设备。列检值班员室设于楼层上，以便于瞭望现场。

4. 站修所

铁路货车的站修所（简称站修所）是铁路货车日常维修的主要基地。它承担辅修、摘车临修等工作。

站修所应设在每日有辅修 9 辆以上且摘车临修 3 辆以上且有列检所的车站。其规模一般采用 6～24 台位。当站修所所在站有货车车辆段时，站修所宜与货车段合建。

站修所在车站上的位置应根据取送车辆方便、减少与列车运行或调车作业干扰，不妨碍站、所发展等因素确定，一般可设在调车场（线）的外侧或尾部。如地形条件不允许时可另选位置，但其通路应避免切割客、货列车运行的正线。

此外，在干线上应设置红外线探测网、轴温探测站，其距离一般为 30～50km。

## 6.7.4 客车整备所

为保持客车技术状态，在配属有大量旅客列车车底和动车组的始发、终到客运站，或有大量长途旅客列车的折返站，以及有大量城际、市郊旅客列车的始发、终到站上，应设置客车整备所，以便对客车进行技术整备和客运整备作业。客车整备所也称客车技术整备站（简称客技站）。

1. 作业种类

（1）技术整备作业

① 客车车底或动车组取送（或到发）、改编、停留待发，公务车、备用车停留以及个别客车转向。

② 客车车底或动车组技术检查、日常维修和摘车维修，防寒、防暑的整备，以及外段车辆故障处理等。

③ 办理厂、段修客车的回送及车辆技术状态和备品的交接。

④ 冬季客车暖气管道预热、排气、排水以及充电等。

（2）客运整备作业

① 客车车底或动车组内、外部清扫和洗刷。可结合列车运行距离、运行区段的气候条件及经过隧道的多少等因素决定车辆外皮酸洗次数，平时只用清水洗刷。

② 客车上燃料、上水、上餐料和换卧具。在旅客列车对数不多或客运站不在特殊的城市时，此项作业也可在客运站站台上进行。

2. 作业方式作业

（1）定位作业

客车车底送到后，除改编作业外，技术整备、客运整备及等待送往客运站等项作业都在一条整备线上进行，并尽可能平行作业。与移位方式比较，它的主要优点是调车作业少；易于组织平行作业；作业集中，管理方便，工具、人员可集中使用；车场少，占地面积少，节约投资。其缺点是各项作业都在一条整备线上进行，互相干扰；车底取送与调车作业也有干扰；除备用车停留线外，各条线都要设置相应的设备（如管道、排水、硬化地面、检查沟等），当需设置整备库时，有关设备增加更多；部分整备线的间距要考虑同时通行两三辆汽车或电瓶车的需要，间距要求加宽。

（2）移位作业

客车车底送到后，按照作业顺序，分别在到发场进行客运整备，在整备场（库）进行技术整备。其优缺点与定位作业相反。

客车整备所的作业方式应根据整备所的布置图型、整备车底的数量、车底整备作业的干扰情况以及当地地形等情况予以选择。

3. 设施配置

（1）线路设施

① 到达线。用于办理由客运站到整备所的接车、车底内部清扫等客运整备作业，以及个别车辆改编作业。移位作业时应单独设置。

② 整备线。用于进行车底的技术检查、不摘车修理等技术整备作业。定位作业时兼办客运整备、车底停留到发作业。

③ 备用车停留线。供备用车（包括替换检修车、临时列车、公务车、试验车等）停留用。

256

④ 出发线。供送往客运站待发车底停留用。移位作业时应单独设置或与到达线合并设置。

⑤ 其他线。包括洗车机线、临修线、消毒库线、机车走行线和牵出线等。

（2）客车外部清洗设施

客车外部清洗设备是指清洗车辆外皮的洗车机。定位作业时宜设在整备所入口的前方；移位作业时宜设在到达场与整备库（棚）的连接线上。

（3）客车整备库（棚）

冬季室外温度在-22℃以下的地区应设客车整备库，其他地区也可设整备库（棚）。库或棚的线路数一般按整备线的50%设计。

（4）消毒设施

客车消毒可在露天消毒线上进行，必要时设消毒库。消毒线宜采用尽头式，其设置地点应符合卫生标准要求。消毒设备应根据需要设置，不必每个整备所都设。

（5）其他设施

其他设备包括车底转向设备、洗烫卧具的洗衣房、供应餐车的餐料库以及技术办公房屋等。

4. 布置图

（1）定位作业布置图

定位作业的车场一般布置为横列式，如图 6-41（a）所示，在到发兼整备场（2、4）的一侧设有备用车停留场（6），另一侧设车辆段（5），对个别车的摘挂作业比较方便。洗车机（1）设在整备所入口处，可为检修车底创造良好的卫生条件。

（2）移位作业布置图

移位作业布置图（图 6-41b）的到达、出发场（3）与整备场（4）纵列布置，可保证车底整备作业流水进行。

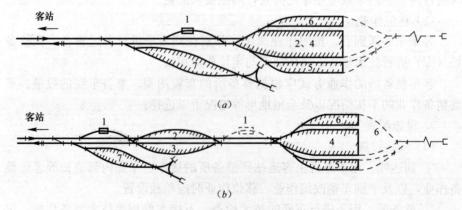

图 6-41  客车整备所布置图

（a）定位作业；（b）移位作业

1—洗车机；2—客运整备场；3—出发场；4—车辆技术整备场；

5—车辆段；6—备用车停留场；7—机务段

客车整备所布置图的选择取决于整备车底的数量、用地及其他条件。当整备工作量较小时，可采用定位作业布置图；当整备工作量较大且用地允许时，也可采用移位作业布置图。

客运站与整备所纵列配置时，站、所联络线数量应根据入所整备车底数、出入段机车次数、整备所布置形式、调车工作量以及站、所间距离远近等因素确定，一般设 1 条，能力受控制时可设 2 条。

当客运站与整备所横列时，应设牵出线一条。

## 6.8 信号设施

信号设施是列车运行控制、保证列车运行安全的重要建筑物与设备，主要包括闭塞设备、站内信号机、轨道电路、控制系统等设施。

### 6.8.1 类型及采用条件

1. 区间闭塞方式

闭塞方式是铁路主要技术标准之一，主要包括自动闭塞、半自动闭塞和自动站间闭塞。

（1）自动闭塞

自动闭塞是根据列车运行及有关闭塞分区的状态，自动变换通过信号机显示，而司机凭信号行车的闭塞方法。

自动闭塞将站间区间划分为若干个闭塞分区，每个闭塞分区设有占用检查设备和防护该分区的色灯信号机，如图 6-42 所示。站间能实现列车追踪，办理发车进路时自动办理闭塞手续。

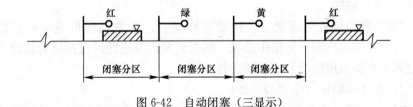

图 6-42　自动闭塞（三显示）

列车运行速度在 120km/h 及以下时，一般采用三显示自动闭塞，紧急制动距离由一个闭塞分区长度保证；列车运行速度超过 120km/h 时，应采用速差式自动闭塞，紧急制动由两个及以上闭塞分区长度保证。

一般情况下，列车进入闭塞分区的凭证为出站或通过信号机的黄色灯光或绿色灯光，四显示多一种绿黄色灯光。显示绿色灯光，三显示时表示前方至少有两个闭塞分区空闲，四显示时表示前方至少有三个闭塞分区空闲，准许列车进入闭塞分区时按规定速度运行。显示黄色灯光，表示前方仅有一个闭塞分区空闲，三显示要求列车注意运行，四显示要求列车减速运行，并按规定限速越过该信号机。显示绿黄色两个灯光，四显示表示前方有两个闭塞分区空闲，准许列车进入分区时按规定速度运行，但要求注意准备减速。

（2）半自动闭塞

半自动闭塞是人工办理闭塞手续，列车凭信号显示发车后，出站信号机自动关闭的闭塞方法。其特征是利用半自动闭塞机、轨道电路与出站或通过信号机的联锁关系，来保证站间或所间区间内只能有一个列车运行；办理闭塞、确认列车完整到达及恢复闭塞均为人工。

（3）自动站间闭塞

自动站间闭塞是在有区间占用检查的条件下，随着办理发车进路自动办理闭塞手续，列车凭信号显示发车后，出站信号机自动关闭，待列车出清区间后，自动解除闭塞的闭塞方法。

现采用的区间检查装置有计轴设备或长轨道电路。当区间检查装置正常时，采用站间闭塞方式，保证站间或闭塞分区只准有一列车运行。当检查区间空闲设备故障时，经双方值班员确认区间空闲并按下闭塞方式切换按钮后停用，可转为半自动闭塞方式。

（4）闭塞方式的采用条件

在单线区段，应采用半自动闭塞或自动站间闭塞，繁忙区段根据运输需要可采用自动闭塞。

在双线区段，应采用自动闭塞，根据情况亦可采用半自动闭塞或自动站间闭塞。

2. 站内信号及联锁设备

站内联锁设备分为集中联锁（继电联锁或计算机联锁）和非集中联锁（臂板电锁器联锁或色灯电锁器联锁）。

（1）集中联锁

它是一种信号机与道岔（采用动力转辙机）均由调度员或车站值班员（信号员）在室内控制台上集中操纵，站内到发线及道岔区段都设有轨道电路（反映列车车辆占用情况）的联锁设备。

（2）非集中联锁（电锁器联锁）

它是一种信号机由车站值班员在室内控制台上操纵或控制（机械臂板信号机由扳道员操纵），道岔由带电锁器的道岔握柄分散在咽喉区由扳道员操纵的联锁设备。根据采用的信号机类型不同分为色灯与臂板电锁器两种。

（3）联锁设备的采用条件

编组站、区段站和电源可靠的其他车站，有条件的均应采用集中联锁。在新建铁路线上，条件不具备时，可采用非集中联锁。

区段站及其以上的车站或站内有独立调车机车的其他车站，可根据调车作业需要设计平面调车区集中联锁。根据运输需要，它可分为连续溜放和单钩溜放两种形式，集中联锁设备宜优先采用计算机联锁。

3. 驼峰调车场的信号设备

驼峰信号设备包括：信号机、转辙机及其控制设备，轨道电路设备，车辆减速器及其控制设备，测速、测长、测重设备，车轮传感器、光挡、气象设备，有关信号设备供电及转辙机和车辆减速器使用的动力设备。

驼峰信号楼及动力站均应设于驼峰调车场内，其数量应根据制动位、调车线数以及制动设备控制方式确定。驼峰信号楼位置选择应考虑各楼作业员便于瞭望和控制。

大能力驼峰应设驼峰进路自动控制及驼峰速度自动控制；中能力驼峰应设驼峰进路自动控制及驼峰钩车溜放速度自动或半自动控制、驼峰推峰机车信号或驼峰推峰机车速度自动控制；小能力驼峰宜设驼峰进路自动控制、驼峰推峰机车信号。

设有多条推送线或两个峰顶的驼峰，作业方式宜为"双推单溜"，必要时可设计成"多推双溜"。

多推双溜作业时，溜放进路上交叉渡线道岔应锁在可隔开两半场的位置。

### 6.8.2 站内信号机

1. 一般要求

凡有可靠交流电源的车站应采用色灯信号机，无可靠交流电源时可采用臂板信号机。信号机应采用高柱，如图 5-31 (a) 所示。当设于下列地点时可采用矮型（图 5-31b）：不办理通过列车的到发线上的出站、发车进路信号机和道岔区内的调车信号机，以及在驼峰调车场内的调车线上设置线路表示器时，指示机车上峰的线束调车信号机。

特殊情况下需将高柱改为按矮型信号机设计时，必须经铁路局批准，报铁道总公司核备。

高柱信号机应尽量避免设在桥梁上和隧道内。信号机不得侵入建筑接近限界（包括曲线和超高加宽），并应设于列车运行方向的左侧和所属线路的中心线上空，不得已需设于右侧时，必须经铁路局批准。信号机具体设置地点由电务会同车务、机务和工务等有关部门研究确定。

2. 设置原则

（1）进站信号机

车站必须装设进站信号机，它应设在距最外方进站道岔始端基本轨缝（顺向为警冲标）不少于 50m 的地点，如因调车作业或制动距离的需要，不宜超过 400m。

（2）出站信号机

车站的正线和到发线上应装设出站信号机。出站信号机应设在每一发车线的警冲标内方（对向道岔为始端基本轨缝）适当地点。

在调车场的编发线上，必要时可装设线群出站信号机，并应在各编发线路的警冲标内方适当地点装设发车线路表示器。

（3）进路信号机

有几个车场的车站，为使列车由一个车场开往另一个车场，应装设进路信号机。接车进路信号机应装设引导信号。

（4）调车信号机

根据站内调车作业的过程和繁忙程度、必要的平行作业和较短的机车走行距离等因素设置调车信号机。

（5）驼峰信号机

驼峰应装设驼峰信号机。当到达场与调车场成纵列布置时，到达场的到发线上应设置驼峰辅助信号机，驼峰复示信号机根据需要设置，驼峰辅助信号机可兼作出站或发车进路信号机。

3. 站内色灯信号机的机构、灯光配列和用途

站内色灯信号机的机构、灯光配列方式和用途，应符合表6-10规定。

站内色灯信号机的机构灯光配列和用途一览表　　　　表6-10

| 序号 | 1 | 2 | 3 | 4 | 5 | 6 | 7 | 8 | 9 | 10 | 11 | 12 |
|---|---|---|---|---|---|---|---|---|---|---|---|---|
| 机构和灯光配列（高柱） | | | | | | | | | | | | |
| 机构和灯光配列（矮柱） | | | | | | | | | | — | | — |
| 名称及用途 | 非自动闭塞区段的出站或通过信号机 | 非自动闭塞区段带调车信号的出站信号机 | 非自动闭塞区段两方向出站信号机 | 非自动闭塞区段带调车信号的两方向出站信号机 | 三显示自动闭塞区段的出站信号机 | 1 三显示自动闭塞区段带调车信号的出站或发车进路信号机 2 驼峰及驼峰辅助信号机（高柱） 3 驼峰辅助兼出站信号机（高柱） | 1 三显示自动闭塞区段两方向出站信号机 2 四显示自动闭塞区段两方向出站信号机 | 1 四显示自动闭塞区段的出站或发车进路信号机 2 发车进路信号机 | 1 四显示自动闭塞区段带调车信号的出站或发车进路信号机 2 驼峰辅助兼出站信号机（高柱） 3 驼峰及驼峰辅助信号机（高柱） | 1 四显示自动闭塞区段的两方向出站信号机 2 两方向出站信号机兼发车进路信号机 | 1 三显示自动闭塞区段带调车信号的两方向出站信号机 2 带调车信号的两方向出站信号机兼发车进路信号机 | 1 三显示自动闭塞区段带调车信号的两方向出站信号机 2 带调车信号的两方向出站信号机兼发车进路信号机 |

| 序号 | | 13 | 14 | 15 | 16 | 17 | 18 | 19 | 20 | 21 | 22 | 23 | 24 |
|---|---|---|---|---|---|---|---|---|---|---|---|---|---|
| 机构和灯光配列 | 高柱 | （信号机图示） | （信号机图示） | （信号机图示） | （反面灯光）（信号机图示） | （信号机图示） | （信号机图示） | — | （信号机图示） | （信号机图示） | （信号机图示） | （信号机图示） | （信号机图示） |
| | 矮柱 | （信号机图示） | — | — | — | （信号机图示） | （信号机图示） | （信号机图示） | （信号机图示） | （信号机图示） | — | — | — |
| 名称及用途 | | 1 进站信号机<br>2 接车进路信号机<br>3 区间防护分歧线路的通过信号（月白灯）<br>（注：采取矮型应报批） | 带调车信号的两方向出站带接车进路的接车进路信号机 | 带调车信号兼接车进路信号机 | 反面兼调车信号的进站信号机（用于调度集中区段的车站） | 调车信号机 | 调车信号机（设置在岔线入口处） | 尽头调车信号机（设置在尽头式到发线上） | 出站与进路复示信号机 | 调车复示信号机 | 进站复示信号机（灯列式） | 发车线路表示器 | 驼峰复示信号机 |

图例：●红色灯光；◑黄色灯光；○绿色灯光；◉蓝色灯光；◐月白灯光；⊗空位灯光；◍白色灯光。

## 6.9 安全设施

安全设施包括安全隔开、止挡等类型。

### 6.9.1 安全隔开设施

安全隔开设施是为了防止列车或机车车辆进入其他列车或机车车辆进入的线路，以免造成冲突事故的线路和安全设施，包括安全线、脱轨器、避难线等。其设置条件如下。

1. 岔线在区间或站内与正线、到发线接轨

上述接轨处均应设置安全线。段管线与站内正线接轨也应设置安全线。

2. 岔线与车站到发线接轨

当接轨处受地形条件限制或向车站方向为平坡或上坡道，可设置脱轨器或脱轨道岔代替安全线；当站内有平行进路或隔开道岔并有联锁装置，可不另设其他隔开设备。

261

3. 客货共线单线铁路车站增设隔开设施

（1）设计年度通过能力要求在平行运行图 18 对及以下时可不增设。

（2）平行运行图 18 对以上至 24 对时，要占车站总数的 20%～30%。

（3）平行运行图 24 对以上时，要占车站总数的 30%～40%，当单线能力利用率超过 75% 及以上时，可适当增加百分数。

（4）前述（2）、（3）两项，应结合车站性质在①单、复线的过渡车站、②限制区间的两端车站、③给水、凉闸技术作业站、④枢纽前方站、⑤铁路局、铁路分局分界站中，按均衡分布条件合理配置。

（5）双线铁路除到发线偏侧设置、站台偏侧设置等情况外，一般可不增设。其设置要求为：考虑双方向同时接车，可仅考虑每方向有一股到发线按单方向在对角象限设置一对；一般按左侧行车设置，若 II、IV 象限有牵出线等站线可资利用或可明显节省工程时，也可按右侧行车办理；有第三方向引入的车站，一般按其中两个方向考虑即可。

4. 其他

在进站信号机外制动距离内进站方向为超过 6‰ 下坡道的车站，为防止制动失效列车未经允许驶入车站应在正线或到发线的接车方向末端设置安全线；下列情况，禁止办理相对方向同时接车和同方向同时发接列车：进站信号机外制动距离内，进站方向为超过 6‰ 的下坡道，而接车线末端无隔开设备。

除平行进路或隔开道岔以及避难线外，应以安全线为主，在到发线上必须使用安全线。特殊情况下，在其他线路上安全线的有效长度不足 50m 时，应报请主管部门批准。

### 6.9.2 安全线

安全线是一种列车进路隔开设备，是为防止岔线或站线上的机车、车辆或列车未经开通进路而误入正线，与正线上的列车发生冲突而设置的隔开设备和线路。线路平时向安全线开通，只有确认安全时才向正线或站线开通。

设置安全线时，应尽量避免将其尽端设在高填方、桥头及建筑物或设备附近，以防列车脱轨时造成更大损失。纵断面宜设置为平坡道或到车挡方向的上坡道。

对于有线路接轨或进出站疏解线路，其安全线原则上应设在次要线路和货车运行的线路上，其有效长一般应不小于 50m，纵断面宜设置为平坡道或到车挡方向的上坡道。安全线的车挡应距离高填方、桥头或房屋建筑等不少于 20m，否则应加固车挡和安装挡车器，以防发生机车车辆脱轨冲出时造成更大损失。

安全线的具体设置位置如下：

1. 客货共线铁路

（1）长大下坡道

进站信号机外制动距离内进站方向为换算坡度超过 6‰ 下坡道的车站，在到发线接车方向末端设置安全线。

① 在单线铁路上，为使车站能办理相对方向同时接车和同方向同时发接列车，其安全线位置应按左侧行车原则，即图 6-43（a）实线与位置布置，如有困难时，亦可按虚线 4 位置布置。

② 在双线铁路上，为使车站能办理同方向同时发接列车，其安全线位置可按图 6-43（b）中 5 线布置。

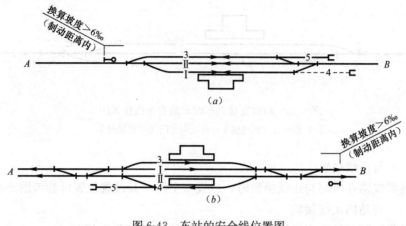

图 6-43　车站的安全线位置图
(a) 单线铁路；(b) 双线铁路

③ 有第三方向线路引入车站，如引入线的进站坡度符合上述规定时，为使车站能办理相对方向同时接车和同方向同时发接列车，其安全线的位置如图 6-44（a）中 5 线所示。如引入线及同一端正线的进站坡度均符合上述规定时，其安全线的位置如图 6-44（b）中 5 线所示；因三个方向同时到发的机会极少，故 4 道末端可暂不设安全线。

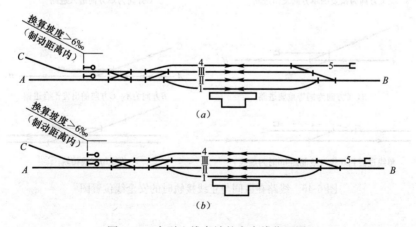

图 6-44　有引入线车站的安全线位置图

（2）同时接发列车时

为办理客运列车与客运列车、客运列车与其他列车同时接车或同时发列车的车站，在到发线接车方向末端设置安全线。

① 相对方向同时接车，其安全线位置可按图 6-45（a）中 4、5 线布置。

② 同方向同时发接，其安全线位置可按图 6-45（b）中 4 线布置。

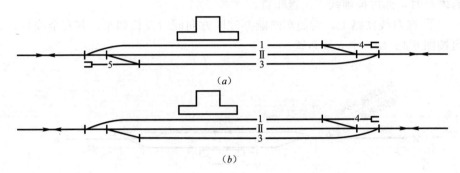

图 6-45 同时发接列车时车站安全线位置图

（a）相对方向同时接车；（b）同方向同时发接列车

（3）与正线接轨

各类线路在区间与正线接轨时，应设安全线，其设置位置可参考图 6-46。

（4）与站内正线接轨

各类线路与站内正线接轨时，其安全线的位置如图 6-47 所示。

（5）与到发线接轨

各类线路与车站到发线接轨时，其安全线的位置如图 6-48 所示。

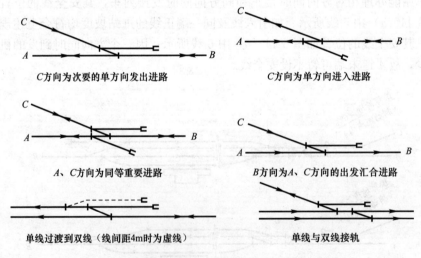

图 6-46 线路在区间与正线接轨时的安全线位置图

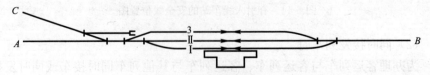

图 6-47 线路与站内正线接轨时的安全线位置图

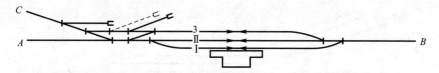

图 6-48　线路与车站到发线接轨时的安全线位置图

各类线路与车站到发线接轨，当站内有平行进路或隔开道岔并有联锁装置时，由于能保证路网线路和岔线的接发车或调车作业同时进行，可不设安全线。

2. 高速铁路

在大型车站或枢纽范围内的疏解线、联络线应在站内与正线或到发线接轨，当必须在区间内与正线接轨时，应在接轨处设置线路所，并应根据列车运行需要设置安全线。

岔线、段管线应在站内与到发线接轨，并应设置安全线，当站内有平行进路及隔开道岔并有联锁装置时，可不设安全线。

中间站有列车长时间停留的到发线两端应设置安全线，当站内有其他线路及道岔与正线隔开并有联锁装置时，可不设安全线。

在进站信号机外制动距离内进站方向为超过 6‰ 的下坡道的车站，应在正线或到发线的接车方向末端设置安全线。

安全线设置应符合下列规定：安全线的有效长度不应小于 50m；安全线的纵坡应设计为平道或面向车挡的上坡道；安全线末端均应设置缓冲装置；安全线应设置双侧护轨，当安全线位于路基上时，应设置止轮土基；曲线型安全线末端与相邻线的间距应能确保机车、车辆、动车组侧翻时不影响相邻线的安全；安全线不宜设置在桥上、隧道内。

3. 脱轨器

岔线在站内与正线或到发线接轨，受地形条件限制，或岔线进站方向为平道或上坡道时，可以设置脱轨器代替安全线。在符合站规规定的条件下，可安装带有电气联锁装置的"30型脱轨器"（即通过脱轨器的允许速度不超过30km/h）。

（1）脱轨器应设在距有关信号机内方不少于10m，距有关道岔的警冲标（或始端基本轨缝）不少于15m处。图 6-49 为脱轨器与调车信号机和警冲标关系位置图。图 6-50 为脱轨器与调车信号机和道岔始端基本轨缝关系位置图。

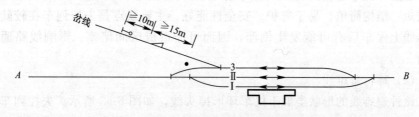

图 6-49　脱轨器与信号机和警冲标关系位置图

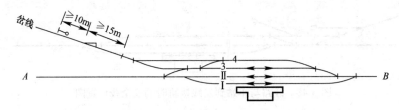

图 6-50　脱轨器与信号机和道岔始端基本轨缝关系位置图

（2）在装有轨道电路的线路上设置脱轨器时，如警冲标因与轨端绝缘配合而向内方移设，则脱轨器允许设置在移设后的警冲标外方，但至原警冲标位置的距离不得少于 15m，其位置如图 6-51 所示。

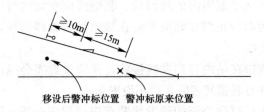

图 6-51　警冲标移设后的脱轨器位置图

### 6.9.3　避难线

在山岳或丘陵陡峻地区，为防止在陡长下坡道上列车因制动装置失灵失去控制、发生颠覆或与前方车站上其他列车冲突，在区间或站内而设置的线路。

**1. 设置条件**

我国《铁路避难线设计规则》规定，在内燃、电力机车单机牵引地段，相邻两站站坪外区间的平均坡度≥17‰时，或在内燃、电力机车双机或多机牵引地段，相邻两站站坪外区间的平均坡度分别≥25‰、30‰时，应根据线路情况，进行列车失控速度的检算，来确定是否设置避难线。

**2. 类型**

避难线的类型有三类：

（1）尽端式避难线

如图 6-52 所示，避难线设在陡长坡道的下方，主要依靠逐渐升高的坡度势能来抵消失控列车的动能，迫使其停车。避难线的长度可根据区间坡度、列车总重、行车速度及制动能力等进行单独设计。其主要优点是线路建筑长度较短、结构简单、易于养护、安全性能好。主要缺点是失控列车在较陡的避难线上停车后有可能发生倒溜，因而可能造成区间堵塞、影响线路通过能力。

（2）环行避难线

该种避难线的形状类似于机车环形掉头线，如图 6-53 所示。失控列车在避难线入口处利用惯性顶开弹簧道岔进入圆形线路，依靠线路阻力抵消失控

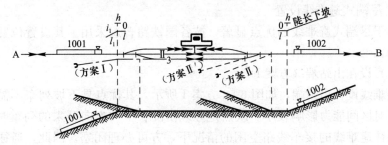

图 6-52  尽端式避难线设置位置

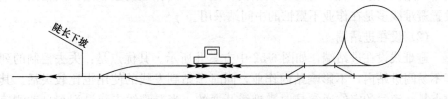

图 6-53  环行避难线设置示意图

列车的动能，使进入圆环内的列车在环上转圈，直至完全停车。其主要优点是失控列车进入环线不占用区间，因而不影响线路通过能力。缺点是线路建筑长度较长，且曲线半径小，列车速度高，安全性较差。

（3）砂道避难线

该种避难线在正线或站线一侧平行修建套线作为避难线，且避难线半埋在砂道内，如图 6-54 所示。该种避难线也称为套线式避难线，它依靠砂道阻力来抵消失控列车的动能。其主要优点是造价低。主要缺点是对线路通过能力或到发线的使用影响较大，维护养修困难。

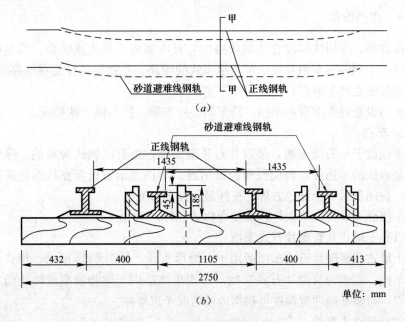

图 6-54  砂道避难线设置位置
（a）平面；（b）甲-甲断面

**3. 尽端式避难线设置**

由于尽端式避难线的优点显著，被各国铁路普遍采用。其设置位置有以下两种：

（1）设在出站端（方案Ⅰ）

避难线设在出站端，如图 6-52 方案Ⅰ所示。其优点是下坡列车不需站外停车，对区间能力影响较小。缺点是办理由陡长下坡方向开来的列车时，必须在通往避难线的接车线路空闲的情况下，方可办理闭塞。因此，通往避难线的线路使用效率低，有时影响站内作业，站内作业安全较差。故在出站端设置避难线多是在作业不繁忙的中间站采用。

（2）设在进站端

避难线设在进站端，如图 6-52 中方案Ⅱ所示。其优点是：失去控制的列车不易闯进站内，不影响站内作业，同时车站到发线的使用也比较灵活。其缺点是：道岔的定位通常是向避难线开通的，当避难线未装设列车自动测速装置时，列车必须在避难线道岔前先停车，待到发线开通后，方能启动进站。这样，不仅影响区间通过能力、增加列车制动停车再启动的运营支出，同时也造成列车在下坡道上所积动能的损失、司机操作困难，列车一旦溜入避难线后易堵塞区间。此外，由于失去控制的列车在进站端的速度较大，因而要求避难线较长，工程费用较大。

还有另一方案（方案Ⅱ′）。这种方案由 3 道每次接发列车，要比采用方案Ⅱ多增加一次侧向通过道岔，同时溜入避难线的列车，多一次逆向冲击辙叉心，一般不采用方案Ⅱ′。

故在进站端设置避难线时，一般宜采用方案Ⅱ。

### 6.9.4 止挡设备

在货场、专用线和段管线的线路中，有许多属于尽头式线路。安全线和避难线，个别的客车到发线也都是尽头式的线路。止挡设备设置在线路尽端，其作用是阻止列车前进、使列车停下来。

止挡设备的类型有：车挡、挡车器、停车器、停车顶、铁鞋等。

**1. 车挡**

车挡设于尽头线末端，多以片石浆砌而成，也有以钢轨焊制的。除安全线及避难线的车挡外，均应设车挡表示器。车挡表示器设置在线路终端的车挡上，昼间显示一个红色方牌，夜间显示红色灯光。

车挡分土堆式、浆砌片石式及弯轨式三种。

（1）土堆式及浆砌片石式车挡

土堆式及浆砌片石式车挡适用于一般尽头线，如图 6-55 所示。甲式为土堆式车挡，乙式为浆砌片石式车挡。乙式车挡适用于地势狭窄或防止雨水冲刷地点，边墙基础埋置深度可根据地质情况予以增减。

（2）弯轨式车挡

① 当钢轨为 50kg/m 及以下时，可采用甲式、乙式车挡。

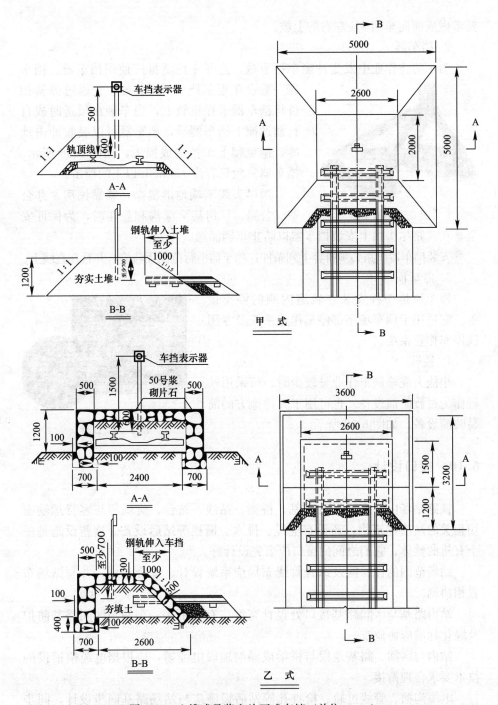

图 6-55　土堆式及浆砌片石式车挡（单位：mm）

　　甲式车挡本身的连接采用铆接或螺栓连接为主、焊接为辅的原则，乙式车挡采用焊接方法连接。甲式车挡一般适用于客运站、客车整备所的尽头线路上使用，乙式车挡一般适用于编组站、中间站的安全线、牵出线、货物线的尽头线路上使用。

　　② 当钢轨为 60kg/m 时，采用钢轨架车挡。车挡前方 5m 范围内的线路

要求做成面向车挡 5‰ 左右的上坡。

2. 挡车器

为了防止作业中发生冲撞车挡事故，近年来广泛推广使用挡车器。挡车器一般设在距车挡 5～10m 处，它通过弹簧扣件将挡车器卡在钢轨上，当车辆在顶送时或自行溜逸撞上挡车器后，挡车器可以吸收冲击动能，避免爬上车挡造成损失，如图 6-56 所示。挡车器一般只容许 15km/h 以下的撞击。

当尽头线末端地形复杂，紧靠民房、办公室、公路、厂房甚至深沟和悬崖时，为保证安全，在铁路尽头线上安装挡车器以防止车辆溜逸。

图 6-56　挡车器

安装挡车器线路必须符合下列条件：挡车器滑行范围无轨缝，并且在直线上。

3. 停车顶

停车顶是一种安装在轨道内侧的停车设备。它适用于调车场尾部停车作业系统及专用线停车作业系统。

4. 铁鞋

小能力驼峰调车作业量较少时，可采用铁鞋作为过渡防溜设备，也可用于其他地方的简易防溜设备，如图 6-57 所示。

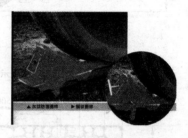

图 6-57　铁鞋

## 6.10　接口设计

铁路站场内不光设置有路基、桥梁、站线、站台、货场等与客货运输密切相关的站前建筑物，还设有电缆、排水、栅栏等站后设备。这些设施是一个有机的整体，它们之间的接口应事先设计好。

站场范围的柱、网及综合管线布局应系统设计、综合考虑，并与站场布置相协调。

站内路基与区间路基接口处设计宽度应有机衔接，车站与区间路基防护及绿化标准应协调统一。

站内与区间、路基地段与桥梁或涵洞地段电缆槽，应根据电缆槽铺设的技术要求合理衔接。

电缆沟槽、管线过轨、检查孔等站后设施应与站场路基同步设计，同步施工。

站内路基宽度应符合电缆沟槽和声屏障等设施的设置要求。

站场内基础为金属结构的车站站台面、雨棚、栅栏等应根据有关技术要求，接入综合贯通地线。

站场排水接口设计应符合下列规定：站场排水应与区间排水设施有机衔接；站场排水系统应结合桥涵设置、铁路排水管网、城市排水系统综合设计；

站场排水引入桥涵时，入口高程应高于桥涵处的排水出口高程；接触网及雨棚等支柱设置在站内有排水槽（沟）的线间时，有关支柱基础与排水槽（沟）应统一设计。

旅客进出站通道应与站内路基同步设计、同步施工，通道的位置及高程应符合设置站内排水槽、电缆槽等管线铺设的技术要求。

## 思考题与习题

**6-1** 站场建筑物、站场设备各由哪些部分组成？

**6-2** 站场路基的设计特点是什么？

**6-3** 旅客站台有哪些种类型，各种类型的设计特点及适用条件是什么？

**6-4** 客货共线铁路、高速铁路、城市轨道交通的站台设计及设计参数有何不同？

**6-5** 简述影响客运站站台宽度的因素。

**6-6** 车站雨棚有哪些类型，各自的特点是什么？

**6-7** 按照悬挑方向、是否有拉杆、檩条结构、站台柱等因素对悬挑雨棚进行分类。

**6-8** 侧式车站、高架车站、桥式车站等车站无柱雨棚的设计特点是什么？

**6-9** 铁路客站中几台几线是什么概念？

**6-10** 客运专线的中间站一般采用几台几线方式？其与客货共线铁路的中间站布置有何不同？

**6-11** 铁路跨线设施包括哪些种类？如何选择？

**6-12** 平过道、天桥和地道这3种跨线设施各有何优缺点？其适用条件是什么？

**6-13** 综合性货场一般有哪些主要作业和主要设施？

**6-14** 分析比较尽端式、通过式和混合式货场布置图的特点。

**6-15** 货场内货物站台与旅客站台中的普通站台、高站台有何区别？

**6-16** 根据机车作业性质不同，机务设备都有哪几种形式？各自承担哪些作业？

**6-17** 简述常用机务设施布置图的特点。

**6-18** 简述动车段的类型和布置方式。

**6-19** 请说明动车段与机务段的相同与不同之处。

**6-20** 简述车辆设施的分类及其作用。

**6-21** 说明客车整备所的设施配置及布置。

**6-22** 简述闭塞方式的种类及采用条件。

**6-23** 站内信号机有哪些类型？其适用条件是什么？

**6-24** 安全线的作用及设置条件是什么？

**6-25** 避难线有哪些设计方案？各有何优缺点？

# 第7章
# 车站广场

## 本章知识点

【知识点】按区位关系、空间形态、与站房及站场的关系等因素区
分车站广场分类，站房平台、车站专用场地、停车场、
综合服务设施等车站广场的构成，旅客、车辆、行包等
流线的构成与特点，前后分流、左右分流、平面综合分
流、立体分流的交通组织方法，平面式、立体式、综合
式功能布局的种类与特点，广场面积、停车场地、轨道
交通站点及出入口、步行活动场地、场地坡度等场地设
计的内容和设计特点，公共建筑与服务设施、绿化、休
息设施、照明等广场附属建筑物与设施的构成与特点。
【重　　点】车站广场的功能布局与场地设计。
【难　　点】车站广场主要部分的坡度设计。

　　车站广场也曾被称为站前广场，简称为广场，是铁路旅客的集散场所，主要
功能是组织旅客和有关车辆在广场上安全、迅速地集散。它是铁路车站的三大组
成部分之一，与站房、站场相辅相成，共同完成与铁路旅客进出站有关的业务。
　　本章主要介绍车站广场的组成、功能布局、交通组织、场地设计、广场
设施等方面的规划与设计内容。

## 7.1　概述

　　车站广场是铁路站房与城市联系的纽带，是供旅客流、车流、行包流集
散的城市空间，是车站与城市联系交接的场所。其核心功能是集散铁路旅客，
同时担负着城市不同客运交通方式间换乘衔接的任务。它既是城市交通空间，
同时作为城市的"窗口"，还可迎宾集会功能，有着代表城市形象的特殊意义。
　　铁路客运车站广场的范围为旅客在进入候车室之前和走出出站口之后在
车站周边的活动区域，具体指以换乘广场为核心、以站房（场）、线状交通流
线（城市主、次干道）、点状交通节点（换乘站、停车场）、各种有关商业服
务设施及市政配套设施组成的一种城市空间集合。

### 7.1.1　广场的发展

　　车站广场伴随铁路车站的发展，从无到有，从单一的出入口平台到满足

铁路需要的站前广场，现已发展成为以交通功能为主的城市综合广场。

1. 出入口平台

铁路最初出现时，所谓车站就是在股道之间或一侧建一个站棚和站台，以避免旅客在候车时受雨雪的侵袭及烈日的暴晒。建于1830年的英国利物浦的格劳恩站和建于1840年的德国卡斯尔站都是如此。

随着技术、经济和社会的发展，铁路的客货运量迅速增大，站房、站场、广场的分区逐渐明确。有些车站在出入口处修建具有一定规模的平台，专门为进出站乘客服务，这是站前广场的雏形。这个阶段，车站空间主要由站内的建筑物和设备所组成，形式单一且与城市联系不大。

这一时期的另一种形式是站房紧邻城市道路，城市道路起到了集散、分解客流的作用。

2. 以换乘为主的站前广场

伴随着社会的进一步发展、汽车的广泛使用，多模式城市交通系统逐步形成。铁路与其他交通方式之间形成了明确的衔接换乘关系，车站广场从扩大的车站出入口平台发展成为较为复杂的站前广场，以满足乘客从一种交通工具便捷地换乘到另外一种交通工具的需要。目前大多数车站广场都是这种站前广场形式。

3. 城市综合广场

当站前广场交通换乘变得越来越繁忙的时候，逐渐出现了增加其他服务设施的要求，如商业中心、娱乐中心、甚至物流中心等。这样，铁路车站广场就产生了更具有公共性的附加功能，也使广场周边出现了越来越多的相关建筑与设施。最终使广场周围各建筑的空间进一步相互开放和交叠，逐步发展成为城市公共空间的组成部分，成为具有相对完整与独立空间的城市经济区域和活动场所。

过去的车站基本都采用线侧式站房形式，广场均建在站房一侧，故称之为站前广场。随着高架站房、地下站房等车站类型的大量应用，广场不一定都是在站前修建，有的建于高架站场、站房之下（例如高架车站），有的建于站场之上（例如地下车站），故目前已开始不再使用站前广场的称谓，而改称为车站广场。

### 7.1.2 广场的分类

车站广场的分类标准有很多种，其中比较常用的是依据广场地理位置、广场空间形态、广场与站场、站房关系等因素来划分。

1. 按广场与城市的区位关系划分

铁路车站在城市中的位置、数量不同，形成了车站与城市的不同区位关系，车站广场在城市中发挥的作用也有所差异，根据车站广场在城市中所处的地理区位不同，可将车站广场分为以下几种类型

（1）远郊型
远郊型广场是指位于城市远郊区域的车站广场。

（2）近郊型
近郊型广场是指位于城市近郊区域的车站广场。

274

（3）市区型

市区型广场是指位于城市市区内的车站广场。

（4）中心区型

中心区域广场是指位于城市中心区域的车站广场。

随着城市规模的扩大和城市空间的发展，车站广场的类型可以相互转化，远郊型车站广场可以转化为近郊型、市区型，甚至中心区型。

### 2. 按广场空间形态划分

车站广场是车站站房在城市空间中的延续，以站房为主体的建筑群以及周边城市空间环境，形成了广场的空间形态。可以把广场分为两种基本形式，即平面式和立体式。

（1）平面式

平面式的车站广场是指广场以单层平面的形式组织交通流线，布置步行区和车行区。这是中小型客站常用的布局方式。

（2）立体式

立体式的车站广场是综合利用广场的高架、地面、地下空间，将各种人流、车流按不同标高进行立体化的组织，步行区和车行区的设计呈立体形态。例如，杭州站（图 1-11）的车站广场就是立体式布局。

车站广场的空间形态不是一成不变的，它受到车站站区地形、地质、站房建筑以及城市规划、道路交通规划等多种因素的综合影响。当站房建筑空间发生改变、相邻城市道路及其交通组织方式发生变化、周边环境改造时，都会带来车站广场平面形式和空间形态的变化。

### 3. 按与站场、站房间的关系划分

一般可划分为单向、双向、环形、叠合广场等形式。

（1）单向广场

车站站房位于站场与城市广场之间，站房朝向城市一侧设置车站广场，此即平常所指的站前广场。车站广场一侧靠近站房，另一侧连接城市道路。长期以来，我国大部分铁路车站普遍采用这种形式来组织铁路交通与城市交通的客流相互转换，协调城市空间的衔接关系。比如北京站、长沙站、广州站（1974 年建成）、新延安站、新敦煌站（图 7-1）等广场就是单向广场形式。

图 7-1　单向广场（敦煌站）

（2）双向广场

为了更好地建立和完善铁路交通与城市交通之间的紧密联系，铁路车站在站场线路的两侧均设置旅客站房，形成双站房、子母站房。双站房之间利用高架候车室联系，平衡两侧的车站功能，平衡两个广场及周边地区的发展。双侧站房可以一主一辅，也可以同等规模。与车站布局形式相适应，双站房以及子母站房前均设置各自的车站广场，车站相应形成双向广场。比如上海站、天津站、北京西站、新大连站、新广州站（图7-2）等都是双向广场。

图 7-2　双向广场（新广州站）

（3）环行广场

随着铁路车站站场、站房和广场一体化程度的不断推进，广场与站房、站场之间的联系更加紧密。在"无缝衔接"和"零距离转换"的车站设计理念指导下，"站前"广场由单侧靠近站房向站房周边延伸、环绕站房而建。广场与站房形成多向、多点的衔接，大大缩短了旅客进出站的步行距离，换乘方式更加高效便捷，同时大大增强了铁路车站与城市的交互界面，使车站的交通疏解更加通畅。如新建北京南站（图1-12）、上海南站（图7-3）就是这种形式。

图 7-3　环行广场（上海南站）

（4）叠合广场

叠合广场位于站房和站场的垂直上方或下方，相互位置在高度上重叠。目前随着铁路车站房桥合一技术的发展，高架站场、高架站房技术的广泛采用，有一些车站广场位于高架站场的下方。例如，珠海站广场为叠合广场形式，如图7-4所示。另一类是地下车站，站场设置在地下，车站广场叠合在了站场的上方，这种方式在国外较为普遍，我国的美兰机场站即采用这种方式，如图4-9所示。对于城市发展来说，叠合广场可很好地保持城市空间的延续性，解决了铁路站场割裂城市、造成城市不同区域发展不平衡的现象。

图7-4 叠合广场（珠海站）

### 7.1.3 广场的功能

车站广场的主要功能概括起来有以下三种：交通功能、环境功能和城市节点功能。

1. 交通功能

交通功能是指组织旅客和各种车辆在广场上安全、迅速地集散，完成铁路和其他交通方式间的换乘。这是车站广场最重要的功能。交通功能设计包括广场交通与城市交通的衔接、广场上各种场地的规划布局、广场建筑的规划布局等。

（1）集散旅客

铁路是大运量的交通工具，通常一列列车载客人数可在千人以上，当列车到发时车站的旅客客流就相当集中。大量旅客的集结和疏散，需要较大的场地。广场的旅客集散功能是首要的。

（2）行驶和停放车辆

为了集散旅客，广场需要为各种车辆，包括公共汽车、电车、出租汽车、三轮车、团体或专用客车、自行车、运送行包的载货车以及一些非机动车提供行驶和停放的场地。车站规模越大，车辆就越多，所需的行车及停放场地也就越大。

2. 环境功能

车站广场除了作为旅客集散的场所外，同时还要为满足旅客各种旅行需求提供场所和空间环境。

（1）城市的"门口"

这个窗口第一时间给旅客传达城市信息，具有展示城市风貌、树立城市形象的重要作用，是城市地域环境的重要组成部分。良好的环境感受，可以传递独特的城市文化和地域特色。

（2）旅客室外活动场地

对于普通旅客，广场可以进行短暂休息、等候，或迎亲送友、会晤交谈以及观光留影等。

（3）旅客临时候车场所

对于节假日高峰时期的旅客，车站广场可以利用绿植、亭棚等设施提供临时候车的场所，以弥补候车面积的不足，缓解拥堵，改善候车环境。因此，车站广场需要营造良好的环境空间，为旅客提供舒适、便捷的临时候车与换乘环境。

3. 城市节点功能

车站广场具有联系周边、吸引周边客流的作用，车站广场必然逐步发展成为功能复杂的城市节点。

（1）市民休闲

车站广场除了是铁路旅客的集散空间之外，同时也是市民休闲的场所。在城市意义上看，车站广场是城市开放空间的组成部分，更是城市整体空间序列中的一个重要节点。

（2）协调周边建筑设施

车站广场具有协调周边建筑设施的功能。为满足旅客旅行中的各种需求，车站广场区域需设置餐饮、住宿、邮电、寄存、商场以及其他商业服务设施。随着商业行为的深入和渗透，车站广场的商业设施也为附近的城市区域提供相应的服务。车站广场的建设必然作为城市的节点与城市空间进行一体化的规划设计，有可能形成城市的中心广场，充分发挥出城市职能的作用。

（3）交通枢纽

铁路车站是城市内外交通相互衔接的交通枢纽。随着城市的发展，广场区域还要组织其他交通建筑设施，比如地铁、长途客运站、水运码头、机场等，车站广场未来的发展趋势是城市交通综合体的重要组成部分，是城市交通系统的交通节点。

### 7.1.4 广场的组成

车站广场一般由以下几个部分组成，如图 7-5 所示。

1. 站房平台

站房平台是指车站站房室外向城市方向延伸一定宽度的平台，为联系站房各部分与进出站口、旅客活动地带及人行通道连接之用。站房平台长度不应短于站房主体建筑的总长度。

在一般车站，站房平台是区分铁路与地方管辖范围的分界线。平台之内的用地、建设、设施及日常管理主要由铁路部门负责，平台之外则主要由地方政府负责。

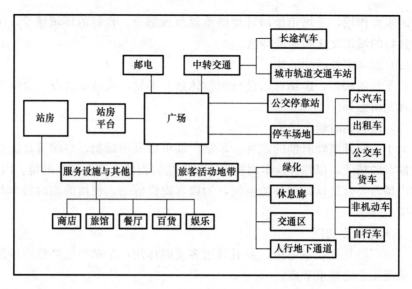

图 7-5　车站广场功能组成

**2. 专用场地**

铁路车站广场专用场地是自站台平台外缘至相邻城市道路内缘和相邻建筑基地边缘范围内的区域，由旅客活动地带、人行通道、车行道、停车场及绿化、建筑小品等组成。

**3. 公交站点**

公交站点包括公共汽车、电车、地铁、轻轨等在站房附近设置的首末站和中途站点。

**4. 停车场**

停车场包括公共汽车、旅游车、出租车、接送客车、团体专用车、摩托车等机动车和非机动车等的停车场地。

**5. 综合服务设施**

综合服务设施包括宾馆、餐厅、商场、邮电、银行等服务设施。

**6. 交通管理设施**

交通管理设施包括护栏、岗楼、车辆调度办公室、广播、宣传指示牌、信号灯以及各种交通标志。

**7. 绿化场地**

绿化场地包括植被、花卉等绿化用地。

**8. 建筑小品**

车站广场的建筑小品主要有广场灯、旗杆、水池、喷泉、假山、叠石、雕刻、废物箱、售货亭等。

## 7.1.5　规划设计要求

车站广场的规划设计必须以城市规划部门对该地区土地利用、建筑布局、道路交通、绿化美化、工程管线等详细规划为依据，按照广场的功能要求进行。在规划设计过程中，要与城市规划管理部门密切配合，必要时可以根据站房设计的具体要求，对该地区的详细规划提出调整、补充和修改，使广场的规划设计更为完善和合理。

车站广场的布置应根据客流的大小及性质、站房规模、城市干道布置、公交车辆流线和停车场分布等因素来考虑。

（1）结合城市发展规划、站房规模、地形等情况，合理确定广场的面积和布局，使广场内和周围的各种设施与城市道路及站房出入口有机地结合，保证旅客安全、迅速地集结和疏散。

（2）合理设计和组织广场内的各种流线，妥善安排各种车辆的行驶路线和停车场地，尽量避免各种流线相互间的交叉干扰。

（3）集约利用土地，尽量利用广场的立体空间。特大型、大型客运站宜采用立体广场，其站房平台应分层设置。

（4）广场周边各种建筑物必须统一规划，在空间上既不感到压抑拥挤，也不至于空旷浪费。在建筑形式上要突出站房主体，周围建筑物要与站房协调一致。

（5）注重车站广场的绿化带设计，满足城市绿化与美化的要求。

## 7.2 交通组织

车站广场规划设计中要解决的问题很多，交通组织是其中最重要的问题之一，尤其是大型、特大型客站。

### 7.2.1 流线组成及特点

车站广场的交通组织需与站房的相关流线保持协调一致。广场的基本流线可以按两种方式进行分类，即按流动方向分类和流动实体分类。

1. 按流动方向分类

车站广场的交通流线按流动方向分类可分为进站流线和出站流线两种。

（1）进站流线

分散的各种人流、车流从各种城市交通线路上陆续到达广场。人流逐渐进入站房，进程较为缓慢，流量比较均匀，持续时间长。

（2）出站流线

列车到达后，人流量剧增，人流密集，时间集中。要求车站广场在短时间内能快速疏散客流，尽量减少拥挤。但出站交通流有一定的间隔性。

2. 按流动实体分类

车站广场的交通流线按流动实体的划分为旅客、车辆和其他流线等3种流线。

（1）旅客流线

旅客流线包括普通旅客、高铁旅客、中转旅客、购票旅客、托运行包旅客、接送站旅客等流线。

280

在车站广场的人流中，大部分是旅客。旅客进入广场之后，可能去候车、购票、托运行李、寄存、问询等，应使旅客方便、安全地到达所要去的处所。在人流中有些是接送旅客人员，该部分人流主要集中在进站口、出站口处，也可能进入候车厅。此外还有少数人通过车站广场去购买预售票、打印车票。

铁路客站站前集散空间的人流组成主要有 9 种人流：进出站旅客、接送旅客的人员、车站工作人员、单纯的购票或打印车票人员（即购票或打印车票之后就离开车站，另待时日再上车）、接货的人员（通过行包方式托运货物）、暂住车站附近的人员、单纯的购物人员、公交司机或出租车驾驶员、其他社会闲散人员。这 9 种人流在站前集散空间出现的位置以及行动的路径各有不同，见表 7-1。

站前集散空间中的主要人流行为模式及特点归纳起来有如下几个方面。

1）进出站人流是这里的服务主体对象，他们的需求应该是空间设计首要考虑的问题。

2）进出站人流在广场上停留的时间相对其他人流来讲最长，与其他人流接触的可能性也最大，对于安全感的需求也最大。

3）进出站人流有可能在广场及周边建筑中发生商业行为，如购物、餐饮、寻求住宿、换乘长途汽车等。

4）广场上部分人流是可以从车站广场的人流组成中剥离出来的，如单纯的购物人流、单纯的购票人流、其他社会闲散人员；另外，如果改变站前集散空间的组合模式，公交司机和出租车驾驶员也可以不进入广场空间。

5）车站附近的人流组成与普通的城市空间的人流组成迥然不同，在城市中普通的人流组成结构在这里形成了一个断层。

车站广场集散人流特征     表 7-1

| 人流种类 | 活动主要停留地点 | 主要活动内容 | 主要活动流线 | 在广场停留时间 |
|---|---|---|---|---|
| 进站旅客及送客人员 | 进站广厅，候车室，广场餐饮场所，广场购物场所，广场免费休息场所，社会停车场，公共交通车站 | 进站，送客，餐饮，应急购物，候车，休闲 | 公交车站/出租车停靠点/社会停车场-广场-车站购物、餐饮场所-进站广厅-候车室 | 一般较短，高峰时刻可以很长 |
| 出站旅客及接客人员 | 出站口，社会停车场，出租车停靠点，公交车站，旅行社等服务点，广场免费休息场所 | 出站，接客，换乘，寻找旅社 | 出站口-广场-公交车站/出租车停靠点/社会停车场 | 较长，但一般不会很长 |
| 工作人员 | 车站相应的工作场所 | 上班 | 公交车站/出租车停靠点/社会停车场-（广场）-工作地点 | 短（在广场工作的除外） |
| 单纯的购票、打票人员 | 公交车站、购票大厅、网络购票打印厅 | 购票、打印车票 | 公交车站/出租车停靠点/社会停车场-广场-购票大厅、打印厅 | 短 |

| 人流种类 | 活动主要停留地点 | 主要活动内容 | 主要活动流线 | 在广场停留时间 |
|---|---|---|---|---|
| 接送货物的人流 | 行包房前部空间，社会停车场，广场免费休息场所 | 接货，替人运货，等待雇主 | 社会停车场-广场-行包房附近 | 长短不一 |
| 车站附近暂住人流 | 车站附近旅馆，广场购物场所，广场餐饮场所，广场免费休息场所，售票大厅 | 住宿，到别处办事，等待换乘火车或长途汽车 | 宾馆-广场-候车厅/公交车站/出租车停靠点/社会停车场 | 短 |
| 单纯的购物人流 | 广场购物场所，公交车站，社会停车场 | 购物 | 公交车站/出租车停靠点/社会停车场-（广场)-商场 | 短 |
| 公交司机或出租车驾驶员 | 广场相应停靠点或者通过路线 | 工作 | 城市道路-广场-城市道路 | 短 |
| 其他社会闲散人员 | 广场免费休息空间，售票大厅，社会停车场，公交车站 | 不定 | 散布于广场、售票大厅以及广场免费休息空间等处 | 不定，部分人员长时间停留于广场 |

（2）车辆流线

旅客车辆流线包括公交车、出租车、社会车辆、货运车辆等流线。

车站广场的车流中，公共汽车间隔发车、行车路线固定；出租车机动灵活，需要有落客上客车位；社会接送旅客车辆需要有停泊区域；旅游车需要有停泊区域；其他还有摩托车以及非机动的自行车等，数量多少不等。设计时应注意行人与机动车辆的分流。

（3）其他流线

其他流线包括附近市民及其他人流、车站内部客货运输、行包邮包作业、消防等特殊车辆、地铁等流线。

车站广场的货流，主要是装运行包的机动车辆与非机动车辆，还有运送邮件的邮政专用车。一般停车时间都较短。

就整个广场交通流线来说，整个交通流动过程随着旅客列车的到发，尤其是列车的到达，呈现出不均匀的现象。广场规划设计必须适应这一特点。

## 7.2.2 交通组织的基本要求

交通功能是车站广场最重要的功能，广场交通组织的基本要求是安全通畅和便捷高效。车站广场流线组织的目的是使广场上的人流、车流、货流运行安全、顺畅，能尽快集散。影响车站广场交通流线组织的因素很多，比如与广场所连接的城市干道的具体情况，站房出入口的位置，各种商业服务设施的分布情况，广场地形特点，客流、车流的流量和流向等，对交通组织有很大影响。广场流线组织的具体要求有如下几个方面。

1. 处理好广场与城市干道的连接关系

主要包括控制广场通向城市道路交叉道口的位置、数量和开口宽度；解决城市过境交通对广场出入交通的影响，其中立交方式是解决城市干道对广场交通产生干扰的最彻底方式；在车流密集、容易堵车的连接处需要采取一定的交通管理措施。

2. 合理分流广场各种交通流，减少相互干扰

尽量使车站广场上的各种交通流线分流，分别使用各自的走行路线和停放场地，避免相互交叉干扰。广场上需要进行分流的交通流包括人流与车流，客流与货流，进站交通流与出站交通流，机动车流与非机动车流等。

3. 统一规划广场与站房、站场的布局关系

如前所述，铁路车站是由车站广场、站房、站场等三大部分共同组成，各部分紧密相连，互相协同，构成了完成旅客交通及换乘行为的基础条件。在车站广场建设中，系统规划广场与站房、站场的相互关系，尽量与旅客进出站流线以及售票、商业、行包等服务设施的布局相适应。合理布置广场上各种交通设施，规划旅客换乘路线，最大限度保证进出站旅客的交通效率。

4. 严格控制"动"、"静"功能的分区与靠近

动静分区就是要车流、人流与停泊的车辆、聚集的人群进行分区分离，避免车辆交通流穿越旅客聚集或车辆停放的场地；靠近就是根据旅客行为规律在组织"动"、"静"分开的同时，尽可能使旅客贴近进出站口停车场或人流集散点。比如，应使车流流线尽量靠近旅客出入口、售票厅等，停车场不要离得太远，货流应靠近行包房，行包发送流线与行包到达流线应分开等。

### 7.2.3 交通组织的设计方法

在广场流线组织中要遵循公交优先的原则，优先考虑公交车流线和上下车位置，公交车与小汽车的进站通道需有效分开，公交车宜在广场的地面集中设置并尽量靠近进出站口；在立体交通组织中，出租车可以利用高架匝道或地下坡道最大可能地靠近进出站口，社会车辆可以与出租车合用进出站通道，但上下客区应该适当分开，明确划分各类车辆上下旅客的位置和停放区域，实现人车分流。

广场上各类流线分流的主要方法有左右分流、前后分流、平面综合分流和立体分流等。

1. 左右分流

左右分流是将不同的交通流按其性质或流向沿广场横向分开布置。人流左进右出，与车流互不交叉。车流则按进出流向和车流种类分别组织在不同的场地上。左右分流是最常见的分流方式，适用于交通流量大且交通组织复杂的横向广场，如图 7-6（a）所示。左右分流方式的优点是可以使广场土地得到充分利用，且将来改建的余地较大；车辆可以靠近站房。其缺点就是所有的机动车都通过车站广场，容易造成人流、车流交叉冲突。

## 2. 前后分流

前后分流是将车流与人流分别组织在广场的前部和后部。车辆在广场前部行驶、停靠和上下旅客，旅客在广场后部活动、进出站房，两者互不交叉干扰。前后分流适用于广场纵向较长，广场内交通量较小的车站，如图 7-6 (b) 所示。此种方式易于体现不同类型车辆的优先性，方便公交车进出广场内部，广场面积也可有效利用。但缺点是车流不能靠近站房，行人的步行距离较远。

## 3. 平面综合分流

平面综合分流方式中既有左右分流也有前后分流，适用于广场面积较大的大、中型车站。该种广场形式相对方正，行人在广场内不需绕行，人车行驶可以安全分离，车种也可明确区分，机动车在站前无冲突，如图 7-6 (c) 所示。

## 4. 立体分流

立体分流方式将不同的交通流，比如进站人流与出站人流等，分别组织在不同的高程上，交通组织立体化，进、出站的流线分层设置，可以设置多向出入口，利用高架匝道或地下通道分隔人流和车流，避免不同性质的流线交叉干扰。这种方式能更好地将不同性质的车流及停放区分开，比较彻底地解决交通干扰的问题，同时车辆也可以尽可能地靠近站房的进站和出站口，方便换乘。这种设计方式能更好地释放平面空间，有效提高土地的利用率，如图 7-6 (d) 所示。

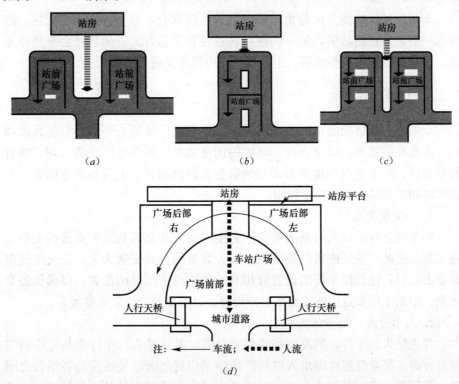

图 7-6　车站广场人流、车流分流方式

(a) 左右分流；(b) 前后分流；(c) 平面综合分流；(d) 立体分流

7.2　交 通 组 织

284

在实践中，上述四种基本分流方式往往是相互补充、综合运用的。越是在交通复杂的大型铁路车站的车站广场中，综合运用的程度越高。

## 7.3 功能分区与布局

车站广场承担着客流、货流、车流的进出站、疏解等功能，在铁路车站中起着重要的作用，应安排好各部分的布局。

### 7.3.1 功能分区

传统铁路车站广场一般有站房平台、旅客专用场地、服务性建筑、公交停靠和非机动车停车场、绿化景观用地等几部分组成。车站广场的功能分区主要在平面上解决，与城市交通的衔接方式以平面衔接为主。

随着铁路运输业的发展，客运专线正在向行车组织公交化、综合换乘高效性方向发展，车站建设模式由等候式向通过式转变，致使旅客在站滞留数量和时间大大降低。因此，车站对车站广场以及候车室的要求也有不同程度的降低，广场的功能定位和布局模式也相应改变。

现代新型车站的广场突破独立的空间模式，车站广场同站房、站场等相互融合，形成一体化空间、具有一体化功能。这符合现代交通运输理念，其目标是节约土地，缩短旅客步行距离，追求高效率的交通组织。

车站广场从功能分区的角度可以划分为两部分，即步行区和车行区。步行区一侧紧靠铁路站房，另一侧密切联系各种交通方式，如与社会车辆停车场、公交站点、出租车落客、上客区、城市轨道交通等直接衔接。

### 7.3.2 功能布局原则

车站广场综合功能布局的基本要求，是满足广场最主要的客货流集散功能，提高换乘效率，解决人流、车流的优化组织。还要考虑经济合理、留有发展余地、注重空间环境效果和地域特色、因地制宜、灵活布置等因素。车站广场功能布局应遵循以下原则。

1. 公交优先原则

列车到发时是以大容量人流集散为主，而公共交通是旅客集散的主要交通工具。因此广场处旅客的换乘也应以大容量的公共交通为主，公交枢纽应紧靠出站口；社会停车场的设置宜相对远离枢纽进出口的位置，以确保公交优先。出租车停靠点应临靠公交枢纽设置，以方便与公交之间的换乘。

2. 人车分流、动静分离原则

首先是人、车行走的路线和空间要分开，其次是人、车行走与等待的空间要分离。尽量缩短站房出入口与广场停车位置之间以及站房与各站台之间的旅客行程；步行系统应保证不同交通方式间换乘的连续性、便捷性，力求缩短旅客的流程距离。

3. 流线互不交叉原则

不同类型交通方式之间避免相互交叉、干扰和迂回，做到流线简捷、通顺。在广场周边商业附属设施进出的交通，不能影响换乘通道的通畅。

### 7.3.3 功能布局模式

车站广场的功能布局与车站的规模、类型、性质和时代发展有紧密联系。随着车站广场功能的发展，其功能空间布局主要表现为下面三个阶段、三种模式。

1. 平面布局

20 世纪 50～80 年代，我国铁路车站建设发展较快，但受到当时的政治、经济、社会意识形态等的影响，重点放在了站房建筑的塑造上，而对车站广场的功能环境等并未引起足够的重视。此阶段的车站广场大部分为郊区型，场地空间较小，空间布局多为平面式，重点关注的是上下车旅客的集散、贵宾迎送及举行集会等功能。

这种平面布局模式，以单层的形式组织交通流线，布置步行区和车行区，如图 7-6（a、b、c）所示。这一布局模式目前在中小型铁路车站中仍继续沿用。这种类型的广场，主要功能是组织交通的集散，力求各种交通分流，将广场上的人流与车流、客流与货流、进站交通流与出站交通流、机动车辆与非机动车辆流、广场交通流与城市过境交通流，以及公交、出租、专用等各种不同的机动车辆分开，尽量使它们各有独立的走行路线和活动、停放场所，并将它们之间的交叉减少到最低限度，例如成都北站广场、上海站广场、淮安站广场等都是平面布局模式。

平面式的车站广场因平面形式的不同给人带来不同的空间感受，可以分为袋形、矩形、环形和不规则形。汉口站、海口站为较典型的袋形平面式，如图 7-7（a）所示。矩形平面式如北京站、拉萨站，如图 7-7（b）所示。环形平面式如杭州站、长春北站，如图 7-7（c）所示。不规则形平面式如天津站、延安站等，如图 7-7（d）所示。

以北京站广场为例，广场呈长矩形，广场一侧连接城市干道，一侧接站房，站房出入口沿广场依次排列，分别是出站口、进站口、贵宾室、售票厅、行包房等。广场两侧为步行区，广场前部中间为停车场，地铁出入口设在前部两侧的位置，公交站台和出租车在建成后期由于客流量的急剧增长，设在了城市干道辅路上，如图 7-8（a）所示。

再以上海站为例，上海站于 1987 年建成，车站在铁路线路两侧均设有车站广场，旅客从南北两侧都可进出车站。南广场的场地布局沿广场平面展开，广场中部以钟塔和喷水池为中心，布置停车场，供大小客车停靠。步行广场采用了两对钳形的平面，分别布置在站房和行包房前面。行包房前的钳形步行广场围合空间内布置公交站，两侧为出租车场。这种布局基本上排除人流、车流的交叉干扰，功能分区较为明确，既便于进出车站的车辆管理，也方便旅客使用，如图 7-8（b）所示。

285

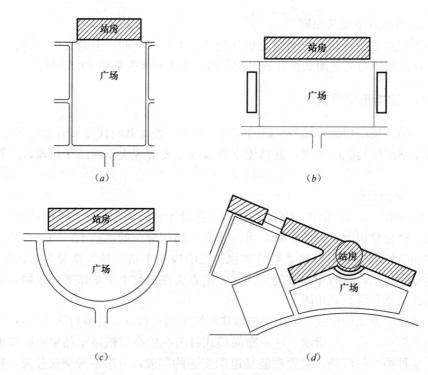

图 7-7 平面式车站广场布置图

(a) 袋形；(b) 矩形；(c) 环形；(d) 不规则形

(a)                  (b)

图 7-8 平面式布局实例

(a) 北京站；(b) 上海站

**2. 立体布局**

改革开放至 20 世纪末，随着城市的发展，车站广场逐步从市郊型向市内型转换，与城市的关系越来越紧密。车站广场开始注重解决广场与城市交通、空间环境之间的综合性问题。一方面车站广场作为城市重要的景观节点，展示城市形象的功能得到普遍重视；另一方面车站广场承担城市交通枢纽的作用越来越突出。这一时期铁路客运量和城市交通容量都迅速增大，列车速度有所提高，如仍采用分割广场平面来组织车站广场交通，由于流线数量多，流量大，会导致人车混杂、进出交叉、交通混乱的局面，广场交通组织采用立体方式势在必行。20 世纪 90 年代以来，许多新建、改建的铁路车站，如深圳站、广州站、苏州站和杭州站等，车站广场都成功地采用了立体方式组织交通。

立体式的车站广场是综合利用广场的地面、地上、地下空间，将各种人流、车流按不同标高平面进行立体化的组织，步行区和车行区的设计呈立体形态。常用的方式有设置下沉广场、高架平台、高架桥、地下停车场等，如图 7-6（d）、图 7-9 所示。早期比较典型的立体式广场有大连站，中期有沈阳北站、北京西站，近期新建站房中立体式车站广场较为普遍，特别是一些大型、特大型站房大都采用多层的立体式形式，比如北京南站、上海南站、天津西站等大型客运枢纽。

广场立体布局模式适用于旅客集散数量较大的特大、大、中城市铁路车站，广场建有多层步行系统或立体车行系统，可以成为各种交通方式间的换乘枢纽。

以南京站为例，车站采用了三层的立体式车站广场，地面以旅客步行区为主，一直延伸到玄武湖边。高架车道直接连接站房入口，可以将旅客直接送到站房入口。地下设置停车场，且与出站通道位于同一层平面，旅客一出站就可以搭乘出租车及接亲友的车辆离开车站，方便快捷，如图 7-10 所示。

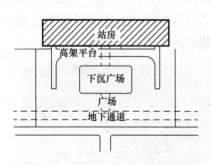

图 7-9　立体式车站广场布置图

图 7-10　立体式车站广场（南京站）

### 3. 综合式布局

21 世纪初开始，铁路进入了快速发展的阶段，一批客运专线、高速铁路相继建成通车，铁路车站与城市轨道交通车站、机场航站楼、航运码头、长途客运站等联合建设形成交通综合枢纽。铁路车站及车站广场呈现出现代化、多功能的发展趋势。由于铁路车站自身功能的完备，各种交通方式顺畅衔接，广场上的交通功能空间相应减少，广场面积也在变小，车站广场呈现多层次立体化的特点。广场交通组织注重与其他交通方式之间零距离换乘，这也是当代铁路车站广场的发展趋势。

北京南站广场采用的是典型的立体化功能布局模式。北京南站有 24 条铁路到发线，13 座客运站台，是国内规模较大的铁路车站之一。椭圆形站房高架在铁路车场正上方，周边环绕高架环形车道。南北两侧邻接基本站台处设置简单轻巧的进站厅，担负联系地上与地下空间的交通功能。环绕高架站房的行车道通过不同方向上的匝道与南北广场相连。为满足功能的需求，充分开发利用了车站广场的地下空间。北广场为主要广场，采用三层立体布局，地面层为人行景观广场和公交下客站，地下夹层为公交上客站，地下一层为出站广场。南广场为辅助广场，地面层为公交下客站，地下层为旅客出站广场，如图3-12、图4-13、图7-11（a）所示。

上海虹桥站是沪杭高铁、沪宁高铁与京沪高铁的交汇点，东邻上海虹桥国际机场T2航站楼，是上海虹桥综合交通枢纽的重要组成部分。上海虹桥站旅客发送总运量，按近期5000万人/a，远期7000万人/a左右的数量进行设计。总占地面积超过130万 m²，立体共分5层。北端引接京沪高铁、京沪铁路、沪宁城际；南端与沪昆铁路、沪杭甬客专、沪杭城际接轨。上海虹桥站的车场总规模为16台30线，其中高速铁路场10台19线，城际普速场6台11线，还预留了磁浮铁路站台及线位，站型为通过式。目前有2条地铁线与其无缝连接（为地铁2号线、10号线）。由于各种交通方式之间的有效衔接，使得在车站广场逗留和换乘的乘客数量较少。这样超大规模的特等车站只设置了较小的车站广场且分区很简单，充分显示出了综合交通枢纽和综合式车站广场的优越性，如图3-8、图4-55、图7-11（b）所示。

车站广场的空间形态不是一成不变的，它受到车站站区地形地貌、车站站房建筑以及城市规划、道路交通规划等多种因素的综合作用。当站房建筑模式发生改变、相邻城市道路及其交通组织方式发生变化、周边环境改造等，都会带来车站广场平面形式和空间形态的变化。

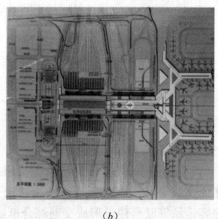

(a)　　　　　　　　　　　(b)

图7-11　综合式车站广场

(a) 北京南站；(b) 上海虹桥站

## 7.4　场地设计

广场面积较大，为了保证乘客活动和社会功能的实现，需要做好场地设计，包括面积确定、坡度设计、停车场及步行活动场地设置、与城市轨道交通站点的配合、铺地设计等内容。

### 7.4.1 广场面积确定

车站广场的面积可依据车站的等级、规模、设计旅客聚集量、到发旅客人数、接客人数、售票方式、旅客运输条件、广场交通组织、车站附近为旅客服务的商业和公用服务性设施的配置、广场的地形条件及城市经济发展水平等情况确定。亦可参照一些性质和规模相近车站的广场大小和实际使用情况确定，并为今后发展留有余地。

当车站广场的规划设计缺少实测数据和有关统计资料时，车站广场的面积可参考式（7-1）进行估算：

$$F = a\sqrt{H} \times 10^2 \tag{7-1}$$

式中　$F$——车站广场建筑面积（$m^2$）；

　　　$H$——设计旅客聚集量或最高聚集人数（人）；

　　　$a$——广场综合影响系数，见表 7-2。

车站广场面积综合影响系数表　　　　表 7-2

| 车站规模等级 | 特大站（特等站、一等站） | 大站（二级站） | 中等站（三级站） | 小站（四级站） |
|---|---|---|---|---|
| 影响系数 $a$ | 3.0 | 2.5 | 2.0 | 1.5 |

应当指出，一般不宜把车站广场面积定得过大。广场面积太大，不仅浪费城市用地，加长工程管线，同时亦增加旅客进出站步行距离，使用和管理都不方便。但如果广场面积太小，也会造成广场上人流、车流拥挤，交通堵塞，灵活性差等，不利于旅客和车辆集散。

### 7.4.2 场地坡度

车站广场应进行竖向设计，也称断面设计，解决好停车场、道路、旅客活动地带等在竖向空间的衔接问题，及其标高、坡度、坡向、排水等问题。其核心问题是坡度设计。设计中应遵循以下几个方面的要求：

（1）车站广场力求平坦，场地的分水线和汇水线应平行主要交通流向设置；

（2）车站广场各部分的场地坡度应满足规范要求；

（3）广场坡度设计应结合地形特点考虑迅速排除地面积水的措施，为了防止广场积水，地面坡度不应小于 0.3%；

（4）广场四周控制点的标高，可参照该处城市干道路面标高确定，使整个广场填挖方大致平衡；

（5）应妥善处理通往地下广场出入口的高程、坡道及遮雨、排水设施，并应加设导向照明设施；

（6）立体广场的台阶高宽比不大于 1:2，车行坡度不大于 1:12。

车站广场的坡度可以根据场地的不同性质满足相应规范要求。旅客平台、人行通道、停车场位应满足的坡度要求见表 7-3；停车场出入口坡道纵坡应满足的要求见表 7-4；停车场通道坡度应满足的要求见表 7-5。

**旅客平台、人行通道、停车场位坡度** 表 7-3

| 场地类型 | 坡度（％） | | 坡向 |
|---|---|---|---|
| | 纵坡 | 横坡 | |
| 旅客活动平台 | 0.5～1 | | 坡向通道 |
| 人行通道 | 0.5～1 | 1～2 | 坡向绿地 |
| 停车场 | 1～2 | 1～2 | 坡向道路 |
| 停车位 | ≤0.5 | | 坡向通道 |

**停车场出入口坡道纵向坡度** 表 7-4

| 车型 | 直线坡度（％） | 曲线坡度（％） |
|---|---|---|
| 小型车 | ≤12 | ≤9 |
| 公共汽车 | ≤7 | ≤5 |
| 载重车 | ≤8 | ≤6 |

**停车场通道最大纵向坡度** 表 7-5

| 车辆类型 | 通道直线坡度（％） | 通道曲线坡度（％） |
|---|---|---|
| 自行车 | 2～9 | |
| 小型汽车 | 15 | 12 |
| 中型汽车 | 12 | 10 |
| 大型汽车 | 10 | 8 |
| 铰接汽车 | 8 | 6 |

### 7.4.3 停车场

停车场位置要合适，出入方便，能容纳足够数量的车辆。乘降点是车辆停靠、上下旅客和装卸行包的地方，根据不同车辆的使用要求和特点，可以布置在停车场的边沿或车行道的两侧。

1. 场地组成

车站一般设有多种车辆的专门停靠区域，但不得占用车行道、停车场和人行道。为了旅客使用车辆方便，停靠点的位置一般应尽量靠近人流或行包的集散点。

（1）公共交通站点和停车场

公共交通是当前车站广场集散旅客的主要交通工具。公交车的特点是车体较大，占用道路和广场的空间较大，因此公交车场一般在广场的地面层集中设置，靠近进出站厅。设计中不应过分强调对广场景观的影响，而把公共交通站点以及停车场设置到较远的地方。在一些特大型车站的设计中，进出站的位置相距较远，宜将公交站点的落客区、上客区分开设置。公交车的停车场可单独设置或与进站的落客区、出站的载客区设置在一起。

当公共交通线路不多时（不超过 2～3 路），且均为公共汽车时，在不影响旅客步行活动的前提下，其站点应力求靠近站房的出入口。特别是出口应集中布置。因为出站旅客客流有明显的阶段性，客流行为特征是目标明确、迅速换乘城市交通工具。因此要求乘降点乘降方便，换乘的交通工具具有较强的瞬时疏解与运输能力。如果站点分散或位于城市干道的外侧会造成大量旅客穿越广场和干道，既增加步行距离，又不安全。

当站房规模较大且站房入口、售票厅、出站口相距较远时，公交停靠站点难于集中一处设置，会造成旅客横穿广场相互交叉混杂。在这种情况下，最好是将以车站广场为终点的公交站点，按照接近站房及出入口集中设置、按到发分开的方式进行设置，分为下客站点和上客站点，分别为到站和出站旅客服务。

当车站规模很大时，广场情况较为复杂，特别是位于大城市的中心地区时，公共交通线路往往在四五条以上，既有通过的公共交通也有以广场为终点的出发终到交通。因此除旅客外，乘客中还有不少与车站无关的城市居民。此时，公交站点的位置必须兼顾旅客和市内乘客换乘两个方面，不要将公共交通站点集中布置在靠近车站站房出入口附近，以减少站房出入口附近的拥挤程度。一般是将多条公共交通线路分成两组，分别布置在广场的两侧，并与站房保持一定距离。但这样布置也会产生某些缺点，如旅客步行距离过长，并产生人流横穿广场的问题。

公共交通的停车场地主要是为了以广场为终点的公共交通线路、为了调度车辆的需要而设置，供高峰备用车辆停放的场地，一般都就近安排在站点的一侧，其大小视旅客流量及用地条件而定，两条线路以能同时蓄停 3～5 辆备用车辆为宜。

（2）出租车停车场

出租车可以为部分旅客提供门到门的便利服务，也是当前铁路旅客换乘的主要交通工具之一。其优势就是机动灵活、方便快捷，可以最大限度地靠近人流集散点，方便旅客。进站出租车落客区和出站出租车载客区应分别靠近进站口和出站口。落客区出租车即停即走，载客区出租车根据乘车点位置，设置出租车单行排队线路，统一调度，一次出车，保持良好的载客秩序。

我国大中型车站一般采用上进下出的进出站方式，故出租车停车场一般设在地面或地下，以方便出站乘客使用且减少流线交叉。

（3）社会车辆停车场

社会车辆是解决旅客集散的重要补充。当前我国各大城市的汽车保有量正在迅速增加，社会车辆的停车需求迅速增长，停车场的规模不断扩大，停车设置方式也采取多种灵活的形式。在大型车站中，结合广场和站房的形式，社会车辆有高架车道落客点、地面停车场和地下停车场等停放场地配置。在停车量大或受地形限制等情况下，也可以采取在广场周边建设停车楼的方式。此外社会车辆中还有一部分专用客车通常没有固定的乘降站点，只在站房出入口附近设专用客车短暂停靠上下旅客的位置。对于设有贵宾室的站房，还需要设置贵宾专用停车场，其位置要接近贵宾室，并能直接出入基本站台。

（4）行包、邮件停车场

装运行李、包裹的车辆要紧靠行包房或行包堆场，要避免把行包车与其他客运车辆混杂在一起停放，更不宜将行包停车场布置在站房的主要旅客出入口前面。装卸邮件的邮件转运车，一般应停靠在邮件转运站的附近。

（5）自行车停车场

自行车的使用主要来自铁路内部的职工和到站区的办事人员。以目前的交通运输状况，自行车流线不作为铁路车站旅客流线考虑，其道路和停车场地应结合站房建筑设计给予专用的通道和场地，可以灵活分散布置，否则会对主要车流的通过造成一定的影响。

2. 场地设置

车站广场的停车场规划设计，主要根据机动车辆与非机动车辆的类型、规格、数量及广场的交通组织、场地地形等情况，确定停车位的布置、车行通道的尺寸、出入口的位置。

（1）停车位布置

停车位可采取纵向或横向分组排列布置，每组停车数量为25～50辆，组与组之间防火间距不小于6m。

（2）用地面积

停车场用地面积根据车型具体尺寸确定。一般小型汽车在停车场中的面积按每辆25～30m² 计，单台自行车占地面积按1.2m² 计。停车场设计车型外轮廓尺寸可参考表7-6、表7-7所示。

**停车场设计车型外廓尺寸和换算系数参考表** 表7-6

| 车辆类型 | 各类车型外廓尺寸（m） | | | 车辆按面积的换算系数 |
|---|---|---|---|---|
| | 总长 | 总宽 | 总高 | |
| 自行车 | 1.93 | 0.60 | 1.15 | 0.20 |
| 小型汽车 | 5.00 | 2.00 | 2.20 | 1.00 |
| 中型汽车 | 8.70 | 2.50 | 4.00 | 2.00 |
| 大型汽车 | 12.00 | 2.50 | 4.00 | 2.50 |
| 铰接汽车 | 18.00 | 2.50 | 4.00 | 3.50 |

**自行车单位停车面积（m²/辆）** 表7-7

| 停放方式 | | 单位停车面积 | | | |
|---|---|---|---|---|---|
| | | 单排一侧 | 单排两侧 | 双排一侧 | 双排两侧 |
| 垂直排列 | | 2.10 | 1.98 | 1.86 | 1.74 |
| 倾斜排列 | 60° | 1.85 | 1.73 | 1.67 | 1.55 |
| | 45° | 1.84 | 1.70 | 1.65 | 1.51 |
| | 30° | 2.20 | 2.00 | 2.00 | 1.80 |

（3）停车位的布置方式与车行道的关系

停车位的布置方式有3种基本形式，即平行式、垂直式、倾斜式。

1）平行式

平行式停车所需停车带较窄，在设置适当的通行带后，车辆出入方便，但每车位停车面积大，如图7-12（a）所示。

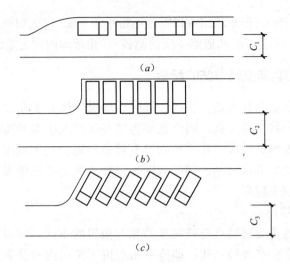

图 7-12　停车布置方式

(a) 平行式；(b) 垂直式；(c) 倾斜式

2) 垂直式

垂直式停车所需停车带宽度大，出入所需通道宽度也大，但停车紧凑，出入方便，如图 7-12 (b) 所示。

3) 倾斜式

倾斜式停车倾角一般为 30°、45°、60°，对场地的形状适应性强，停车通道比垂直式小一些，但每车位占地面积较大。该方式出车顺畅，能一次就位，可用于进站口处的停车场，如图 7-12 (c) 所示。

上述三种停车位布置方式，停车位与通道直接相连通，车辆可随时进出，停车方式有前进停车和后退停车两种形式。停车通道宽度可参考表 7-8。

停车通道宽度（m）　　　　　　　　　　　　　　　表 7-8

| 车型/停车位方式 | 平行式 $C_1$ | 垂直式 $C_2$ | 倾斜式 $C_3$ |
| :---: | :---: | :---: | :---: |
| 小客车 | 4.0 | 6.0～9.5 | 4.0～5.0 |
| 大客车 | 5.0 | 10.0 | 7.0 |

停车场车辆纵向、横向净距离及车与围墙、护栏等其他构筑物之间的距离参考表 7-9。

停车场车辆纵向、横向净距离（m）　　　　　　　表 7-9

| 车　型 | | 小型车 | 大、中型车和铰接 |
| :---: | :---: | :---: | :---: |
| 车间纵向净距 | | 2.0 | 4.0 |
| 车背对停车时尾距 | | 1.0 | 1.0 |
| 车间横向净距 | | 1.0 | 1.0 |
| 车辆与围墙、护栏及其他构筑物间距 | 纵向 | 0.5 | 0.5 |
| | 横向 | 1.0 | 1.0 |

(4) 停车场出入口设计

50 辆以上的公共停车场应设置 2 个出口，500 辆以上为 3 个出口。出口

293

之间距离大于 15m。停车场出入口宽度不得小于 7m。出入口处视线应避免遮挡，即自出入口后退 2m 的道路中线两侧各 60°角范围内应无障碍物。

### 7.4.4　与城市轨道交通车站的配合

城市轨道交通以其大量、快速、准时、环保等优势正在逐步成为我国各大城市主要的公共交通工具，同时也成为这些城市大中型和特大型铁路车站旅客集散的主要解决手段。几乎所有拥有城市轨道交通的城市，都把铁路车站作为一个重要的节点设站。随着我国城市轨道交通的快速发展，这种换乘客流的比重将越来越高。

1. 广场衔接形式

根据城市轨道交通站点与铁路车站相对位置的不同，城市轨道交通与铁路车站的衔接主要有两种形式，即换乘站点位于站房内的换乘厅和换乘站点位于站房外的广场。

位于站房外的城市轨道交通站点，有如下两种布局方式。

（1）广场设置出入口

轨道交通车站位于铁路车站广场之下或之侧，城市轨道交通站点的出入口可直接设置在车站广场，旅客的交通换乘需要通过广场与铁路车站衔接，比较典型的案例就是北京地铁 1 号线的北京站站点。站点站台层位于地下一层，同时广场东西两侧各设置一个出入口。旅客通过广场进出铁路北京站和地铁北京站进行换乘。如图 7-13 所示。

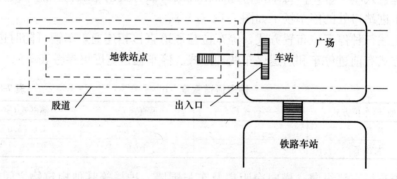

图 7-13　轨道交通站点出入口与广场的关系

（2）广场设置通道形式

城市轨道交通车站位于铁路车站广场底下或外侧，其站厅层直接设置通道连通铁路站房，旅客可以不经过地面广场，直接进入铁路车站的候车室、售票室或站台等。这种形式需要铁路站房有与之配套的空间关系，车站广场一般也是立体化的布局模式。与前一种方式相比较，设置通道的优点是充分利用空间，简化了地面上广场的流线，释放更多的地面空间。比如，广州地铁 1 号线东站站点的设置就是这种方式。

城市轨道交通的站厅层直接设置通道存在两种情况，一种是乘客进入铁路站房的候车室、售票室，另一种情况是乘客直接进入铁路站台。铁路车站的候车室、售票室等站厅层的空间是车站的非付费区，而站台是付费区，两者的换乘程序不同。以进站旅客为例，前者的旅客需要办理铁路的检票手续，再登乘上车；后者的旅客可以直接登乘上车。存在两种情况的主要原因是，铁路与城市轨道交通各自独立，在管理体制、票制制度等方面存在着差异。目前，我国采用的是前者的换乘形式，而日本、欧洲等有些国家的发达城市采用后者形式。

目前越来越多的大型、特大型铁路车站已成为综合交通枢纽，其与城市轨道交通车站之间实现零距离换乘，包括平面零距离（相互之间的换乘是通过不同的高差来实现的，如上海虹桥站高速铁路与地铁之间的换乘，见图4-55）和高程零高差（二者都在同一高程上，但在平面上依次排列，如上海虹桥站高速铁路与预留磁浮铁路车站、机场航站楼之间的换乘，见图3-8）。

2. 站点设置

城市轨道交通站点设置应保持人员进出站流线顺畅，设置于安全部位，方便旅客乘降及换乘。

当轨道交通出入口设置在广场上时，出入口位置应设置在步行区域内，避开车行区，同时尽可能靠近站房出入口的位置。

可以与城市轨道交通相衔接的铁路车站通常设置规模较大的车站广场，一般需要设置两个或多个站点通道和出入口。

广场客流量较大，空间开阔，站点出入口要有明确的指示标志、醒目的引导系统，为旅客提供清晰的换乘信息。

当城市轨道交通站厅与车站进、出站集散厅不在同一平面时，应设垂直交通设施，方便旅客，缩短步行距离，提高换乘效率。

### 7.4.5 步行活动场地与人行通道

车站广场的旅客步行活动地带主要指旅客活动平台、公共汽车站台、休息场地等，应依据使用功能的要求进行场地布置。比如，广场步行人流的集散活动基本上集中在进、出站口和售票厅前，这部分场地应靠近公共交通和出租车站点，以便迅速地集散旅客；供旅客游览休憩的场所，尽量离开人流过于密集的地段，选择较为安静的地方设置。

1. 步行活动场地

车站广场的步行活动场地包括横向活动平台、公共汽车平台以及休息场地等。

（1）横向活动平台

横向活动平台是设置在车站站房前，具有一定宽度的旅客步行活动平台，如图7-14所示。该平台位于站房与广场之间的位置，可以为广场上在站房出入口集中的大量人流提供充足的活动空间；给办理相关手续的旅客提供一定尺度的安全地带。

站房横向活动平台一方面满足旅客集结、等候、休息等要求，同时也起到连接站房有关设施的作用。平台应选择合适的尺寸。平台过窄不解决问题，

295

致使各种人流相互混杂，旅客各项活动相互干扰；平台过宽则增加旅客进出站的步行距离。一般情况下，该平台宽度，对于小站为4～6m，对于中站为6～12m，对于大站为12～20m，对于特大站为20～50m。活动平台标高应略高于人行横道并坡向人行横道和广场方向。其高差一般采用坡道连接，坡度一般不小于5％，且不大于1：12，如图7-14所示。

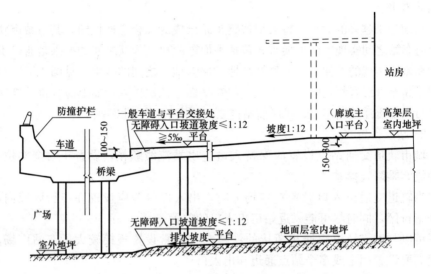

图7-14 平台与广场、站房的关系

（2）公共汽车平台

根据城市公共交通站点的分布情况，车站广场上或附近的公共交通站点可分为中间站与终点站两种情况。对于公共汽车中间站，车站侧道路应拓宽并设置公共汽车站台，其宽度不小于2m。一般顺车进位，顺车驶出，站台上应设遮阳、避雨棚。对于终点站应有回车与停车场地，公共汽车站台的宽度一般不应小于3m。

（3）休息场地

车站广场的休息场地是为旅客提供休息、逗留、等候的场所，也是铁路站房候车功能的扩容空间。在春运、暑运等铁路运输高峰时期，休息场地可以作为室外候车空间来疏解旅客，缓解站房的压力。休息场地的设计需要为旅客提供方便的服务设施，安排适当的座椅、遮阳等休息设施，设置零售网点等商业设施，配置果皮箱、垃圾桶、公共厕所等卫生设施。

2. 人行通道

为了避免旅客就近穿越停车场和车行道，造成广场上人车交叉、交通混乱，需要布置人行通道，合理组织旅客流线。人行通道的布置要符合下列要求：

（1）人行通道布置应符合客流的走向，要短捷、连续，尽可能不被车行道截断。

（2）人行通道布置应与站房主要客流集散点相联系，并尽可能接近人流集散点，使旅客能沿最短路线出入车站广场和设置的商业性、服务性建筑。避免人、车交叉，保证旅客行走安全和便利。

（3）对于人流、车流量很大，且交通组织复杂的车站广场，可考虑设置地下人行通道。

（4）人行通道一般不小于1m，当纵坡超过8%时，可以采用粗糙路面或踏步行道的形式。

### 7.4.6 铺地

车站广场是车站的重要组成部分，功能多样，面积较大，常常用不同材料和形式的铺地，划分成多种区块。广场铺地通过材料的选择，色彩的划分，可以获得亲切的尺度，突出广场的轴向性和方向性，完善广场功能空间，对广场交通流线组织起到积极的引导作用，提升广场形象。

广场地面的铺装要从功能要求出发，结合车站的等级、规模，地方材料供应情况，停车数量，地面耐压力等因素合理选择铺地材料。表7-10所示为常用的广场铺地形式，应根据实际情况合理选用。

车站广场地面材料      表7-10

| 地面种类 | 优缺点 | 特大站一级站 | 大站二级站 | 中站三级站 | 小站四级站 |
|---|---|---|---|---|---|
| 沥青混凝土地面 | 不起尘，可减少噪声，经济，天然，易泛油 | | | 可用 | 可用 |
| 水泥混凝土地面 | 坚固耐用，易清扫，平整，稳定性好，应设伸缩缝，耐磨 | 常用 | 常用 | 常用 | 常用 |
| 块石铺砌地面 | 耐久，易维修，防滑，稳定性好，透水性好，造价高 | 常用 | 常用 | 常用 | 常用 |
| 仿腐木地面 | 美观，装饰性好，耐磨性低 | 局部可用 | 局部可用 | 局部可用 | 局部可用 |
| 钢化玻璃地面 | 透光性好，装饰性好，耐久性低 | 局部可用 | 局部可用 | 局部可用 | 局部可用 |

### 7.4.7 广场设计案例分析

本节介绍几例有特色的车站广场案例，主要侧重于大型、特大型铁路客站。

1. 分散停车场布局

车站广场可按停车场集中或分散布置，也可以按不同车辆类型或到发方向进行区域划分。

图7-15为按车辆类型划分停车场的车站广场，无轨电车和公共汽车分别在广场两侧停靠，小汽车和出租车设在广场中部。停车场划分明确，车辆相

297

7.4 场 地 设 计

互交叉少。车辆不穿行广场，对广场干扰也少。广场上空没有接触电网，保持了站容整洁开阔。但由于站房纵向距离较长，三个停车场间距较大，旅客来往于各停车场与站房进、出口之间的距离较远，出站旅客往站房右侧乘无轨电车与左侧乘公共汽车的进站旅客在广场上有交叉。

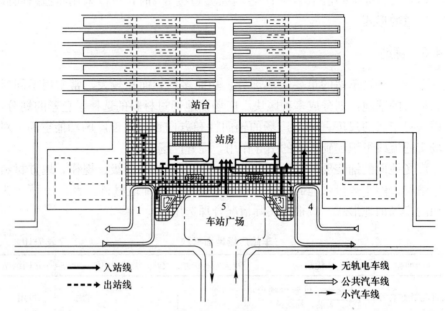

图 7-15　分散停车场的车站广场平面图

1—公共汽车站；2、3—地铁车站；4—无轨电车站；5—小汽车和出租车停车场

### 2. 有多个广场的布局

图 7-16 为设有多个车站广场的平面图。站房正面主广场为小汽车停车场，主广场面对大河，视野开阔，两侧设有绿化带，地下一层为自行车存车场，地下二层为地下商场。东侧设有邮政枢纽，便于为旅客服务。站房西侧的旅客出站口与行包房组成公交副广场，为公共电汽车停车场。站房北侧设置副站房，副站房前设置子广场与城市干道相连。站场总体布置采用"高架候车，上进下出，南北开口，主、副、子广场分开"布局，流线顺畅，布局紧凑，旅客疏散快捷。

### 3. 单侧平面式布局

拉萨车站位于拉萨市西南端的柳梧村，依山傍水，地势平坦开阔，南侧是绵延的群山，北侧是雅鲁藏布江的支流拉萨河。拉萨车站广场占地 6.7 万 m²，位于车站的北侧拉萨河南岸的一级阶地，地势南高北低，向北逐渐与拉萨河相接。

拉萨站广场交通组织为平面式、左右分流的形式。广场布局结合车站出入口，在西侧设置长途汽车站，实现铁路与公路、城市道路的良好衔接关系，与进出站关系较弱的内部停车场也设在西侧；东侧设置公交车场，靠近出站口，方便旅客进出车站；沿机动车道东侧布置小汽车停车场和出租车乘降站，

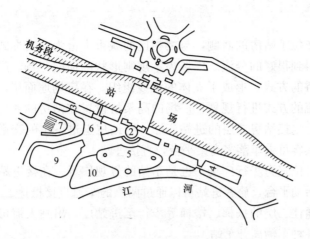

图 7-16  设有多个车站广场的平面图

1—跨线候车室；2—主站房；3—行包售票综合楼；4—邮政楼；5—主广场；

6—副广场；7—公共汽车站；8—子广场；9—商业楼；10—绿化带

在行包房前设置行包停车场。各种车辆分别从站房两侧进出广场，车流流线相互分离，互不干扰。

广场中部为步行区，与站房前横向活动平台相接，周边与公交、社会车辆、出租车等停车场相邻。人流从中央步行广场进出横向平台，再与站房的进站口、出站口、售票厅、行包办理厅相衔接，人车分流，安全快捷。同时广场中央的步行区位于站房轴线上，设计结合地形形成梯形的斜坡式下沉广场，广场边缘设置台阶与周边道路相衔接，东西两侧设置两条别具特色的林荫道，与北侧道路相连。

广场种植当地的榆树、散置原生态荒石，设计巧妙，形成了富有拉萨地域风貌的良好景观，如图 4-33、图 7-17 所示。

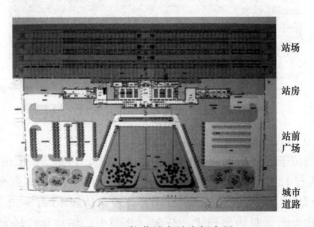

图 7-17  拉萨站车站广场布局

**4. 单侧立体式布局**

新建延安站充分展示了革命圣地的崭新形象，车站于 2007 年扩建完成。新站有到发线路 9 条，站台 3 座，建筑面积 2.39 万 m²，最高可容纳旅客

3000 人。

车站广场位于站房的西侧，与之相连的城市干道为立交形式，过境交通与广场车流得到很好的分流。广场为不规则形状的横向广场，广场交通组织采用了高架桥的方式，形成了立体的流线组织。在广场地面层，各功能区布局以左右分流的方式进行规划。广场的高架桥设置在站房的西侧，站房横向活动平台的上空接站房二层的进站广厅。与站房上进下出的交通流线设计相衔接，进站旅客可乘车落客高架平台，直接进站。

广场中央位置为步行广场，也是车站的景观广场，在接近站房的位置直接连接横向活动平台，旅客进站可以通过两侧的车道直接抵达二层的进站厅，也可以利用通往二层的扶梯、楼梯等步行至进站厅。出站人流可直接进入步行广场搭乘各种车辆离开车站。

步行广场北侧由南向北依次为公交站台和出租车停车场，步行广场南侧为社会车辆停车场，各种车流互不干扰。在车站广场的西北方向、城市干道的对侧设置了长途汽车南站，紧邻城市干道，汽车站与车站广场之间有地下通道直接相连。交通流线清晰流畅，人车分流，互不交叉干扰，如图 7-18 所示。

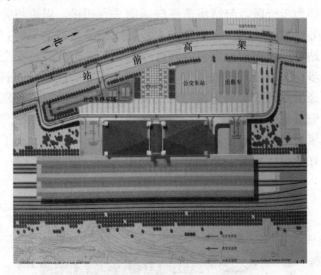

图 7-18　延安站车站广场布局

5. 双侧立体式布局

北京西站位于北京市西三环内莲花池东路上，占地 51 万 $m^2$，建筑面积 17 万 $m^2$，共有 13 个候车室，共设 10 个站台。目前接发旅客列车 70～90 对/d，日均客流量 18 万～20 万人，高峰期间客流量达到 40 万～60 万人/d。

北京西站为南北双站房形式，分南、北两个广场。北广场紧邻莲花池东路，东西长，南北窄，广场采用多层立体形式，分高架层、地面层、地下层，地面层与铁路站台同层。高架层主要是车行区，由于南北方向宽度较窄，高架平台的引道设置为螺旋盘道，东西各设一座，车辆西进东出，可达高架平台；地面层为步行区，在西螺旋盘道的西侧设地面停车场以停靠大客车和中型面包车为主；公交车场位于东螺旋盘道东侧，部分途经公交线路在广场边缘城市干道处设置站点。与广场相邻的城市干道为立交道路，过境交通从立交道路下层穿过，与广场车流互不干扰。地下一层和二层为社会车辆停车场、出租车载客站台和人行联络通道。

南广场通过多层立体空间设计，将广场多种交通流线有机顺畅地组织起来。整个广场的交通活动在地下二层、地下一层、地面层以及地上二层这四个层面，流线组织为上进下出，各种交通流线得到有效的分离。广场的步行区位于广场中部，完整统一。公交车场和出租车场分别布置在步行区两侧，步行区与公交上客区站台以及出租车的上客站台和落客站台实现无缝衔接。广场中心的圆形下沉空间，围合中心雕塑，构成了完整的广场形态，突出了车站广场的标志作用。站房与广场雕塑形成的轴线，延续城市肌理，建立和完善了良好的城市空间秩序，如图 7-19 所示。

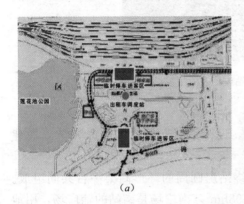 

(a)　　　　　　　　　　　　　　　(b)

图 7-19　北京西站南广场及流线设计

(a) 流线设计；(b) 广场布局

目前北京西站南、北广场相对独立，通过地下通道可以相互连接。北京地铁 9 号线在地下二层通过，在地下一层中部设置换乘出入口，可以方便地换乘。

6. 环形立体式布局

(1) 北京南站广场

北京南站是汇集了高速铁路、市郊铁路、地铁、公共汽车、小汽车等多种形式的交通工具于一体的大型城市综合交通枢纽，其中市郊铁路有两条线路，即 S4（黄村线）和 S5（房山线），地铁有两条线路，即地铁 4 号线和 14 号线。

在车站广场设计和道路交通组织中，小汽车、出租车通过来自四个方向的高架环形匝道直接将旅客送到两侧高架进站厅的入口，之后可以选择四个方向离开站区。出站旅客可以从地下出租车载客区直接上车，也可以到地下停车库乘坐小汽车离开。在每个方向上都有去往地下停车场的小汽车出入通道，快捷方便。公交车进出站区的路线根据外部道路的通过能力作了合理的分配，公交车落客区设在南北广场地面层靠近地面进站厅的位置，待发场设在广场上，上客区设在南北广场的地下一层旅客出站口位置，使乘公交车的进出站旅客能够最大限度地接近站房，如图 3-12、图 7-20 所示。

图 7-20　北京南站广场及流线设计

（2）上海南站广场

上海南站设站线 11 股，站台 6 座，设计最高聚集人数为 6000 人，总建筑面积 5.05hm²。

车站广场由南、北广场和中间环绕站房圆周的环形高架平台共同组成。北广场是南站的主广场，用地面积 11.98hm²，南广场是南站的辅广场，用地面积 11.01hm²。南、北广场靠近站房中部均为集散人流的下沉式广场，为车站主要步行区，3 条南北向的通道连通两个广场，其中西侧通道为铁路内部通道，东侧为并行但不互通的铁路出站人行通道和社会联系通道。

北广场竖向为四层，地面层与铁路站台为同一层面，地面层的西侧布置出租车及社会大型车停车场，东侧布置公交车站及自行车停车场，地铁出入口也设在东侧，靠近地铁出入口设有出租车下客站。地下二层、三层设有地下商场、停车场及轨道交通 1 号线、L1 线的地下车站。下沉式广场位于地下一层的位置，有单向的机动车道同地面广场及地下车库联通，在其中还另设有出租车及社会车辆上客车道。

南广场竖向为三层。地面层的东侧由近至远分别布置自行车停车场、公交站、出租车站、郊区汽车站、长途汽车站；西侧布置机动车出口道路，地下一层、二层为社会车辆停车场和地下商场。

连接南北广场的高架道路是与站房直接相连的平台，进站旅客可乘车直接停靠在高架道路平台上进入车站站厅。北广场的高架道路从西面进，由东面出；北广场地面与二层高架平台可通过匝道按逆时针方向组织车流；车辆进入地面可通过广场内部道路进入地下停车场。南广场的高架道路从东侧进由南广场西侧的高架匝道出，车辆落到南广场地面后可离开车站，也可通过广场内的道路进入地下停车场。

上海南站与3条城市轨道交通进行换乘，即轨道1号线、3号线和L1线。轨道交通1号线、3号线平行铁路站场，1号线车站位于北广场地下一层和二层；3号线站台布设在南广场与铁路南侧站台之间的地面上；L1线在南站东侧从1号线及3号线下方穿过，L1线车站与1号线共用站厅，其站台层位于北广场东侧的地下三层。

上海南站广场为多方向、多层次、立体化的复合空间，总体布局与站房空间进行一体化设计，将包括铁路、地铁、城市道路交通、长途公路交通的诸多人流流线、车流流线整合在一起，形成高效运行的综合交通枢纽系统，如图7-21所示。

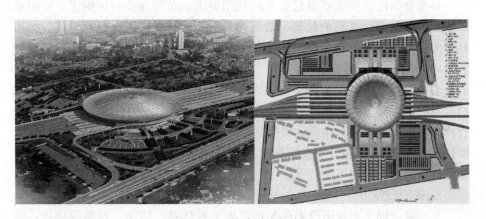

图7-21　上海南站广场布局

## 7.5　附属建筑物与设施

为了满足旅客旅行的各种需求，车站广场区域内应设置相应辅助建筑物和设施，包括公共建筑、休息设施、绿化与景观、雕塑、水体、照明等，是铁路服务设施的重要组成部分。规划设计时需要在满足车站广场总体布局的前提下，统筹兼顾、统一设置，方便客货运输及乘客需求。

### 7.5.1　公共建筑物与服务设施

这是车站广场的重要组成部分，可以分为如下几类：

（1）旅馆等住宿休息设施；

（2）餐馆等餐饮设施；

（3）小件寄存、公共厕所等便民设施；

（4）邮电、银行、书店等服务设施；

（5）商场等购物设施；

（6）长途汽车站等交通运输设施；

（7）车站办公、乘务员公寓等铁路部门管理用房及设施。

上述建筑与服务设施除了满足相应的功能需要和设计规范要求之外，还应与车站广场、站房建筑一起组成有机的整体，构成主次分明、富有表现力的城市建筑群，起到代表城市形象的作用。

### 7.5.2 休息设施

车站广场的休息设施主要包括桌椅设施、遮阳设施和其他设施。

**1. 桌椅设施**

车站广场的桌椅凳有长椅、桌椅、坐凳之分；根据结构不同又可分为独立式和附属式两种类型。附属式座椅多与花坛、树池、水池、棚架、亭台等结合设置。

桌椅凳的配置首先要满足旅客的使用要求，布置在步行区附近。应根据广场周围环境确定座椅的位置、数量，其造型、材质应考虑地域气候、城市环境等因素，就地取材并与广场整体风格相统一；座椅也可与卫生设施、照明设施、花坛树木等配套设置。

桌椅凳可以根据车站广场特点进行专门设计，也可以选择成品，常用木材、石材、混凝土、金属、玻璃纤维增强水泥混合材料（GRC）和高分子复合材料等耐久性材料。在设计尺度上，普通座椅的高度为380～450mm，单人椅长度为600mm左右，双人椅长度为1.2m左右，三人椅长度为1.8m左右，靠背倾角为100°～110°。

**2. 遮阳设施**

亭、廊、棚、架遮阳设施在车站广场上有休息、眺望、避暑等用途，通常作为广场中的驻留场所和休息、空间、包括伞、罩等。

亭是开敞的小型建筑，高度宜在2.4～3.0m，宽度宜在2.4～3.6m，立柱间距宜在3m左右。

廊是从一个空间进入另一个空间、具有指向性的开敞的建筑物，高度宜在2.2～2.5m之间，宽度宜在1.8～2.5m之间。

架是具有线性空间特征的开敞的建筑物，其形式可分为门式、悬臂式和组合式。棚架高度宜为2.2～2.5m，宽度宜为2.5～4.0m，长度宜为5～10m，立柱间距宜为2.4～2.7m。

遮阳伞、罩有临时性的可以移动的，也有固定的。广场中常用钢架结构。另有膜结构形式，是用高强度柔性薄膜材料与支撑体系相结合形成，具有一定刚度，能承受一定外荷载。

**3. 其他相关设施**

广场上还需要设置与休息等候相关的设施，比如卫生类的洗手池、饮水台、垃圾桶、果皮箱等，引导类的标识牌、引导牌、警示牌等。

### 7.5.3 绿化与景观

铁路车站广场大多占据城市的黄金地段，又是一个城市的门户。广场绿化的作用是结合自然资源，运用各种的绿化作品美化广场环境，为人们提供舒适愉悦的活动区域。

1. 绿化的组成

车站广场绿化可以划分为停车场地绿化、休息场地绿化、边界场地绿化、景观性绿化等。

（1）停车场地绿化

停车场地绿化是结合停车位布置所进行的绿化。场地内可以嵌草砖、种植草皮，也可以采用绿篱等形成临时的场地界定，灵活组织空间布局，改善交通流线。

（2）休息场地绿化

休息场地绿化是结合休息场地配置所进行的绿化。绿化宜配置较高大的树木形成遮阴，也可结合座椅等形成休息空间。绿化不宜设置栏杆绿篱，可以在绿地内设置一些小径，方便旅客自然流畅地使用广场空间。

（3）边界场地绿化

广场的边界地带是指分布于车站广场的周边、休息场地与道路临界面、道路与停车场地临界面的区域。边界场地的绿化可以选用树池、绿篱、乔木植株等种植方式。绿化布置以不影响场地视线和交通为根本，适应场地规模、形状，形成清晰的结构，起到引导疏解作用。

比如南昌车站广场，在步行区结合树池设置休息座椅，并种植乔木形成良好的休息场所。在停车场和步行区之间设置绿化带且花草、灌木、乔木相结合，层次丰富，既分隔场地、组织交通，又形成宜人的景观环境。广场中心以穹顶为背景结合水池设置树池，形成独特的标志性景观，如图7-22所示。

图 7-22　南昌站广场绿化隔离带

（4）景观性绿化

景观性绿化是广场环境装饰性的绿化，可以提升广场的艺术氛围，体现地域文化。如在广场上种植市花、市树等，会给外地游客留下深刻的城市印象。此外，临时性的花卉盆景也是景观性绿化的一种形式，能够很好地渲染环境气氛，给人以美好的感受。

2. 绿化设计要求

车站广场绿化应采用多层次，立体化种植，并与建筑空间相辅相成，结合灯柱、雕塑、喷泉、水体等，共同构成广场的有机整体。车站广场上的绿化场地设计要遵循以下具体要求。

（1）绿化设计应结合广场功能分区合理布置，起到分隔与导向作用。

（2）绿化场地可用于将广场分隔为若干个区域，以利于组织交通，亦可分隔人流、车流。应注意绿化场地布置与树种的选择不影响行车安全，不遮挡司机视线。

（3）广场绿化应注意选用生长快、生命力强、少虫害、耐修剪、易养护与管理的树种，以常绿树为主。同时考虑树种的特点，注重四季色彩的变化，丰富广场景色。对植物树种的选择，应多采用本土植物，突出其地方自然特色。

（4）合理考虑草地、花卉、灌木和乔木的种类配置，形成空间层次。保证植物的多样性，以提高广场整体景观特色。

（5）车站广场的绿化用地面积与车站广场面积的比例系数，称为绿化系数。一般要求绿化系数不小于 15%，当用地紧张时，该系数不小于 10%，对于大站与特大站，最低不应小于 5%，设在旅游风景区附近的车站，其车站广场绿化系数可增加到 20% 以上。

## 7.5.4 水体

水景设计是当代城市建设的主要因素之一，可以构成优美的环境，衬托出宜人的气氛。车站广场的水体还起到划分空间，调节微气候的作用。在水体设计中，常常采用静态水体和动态水体两种形式。

1. 静态水体

静态水体一般是指片状水汇集的水面。车站广场的静态水体常以湖、池、泉的形式出现。在车站广场的景观设计中引入静水，可以反映出站房、高架桥、亭台、植株等广场景观的倒影，增加空间的层次感，形成统一和谐的美好景象。同时，静水的映衬作用，反射的灯光，可以给夜间的车站广场增添缤纷的色彩和优美的景致。

静态水体设计要服从广场功能布局的要求，合理定位，准确把握水体尺度，适应自然条件，与广场整体景观风貌相协调。

以南京站为例，南京站位于金陵古城城北，前临玄武湖，后枕小红山，所在区位景观环境优美，其规划设计将广场景观与玄武湖景观资源融为一体，相映成辉，使车站成为城市形象的重要元素，如图 7-23 所示。

2. 动态水体

动态水体包括瀑布、跌水、喷泉等，在车站广场采用比较多的动态水体是喷泉。动态水体一般位于广场的中心位置，成为景观焦点，起到统一景观、强调轴线的作用。

喷泉由水源、喷水池、喷头、管路系统、灯光照明和控制系统等组成。北方地区由于气候原因，还可以采用旱喷泉，旱喷泉的喷水设施敷设在地下，地上只留供水流喷出的小孔或窄缝。在冬季，喷泉停喷后可以作为人们活动的场地。

长沙车站广场的喷泉高约 6m，与站房的钟楼交相呼应，一虚一实、一动一静，加强了车站的标志性，如图 7-24 所示。

图 7-23　静态水体（南京站）　　　图 7-24　动态水体（长沙站）

### 7.5.5　雕塑

雕塑小品是大型车站广场景观不可或缺的组成部分。对广场环境设计起到重要的作用，比如标识空间、划分空间、组合空间的作用，强调空间与轴线的作用等。

1. 雕塑的类型

雕塑小品以其别致的造型、丰富的色彩，成为人们的视觉焦点，是广场上极具表现力和装饰性的元素。

雕塑小品可分为纪念性雕塑、主题性雕塑、装饰性雕塑、标志性雕塑和陈列性雕塑等类型。

2. 雕塑设计要求

雕塑设计首先要考虑雕塑的整体效果。车站广场空间开阔，广场雕塑一般要求从各个方向为旅客提供观赏角度，因此雕塑造型一般优先选择圆雕形态；其次，雕塑要有明确的主题，可以选择城市的历史传统、地域文化、时代风貌特征等信息，提炼升华，成为城市的"代言人"；第三，雕塑应与环境相协调，充分考虑雕塑的体量、朝向、色泽等并与其他环境设施保持一致。

以大连金州车站广场为例。广场规模为 5 万 m²，中心矗立的雕塑高 28m，采用钢板热曲和卷压等技术制成，取名为"翔"。雕塑形态抽象，不同角度富于变化，给人以广阔的想象空间。从远处观看，雕塑像两只扬起的白帆，又像两条游动的燕尾鱼，传达城市的海洋文化底蕴，表现城市快速发展的蓬勃朝气，寓意城市"飞翔"。具有现代雕塑的质感，如图 7-25 所示。

图 7-25　大连金州车站广场雕塑"翔"

### 7.5.6 照明

广场照明以安全和美化为目的，对于提高站区的景观品质和城市环境的改善具有重要的意义。照明不仅可以美化车站广场和站房建筑，还可以展现城市风采，美化城市的夜生活环境，提高城市的知名度。同时，良好的广场照明还可以减少交通事故和夜间犯罪的发生，促进社会精神文明的建设。

广场照明分为功能性照明和景观照明两部分，其中功能性照明占主要地位。

1. 功能性照明

功能性照明的目的是使照明对象在夜间具有一定的亮度。对于车站广场来说，功能性照明即为夜间广场上的旅客及其他人员提供必要的光照，便于公众在夜间辨识方向、亮化路径、标识场所，方便生产生活。功能性照明一般依据工作照明和安全照明的要求来设置。

（1）工作照明

工作照明是为了保证广场上人们的夜间活动时能需要的充足光线，使活动不受夜色的影响。工作照明要综合考虑灯具造型、视觉效果、色温及显色性，色彩和动态，亮度比，光污染等多个照明要素。一般情况下，广场的周围选择发光效率高的高杆直射灯源，使场地内光线充足。广场的绿化、雕塑，可采用彩色金卤灯来装饰。广场上的纪念碑、纪念塔和纪念意义的雕塑，适宜采用日光色金卤灯和高压钠灯来装饰照明，以显示其庄重感觉。

（2）安全照明

安全照明是指为确保夜间广场行人活动安全，在路缘、水边、台阶等处设置灯光，以提示行人能够看清楚周围环境的变化；在墙角、丛树的下方布置适当的照明，也可以给人以安全感。安全照明的光线一般要求连续、均匀，并有一定的亮度。照明可以是独立光源，也可以与其他照明结合使用，但需要注意相互之间不产生干扰。道路照明也属于一种安全照明，它需要保证车辆通过的道路、高架桥等具有一定的亮度而且均匀连续，以使行人与车辆能够准确识别路上及路侧的情况。

以长沙车站车站广场照明为例。车站广场的功能性照明采用高杆灯与华灯相结合的照明方式，广场中央设立高度为35m的电动升降式高杆灯。此外，广场另设杆高12m的华灯。道路照明为常规路灯照明，采用双臂路灯，灯具按间距为30m双边对称布置，杆高为10m。道路交叉路口设置中杆灯照明，灯杆高17m，增加照度，取得了比较好的照明效果，如图7-26所示。

图7-26 长沙车站广场夜景照明

2. 景观照明

景观照明是随着社会经济和建设的发展而产生的，它利用照明技术来装饰和强化景观效果。景观照明的目的在于按照美学和艺术的观点，对照明对象进行夜间形象的美化，渲染灯光氛围。景观照明根据场景、环境不同可以分为建筑照明、植物照明、水景照明、雕塑小品照明等。

景观照明有多种形式，其中适宜于车站广场区域的照明方法有以下几种：

（1）泛光照明法

泛光照明是通常用投光灯来照射某一情境或目标，而且照度比周围照度明显高的照明方式。比如，建筑照明中通常采用泛光灯来照亮建筑物。

（2）轮廓照明法

轮廓照明是利用灯光直接勾画建筑物或建筑物轮廓的照明方式。该方法对营造、烘托特殊的景色和气氛有十分显著的效果。

（3）建筑化夜景照明法

建筑化夜景照明是将光源或灯具和建筑立面的墙柱、檐、窗、墙角或屋顶部分的建筑结构联为一体的照明方式。

（4）剪影照明法

剪影照明法也称背景照明法，是利用灯光将被照景物和它的背景分开，使景物保持黑暗，并在背景上形成轮廓清晰的影像的照明方式。

（5）月光照明法

与传统的室外照明手法截然不同，月光照明是将光源安装在高大树枝或建筑物或空中，效仿"月光"的朦胧效果。

（6）特种照明法

特种照明是利用光纤、导光管、硫灯、激光、发光二极管、太空灯球、投影灯和火焰灯等特殊照明器材和技术，来营造夜景的照明方法。比如水景照明中，使用多种彩色光线或激光进行投影处理，可产生欢快的广场气氛。

## 思考题与习题

7-1　车站广场的分类有哪些？

7-2　车站广场的功能有哪些？

7-3　车站广场由哪些部分组成？

7-4　广场旅客流线的构成和特点是什么？

7-5　广场各类流线的分流方法有哪些？各自的设计特点是什么？

7-6　广场功能布局的原则是什么？

7-7　广场功能布局有哪些模式，各自的特点是什么？

7-8　广场有哪些建筑设施，各自的设计原则是什么？

7-9　广场中有哪些停车场，其用地面积如何确定？

7-10　广场中各组成部分的坡度设计有何要求？

7-11　分析车站广场的各设计案例，并总结出其优点和缺点。

7-12　广场上需要设置哪些辅助建筑物及设施？其设计特点是什么？

# 第8章
# 车 站 能 力

## 本章知识点

> 【知识点】空车流、重车流、货物列车编挂辆数、列车数等车流组织的参数及确定，车站咽喉、到发线和车站通过能力的计算，编组站通过能力、客运站通过能力、货运设施能力、车站改编能力的计算方法。
>
> 【重　点】车站通过能力的计算。
>
> 【难　点】车站咽喉通过能力。

　　铁路能力体现在区间能力和车站能力两方面，前者为线状能力，后者为点状能力。铁路设计的基本要求是点线能力要协调，要满足运量的要求。

　　区间能力分为通过能力和输送能力两部分，主要在铁路线路设计中研究解决。

　　车站能力是车站设计、车站技术管理的重要内容。它不但是加强车站基础工作、指导日常运输生产活动、挖掘技术设备潜力、提高运输效率和效益的主要技术文件，而且是制定列车编组计划、列车运行图、技术计划和运输组织方案的重要依据。

　　车站能力是在采用合理的技术作业过程的前提下，利用现有设备发挥最大的效能，在一昼夜内所能通过的列车数和改编列车数或车辆数，前者称为车站通过能力，后者称为车站改编能力。

## 8.1　车站行车组织与车流组织

　　通过计算车站能力，可以明确车站现有设备能完成多少、多大任务，发现设备和作业组织中的薄弱环节，并根据运量的增长趋势，有预见地采取加强能力的措施。为了更加合理地组织运输生产，有效地配置设备资源，要求车站能力的计算方法有较高的科学性和实用性。

　　我国车站能力的查定和计算方法，通常是采取全面查标的方式进行的，即连续3昼夜对各种作业进行写实记录，然后对写实数据进行分析整理，逐一研究确定各单项作业时间标准，并据此计算出车站的各种能力。查定车站能力所需要的数据，均可通过车站联锁设备采集得到。

　　车站能力要靠具体的行车组织来实现。

### 8.1.1　行车组织

铁路行车组织是铁路运输生产组织中的核心组成部分，是综合运用各种运输技术设备、组织协调运输生产活动的技术业务。它通过采用先进的行车方式和组织方法，密切铁路内部各专业部门和铁路外部各企业单位间的作业协作，建立正常稳定的运输生产秩序，充分发挥各种运输技术设备的效能，以保证安全、正点、优质、高效地完成客货运输任务。

行车组织工作主要内容有：列车出发、到达的技术作业，车列编组、解体和车辆取送、摘挂等调车作业，组成各种列车的车流组织工作，列车运行图编制和线路通过能力的加强，月度机车车辆运用计划和日常运输计划的编制以及日常运输生产的调度指挥等。

车站日常行车组织工作，应确保运输生产安全，合理运用技术设备，及时迅速地调移车辆，按列车编组计划编组列车，按列车运行图接发列车，加速机车车辆周转，质量良好地完成客货运输任务。为此，在车站行车组织工作中应遵循如下基本原则：

（1）坚持安全生产的方针，严格执行《铁路技术管理规程》、列车编组计划、列车运行图、《车站行车工作细则》和其他有关规章制度，在确保安全的基础上提高效率。

（2）贯彻集中领导、分级管理和统一指挥的原则，做到统一思想、统一计划、统一行动。既要职责分明，又要协调一致。

（3）加强技术管理和计划管理工作，建立健全各项规章制度，改进技术作业过程，提高作业计划质量；保持车站良好的生产秩序，实现安全、正点、高效、畅通。

（4）加强部门协作，组织均衡生产，保证车站作业的协调和节奏性，合理使用劳力和设备，增强车站运输生产的效能。

（5）积极采用先进技术装备，及时推广先进工作经验，充分挖掘生产潜力，降低运输成本，全面完成车站运输生产的数量和质量指标。

### 8.1.2　车流组织

车流组织规定车流由发生地向目的地运送的方法，是铁路行车组织的一项重要内容。铁路沿线各装车站装出的重车向卸车地点输送即形成了重车流，在卸车站将卸后的空车向装车地点回送形成了空车流。空重车流只有编成列车才能在铁路线路上向目的地运送。车流组织要解决的问题就是如何将车流变成列车流，使空重货车编入最适宜的往到达站运行的列车内，从而得以迅速、经济地送到目的地。

铁路车流组织工作是通过编制和执行货物列车编组计划来实现的。

1. 车流组织原则

（1）始发直达列车车流。

按照设计年度大宗货物（煤、矿石、原油等）始发、终到量推算车流量，参照历史年度实际执行情况或类比其他相似情况分析确定。原则上尽可能组织大宗货物的始发直达、阶梯直达或成组装车以减少大宗车流在途中编组站的改编作业，加速货物送达。

（2）技术直达列车车流。

按照编组站分工，参考历史年技术直达列车开行实绩，并结合设计年度相关技术站货流始发终到（OD）量，研究确定技术直达列车开行方案。

（3）空车直达车流。

装运原油、冷藏货物的空车，如果空车数满足整列编挂车辆数，参照历史年度实绩，一般组织空油罐专列直达或空保温车专列直达。电厂、码头等卸煤集中地的整列卸空车及其他固定车底循环的回空车，应组织空车直达。其他空车，参照历史年度实绩，尽可能组织空车直达。

（4）空车调整。

按上述空车流组织原则，并参考历年实际排空情况，尽可能以最短距离回送空车。

（5）直通列车车流。

除始发直达、技术直达、空车直达车流外，根据相关技术站货流 OD 量，可组织直通列车的车流，尽量组织直通列车。

（6）区段列车车流。

除上述车流外到达相邻区段站及其以远的车流，组织区段列车。

（7）摘挂列车车流。

到达相邻区段站以内各中间站的车辆，组织摘挂列车。

（8）枢纽内各中间站、货运站的装卸车辆，组织枢纽小运转列车。

（9）车辆段、机务段、货场、专用线的车辆，按取送车办理。

2. 车流量计算

（1）重车流计算

需将设计年度的年货运量换算成货运量最大月的日均运量，该重车流的计算公式为：

$$B = (C \times 10^4 \times \beta)/(365 \times q_{静}) \tag{8-1}$$

式中　$B$——重车车数（辆/d）；

$C$——设计年度货运量（$10^4$t/a），由计划给出或经计算确定；

$\beta$——货运月波动系数，一般采用 1.2，特殊情况可以通过分析计算确定；

$q_{静}$——货车平均静载重（t/辆）。

按铁路总公司的规定，货车平均静载重，在不同设计年度采用的数值见表 8-1。特殊情况也可以通过调查分析研究确定。专门使用某种固定车型的铁路和设施（如运煤专线，原油、矿石、冷藏、集装箱等货物数量较大的线路）时，一般为整列运送，或在重车方向产生该类货物的空车的情况下，按该类货物的车辆净载重计算。

| 项　目 | 单　位 | 1995 年 | 2000 年 |
|---|---|---|---|
| 货车平均标记质量 | t | 58.360 | 59.858 |
| 货车平均装载利用率 | % | 95 | 95 |
| 货车平均净质量 | t | 55.442 | 56.865 |
| 货车平均自重 | t | 21.877 | 22.133 |
| 货车平均长度 | m | 13.991 | 13.914 |
| 货车平均总重 | t | 77.319 | 78.998 |
| 货车平均静载系数 | | 0.717 | 0.720 |
| 货车平均每延长米质量 | t/m | 5.526 | 5.677 |

（2）空车流计算

空车流计算的一般原则：

1）空油罐车、空保温车等特殊车种，如不能代用时应返回原装车地，返回方向如为重车方向，应在重车方向增加该种空车。

2）空敞车、空棚车、空平板车等一般视为可代用，卸大于装时二者之差即为空车。特殊情况如固定车底循环的矿石车等，不能代用时原地返回。

枢纽每一个方向到达合计总车数与发出合计总车数相等。枢纽衔接某线路方向重车方向的总车数（含重车方向的空车数）与轻车方向的重车数之差，即为该线路方向轻车方向的空车数。

3. 货物列车对数计算

（1）货物列车编挂辆数计算

1）直达、直通及区段列车的编挂辆数

直达、直通及区段列车的编挂辆数 $m$（不包括守车），按重车方向的列车牵引定数 $G$ 确定。计算公式如下：

$$m = (G - q_{守})/q \quad （辆） \tag{8-2}$$

式中　$G$——货物列车牵引定数，也称牵引质量（t）；

　　$q$——货车平均总重（t），采用表 8-1 中数值；

　　$q_{守}$——守车重量（t），一般采用四轴守车，长 8.8m，重 16t，已取消守车的干线不考虑守车自重。

当某线路上、下行牵引定数不同时，应按上、下行分别计算。

2）不满轴列车编挂辆数

实际运营工作中，为了提高货运质量、加速货物送达，在原来少量开行快运货物列车的基础上，增开了一定数量的"五定班列"，采用多元货运组织，逐步形成以高附加值货物为核心的铁路轻快货运系统，且其开行数量正呈增长趋势。这种轻量快运货物列车均存在一定程度的不满轴现象，设计中应根据具体情况分析确定。

3）摘挂列车编挂辆数

摘挂列车在中间站有摘车或挂车作业。该种列车从编组站发出时，一般不满轴也不满计长（列车换算长度）。摘挂列车的编挂辆数可按区段列车的编

313

挂辆数的 0.7 左右而定。

4）枢纽小运转列车编挂辆数

枢纽小运转列车的牵引定数，按照枢纽内有关线路的限制坡度、区间通过能力及小运转机车的机型确定，既有枢纽改扩建设计也可参照现行状况而定。小运转列车编挂辆数，在车流量较大时，按牵引定数计算的编挂辆数编组；车流量较小时，可小于计算的编挂辆数，以便加速车辆周转。

货物列车牵引定数与编挂辆数见表 8-2。

**列车牵引质量与编挂辆数、车辆长度表** 表 8-2

| 项　　目 | 列车牵引质量（t） | | | | | | | |
|---|---|---|---|---|---|---|---|---|
| | 5500 | 5000 | 4500 | 4000 | 3500 | 3000 | 2500 | 2000 |
| 编挂辆数（辆） | 69 | 63 | 56 | 50 | 44 | 37 | 31 | 25 |
| 列车长度（m） | 960 | 877 | 780 | 696 | 613 | 515 | 432 | 348 |

注：1. 货车按质量 79t、长度 13.91m 计算。
　　2. 编挂辆数未包括守车，车列长度不含守车长。

（2）货物列车数计算

1）主要基础资料

① 设计年度的重、空车流量（车流表或车流图）；

② 设计各种货物列车牵引定数和重、空列车编挂辆数；

③ 设计列车编组计划及其相应的重、空车流量分析。

2）计算方法

① 按不同方向、不同到站、不同列车种别和到达、出发分别计算；

② 各种列车的总车数分别被除以各种列车的每列编挂辆数即为各种列车数。

## 8.2　车站通过能力

车站通过能力是车站在现有技术设备条件下，采用合理的技术作业过程，一昼夜能够接发各方向的货物（旅客）列车数或运行图规定的旅客（货物）列车数。车站通过能力可分别按照一般车站、编组站、客运站等分别计算。

### 8.2.1　基本规定

车站通过能力包括咽喉通过能力和到发线通过能力。

咽喉通过能力是指车站某咽喉区各方向接、发车进路咽喉道岔组通过能力之和，其目的是检算车站咽喉区能力与到发线能力是否协调。咽喉道岔组通过能力是指在合理固定到发线使用方案及作业进路条件下，某方向接、发车进路上最繁忙的道岔组一昼夜能够接、发该方向的货物（旅客）列车数和运行图规定的旅客（货物）列车数，其目的是检算区间通过能力与车站咽喉通过能力是否协调。

到发线通过能力是指车站的到达场、出发场、通过场或到发场内办理列车到发作业的线路，采用合理的技术作业过程和线路固定使用方案，一昼夜能够接、发各方向的货物（旅客）列车数和运行图规定的旅客（货物）列车数。

1. 计算目的

（1）确定新建车站的通过能力，检查其是否能满足计算年度运量的需求；

（2）查明既有车站通过能力的利用情况，根据运量增长的需要，有计划地进行车站改、扩建；

（3）找出车站设备和作业组织中的薄弱环节，挖掘潜力，提高效益；

（4）查明车站各项设施间以及车站与区间通过能力是否协调，以便制定加强措施。

2. 影响因素

车站通过能力受下列因素的影响：

（1）车站技术设施的特征。如站场的类型、咽喉区的结构、到发线的数量和进路、到发线的有效长以及车站信联闭的类型等。

（2）车站办理列车的种类和数量。如客、货列车的比重、摘挂列车的数量等。随着旅客列车和摘挂列车数量的增加，车站通过能力将降低。

（3）货物列车到发的均衡程度。货物列车到发的不均衡性与列车运行图和车站衔接的方向数有关。随着不均衡性的增加，车站通过能力将降低。

（4）到发线的空费时间。到发线一昼夜不能被用来接发列车的空闲时间称为空费时间。它是由于列车到发的不均衡、列车各作业环节配合不紧密以及列车平均每列占用到发线的时间不可能为 1440min（一昼夜时间的分钟数）的整倍数等原因而产生的。随着空费时间的增加，车站通过能力将降低。空费时间的大小可用空费系数 $\gamma_{空}$ 表示，即

$$\gamma_{空} = \frac{\sum t_{空费}}{\sum t_{占} + \sum t_{空费}} \tag{8-3}$$

式中　$\sum t_{空费}$——一昼夜某项设施总的空费时间（min）；

　　　$\sum t_{占}$——一昼夜某项设施被作业占用的总时间（min）。

3. 计算方法

可通过分析计算、图解计算、计算机仿真等方法计算车站的通过能力。

（1）分析计算法

分析计算法，也称公式计算法，包括直接计算法和利用率计算法两种。

① 直接计算法。通过能力的一般计算公式为：

$$N = \frac{1440}{t_{占}} \tag{8-4}$$

式中　$N$——车站某项设施的通过能力（列）；

　　　$t_{占}$——每列车到发作业占用某项设施的平均时间（min）。

② 利用率计算法。一般计算公式为：

$$N = \frac{n}{K} \tag{8-5}$$

式中　$n$——占用某项设施的现有列车数；

315

$K$——车站某项设施的利用率，按下式计算：

$$K = \frac{\Sigma n t_占}{1440} \tag{8-6}$$

分析计算法只能求出车站某项设备通过能力的概略平均值，方法简便，节省计算时间，无论新建车站或既有车站求算通过能力均可采用。

（2）图解计算法

该法是根据车站相邻区段的列车运行图、车站技术设施的固定使用方案、车站技术作业过程和作业时间标准等有关资料，绘出车站一昼夜或繁忙阶段列车接发、车列解体、集结、编组、机车出入段等作业过程的图表，以求得车站各项设施的通过能力。

这种方法的特点是能把区间和车站各项技术设备作为一个统一的整体来求得车站的通过能力，比分析法更符合实际。但绘制这种图表复杂费时，新建车站因缺少原始资料而不能采用。目前一般可在作业繁忙的既有站绘出高峰阶段的图解，用来弥补分析计算法之不足或用于客运站求算通过能力。

（3）计算机模拟法

计算机模拟法以排队论为理论基础，以计算机模拟为基本手段，把列车到、解、集、编、发各项作业过程作为一个相互关联的排队系统，模拟计算车站通过能力有关参数的回归方程，然后计算出既有车站的通过能力。

这是解决多因素相关联问题求解的比较先进方法。它不但克服了分析法片面考虑某单项因素求解的缺陷，而且还可以解决车站与区间、车站内各项技术设备之间能力的协调问题，是车站通过能力计算方法的发展方向。

### 8.2.2 车站咽喉通过能力

车站咽喉通过能力的计算一般采用利用率计算法。

1. 占用咽喉时间标准的确定

（1）列车占用咽喉时间标准

列车占用咽喉时间包括接车占用时间和出发占用时间。

1）列车接车占用时间 $t_接$

是指自开始准备接车进路时起，至列车进入到发线警冲标内方停车时止列车占用咽喉区的时间，可用查定方法或按下式计算：

$$t_接 = t_准 + t_进 \tag{8-7}$$

式中　$t_准$——准备接车进路及开放信号时间（min）；

　　　$t_进$——列车通过进站距离的时间，即自接车进路准备完毕时起，至列车腾空该咽喉区时止的时间（min），参照图 8-1 按下式计算确定：

$$t_进 = 0.06 \times \frac{L_进}{\upsilon_进} = 0.06 \times \frac{l_列 + l_确 + l_制 + l_进}{\upsilon_进} \tag{8-8}$$

其中　$L_进$——列车进站距离（m）；

　　　$\upsilon_进$——列车进站平均速度（km/h）；

　　　$l_列$——列车长度（m）；

$l_{确}$——在司机确认信号的时间内，列车所走行的距离（m）；

$l_{制}$——列车制动停车距离（m）；

$l_{进}$——由进站信号机起至咽喉道岔联锁区轨道绝缘节（分段解锁时）止的距离（m）。

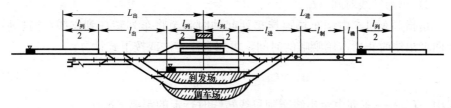

图 8-1　接发列车进路长度示意图

2）列车出发占用时间（$t_{发}$）

是指自准备发车进路时起至列车腾空线路时止占用咽喉区的时间，可用查定方法或按下式计算：

$$t_{发} = t_{准} + t_{出}$$  (8-9)

式中　$t_{出}$——自发车进路准备完毕后列车启动时起，至列车尾部离开发车进路最外方道岔或咽喉道岔联锁区段轨道绝缘节止占用咽喉的时间（min），参照图 8-1，按下式计算：

$$t_{出} = 0.06 \times \frac{L_{出}}{\upsilon_{出}} = 0.06 \times \frac{l_{列} + l_{出}}{\upsilon_{出}}$$  (8-10)

其中　$L_{出}$——列车出站距离（m）；

$\upsilon_{出}$——列车出站平均速度（km/h）；

$l_{出}$——由出站信号机起至发车进路最外方道岔或咽喉道岔联锁区段轨道绝缘节止的距离（m）。

准备进路和开放信号的时间标准应根据道岔和信号的操纵方式，参考表 8-3 中的数据确定。

准备进路和开放信号时间标准　　　　　　　　　　　　表 8-3

| 编号 | 作业名称 | 时间（min） | |
|---|---|---|---|
| 1 | 准备进路办理一个道岔作业的时间 | 非集中联锁 | 0.2～0.4 |
| | | 集中联锁 | 0.1～0.2 |
| 2 | 电气集中准备一条进路的时间 | 0.1～0.15 | |
| 3 | 开放信号时间 | 色灯信号机 | 0.1 |
| | | 臂板信号机 | 0.25 |

（2）调车占用咽喉时间标准

调车占用咽喉时间标准包括下列几项：

1）车列牵出时间（$t_{牵}$）

是指调车机车由牵引线指定地点起动时起，进入到发场将车列牵出至车列尾部腾空该线时止，占用咽喉的时间，可用查定方法或按下式计算：

$$t_{牵} = t_{空程} + t_{准} + 0.06 \times \frac{L_{牵}}{\upsilon_{牵}}$$  (8-11)

式中 $t_{空程}$——调车机由牵出线指定地点至到发场的空行时间（min）；

$\quad\quad L_{牵}$——车列自到发场至牵出线牵出时行经的距离（m）；

$\quad\quad \upsilon_{牵}$——车列牵出平均速度（km/h）；

$\quad\quad t_{准}$——准备进路时间，事先准备好进路时可略而不计。

2）车列转线时间（$t_{转}$）

是指调车机车由调车场连挂车列起动时起至将车列转往到发线，摘机后返回牵出线时止所占用咽喉的时间，可用查定方法或按下式计算：

$$t_{转} = t_{准} + 0.06 \times \frac{L_{转}}{\upsilon_{转}} + t_{空程} \tag{8-12}$$

式中 $L_{转}$——车列由牵出线至到发线转线时行走的距离（m）；

$\quad\quad \upsilon_{转}$——车列转线平均速度（km/h）；

$\quad\quad t_{空程}$——调车机由到发场返回牵出线指定地点的空行时间（min）。

3）取车（送车）占用时间（$t_{取(送)}$）

是指自准备取（送）进路时起，至车列离开该咽喉区进路解锁时止所占用咽喉的时间，可以用写实查定的方法确定。

（3）机车占用咽喉时间

机车占用咽喉时间（$t_{机}$）包括机车出段、入段占用咽喉的时间，是指自准备进路时起至机车进入到发线警冲标内方或机务段内进路解锁时止占用咽喉的时间，可用写实查定的方法确定。

（4）固定作业占用时间

固定作业（$\Sigma t_{固}$）包括下列各项：

① 旅客列车（计算客运站咽喉能力时为货物列车）到、发、调移及其机车出入段等作业；

② 向车辆段、机务段及货场、专用线装卸地点定时取送车辆的作业；

③ 调车机车出入段作业。

（5）妨碍时间

咽喉道岔（组）的妨碍时间（$\Sigma t_{妨}$）是指由于列车、调车车列和机车占用与咽喉道岔（组）有关进路上的其他道岔而妨碍了该咽喉道岔（组）的使用时间。

妨碍时间按其产生的条件不同，可分为直接妨碍时间和间接妨碍时间两种。

1）直接妨碍时间

某一妨碍进路与咽喉道岔（组）的全部占用进路互相敌对时，受此妨碍进路影响而造成该咽喉道岔（组）不能使用的时间称为直接妨碍时间。例如图 8-2 中 A 端咽喉往 10 道接 A 方向到达区段列车占用①、③、⑦、⑪、⑬号咽喉道岔组，这时⑤、⑨号道岔组虽然不直接占用，但必须全部停止使用，从而使该两个道岔组（⑤、⑨）产生了妨碍时间。由于直接妨碍时间比较直观，在计算时可以将其列入咽喉道岔占用时间计算表，并用括号标出，以示区别。

2）间接妨碍时间

某一妨碍进路只与咽喉道岔（组）的部分进路互相敌对而造成的妨碍时

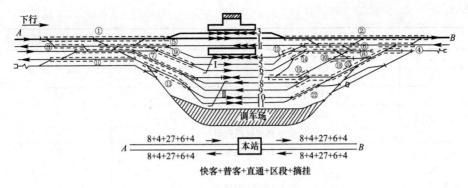

图 8-2 某双线区段站线路布置及行车量图

间称为间接妨碍时间。

间接妨碍时间可用概率论的原理进行计算。为简化起见，在计算区段站咽喉通过能力时，按《车站行车工作细则编制规则》(以下简称《站细》)规定，可概略计入空费时间内，在空费系数中予以扣除。

咽喉占用时间标准可参考表 8-4。

咽喉道岔占用时间表　　　　　　　　　　　　　　表 8-4

| 货物列车<br>接车占用 | 旅客列车<br>接车占用 | 货物列车<br>出发占用 | 旅客列车<br>出发占用 | 单机占用 | 调车作业<br>占用 |
|---|---|---|---|---|---|
| 6～8 | 5～7 | 5～7 | 4～6 | 2～4 | 4～6 |

2. 道岔占用时间计算

(1) 确定到发场线路合理分工方案

到发场线路合理分工方案的实质就是合理分配各车场每条线的作业量，应根据到发线数量、行车量、咽喉布置特点等因素来确定，并应遵守下列两点要求：

① 均衡使用到发线，使每条线的接发列车数或总占用时间大致相等；

② 合理利用咽喉区的平行进路，使作业量不致过分集中于个别咽喉道岔（组）。

某双线区段站（图 8-2）到发线使用方案如表 8-5。该站客车到发(通过)线 3 条(I、II、3 道)，客货兼用到发线 1 条(4 道)，下行到发场共 3 条线(4、5、6 道)，上行到发场 4 条(8、9、10、11 道)。现有行车量见图 8-2。

某区段站到发线使用方案　　　　　　　　　　　　　　表 8-5

| 线路编号 | 固定用途 | 一昼夜接发列车数 |
|---|---|---|
| I | A 至 B 旅客快车通过 | 8 |
| II | B 至 A 旅客快车通过 | 8 |
| 3 | 接发 A 至 B 旅客列车 | 4 |
| | 接发 B 至 A 旅客列车 | 4 |
| 4 | 接发 B 至 A 无改编中转货物列车 | 10 |
| | 接发 A 至 B 无改编中转货物列车 | 5 |

| 线路编号 | 固定用途 | 一昼夜接发列车数 |
|---|---|---|
| 5 | 接发A至B无改编中转货物列车 | 11 |
| 6 | 接发A至B无改编中转货物列车 | 11 |
| 8 | 接发B至A无改编中转货物列车 | 10 |
| 9 | 接发B至A无改编中转货物列车 | 7 |
| | 接B到解区段列车 | 6 |
| 10 | 发A自编区段列车 | 6 |
| | 接A到编区段列车 | 6 |
| | 发B自编区段列车 | 6 |
| 11 | 接A到解摘挂列车 | 4 |
| | 发A自编摘挂列车 | 4 |
| | 接B到解摘挂列车 | 4 |
| | 发B自编摘挂列车 | 4 |

（2）按咽喉区进行道岔分组

车站咽喉区道岔较多，为了简化计算，可按不同情况将道岔进行分组。分组原则如下：

1）不能被两条进路同时分别占用的道岔应合并为一组。在一条线路上的若干道岔，如果它们当中没有任何两组道岔尾部相对，且分别布置在线路两侧时，这些道岔应划作一组，如图8-3（a）所示。因为这些道岔当中，任何一组被占用，其他道岔均无法同时开通其他进路。

2）两条平行进路上的道岔（包括渡线两端的道岔）不能并为一组。在一条线路上的道岔，如果有两组岔尾相对，且分别布置在线路两侧时，这两组道岔不能并为一组。如图8-3（b）所示，道岔5与道岔7可以同时开通两条平行进路，不能并为一组。

3）道岔尾部相对，且分别布置在线路两侧，而另一道岔又为交叉渡线时，交叉渡线的道岔不能分为两组。图8-3（c）中道岔5必须与道岔组7合并而不能与道岔组3合并成一组。

4）有的道岔与两条平行进路上的两道岔组相邻，可以分别开通两条平行进路，该道岔应单独划作一组。图8-3（d）中的道岔5应单独划作一组，而不能与道岔组7合并成一组。

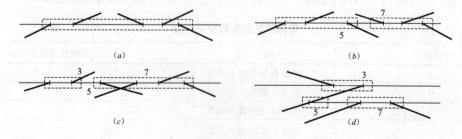

图8-3 道岔分组示意图

图8-2为一双线区段站线路布置及道岔分组。根据上述原则，A端咽喉分

为 7 组，B 端咽喉分为 11 组，这样可大大地简化确定负荷量最大的咽喉道岔（组）的工作。

（3）计算咽喉区各道岔组总占用时间

道岔分组及到发场分工确定之后，就需要进一步计算出各道岔组一昼夜进行各项作业的总占用时间（$T$），即：

$$T = n_接 \, t_接 + n_发 \, t_发 + n_机 \, t_机 + \Sigma t_调 + \Sigma t_妨 + \Sigma t_固 \qquad (8\text{-}13)$$

式中　$n_接$、$n_发$——列入计算中一昼夜占用道岔组到达、出发的列车数（包括摘挂列车）；

　　　　$n_机$——列入计算中一昼夜占用道岔组的单机次数；

　　　　$\Sigma t_调$——一昼夜调车作业占用道岔组的总时分，包括在 $\Sigma t_固$ 中的调车作业时分除外；

　　　　$\Sigma t_妨$——由于列车、调车车列或机车作业占用该道岔组敌对进路上的其他道岔组，而须完全停止使用该道岔组的妨碍时分。

该区段站 $A$ 端咽喉总占用时间可列表计算（表 8-6）。

**A 端咽喉区占用时间计算表**　　　　表 8-6

| 编号 | 作业进路名称 | 占用次数 | 每次占用时间 | 总占用时间 | 咽喉区道岔组占用时间 | | | | | | |
|---|---|---|---|---|---|---|---|---|---|---|---|
| | | | | | 1 | 3 | 5 | 7 | 9 | 11 | 13 |
| I | II | III | IV | V | VI | | | | | | |
| | 主要作业 | | | | | | | | | | |
| 1 | 4 道接 A 至 B 无改编中转列车 | 5 | 8 | 40 | 40 | | | 40 | | | |
| 2 | 4 道发 B 至 A 无改编中转列车 | 10 | 6 | 60 | | | 60 | 60 | | | |
| 3 | 5、6 道接发 A 至 B 无改编中转列车 | 22 | 8 | 176 | 176 | | 176 | | 176 | | |
| 4 | 8、9 道发 B 至 A 无改编中转列车 | 17 | 6 | 102 | | 102 | | 102 | | | |
| 5 | 10 道接 A 到解区段列车 | 6 | 8 | 48 | 48 | 48 | (48) | 48 | (48) | 48 | 48 |
| 6 | 10 道发 A 自编区段列车 | 6 | 6 | 36 | | 36 | | 36 | | 36 | 36 |
| 7 | 4、5、6 道本务机车经 7 道入段 | 37 | 2 | 74 | | | | 74 | | 74 | |
| 8 | 4、5、6 道本务机车经 7 道出段 | 37 | 2 | 74 | | | | 74 | | | |
| 9 | 8、9 道本务机车入段 | 23 | 2 | 46 | | | | 46 | | 46 | |
| 10 | 8、9 道本务机车出段 | 17 | 2 | 34 | | | | 34 | | | |
| 11 | 10 道本务机车经 7 道入段 | 6 | 2 | 12 | | | | 12 | | 12 | |
| 12 | 10 道本务机车经 7 道出段 | 6 | 2 | 12 | | | | 12 | | | |
| 13 | 10 道本务机车出段 | 6 | 2 | 12 | | | | 12 | | 12 | 12 |
| 14 | 10 道自编区段列车转线 | 12 | 15 | 210 | | | | | | | 210 |
| 15 | 11 道接 A 到解摘挂列车 | 4 | 8 | 32 | 32 | 32 | (32) | 32 | (32) | 32 | 32 |
| 16 | 11 道发 A 自编摘挂列车 | 4 | 6 | 24 | | 24 | | 24 | | 24 | 24 |
| 17 | 11 道摘挂列车本务机经 7 道入段 | 4 | 2 | 8 | | | | 8 | | 8 | |
| 18 | 11 道摘挂列车本务机经 7 道出段 | 4 | 2 | 8 | | | | 8 | | | |
| 19 | 11 道摘挂列车本务机入段 | 4 | 2 | 8 | | | | | | 8 | 8 |
| 20 | 11 道摘挂列车本务机出段 | 4 | 2 | 8 | | | | 8 | | 8 | |
| 21 | 11 道自编摘挂列车转线 | 8 | 15 | 120 | | | | | | | 120 |

| 编号 | 作业进路名称 | 占用次数 | 每次占用时间 | 总占用时间 | 咽喉区道岔组占用时间 | | | | | | |
|---|---|---|---|---|---|---|---|---|---|---|---|
| | | | | | 1 | 3 | 5 | 7 | 9 | 11 | 13 |
| I | II | III | IV | V | VI | | | | | | |
| | 固定作业 | | | | | | | | | | |
| 22 | 3 道接 A 至 B 旅客列车 | 4 | 10 | 40 | 40 | | | | | | |
| 23 | I 道通过 A 至 B 旅客列车 | 8 | 8 | 80 | 64 | | | | | | |
| 24 | II 道通过 B 至 A 旅客列车 | 8 | 8 | 64 | | 64 | 64 | | | | |
| 25 | 4 道发 B 至 A 旅客列车 | 4 | 8 | 32 | | 32 | 32 | | | | |
| 26 | 3 道旅客列车本务机车经 1 道入段 | 4 | 2 | 8 | 8 | (8) | 8 | 8 | (8) | 8 | |
| 27 | 3 道旅客列车本务机车经 1 道出段 | 4 | 2 | 8 | 8 | (8) | 8 | 8 | (8) | | |
| 28 | 4 道旅客列车本务机车入段 | 4 | 2 | 8 | | (8) | 8 | 8 | (8) | 8 | |
| 29 | 4 道旅客列车本务机车出段 | 4 | 2 | 8 | | (8) | 8 | 8 | (8) | | |
| 30 | 往机务段送车 | 2 | 6 | 12 | | | | | | 12 | 12 |
| 31 | 向机务段取车 | 2 | 6 | 12 | | | | 12 | | 12 | 12 |
| | $\Sigma t_{固}$ | | | | 120 | 128 | 128 | 44 | 32 | 40 | 24 |
| | $T$ | | | | 416 | 430 | 484 | 574 | 288 | 348 | 522 |
| | $T - \Sigma t_{固}$ | | | | 296 | 302 | 356 | 530 | 256 | 308 | 498 |
| | $K = \dfrac{T - \Sigma t_{固}}{(1 - \gamma_{空费})(1440 - \Sigma t_{固})}$ | | | | 0.28 | 0.29 | 0.34 | 0.48 | 0.23 | 0.27 | 0.44 |

同样，可计算 B 端咽喉的总占用时间（略）。

（4）负荷量最大的咽喉道岔组的选定

车站内凡办理接发列车的咽喉区均应计算其通过能力。它是由各咽喉区内负荷量最大即 K 值最大的道岔组（最繁忙咽喉道岔组）一昼夜内能办理的到发列车数决定的。但当有下列情况时，则需要根据以下规定选定两个或更多的咽喉道岔组：

① 一个咽喉区有两个以上的衔接方向时，应分别按各衔接方向接车进路或发车进路上负荷量最大的道岔组选定为咽喉道岔组。

② 同一衔接方向的不同列车（有调中转、无调中转）经由各个不同的进路到、发时，应分别按不同列车进路选定咽喉道岔组。

咽喉道岔（组）通过能力利用率按下式计算：

$$K = \frac{T - \Sigma t_{固}}{(1 - \gamma_{空费})(1440 - \Sigma t_{固})} \tag{8-14}$$

式中　$\gamma_{空费}$——考虑咽喉道岔（组）的空费时间和间接妨碍时间扣除的系数，可采用 0.15～0.20。

总占用时间 $T$ 和固定作业时间 $\Sigma t_{固}$ 均可由表 8-5 查得。

在图 8-2 的示例中 A 端咽喉接 A 方向无改编中转列车经由道岔组①、⑤、⑨，由表 8-5 中可以看出其中道岔组⑤的 K 值最大（0.34，表中最后一行）；接 A 方向到达解体列车经由道岔组①、③、⑦、⑪、⑬，由表 8-5 中可以看出其中道岔组⑦的 K 值最大（0.48，表中最后一行），因而该咽喉区 A 方向的接车进路有两个咽喉道岔组（⑦、⑤），作为该咽喉计算 A 方向接车通过能力的咽喉道岔组。

同样，A 端咽喉发 A 的无改编中转列车经由道岔组⑦、③，由表 8-5 中可以看出其中道岔组⑦的 $K$ 值最大（0.48）；发 $A$ 的自编列车经由道岔组⑬、⑪、⑦、③，由表 8-5 中可以看出其中道岔组⑦的 $K$ 值最大（0.48），因而咽喉区 $A$ 方向发车进路上有一个咽喉道岔组（⑦），作为该咽喉计算 $A$ 方向发车通过能力的咽喉道岔组。

同理，可以确定 $B$ 端咽喉，接 $B$ 方向无改编中转列车的咽喉道岔组为④；向 $B$ 方向发无改编中转列车的咽喉道岔组为②；接 $B$ 方向到达解体列车的咽喉道岔组为④；向 $B$ 方向发自编列车的咽喉道岔组为④。

该站两端咽喉道岔（组）利用率见表 8-7。

**咽喉道岔（组）利用率表** 　　　　　表 8-7

| 接车 | 列车方向 | 种类 | A端咽喉 经由道岔组号 | A端咽喉 组号 | A端咽喉 K | B端咽喉 经由道岔组号 | B端咽喉 组号 | B端咽喉 K |
|---|---|---|---|---|---|---|---|---|
| 接车 | A 方向 | 无调 | 1、5、9 | 5 | 0.34 | | | |
| 接车 | A 方向 | 有调 | 1、3、7、11、13 | 7 | 0.48 | | | |
| 接车 | B 方向 | 无调 | | | | 4、20、6、12 | 4 | 0.35 |
| 接车 | B 方向 | 有调 | | | | 4、20、22 | 4 | 0.35 |
| 发车 | A 方向 | 无调 | 7、3 | 7 | 0.48 | | | |
| 发车 | A 方向 | 有调 | 3、7、11、13 | 7 | 0.48 | | | |
| 发车 | B 方向 | 无调 | | | | 2、6、12、14 | 2 | 0.22 |
| 发车 | B 方向 | 有调 | | | | 2、4、20、22 | 4 | 0.35 |

**3. 咽喉通过能力计算**

（1）车站各衔接方向咽喉道岔（组）通过能力

车站各衔接方向咽喉道岔（组）通过能力按下式计算：

接车
$$N_{货接}^{i}=\frac{n_{货接}^{i}}{K} \tag{8-15}$$

发车
$$N_{货发}^{i}=\frac{n_{货发}^{i}}{K} \tag{8-16}$$

式中　$N_{货接}^{i}$、$N_{货发}^{i}$——$i$ 方向货物列车接车或发车的咽喉道岔组通过能力；

$n_{货接}^{i}$、$n_{货发}^{i}$——$i$ 方向列入计算中接入或出发的货物列车数。

该站咽喉道岔（组）的通过能力计算如表 8-8。

**咽喉通过能力计算表** 　　　　　表 8-8

| 接车 | 列车方向 | 种类 | A端 5号 | A端 7号 | A端 计 | B端 2号 | B端 4号 | B端 计 | 受控制咽喉道岔组 |
|---|---|---|---|---|---|---|---|---|---|
| 接车 | A 方向 | 无调 | 79.4 | | 79.4 | | | | 5 |
| 接车 | A 方向 | 有调 | | 20.8 | 20.8 | | | | 7 |
| 接车 | B 方向 | 无调 | | | | | 77.1 | 77.1 | 4 |
| 接车 | B 方向 | 有调 | | | | | 28.5 | 28.5 | 4 |
| | 小计 | | | | 100.2 | | | 105.6 | |

续表

| 咽喉道岔 接车 | 列车种类 方向 | | A端 | | | B端 | | | 受控制咽喉道岔组 |
|---|---|---|---|---|---|---|---|---|---|
| | | | 5号 | 7号 | 计 | 2号 | 4号 | 计 | |
| 发车 | A方向 | 无调 | | 56.2 | 56.2 | | | | 7 |
| | | 有调 | | 20.8 | 20.8 | | | | 7 |
| | B方向 | 无调 | | | | 122.7 | | 122.7 | 2 |
| | | 有调 | | | | | 28.5 | 28.5 | 4 |
| | 小计 | | | | 77.0 | | | 151.2 | |

（2）咽喉区的通过能力

咽喉区的通过能力按下式计算：

接车 $\qquad N_{货接}=\sum N_{货接}^i$

发车 $\qquad N_{货发}=\sum N_{货发}^i$

该站咽喉区货物列车的通过能力：

$A$ 端咽喉接车能力：$N_{货接}^A=79.4+20.8=100.2$ 列

$\qquad\qquad$ 发车能力：$N_{货发}^A=56.2+20.8=77.0$ 列

$B$ 端咽喉接车能力：$N_{货接}^B=77.1+28.5=105.6$ 列

$\qquad\qquad$ 发车能力：$N_{货发}^B=122.7+28.5=151.2$ 列

### 8.2.3 到发线通过能力

到发线通过能力是指到发场中办理列车到发作业的线路一昼夜能够接、发各方向的列车（主要是货物列车数）和运行图规定的旅客列车数。

到发线通过能力可采用利用率计算法进行计算。

1. 占用到发线时间标准的确定

（1）无调中转货物列车占用到发线时间

$$t_中 = t_接 + t_{中技} + t_{待发} + t_发 \qquad (8-17)$$

式中 $t_{中技}$——无调中转列车技术作业占用到发线的时间（min），根据该种列车技术作业过程的规定取值；

$\qquad$ $t_{待发}$——列车等待出发占用到发线时间（min）。

（2）部分改编中转货物列车占用到发线时间

$$t'_中 = t_接 + t'_{中技} + t_{待发} + t_发 \qquad (8-18)$$

式中 $t'_{中技}$——部分改编中转货物列车（包括变更列车运行方向、变更列车质量、换挂车组）技术作业占用到发线的时间（min），根据该种列车技术作业过程的规定取值。

（3）到达解体货物列车占用到发线时间

$$t_解 = t_接 + t_{解技} + t_{待解} + t_牵 \qquad (8-19)$$

式中 $t_{解技}$——到达解体列车技术作业占用到发线的时间（min），根据该种列车技术作业过程的规定取值；

$t_{待解}$——列车等待解体占用到发线的时间（min）；

$t_{牵}$——车列牵出占用到发线的时间（min）。

（4）自编出发货物列车占用到发线时间

$$t_{编} = t_{转} + t_{编技} + t_{待发} + t_{发} \tag{8-20}$$

式中　$t_{转}$——车列转线占用到发线的时间（min）；

$t_{编}^{技}$——自编出发列车技术作业占用到发线的时间（min），根据该种列车技术作业过程的规定取值。

（5）单机占用到发线时间

按运行图规定接发单机占用到发线的时间 $t_{机}$ 可根据上述车站咽喉通过能力所述的方法进行查定。

（6）固定作业占用到发线的时间

固定作业占用到发线的时间包括以下几项：

① 旅客列车占用到发线的时间；

② 向车辆段、机务段及货场、专用线装卸地点定时取送车辆占用到发线的时间（不占用到发线时可以不计）。

（7）其他作业占用到发线的时间

其他作业占用到发线的时间包括以下几项：

① 接发军用列车占用到发线的时间；

② 保温列车加冰、加盐占用到发线的时间；

③ 牲畜列车上水、上饲料占用到发线的时间。

此外，如该站有转场（交换）车，应按一种车列计算其占用到发线的时间。

应采用有效措施将各种等待时间（待解、待发）标准压缩到最小限度。可用图解法或分析法予以确定。

图解法是指编制车站工作日计划图或用技术作业图表图解的方法。分析法是指实行新的列车运行图后 1~3 个月完成的实绩，通过对过长的等待时间加以认真分析，剔除不合理部分，并与近期的实绩进行比较后确定。

新建区段站占用到发线时间标准，可参照相同类型的既有区段站的时间标准进行取值。

2. 到发线总占用时间的计算

一昼夜总占用时间按下式计算：

$$T = n_{中} t_{中} + n'_{中} t'_{中} + n_{解} t_{解} + n_{编} t_{编} + n_{机} t_{机} + \Sigma t_{固} + \Sigma t_{其他} \tag{8-21}$$

式中　$n_{中}$、$n'_{中}$、$n_{解}$、$n_{编}$、$n_{机}$——列入计算中一昼夜在该到发场办理到发作业的无调中转、部分改编中转、到达解体、自编出发的列车数和单机数；

$t_{中}$、$t'_{中}$、$t_{解}$、$t_{编}$、$t_{机}$——办理以上各种列车一列或单机一次占用到发线的时间（min）；

$\Sigma t_{固}$——一昼夜固定作业占用到发线的时间（min）；

$\Sigma t_{其他}$——一昼夜其他作业占用到发线的时间（min）。

3. 到发线通过能力利用率的计算

$$K = \frac{T - \Sigma t_{固}}{(1440M - \Sigma t_{固})(1 - \gamma_{空})} \tag{8-22}$$

式中　$K$——到发线通过能力利用率；

　　$M$——用于办理列车到发技术作业的线路数；

　　$\gamma_{空}$——到发线空费系数，可取 0.15～0.20。

4. 到发线通过能力计算

到发线通过能力应按方向和列车种类分别计算接车和发车的通过能力。

接发无调中转货物列车：

$$N_{货中} = \frac{n_{中}}{K} \tag{8-23}$$

接发部分改编中转货物列车：

$$N'_{货中} = \frac{n'_{中}}{K} \tag{8-24}$$

接入到达解体货物列车：

$$N_{货解} = \frac{n_{解}}{K} \tag{8-25}$$

发出自编货物列车：

$$N_{货编} = \frac{n_{编}}{K} \tag{8-26}$$

到发线（场）接发该方向货物列车的通过能力为：

接车　　　　　　$N_{货接} = N_{货中} + N'_{货中} + N_{货解}$ $\tag{8-27}$

发车　　　　　　$N_{货发} = N_{货中} + N'_{货中} + N_{货编}$ $\tag{8-28}$

某到发场接发货物列车的通过能力为：

$$N_{接发} = N_{货中} + N'_{货中} + N_{货解} + N_{货编} \tag{8-29}$$

若该站有几个到发场，则全站接发货物列车的通过能力为各到发场通过能力之和。

5. 计算举例

【例8-1】　某双线横列式区段站，其布置详图及计算行车量见图8-2。有两个到发场，到发场 1 设有 3 条到发线（4、5、6 道），到发场 II 设有 4 条到发线（8、9、10、11 道），其固定用途见表8-5。试确定其到发线通过能力。

根据前述内容，各种列车占用到发线的时间为：

$$t_{中} = t_{接} + t_{中技} + t_{待发} + t_{发} = 8 + 35 + 11 + 6 = 60$$

$$t_{解} = t_{接} + t_{解技} + t_{待解} + t_{牵} = 8 + 35 + 30 + 10 = 83$$

$$t_{编} = t_{转} + t_{编技} + t_{待发} + t_{发} = 12 + 25 + 30 + 6 = 73$$

各车场办理各种列车占用到发线的总时间可列表计算，如表8-9。

**各车场占用时间计算表**  表 8-9

| 场别 | 作业项目 | 每昼夜作业次数 | 每次作业所需时间（min） | 占用时间（min） | |
|---|---|---|---|---|---|
| | | | | 总时分 $T$ | 其中固定作业时分 $\Sigma t_{固}$ |
| 到发场（I） | 接发 $B$ 至 $A$ 旅客列车 | 4 | 30 | 120 | 120 |
| | 接发 $B$ 至 $A$ 无调中转货物列车 | 10 | 60 | 600 | |
| | 接发 $A$ 至 $B$ 无调中转货物列车 | 27 | 60 | 1620 | |
| | 总计 | 41 | | 2340 | 120 |
| 到发场（II） | 接发 $B$ 至 $A$ 无调中转货物列车 | 17 | 60 | 1020 | |
| | 接 $B$ 到解区段，摘挂列车 | 10 | 83 | 830 | |
| | 接 $A$ 到解区段，摘挂列车 | 10 | 83 | 830 | |
| | 发 $B$ 自编区段，摘挂列车 | 10 | 73 | 730 | |
| | 发 $A$ 自编区段，摘挂列车 | 10 | 73 | 730 | |
| | 总计 | 57 | | 4140 | |

各车场的利用率为：

到发场 I：

$$K_1 = \frac{2340-120}{(1440\times3-120)(1-0.2)} = 0.66$$

到发场 II：

$$K_2 = \frac{4140-0}{(1440\times4-0)(1-0.2)} = 0.90$$

各车场按方向别到发线的通过能力可列表计算如表 8-10。

**各车场按方向别到发线通过能力计算表**  表 8-10

| 方向 | | 作业项目 | 列入计算的列车数 | 到发线通过能力 | | |
|---|---|---|---|---|---|---|
| | | | | 到发场 I | 到发场 II | 计 |
| A 方向 | 接车 | 到发场 I 接 $A$ 至 $B$ 无调中转列车 | 27 | 40.9 | | 40.9 |
| | | 到发场 II 接 $A$ 到解列车 | 10 | | 11.1 | 11.1 |
| | | 计 | 37 | 40.9 | 11.1 | 52.0 |
| | 发车 | 到发场 I 发 $B$ 至 $A$ 无调中转列车 | 10 | (15.2) | | (15.2) |
| | | 到发场 II 发 $B$ 至 $A$ 无调中转列车 | 17 | | (18.9) | (18.9) |
| | | 到发场 II 发 $A$ 自编列车 | 10 | | 11.1 | 11.1 |
| | | 计 | 37 | 15.2 | 30.0 | 45.2 |
| B 方向 | 接车 | 到发场 I 接 $B$ 至 $A$ 无调中转列车 | 10 | 15.2 | | 15.2 |
| | | 到发场 II 接 $B$ 至 $A$ 无调中转列车 | 17 | | 18.9 | 18.9 |
| | | 到发场 II 接 $B$ 到解列车 | 10 | | 11.1 | 11.1 |
| | | 计 | 37 | 15.2 | 30.0 | 45.2 |
| | 发车 | 到发场 I 发 $A$ 至 $B$ 无调中转列车 | 27 | (40.9) | | (40.9) |
| | | 到发场 II 发 $B$ 自编列车 | 10 | | 11.1 | 11.1 |
| | | 计 | 37 | 40.9 | 11.1 | 52.0 |

因此，按方向别到发线的接发车通过能力为：

A 方向接车能力：$N^A_{接} = 52.0$ 列

A 方向发车能力：$N^A_{发} = 45.2$ 列

$B$ 方向接车能力：$N_{接}^{B} = 45.2$ 列

$B$ 方向发车能力：$N_{发}^{B} = 52.0$ 列

为了衡量到发线的负荷，到发线的通过能力还应按车场别进行计算，此时无调中转列车一接一发计 1 列，有调中转解体 1 列计 1 列，编组 1 列计 1 列。

到发场Ⅰ的通过能力：$40.9 + 15.2 = 56.1$ 列

到发场Ⅱ的通过能力：$11.1 + 11.1 + 18.9 + 11.1 + 11.1 = 63.3$ 列

全站到发线的通过能力：$56.1 + 63.3 = 119.4$ 列

### 8.2.4 最终通过能力的确定

车站最终通过能力是将咽喉、到发线的通过能力以及调车设备的改编能力进行综合分析，针对车站的薄弱环节，重新调整咽喉、车场、驼峰和牵出线的分工，最后按方向别确定一昼夜所能通过的最多货物列车数和运行图规定的旅客列车数。

在确定车站最终通过能力时，应先将车站各项设备的能力进行汇总。

1. 咽喉通过能力汇总

当某方向接车或发车经由两条及其以上进路时，汇总后的咽喉能力应等于各进路咽喉道岔组办理该方向接车或发车的通过能力之和。如表 8-11 中 $A$ 方向咽喉的接车能力，无调中转列车的咽喉道岔组为 5 号，其通过能力为 79.4 列；有调中转列车的咽喉道岔组为 7 号，其通过能力为 20.8 列，则 $A$ 方向货物列车咽喉的接车通过能力为 $79.4 + 20.8 = 100.2$。

2. 到发线通过能力汇总

当某方向接车或发车由几个车场办理时，到发线通过能力应等于各车场办理该方向接车或发车的通过能力之和。如表 8-11 中 $A$ 方向到发线的接车能力：无调中转列车到发场Ⅰ到发线的通过能力为 40.9 列；有调中转列车到发场Ⅱ到发线的通过能力为 11.1 列，则 $A$ 方向到发线的接车通过能力为 $40.9 + 11.1 = 52.0$ 列。

3. 方向别最终通过能力的确定

咽喉和到发线通过能力按方向别汇总后，车站最终通过能力应按办理该方向列车的各项设备中受控制的（即利用率最大）某项设备的能力来确定。

当车站有几个到发场分别接发列车，而经由的咽喉有几个不同进路时，则最终通过能力的确定应考虑以下两种情况：

（1）一条固定进路在一个到发场接发

如果同一方向的列车，只经由一条固定的接（发）车进路并在一个到发场内办理接（发）列车作业时，则该方向的接（发）车最终通过能力等于该进路上受控制的某项设备（咽喉或到发线）能够办理该方向最多的列车数。

（2）几条不同进路在几个到发场接发

如果同一方向的列车，经由几条不同的接（发）车进路并在不同的到发场内办理接（发）车作业时，则该方向的接（发）车最终通过能力应等于该进路上受控制的某项设备（咽喉或到发线）能够办理该方向最多的列车数之和。例如：表8-11中 $A$ 方向的接车能力受到发场Ⅰ和到发场Ⅱ到发线通过能力的限制，到发场Ⅰ的接车能力为40.9列，到发场Ⅱ的接车能力为11.1列，故 $A$ 方向最终的接车能力为 $40.9+11.1=52.0$ 列。

必须指出，当某些区段站上有调改编中转列车较多时，其接发车能力还可能受车站改编能力的限制。此时，应对该站改编能力进行计算平衡后，再求得该站按方向别有调中转列车的最终接（发）车通过能力。

4. 车站最终通过能力的确定

车站最终通过能力应按受控制设施的接车和发车通过能力分别进行计算。

$$接车能力：N_{接}=\Sigma n_{接}^{i} \tag{8-30}$$

$$发车能力：N_{发}=\Sigma n_{发}^{i} \tag{8-31}$$

式中 $n_{接}^{i}$、$n_{发}^{i}$——$i$ 方向的接车或发车能力。

例如：本区段站 $A$、$B$ 方向的能力均受到发线能力的控制，由表8-11计算可得，全站的接车能力 $N_{接}=n_{接}^{A}+n_{接}^{B}=52.0+45.2=97.2$ 列，全站的发车能力为 $N_{发}=n_{发}^{A}+n_{发}^{B}=45.2+52.0=97.2$ 列。

**车站最终通过能力计算表**　　　　　　　　　表8-11

| 方向 | 作业和列车种类 | | 列入计算中的列车数 | 各部分通过能力 | | | | | | 受何控制 | 最终通过能力（列） |
| --- | --- | --- | --- | --- | --- | --- | --- | --- | --- | --- | --- |
| | | | | 道岔组5 | 道岔组7 | 到发场Ⅰ | 到发场Ⅱ | 道岔组2 | 道岔组4 | | |
| A方向 | 接车 | 无调 | 27 | 79.4 | | 40.9 | | | | 到发场Ⅰ | 40.9 |
| | | 有调 | 10 | | 20.8 | | 11.1 | | | 到发场Ⅱ | 11.1 |
| | | 计 | | | | | | | | 到发场 | 52.0 |
| | 发车 | 无调 | 27 | | 56.2 | (15.2) | (18.9) | | | 到发场Ⅱ | 34.1 |
| | | 有调 | 10 | | 20.8 | | 11.1 | | | 到发场Ⅱ | 11.1 |
| | | 计 | | | | | | | | 到发场 | 45.2 |
| B方向 | 接车 | 无调 | 27 | | 15.2 | 18.9 | | | 77.1 | 到发场Ⅱ | 34.1 |
| | | 有调 | 10 | | | 11.1 | | | 28.5 | 到发场Ⅱ | 11.1 |
| | | 计 | | | | | | | | 到发场 | 45.2 |
| | 发车 | 无调 | 27 | | (40.9) | | | 122.7 | | 到发场Ⅰ | 40.9 |
| | | 有调 | 10 | | | 11.1 | | | 28.5 | 到发场Ⅱ | 11.1 |
| | | 计 | | | | | | | | 到发场 | 52.0 |
| 利用率 K | | | | 0.34 | 0.48 | 0.66 | 0.90 | 0.22 | 0.35 | | |

## 8.3　编组站通过能力

编组站的通过能力为到达场和出发场到发线的通过能力之和。

### 8.3.1　到达场到发线通过能力

影响到达场到发线通过能力的因素很多，主要包括列车到达的不均衡性、列检能力、驼峰解体能力及其负荷、接车延误率、空费系数等。

根据上述影响到发线通过能力的因素可见，到达场到发线通过能力是有条件的。它是指在驼峰能力、列检能力、列车到达间隔与作业时间分布规律等一定的条件下，按照不间断接车可靠性的要求，到发线一昼夜可能接入的最多列车数。

1. 编组站车列作业排队服务系统

编组站（三级三场）由到达场、驼峰、调车场、牵出线、出发场及其相应的技术设施组成，共同完成车列的到达、解体、集结、编组和出发作业。它们之间相互联系又相互制约，是一个大的服务系统。根据排队论和车列在站内的作业流程，这个大系统又可分为三个排队服务子系统（图8-4）。

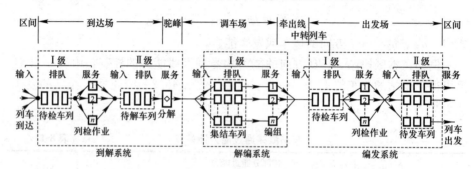

图8-4 编组站车列作业排队服务系统示意图

（1）到解子系统

到解子系统是由列车自区间到达时起，经列检、推峰至车列解体完毕为止，可视为两级排队服务系统。第一级为到达列检服务系统，这里的列检组是服务员，列检作业时间为服务时间。改编列车到达时，若有闲着的列检组，则立即进行列检作业；若列检组不空，车列（或列车）必须在到达场或进站信号机外排队等待。当有几个列检组时，可视为多通道排队服务系统。第二级为解体服务系统，这里的驼峰是服务员，车列解体时间为服务时间。列检作业结束后，若当时驼峰空闲，可立即上峰解体；若驼峰不空闲，则车列需在到达场排队等待。当实行双推单溜作业组织方式解体时，可视为单通道排队服务系统。

（2）解编子系统

解编子系统全称为解体编组子系统，是在驼峰上解体的车组在各自的调车线上集结成新的车列，若牵出线调机空闲，则立即进行编组；若牵出线调机不空闲，则车列在调车线上排队等待。显然，该系统的服务员是尾部牵出线和调车机，车列编组和转线时间是服务时间。当峰尾设几条牵出线和使用几台调车机时，可视为几个独立的单通道排队服务系统。

（3）编发子系统

编发子系统作业过程包括自编出发列车和无调中转列车进入出发场，在这里进行出发前的技术作业，也可以视为两级排队服务系统。第一级为出发列检服务系统，这里的列检组是服务员，列检作业时间为服务时间。自编列车或无调中转列车进入出发场时，若有空闲的列检组，则立即进行列检作业；否则，车列（或列车）必须在出发场或进路信号机外方排队等待。若有几个列检组时，可视为多通道排队服务系统。第二级为出发服务系统。列检作业结束后，若当时区间有运行线并有本务机车，则列车可立即发往区间；否则，车列须在出发场排队等待发车。这里，服务员是各个出发区间，服务时间是往各出发区间的发车间隔时间。当出发场衔接几个方向时，该系统可视为多个单通道排队服务系统。

在到解子系统和编发子系统中，列检组数也可以经过适当调整来适应驼峰作业和出发作业，使待检车列数减至最少。这时，到解和编发子系统也可视为一级排队服务系统。

2. 基本计算公式

到达场的主要任务是保证完成车列解体前的技术准备工作和不间断地自区间接入解体列车。到达场到发线的通过能力应根据随机排队服务系统的理论来确定，可用直接计算法确定，其一般计算公式为：

$$n_{到} = \frac{(1 - \gamma'_{空})(1440 M_{到} - \Sigma t_{固})}{t_{到占}} \qquad (8\text{-}32)$$

式中　$n_{到}$——到达场到发线的通过能力（列）；

$\gamma'_{空}$——到达场到发线的空费系数，见公式（8-22）；

$M_{到}$——扣除本务机车和调车机车走行线以后，到达场可用于办理列车技术作业的线路数；

$\Sigma t_{固}$——接发旅客列车、定时取送车辆等固定作业占用到发线的时间（min）不包括摘挂列车占用到发线的时间；

$t_{到占}$——到发线通过能力利用程度达到饱和时每列解体列车平均占用到发线的时间（min），且：

$$t_{到占} = t^{到}_{技占} + t^{到}_{待} \qquad (8\text{-}33)$$

式中　$t^{到}_{待}$——车列在到达场的等待时间（min），包括待检和待解时间；

$t^{到}_{技占}$——技术作业占用到发线的时间（min），应分别衔接方向、列车种类按下式进行分项查定：

$$t^{到}_{技占} = t_{接} + t_{到技} + t_{推占} + t_{解占} + t_{它占} \qquad (8\text{-}34)$$

式中　$t_{接}$——接车作业占用到发线时间（min），计算和查定方法见本章第 2 节；

$t_{到技}$——到达技术作业占线时间，按各站规定的货物列车技术作业程序及时间标准确定，通常解体列车到达技术作业时间标准可取 $25\sim35$min；

$t_{推占}$——车列预推过程占线时间，自调车机车挂妥车列向峰顶预推之时起至车列头部到达预推停车点止的时间，一般根据预推距离和速度不同可取 $4\sim5$min；

$t_{解占}$——车列分解过程占线时间，由车列头部从预推停车点向峰顶推进时起至到发线腾空进路解锁止的时间，可根据车列长度及推峰速度不同取 6～9min；

$t_{它占}$——其他作业占线时间，如单机到达等，可通过统计或写实办法确定其占用总时间 $\Sigma t_{其他}$，然后按统计或写实期间解体列车总数 $\Sigma n_{解}$，确定其他作业占用到发线的时间，即：

$$t_{它占} = \frac{\Sigma t_{其他}}{\Sigma n_{解}} \qquad (8-35)$$

对一个具体车站，$M_{到}$、$\Sigma t_{固}$ 是已知值，而在 $t_{到占}$ 中，当列车编成辆数、列车进站速度、列检定员数一定的条件下，列车技术作业平均占线时间也是相对稳定的。它基本上服从正态分布，可以通过统计或查定取其平均值。但待检和待解时间以及每列摊到的空费时间则与列检和驼峰负荷水平、列车到达间隔和列检、驼峰作业的不均衡性以及到达场接车的可靠性要求有关。因此，如何正确确定在与到发线通过能力相对应的行车量情况下列车的占线时间（主要是待检、待解）和线路空费系数的合理值，是到达场到发线通过能力计算的关键。

3. 计算等待时间和空费系数的经验公式

分析证明，待检、待解时间和空费系数的影响因素是错综复杂的，很难用理论公式表达，必须采用计算机模拟法取得有关数据并进行回归，求得其经验公式。

（1）计算等待时间的经验公式

$$t_{到}^{待} = 158.83 + 44.73\upsilon - 3.1176n_{峰} + 0.00988n_{峰}^2 + 61.08$$

$$\times \frac{n_{解}}{1440C} \cdot t_{到技} + 0.00404n_{解}^2 \qquad (8-36)$$

式中 $\upsilon$——列车到达间隔的变异系数，根据数理统计在一般情况下，到达场衔接 3 个及其以下方向时可取 0.75～0.8，平均取 0.775，4 个及其以上方向时，取 0.85～0.90，平均取 0.875；

$n_{峰}$——驼峰的解体能力（包括重复解体交换车的能力），以列数计；

$n_{解}$——一昼夜到达场到达解体的列车数；

$t_{到技}$——到达技术作业时间（min）；

$C$——列检组数，当到达技术作业时间取 25、30、35min 时，分别按一昼夜办理 39、34、30 列计算。

（2）计算空费系数的经验公式

$$\gamma_{空}' = 0.203 - 0.012M_{到} + 0.00024n_{峰} + 0.163\upsilon \qquad (8-37)$$

由于 $t_{待}^{到}$ 计算公式中 $n_{解}$ 在确定通过能力时是未知数，因此在计算通过能力时，应采用逐步逼近法来求解。

逐步逼近法可以采用计算机计算，也可以采用人工计算。在采用人工计算时，可以根据已知的驼峰解体能力 $n_{峰}$、列检平均作业时间 $t_{检}$、列车组数 $C$ 计算任意不大于驼峰解体能力的三种行车量（$n_1$、$n_2$、$n_3$）下的 $t_{待}^{到}$ 值，然后加上平均的技术作业占线时间，求得相应的车列占线时间 $t_{占}$ 值，并在坐标纸上将其相联成 $L_1$。根据相应的 $t_{占}$ 值、接车线数 $M$ 和空费系数 $\gamma_{空}'$，可以求得三个相应的通过能力（$n_1'$、$n_2'$、$n_3'$），将其相联成 $L_2$，$L_1$ 与 $L_2$ 的交点 $P$ 即是要求的列车占线时间 $t_{到占}$ 值和通过能力 $n$ 值（图8-5）。

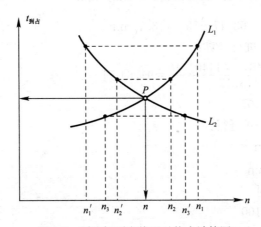

图 8-5　到达场到发线通过能力计算图

4. 计算举例

【例8-2】　某站到达场除本务机车、调车机车和通过能力走行线外，有接车线 $M_{到}=10$ 条，已知驼峰解体能力 $n_{峰}=110$ 列，到达场衔接 5 个方向，其到达间隔变异系数 $\upsilon=0.85$，当前各方向到达列车数和列车技术作业占用到发线时间标准如表 8-12 所列。试确定编组站到达场到发线的通过能力。

各方向车列技术作业占线时间表　　　　　　　　　　　表 8-12

| 方向 | 列车种类 | 车列数 | 车列技术作业占线时间（min） | | | | 附注 |
| --- | --- | --- | --- | --- | --- | --- | --- |
| | | | 接车作业占线时间 | 技术作业时间 | 预推及分解占线时间 | 计 | |
| 1 | 直通 | 20 | 6 | 35 | 14 | 55 | |
| 2 | 直通、区段 | 15 | 6 | 35 | 14 | 55 | |
| 3 | 直通、摘挂 | 10 | 7 | 35 | 14 | 56 | |
| 4 | 区段、摘挂、小运转 | 33 | 8 | 35 | 12 | 55 | |
| 5 | 交换车 | 2 | 6 | — | 8 | 14 | |
| 6 | 单机 | 8 | | | | 9 | 其他作业 |

（1）车列技术作业平均占用到发线时间

利用加权平均法进行计算：

$$t_{到技}=\frac{20\times55+15\times55+10\times56+33\times55+2\times14+8\times9}{20+15+10+33+2}=55\text{min}$$

（2）到发线空费系数

按式（8-37）进行计算：

$$\gamma_{空}'=0.203-0.012\times10+0.00024\times110+0.163\times0.85=0.248$$

（3）车列在到发场平均等待时间及到发线通过能力

1）设 $n_{解}=n_1=110$

按式（8-36）进行计算：

$$t_{待}^{到}=158.8+44.73\times0.85-3.1176\times110+0.00988\times110^2+61.08$$
$$\times\frac{110\times35}{1440\times4}+0.00404\times110^2=63.17\text{min}$$

$$t_{占}^{到}=t_{技占}^{到}+t_{待}^{到}=63.17+55=118.17\text{min}$$

按式（8-32）进行计算：

$$n_1=\frac{(1-0.248)\times1440\times10}{118.17}=91.64\text{ 列}$$

2）$n_{解}=n_2=105$

代入以上各公式可得：

$$t_{待}^{到}=56.97\text{min}$$

$$t_{占}^{到}=111.97\text{min}$$

$$n_2{}'=96.71\text{ 列}$$

3）$n_{解}=n_3=100$

代入以上各公式可得：

$$t_{待}^{到}=50.98\text{min}$$

$$t_{占}^{到}=105.98\text{min}$$

$$n_2{}'=102.18\text{ 列}$$

4）内插

将计算结果画成图（图 8-6），从而可求得该站到达场到发线的通过能力 $n_{到}=101$ 列，在该行车量条件下的列车占线时间 $t_{到占}=107.2\text{min}$。

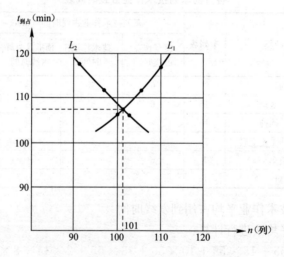

图 8-6　某到达场到发线通过能力计算图

## 8.3.2　出发场到发线通过能力

出发场到发线通过能力的计算与到达场通过能力的计算类似。

1. 基本计算公式

编组站的出发场（含与其并列的通过场）一端连接着调车场尾部牵出线（或联络线）及外包调车场的站内正线，另一端连接着各出发区段。其主要任务是：第一，正确及时地完成车列出发前的技术准备工作，并保证不间断地接入中转列车和按运行图规定的时刻发车；第二，保证繁忙期间能从调车场不间断地转入编成的车列，及时腾空调车场的线路，为驼峰的正常解体作业创造条件。

出发场的作业经常是不稳定的，其客观因素是编成车列自调车场转入及中转列车自区间到达的不均衡性，以及由于旅客列车和摘挂列车运行影响而产生的货物列车运行线在运行图上铺画的不均衡性。在一昼夜的繁忙期，出发场将会满线，乃至延误一部分列车的接入或转入。而在非繁忙期间，又会出现出发场内线路空闲，有些线路没有被列车占用。因此，计算出发场到发线通过能力时，办理一列出发列车平均占用线路的时间，除列车实际占用时间外，还应包括一定的空闲时间。

出发场到发线的通过能力同样可结合设备、车流及作业组织等具体条件采用直接计算方法进行确定。其基本计算公式为：

$$n_发 = \frac{(1 - \gamma''_空)(1440M_发 - \Sigma t_固)}{t_{发占}}$$ (8-38)

式中　$n_发$——出发场到发线通过能力（列）；

$M_发$——扣除本务机车及调车机车走行线后，出发场可用于办理技术作业的线路数；

$\gamma''_空$——出发场线路的空费系数；

$t_{发占}$——到发线利用程度达到饱和时，每列出发列车平均占用到发线时间（min），且：

$$t_{发占} = t^发_{技占} + t^发_待$$ (8-39)

其中　$t^发_待$——列车在出发场的等待时间，包括待检和待发时间；

$t^发_{技占}$——每列车出发技术作业占线时间（min），且：

$$t^发_{技占} = t_{转(接)} + t_{发技} + t_发 + t^发_{它占}$$ (8-40)

其中　$t_{转(接)}$——办理列车转线（中转列车为接车）占线时间，可按写实查定，$t_接$ 取 5～8min，$t_转$ 取 7～9min；

$t_{发技}$——办理列车转线技术作业时间，始发列车取 25～35min，无改编中转列车取 35～40min，部分改编中转列车取 45～55min；

$t_发$——列车出发占线时间，可按写实查定，一般取 5～7min；

$t^发_{它占}$——其他作业占线时间，min，包括单机接发、机车整备、非定时取送等随行车辆增长而变化的其他技术作业占线时间，可通过统计或写实查定，并按下式计算：

$$t^发_{它占} = \frac{\Sigma t_{其他}}{\Sigma n_发}$$ (8-41)

其中　$\Sigma t_{其他}$——查定期间其他技术作业一昼夜占线总时间（min）；

$\Sigma n_发$——查定期间一昼夜发出的货物列车总列数。

由此可见，出发场到发线通过能力主要取决于办理出发作业的出发线数

335

目 $M_发$、办理一列出发列车平均占线时间 $t_{发占}$ 以及固定作业时间 $\Sigma t_固$。对具体车站而言，$M_发$ 及 $\Sigma t_固$ 是确定值，而在 $t_{发占}$ 中，当出发场咽喉结构、列车编成辆数、列车出站速度、列检组数及其作业组织一定的条件下，列车办理技术作业平均占线时间 $t_{技占}^发$ 是相对稳定的，它服从正态分布，可以取统计平均值，或通过写实查定。待检时间可以看作是待发时间的转化，在列检组数足够（负荷在 75% 以下）时，可以不必单独列出。而待发时间和空费时间两项，根据统计可知，在总占用时间中约占 70% 左右，且与很多随机因素有关，不易查定。因此，如何正确而简便地推算出在一定条件下到发线通过能力利用程度达到饱和尚能保证出发场正常工作时的列车待发和线路空费时间的合理值，是计算出发场到发线通过能力的关键。

2. 待发时间和空费时间

影响待发时间的主要因素包括：列车出发间隔、列车出发间隔的不均衡性、出发场的衔接方向（发车进路）数、列车运行线的专门化、备用运行线的比率、牵出线调机或出发场输入通道的负荷等。此外，因交接班、用餐、机车整备及其他作业组织上的问题，如果使出发场某些作业出现较长时间的中断，也会对待发时间产生不良的影响。

影响空费时间的主要因素包括：列车密度、输入流到达间隔时间的不均衡程度、出发场的衔接方向（发车进路）数、办理技术作业的占线时间、备用运行线的比率等。

可见，各种因素对列车待发及线路空费时间的影响是错综复杂的，有的又是互相矛盾的，很难用理论公式表达。为了确定反映各种影响因素的有关参数及找出测算系统处于平衡状态、到发线运用达到一定水平时列车待发时间和线路空费时间的经验公式，必须利用计算机对编发系统进行模拟。

根据模拟输出的参数，对车列在出发场的等待时间进行回归，经过检验和参考现场实际资料进行修正后，得到计算待发时间的经验公式如下：

$$t_{待发} = 19.182 + 8.184D - 1.677\alpha + 16.96\upsilon + 5.564M_发 - 0.325M_发^2$$

$$(8\text{-}42)$$

式中　$t_{待发}$——车列在出发场的等待时间（min）；

　　　$D$——出发场能同时出发的进路数；

　　　$\alpha$——区间通过能力后备占区间通过能力的百分数，一般取 $5\sim15$（正常情况下取 10）；

　　　$M_发$——出发场用于办理货物列车技术作业的到发线数；

　　　$\upsilon$——列车到达和转线间隔变异系数，可取 $0.7\sim0.9$。

在允许的车列转线和列车到达出发场的延误率下，系统处于平稳状态，通过能力达到饱和时，一列货物列车摊到的线路空费时间 $t_{空费}^发$ 可按下列经验公式计算：

$$t_{空费}^发 = -5.193 + 0.516t_{技占}^发 + 4.092D - 0.864\alpha + 4.987\upsilon + 2.867M_发$$
$$- 0.168M_发^2$$

$$(8\text{-}43)$$

式中各项符号意义同前。

3. 计算举例

【例 8-3】 某站下行系统出发场可同时向 4 个方向发车，即 $D=4$，共有线路 16 条，扣除本务机车、调车机车走行线各一条，可供办理列车技术作业的线路数为 $M_发=14$ 条。如区间通过能力后备百分数 $\alpha=10$，列车到达及转线间隔变异系数 $\upsilon=0.8$，各方向办理的列车数和列车技术作业占线时间如表 8-13，求该站下行系统出发场到发线的通过能力。

各方向车列技术作业占线时间表 　　　　表 8-13

| 方向 | 列车种类 | 列车数 | 列车技术作业占线时间（min） | | | | 附注 |
| | | | 接入或转线占线时间 | 技术作业时间 | 出发占线时间 | 计 | |
|---|---|---|---|---|---|---|---|
| 东 | 无改编中转 | 8 | 8 | 41 | 9 | 58 | |
| 南 | 无改编中转 | 16 | 8 | 41 | 8 | 57 | |
| 西 | 无改编中转 | 1 | 8 | 41 | 8 | 57 | |
| 东 | 始发列车 | 28 | 9 | 26 | 6 | 41 | |
| 南 | 始发列车 | 27 | 9 | 26 | 6 | 41 | |
| 西 | 始发列车 | 28 | 8 | 26 | 5 | 39 | |
| 北 | 始发列车 | 22 | 8 | 26 | 6 | 40 | |
| | 小运转单机 | 5 | | | | 10 | 其他占用 |
| | 小运转到达 | 1 | | | | 134 | 其他占用 |
| | 市郊列车 | 6 | | | | 14 | 固定作业 |

（1）货物列车技术作业平均占线时间

$$t_{技占}^{发} = \frac{58 \times 24 + 57 \times 1 + 41 \times 55 + 39 \times 28 + 40 \times 22 + 10 \times 5 + 134}{24 + 1 + 55 + 28 + 22}$$

$$= 45.08\text{min}$$

（2）货物列车在出发场平均等待时间

按式（8-42）进行计算：

$$t_{待}^{发} = 19.182 + 8.184 \times 4 - 1.677 \times 10 + 16.96 \times 0.8 + 5.56 \times 14 - 0.325 \times 14^2$$

$$= 62.91\text{min}$$

（3）每列货物列车所摊到的空费时间

按式（8-43）进行计算：

$$t_{空费}^{发} = -5.193 + 0.516 \times 45.08 + 4.092 \times 4 - 0.864 \times 10 + 4.987 \times 0.8$$

$$+ 2.867 \times 14 - 0.168 \times 14^2 = 36.95\text{min}$$

（4）到发线空费系数

$$\gamma_{空}'' = \frac{t_{空费}^{发}}{t_{技占}^{发} + t_{待}^{发} + t_{空费}^{发}} = \frac{36.95}{45.08 + 62.91 + 36.95} = 0.255$$

（5）出发场到发线通过能力

$$n_{发} = \frac{(1 - 0.255)(1440 \times 14 - 14 \times 6)}{45.08 + 62.91} = 138.5 \text{ 列}$$

（6）按方向及列车种类别通过能力分配

详见表8-14。

按方向及列车种类通过能力分配表　　　　　　表 8-14

| 方　　向 | 列车种类 | 占列车总数比例 | 通过能力（列） |
|---|---|---|---|
| 东 | 无调中转 | 8/130=0.062 | 138.5×0.062=8.5 |
| 南 | 无调中转 | 16/130=0.123 | 138.5×0.123=17.0 |
| 西 | 无调中转 | 1/130=0.008 | 138.5×0.008=1.1 |
| 东 | 始发列车 | 28/130=0.215 | 138.5×0.215=29.8 |
| 南 | 始发列车 | 27/130=0.207 | 138.5×0.207=28.8 |
| 西 | 始发列车 | 28/130=0.215 | 138.5×0.215=29.8 |
| 北 | 始发列车 | 22/130=0.169 | 138.5×0.169=23.5 |

### 8.3.3　编发线通过能力

编发线的发车能力按下列公式计算：

$$N_{编发} = \frac{(1-\gamma_{空})(1440M-\sum t_{固})}{t_{编发}}\qquad(8\text{-}44)$$

式中　$M$——编发线数量；

$\gamma_{空}$——编发线空费系数，取 0.15～0.20；

$t_{编发}$——一列列车平均占用编发线的时间（min），且：

$$t_{编发} = t_{预占}+t_{分解}+t_{集占}+t_{待编}+t_{编}+t_{出}+t_{待发}+t_{发}+t_{其他}\qquad(8\text{-}45)$$

其中　$t_{预占}$——开始向编发线解体前预先办理进路的时间，自允许推峰时起至车列推到峰顶时止的时间（min）；

$t_{分解}$——解体一车列的时间（min）；

$t_{集占}$——集结一车列占用编发线的时间，根据实际查定的资料予以确定（min）；

$t_{待编}$——集结终了以后等待编组时间（min）；

$t_{编}$——车列的编组时间（min）；

$t_{出}$——列车出发技术作业占用时间（min）；

$t_{待发}$——列车待发时间，自出发技术作业终了至发车时止的时间（min）；

$t_{发}$——发车时占用编发线时间（min），自列车起动时起至列车腾空该线路时止；

$t_{其他}$——摊到每列占用该编发线的其他作业时间（min）。

应当指出，上述公式只适应于车列在本线集结、本线发车的情况。实际作业中，编发线的固定使用方案是多种多样的，故上述计算方法有一定局限性。

## 8.4　客运站通过能力

上述计算主要针对货运而言。客运站的通过能力包括到发线通过能力和客车整备场通过能力。

### 8.4.1 到发线通过能力

客运站到发线通过能力是指在一定的列车运行图、车站设备、作业性质（有无货物列车接发）和旅客列车技术作业过程情况下，到发线一昼夜能够接发的最多旅客列车数。

**1. 影响因素**

主要包括各种列车占用到发线的时间、客运站接发各种列车的比重、列车到发的不均衡性、空费时间、旅客列车到发线数量、客运站站型等因素。

**2. 能力计算**

客运站到发线通过能力可按下列公式进行计算：

$$N_{客} = \frac{M_{客}(1440 - t_{停})(1 - \alpha_{空费})}{t_{占均}} \tag{8-46}$$

式中　$N_{客}$——到发线通过能力（列）；

$\quad\quad M_{客}$——到发线通过能力；

$\quad\quad t_{停}$——客运站规定一昼夜内停止接发旅客列车的时间（min）；

$\quad\quad \alpha_{空费}$——旅客列车到发线空费系数，根据模拟、回归分析，回归公式为：

$$\alpha_{空费} = 0.3181 - 0.000887N_{客} + 0.2236\alpha_{通} + 0.2602\alpha_{折} \tag{8-47}$$

$\quad\quad t_{占均}$——平均一列旅客列车占用到发线的时间（min），且：

$$t_{占均} = \alpha_{通} t_{占通} + \alpha_{折} t_{占折} + \alpha_{始} t_{占始} + \alpha_{终} t_{占终} \tag{8-48}$$

其中　$\alpha_{通}$、$\alpha_{折}$、$\alpha_{始}$、$\alpha_{终}$——通过、站折、始发、终到旅客列车占一昼夜接发旅客列车总数的比重，$\alpha_{通} + \alpha_{折} + \alpha_{始} + \alpha_{终} = 1.0$；

$\quad\quad t_{占通}$、$t_{占折}$、$t_{占始}$、$t_{占终}$——通过、站折、始发、终到旅客列车每列占用到发线的时间（min），且：

$$
\begin{aligned}
t_{占通} &= t_{接} + t_{通停} + t_{发} \\
t_{占折} &= t_{接} + t_{折停} + t_{发} \\
t_{占终} &= t_{接} + t_{终停} + t_{转入} \\
t_{占始} &= t_{转出} + t_{始停} + t_{发}
\end{aligned} \tag{8-49}
$$

其中　　$t_{接}$、$t_{发}$——接车、发车占用到发线时间（min）；

$\quad\quad t_{转入}$、$t_{转出}$——客车车底由到发线转到整备场或由整备场转到到发线的转线时间（min）；

$\quad\quad t_{通停}$、$t_{折停}$、$t_{终停}$、$t_{始停}$——各种旅客列车在到发线上的平均停站时间（min），可根据列车技术作业过程予以查定。

**3. 高速客运站能力计算**

高速客运站到发线的通过能力可按密集到发情况下，到发线一昼夜能够接发的最多的列车数计算，公式如下：

$$N_{客} = \frac{t_{占均}}{I_{间隔}} M_{客} \tag{8-50}$$

式中　$N_{客}$——高速客运站到发线通过能力（列/d）；

$\quad\quad I_{间隔}$——列车运行图规定最小发车间隔时分。

### 8.4.2 客车整备场通过能力

为保持客车技术状态，在配属有大量旅客列车车底和动车组的始发、终到客运站，或有大量长途旅客列车的折返站，以及大量城际、市郊列车的始发、终到站上应设置客车整备所，以便对客车进行技术整备和客运整备作业。

客车整备所配备的设施包括客车外部清洗设备、客车整备库、清毒设备和其他设备。

客车整备所配备的线路包括到发线、整备线、备用车停留线、出发线及其他线路。这些线路和有关设备构成了客车整备场。

客车整备场通过能力是指在一定的列车运行图、整备线作业方式、整备线数量及整备车底性质条件下，整备场一昼夜能够整备的最多车底套数。

1. 影响因素

客车整备场通过能力的主要影响因素包括运行图规定的始发、终到旅客列车开、到时刻，旅客列车性质，整备作业方式，空费时间及整备场离客运站的距离以及取送客车车底的调机台数等。

2. 能力计算

整备场通过能力采用利用率法进行计算：

$$K = \frac{n_{整} t_{占}}{1440 M_{整}(1 - \alpha_{空费})} \tag{8-51}$$

式中　$n_{整}$——根据列车运行图或设计年度运量确定的需在该站整备的始发、终到客车对数（市郊、站折旅客列车不计）；

$M_{整}$——整备场整备线数量（条）。

$\alpha_{空费}$——空费系数，按下式计算：

$$\alpha_{空费} = \frac{t_{空}}{t_{占} + t_{空}} \tag{8-52}$$

其中　$t_{占}$——每列车底占用整备线的时间（min）；

$t_{空}$——每列车底摊到的空费时间（min）。

根据我国郑州、武昌、长沙、三棵树等 12 个整备场所查定资料的数理统计分析结果，占用时间 $t_{占}$ 为泊松分布，空闲时间 $t_{空}$ 为负指数分布。当累计频率为 80% 时，将 $t_{占}$ 分为 8h、9h、10h 三档，$t_{空}$ 分为 3h、4h、5h 三档后，根据整备车底的性质和数量分别取值，见表 8-15。

$t_{占}$、$t_{空}$ **取值表**　　　　　　　　　　表 8-15

| 项目 | 时间档（h） | 采用条件 |
| --- | --- | --- |
| $t_{占}$ | 8 | 短途客车比例较大 |
| | 9 | 长、短途客车比例接近 |
| | 10 | 长途客车比例较大 |
| $t_{空}$ | 3 | 始发、终到客车 20 对及以上 |
| | 4 | 始发、终到客车 10 对及以上 |
| | 5 | 始发、终到客车 10 对以下 |

根据表 8-14 中所列数据和上述公式计算出空费系数 $\alpha_{空费}$ 和利用率 $K$ 后，

再按 $N=\dfrac{n_{整}}{K}$ 即可求得该整备场的通过能力 $N$。

## 8.5 货运设施能力

货运设施能力包括仓库、货棚、货物站台、堆货场能力，集装箱站台能力，装卸线能力，货场道路能力及活动货运设备能力等。

### 8.5.1 仓库、货棚、站台、堆货场能力

发送、到达的仓库、货棚、站台或堆货场能力（$Q_{年}$）可按下式计算：

$$Q_{年} = \frac{365F \cdot P}{\alpha \cdot t} \qquad (8\text{-}53)$$

式中　$Q_{年}$——仓库、货棚、站台或堆货场的年堆放能力（t/a）；

　　　$F$——仓库、货棚、站台或堆货场的使用面积（m²）；

　　　$P$——该项设备单位面积堆货量（t/m²）；

　　　$\alpha$——月度货物发送或到达不均衡系数，一般采用 1.2；

　　　$t$——货物保管期限，发送货物采用 1.5d，到达笨重货物采用 4d，到达其他货物采用 3d。

### 8.5.2 集装箱货物中转站台能力

1. 按每昼夜中转车数计算的能力

$$n_{车} = \frac{K_{次} \cdot n_{容}}{\alpha} \qquad (8\text{-}54)$$

式中　$n_{车}$——每昼夜能完成的中转车数（车/d）；

　　　$K_{次}$——每昼夜中转作业的次数；

　　　$n_{容}$——中转站台线路的最大容车数；

　　　$\alpha$——车辆送入站台的不均衡系数。

2. 按每昼夜能完成的中转货物吨数计算的能力

$$Q_{中} = \frac{F_{使用} \cdot P_{中} \cdot \lambda}{\alpha \cdot r \cdot t_{中}} \qquad (8\text{-}55)$$

式中　$F_{使用}$——中转站台办理中转货物作业的总面积（m²）；

　　　$P_{中}$——中转站台单位面积堆货量（t/m²）；

　　　$t_{中}$——中转货物保管期限（d）；

　　　$\alpha$——车辆送入站台的不均衡系数；

　　　$\lambda$——货位有效利用率，取 0.9；

　　　$r$——落地货物占中转货物的比重。

### 8.5.3 装卸线能力

$$N_{线} = \frac{L_{线} \cdot P \cdot d}{qt} \qquad (8\text{-}56)$$

式中　$N_线$——装卸线作业能力（车/d）；

$\qquad L_线$——货物装卸线有效长（m）；

$\qquad P$——货位单位面积堆货量（t/m²）；

$\qquad d$——装卸线一侧或两侧设计货位总宽度（m）；

$\qquad q$——货车平均净载重（t/车）；

$\qquad t$——货物保管期限（d）。

### 8.5.4　货场道路能力

货场道路能力按货场道路面积与货场总面积的百分数（$R$）表示，即：

$$R = \frac{F_路}{F_总} \tag{8-57}$$

式中　$F_路$——包括车辆走行通道和车辆装卸作业停靠场的道路面积（m²）；

$\qquad F_总$——货场总面积（m²）。

当 $R$ 大于 20% 以上时，则认为货场道路能力足够，不致发生堵塞现象。

### 8.5.5　活动货运设备能力

以上为固定货运设施的能力。此外，还有下列活动货运设备，也需要确定其能力。

1. 取送车能力

指该货场调车机车一昼夜所能完成的取送车数或吨数。它与配备的调车机车台数、货场牵出线的容车数、取送配车作业时间、装卸线的容车数等因素有关，可采用实地查定的方法予以确定。

2. 装卸机械能力

指该货场装卸机械一昼夜所能完成的装卸车数或吨数。它与各货场配备的装卸机械台数、类型以及装卸人员数量等因素有关，可根据不同机械采用有关公式计算或采用查定的方法予以确定。

3. 进出货物搬运能力

指短途运输工具和人力一昼夜能从货场搬出和搬入的货物车数或吨数。它与配备的专用汽车和人力等因素有关，可根据不同机械采用有关公式计算或查定。

货场配备的各项设备（包括固定设备和活动设备）能力必须互相协调，作业互相配合，避免由于某项设备能力较小而成为整个货场能力的"瓶颈"，以便充分发挥各项设备的作用。

## 8.6　车站改编能力

在合理使用技术设备的条件下，车站调车设备一昼夜内能够解体和编组的货物列车数或辆数称为车站改编能力。车站改变能力由驼峰解体能力和尾部编组能力组成。

### 8.6.1 驼峰解体能力

驼峰解体能力是在既有技术设备、作业组织方法及调车机车台数条件下一昼夜能解体的货物列车数或辆数。

在纵列式编组站上，驼峰一般只进行解体作业。其解体能力可根据不同调车机车台数和作业组织方法采用直接计算法计算。

1. 一台机车单推单溜解体能力

（1）计算方法

当峰上使用一台机车进行单推单溜作业时，驼峰解体能力 $N_{解1}^{单单}$ 按下式计算：

$$N_{解1}^{单单} = \frac{(1 - \alpha_{空费})(1440 - \Sigma t_{固})}{t_{解占}^{单单}} \tag{8-58}$$

式中　$\alpha_{空费}$——空费系数，由于列车到达不均衡、作业间不协调以及设备故障等原因，所引起的驼峰无法利用的空费时间（不计调车组织交接班等驼峰作业中断期间内产生的空费）占一昼夜时间的比重，一般可取 0.03～0.05；

$\Sigma t_{固}$——固定作业占用驼峰的总时间（min）；

$t_{解占}^{单单}$——采用单推单溜作业方式解体一个车列平均占用驼峰的时间（min）。

（2）固定作业时间

式（8-58）中的固定作业时间 $\Sigma t_{固}$ 按下式计算：

$$\Sigma t_{固} = \Sigma t_{交接} + \Sigma t_{吃饭} + \Sigma t_{整备} + \Sigma t_{客妨} + \Sigma t_{取送}^{占} + \Sigma t_{取送}' \tag{8-59}$$

式中　$\Sigma t_{交接}$——乘务组及调车组一昼夜交接班总时分（min）；

$\Sigma t_{吃饭}$——乘务组及调车组一昼夜吃饭总时分（min）；

$\Sigma t_{客妨}$——一昼夜内由于旅客（通勤）列车横切到达场峰前咽喉妨碍驼峰解体作业的总时分（min）；

$\Sigma t_{取送}^{占}$——由于峰上调机进行固定的取送作业而占用驼峰的时间（min）；

$\Sigma t_{取送}'$——驼峰机车应担当的取送调车作业中未占用驼峰的时间（min）；

$\Sigma t_{整备}$——一昼夜内一台调机进行整备作业的总时分（与机车类型及整备作业地点的远近有关，min）。

内燃机车的整备作业时分 $T_{整备}^{内}$ 按下式计算：

$$T_{整备}^{内} = t_{整备}^{内} + t_{走行}^{内} \tag{8-60}$$

式中　$t_{整备}^{内}$——内燃机车进行整备作业的时间（min）；

$t_{走行}^{内}$——内燃机车从等待作业地点至整备作业地点的走行时间（min）。

（3）单推单溜时间

式（8-58）中单推单溜作业解体一个车列的时间 $t_{解占}^{单单}$ 按下式计算：

$$t_{解占}^{单单} = t_{空程} + t_{推} + t_{分解} + t_{禁溜} + t_{整场} + t_{妨} \tag{8-61}$$

式中　$t_{空程}$——调机自峰顶去待解车列尾部连挂并完成试牵引的时间（min）；

　　　　$t_{推}$——调机将待解车列从到发场推送至峰顶的时间（min）；

　　　　$t_{分解}$——驼峰分解车列的时间（min）；

　　　　$t_{禁溜}$——解体一个车列平均摊到的解、送禁溜车的时间（min）；

　　　　$t_{整场}$——解体一个车列所摊到的驼峰机车下峰推场和恢复调车线固定使用等整理车场的时间（min）；

　　　　$t_{妨}$——解体一个车列平均摊到的妨碍时间（min）。

式（8-61）中的 $t_{空程}$ 因车站布置图的不同，计算方法也有所不同，一般有下面两种情况：

① 当到达场与调车场纵列时（图8-7），按下式计算：

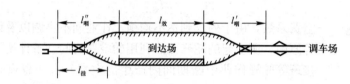

图8-7　到达场与调车场纵列时空程计算图

$$t_{空程} = \frac{0.06 \times (l_{咽}' + l_{效} + l_{咽}'')}{\upsilon_{空}'} + \frac{0.06 l_{挂}}{\upsilon_{空}''} + t_{挂妨} + t_{岔} + t_{挂} \tag{8-62}$$

式中　$l_{咽}'$、$l_{咽}''$——到达场出口咽喉区、进口咽喉区长度（m）；

　　　　$l_{效}$——到达场线路有效长（m）；

　　　　$l_{挂}$——由机待线最外方道岔的基本轨接缝至待挂车列的平均走行距离（m）；

　　　　$\upsilon_{空}'$、$\upsilon_{空}''$——驼峰机车自峰顶至机待线、机待线至挂车的平均走行速度（km/h），其中 $\upsilon_{空}'$ 可取 25km/h，$\upsilon_{空}''$ 可取 15km/h；

　　　　$t_{挂妨}$——在到达场入口处由于顺向改编货物列车的到达与驼峰机车去机待线的进路或驼峰机车由机待线去连挂待解列车的进路发生交叉而影响驼峰机车及时连挂的妨碍时间，此项妨碍时间与到达场入口咽喉的构造、顺向改编货物列车接入线路位置有关；

　　　　$t_{岔}$——转换机待线道岔的时间，可取 0.2min；

　　　　$t_{挂}$——驼峰机车连挂待解车列后试牵引的时间，可取 1.0min。

② 当到发场与调车场横列时（图8-8），可按下式计算：

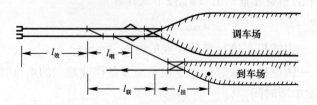

图8-8　到发场与调车场横列时空程计算图

$$t_{空程} = 0.06 \times \left( \frac{l_{咽} + l_{联}}{v'_{空}} + \frac{l_{挂}}{v''_{空}} \right) + t_{挂妨} + t_{挂} + t_{岔} \qquad (8\text{-}63)$$

式中　$l_{联}$——联络线长度（m）；

　　　$l_{咽}$——峰前咽喉区长度（m）；

　　　$l_{挂}$——从到发场咽喉区最外方道岔的基本轨接缝到待挂车列的距离（m）；

　　　$t_{岔}$——开通进路时间（min）。

以上叙述和计算是以解体列数为单位的。若以辆数为单位，则其解体能力 $B_{解}^{单单}$ 可按下式计算：

$$B_{解}^{单单} = N_{解}^{单单} \times m \qquad (8\text{-}64)$$

式中　$m$——解体车列的平均编成辆数。

2. 两台机车双推单溜解体能力

（1）计算方法

当峰上使用两台机车实行双推单溜时，驼峰解体能力 $N_{解2}^{双单}$ 按下式计算：

$$N_{解2}^{双单} = (1 - \alpha_{空费}) \left( \frac{1440 - \Sigma t'_{固}}{t_{解占}^{双单}} + \frac{2\Sigma t_{整备} + \Sigma t'_{取送}}{t_{解占}^{单单}} \right) \qquad (8\text{-}65)$$

式中　$t_{解占}^{双单}$——采用双推单溜作业方式解体一个车列平均占用驼峰的时间（min）。

（2）固定作业时间

式（8-65）中的固定作业时间 $\Sigma t'_{固}$ 与式（8-58）中的固定作业时间 $\Sigma t_{固}$ 略有不同。当两台调机的乘务组、调车组交接班和吃饭同时进行，调机的整备作业交替进行时，其固定作业的总时分按下式确定：

$$\Sigma t'_{固} = \Sigma t_{交接} + \Sigma t_{吃饭} + 2\Sigma t_{整备} + \Sigma t_{客妨} + \Sigma t_{取送}^{占} + \Sigma t'_{取送} \qquad (8\text{-}66)$$

（3）双推单溜解体车列时间

采用双推单溜时，解体一个车列平均占用驼峰的时间按下式计算：

$$t_{解占}^{双单} = t_{分解} + t_{禁溜} + t_{整场} + t_{妨} + t_{间隔} \qquad (8\text{-}67)$$

式中　$t_{间隔}$——自第一车列的最后一钩车溜出调机停轮时起，至第二车列的第一辆车推到驼峰信号机处止的峰顶最小间隔时间，它包括转换道岔、开放驼峰信号、司机确认信号、车列自预推停车地点起动至车列的第一辆车推到驼峰信号机处等项作业的时间（min）。

按辆数计算驼峰解体能力时，$B_{解2}^{双单}$ 按下式计算：

$$B_{解2}^{双单} = N_{解2}^{双单} \times m \qquad (8\text{-}68)$$

3. 三台机车双推单溜解体能力

（1）计算方法

当峰上使用三台机车实行双推单溜作业方法时，驼峰的解体能力按下式计算：

$$N_{解3}^{双单} = (1 - \alpha_{空费}) \times \frac{1440 - \Sigma t''_{固}}{t_{解占}^{双单}} \qquad (8\text{-}69)$$

（2）固定作业时间

在峰上配备三台调机并实行双推单溜作业时的固定作业总时分 $\Sigma t''_{固}$，与一台机车单推单溜和两台机车双推单溜作业情况下又有所不同。三台调机的乘务组、调车组的交接班、吃饭仍同时进行，但三台调机的整备作业应轮流进行。当其中一台调机进行整备和不占峰的取送作业时，峰上仍有两台调机进行双推单溜的解体作业。因而 $\Sigma t''_{固}$ 可按下式确定：

$$\Sigma t''_{固} = \Sigma t_{交接} + \Sigma t_{吃饭} + \Sigma t^{客}_{妨} + \Sigma t^{占}_{取送} \tag{8-70}$$

以辆数为单位的驼峰解体能力 $B^{双单}_{解3}$ 按下式计算：

$$B^{双单}_{解3} = N^{双单}_{解3} \times m \tag{8-71}$$

### 8.6.2 尾部牵出线通过能力

调车场尾部编组能力是在既有技术设备、作业组织方法及调机台数等条件下，一昼夜能编组的货物列车数或辆数。

调车场尾部编组能力可用直接计算法或利用率计算法进行计算。

1. 直接计算法

（1）计算方法

用直接计算法计算调车场尾部编组能力 $N_{编}$ 按下式计算：

$$N_{编} = \frac{(1440M - \Sigma t_{固})(1-\alpha)}{t_{编}} + N_{摘} \tag{8-72}$$

式中　$M$——尾部配备的编组调机台数；

$\quad N_{摘}$——一昼夜编组的摘挂列车数；

$\quad \alpha$——妨碍系数，两台调机时采用 $0.06 \sim 0.08$，三台调机时采用 $0.08 \sim 0.12$；

$\quad t_{编}$——平均编组一个车列（包括直达、直通、区段及小运转）的时间（min）；

$\quad \Sigma t_{固}$——固定作业时分，即：

$$\Sigma t_{固} = \Sigma t_{交接} + \Sigma t_{吃饭} + \Sigma t_{整备} + \Sigma t_{取送} + \Sigma t_{摘挂} \tag{8-73}$$

其中　$\Sigma t_{摘挂}$——编组摘挂列车占用总时分（min）。

（2）平均编组一个车列的时间

式（8-72）中，$t_{编}$ 可按下式确定：

$$t_{编} = t_{空程} + t_{连挂} + t_{选编} + t_{转线} + t_{整场} \tag{8-74}$$

① $t_{空程}$ 为空程（空钩）时间。它与调车场和出发或到发场的相互位置有关。当调车场与出发场纵列时（图 8-9$a$），按下式计算：

$$t_{空程} = \frac{(2l'_{咽} + l_{效} + l''_{咽})}{v_{空}} \times 0.06 \tag{8-75}$$

式中　$l'_{咽}$——出发场出口咽喉长度（m）；

$\quad l_{效}$——出发场线路有效长度（m）；

$\quad l''_{咽}$——包括出发场入口咽喉及其与调车场连接部分、调车场尾部咽喉的总长度（m）；

$v_\text{空}$——尾部调机空程平均走行速度（km/h）。

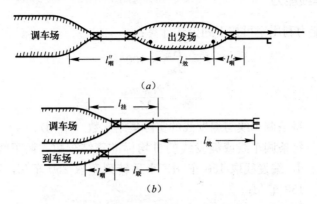

图 8-9　编组时间空程计算图

当调车场与到发场横列时（图 8-9b），按下式计算：

$$t_\text{空程} = \frac{(l_\text{咽} + l_\text{联} + l_\text{挂})}{v_\text{空}} \times 0.06 \qquad (8\text{-}76)$$

② $t_\text{连挂}$ 为调机将集结在调车场内一条或几条调车线上的车辆（或车组）连挂成列，并按转线要求连接好规定数量风管的时间。

③ $t_\text{选编}$ 为根据编组计划及其他有关编组作业的规定，将集结在一条或几条调车线上的车辆选编成组，或改变车辆在列车中的位置，解送扣修车、整装车、倒装车等技术作业所需的时间。

④ $t_\text{转线}$ 为将连挂好的车列自调车场转往出发场（或到发场）的时间。调车场与出发场纵列的编组站（图 8-9a），车列转线时间 $t_\text{转线}$ 按下式计算：

$$t_\text{转线} = \frac{l''_\text{咽} + l_\text{效}}{v_\text{转}} \times 0.06 \qquad (8\text{-}77)$$

调车场与出发（到发）场横列的编组站（图 8-9b），车列转线时间 $t_\text{转线}$ 按下式计算：

$$t_\text{转线} = \frac{l_\text{挂} + 2l_\text{效} + l_\text{联} + l_\text{咽}}{v_\text{转}} \times 0.06 \qquad (8\text{-}78)$$

式中　$v_\text{转}$——车列转线的平均速度（km/h）。

⑤ $t_\text{整场}$ 为利用尾部调机消除集结车辆之间的"天窗"恢复线路固定使用和向尾部警冲标方向带车等整场作业时间。一般通过查定取值。

2. 利用率计算法

采用利用率计算法计算调车场尾部编组能力 $N_\text{编}$ 时，可按下式计算：

$$N_\text{编} = \frac{N}{K} + N_\text{摘} \qquad (8\text{-}79)$$

$$K = \frac{T - \Sigma t_\text{固}}{(1440M - \Sigma t_\text{固})(1 - \alpha)} \qquad (8\text{-}80)$$

式中　$N$——平均每昼夜编组的直通、区段、小运转、交换车总列数；

　　　$K$——利用系数；

　　　$T$——每昼夜尾部的总作业时间（不含妨碍时间）（min）。

### 8.6.3 调车线能力

调车线能力利用率可按下列公式计算：

$$k = \frac{B_{实}}{B_{标}} \times 100\%$$ (8-81)

$$B_{实} = \frac{N_{编} \, m_{编}}{M_{调}}$$ (8-82)

式中  $B_{实}$——每条调车线与编发线的实际集结车数（车/d）；

$B_{标}$——每条调车线或编发线的日均标准集结车数，调车线取 200 车/d，编发线取 150 车/d，小运转列车取 250 车/d，零摘列车取 150 车/d；

$N_{编}$——该场集结并编组的车列数（列/d）；

$m_{编}$——该场所编车列的加权平均编成车数（车）；

$M_{调}$——该场供各编组去向车流集结及编发的调车线与编发线数（条）。

## 思考题与习题

**8-1**  什么是车站通过能力？为什么要计算车站通过能力？

**8-2**  什么是车站咽喉通过能力和咽喉道岔组通过能力？其计算的目的有何不同？

**8-3**  说明计算车站通过能力各种方法的实质及其发展趋势。

**8-4**  什么是车站最终通过能力？它在车站运营工作中有何实际意义？

**8-5**  到发线的空费中应考虑哪些因素？

**8-6**  试分析编组站到达场到发线通过能力的影响因素有哪些？

**8-7**  分析编组站编发线通过能力的影响因素。

**8-8**  咽喉通过能力与到发线通过能力是否互相影响，能否互相转移？

**8-9**  为什么驼峰解体能力影响到发线的通过能力？

**8-10**  计算驼峰解体能力时，采用 1 台、2 台和 3 台调机的固定作业时间有何区别？

**8-11**  计算牵出线编组能力时为何将摘挂列车的编组作业列入固定作业中？

**8-12**  驼峰解体能力与牵出线编组能力是否相互影响，能否相互转化？应如何协调二者之间的关系？

**8-13**  分析客运站到发线和客车整备场通过能力的影响因素及其计算方法。

# 参 考 文 献

[1] 李海鹰，张超. 铁路站场及枢纽 ［M］. 北京：中国铁道出版社，2011.

[2] 中华人民共和国国家标准. 铁路车站及枢纽设计规范 (GB50091—2006). 北京：中国计划出版社，2006.

[3] 常治平. 铁路线路及站场 ［M］. 北京：中国铁道出版社，2007.

[4] 铁道第四勘查设计院主编. 铁路工程设计技术手册-站场与枢纽 ［M］. 北京：中国铁道出版社，2004.

[5] 中华人民共和国铁道部. 高速铁路设计规范（试行）(TB 10621—2009/J 971-2009). 北京：中国铁道出版社，2010.

[6] 中华人民共和国铁道部. 铁路旅客车站建筑设计规范 (GB 50226—2007). 北京：中国计划出版社，2011.

[7] 中华人民共和国铁道部主编. 铁路线路设计规范 (GB 5009—2006)［S］. 北京：中国铁道出版社，2006

[8] 中华人民共和国铁道部主编. 铁路技术管理规程 ［S］. 北京：中国铁道出版社，2007.

[9] 中华人民共和国铁道部主编. 新建时速 200～250 公里客运专线铁路设计暂行规定（上、下）(铁建设函 ［2005］ 140 号)［S］. 2005。

[10] 中华人民共和国铁道部主编. 铁路轨道设计规范 (TB 10082—2005)［S］. 北京：中国铁道出版社，2005

[11] 中华人民共和国铁道部主编. 铁路路基设计规范 (TB 10001—2005)［S］. 北京：中国铁道出版社，2005

[12] 魏庆朝. 铁路线路设计 ［M］，北京：中国铁道出版社，2012.

[13] （英）罗斯编著，铁道第四勘察设计院译. 火车站-规划、设计和管理. 中国建筑工业出版社，2007.

[14] 魏庆朝. 铁道工程概论 ［M］，北京：中国铁道出版社，2011.

[15] 郑健，赵奕，徐尚奎. 铁路旅客车站建筑设计 ［M］. 北京：中国铁道出版社，2009.

[16] 吴家豪. 论 21 世纪中国铁路枢纽站场建设与研究设计方向 ［J］. 中国铁道科学，1999，20（4）：8-17.

[17] 杨晓川，李彬彬，汤朝晖. 铁路旅客车站无站台柱雨棚 ［J］. 建筑科学，2008，24（3）：170-173.

[18] 高剑. 无站台柱雨棚特性与设计 ［J］. 铁道工程学报，2008（12）：75-78.

[19] 铁道部经济规划院. 铁路客站技术深化研究—无站台柱雨棚设计深化研究 ［R］. 2011.

[20] 铁道部经济规划院. 铁路客站技术深化研究—铁路客站结构体系对工程投资影响研究 ［R］. 2011.

# 高等学校土木工程学科专业指导委员会规划教材（专业基础课）
## （按高等学校土木工程本科指导性专业规范编写）

| 征订号 | 书　名 | 定价 | 作　者 | 备　注 |
|---|---|---|---|---|
| V21081 | 高等学校土木工程本科指导性专业规范 | 21.00 | 高等学校土木工程学科专业指导委员会 | |
| V20707 | 土木工程概论（赠送课件） | 23.00 | 周新刚 | 土建学科专业"十二五"规划教材 |
| V22994 | 土木工程制图（含习题集、赠送课件） | 68.00 | 何培斌 | 土建学科专业"十二五"规划教材 |
| V20628 | 土木工程测量（赠送课件） | 45.00 | 王国辉 | 土建学科专业"十二五"规划教材 |
| V21517 | 土木工程材料（赠送课件） | 36.00 | 白宪臣 | 土建学科专业"十二五"规划教材 |
| V20689 | 土木工程试验（含光盘） | 32.00 | 宋　彧 | 土建学科专业"十二五"规划教材 |
| V19954 | 理论力学（含光盘） | 45.00 | 韦　林 | 土建学科专业"十二五"规划教材 |
| V20630 | 材料力学（赠送课件） | 35.00 | 曲淑英 | 土建学科专业"十二五"规划教材 |
| V21529 | 结构力学（赠送课件） | 45.00 | 祁　皑 | 土建学科专业"十二五"规划教材 |
| V20619 | 流体力学（赠送课件） | 28.00 | 张维佳 | 土建学科专业"十二五"规划教材 |
| V23002 | 土力学（赠送课件） | 39.00 | 王成华 | 土建学科专业"十二五"规划教材 |
| V22611 | 基础工程（赠送课件） | 45.00 | 张四平 | 土建学科专业"十二五"规划教材 |
| V22992 | 工程地质（赠送课件） | 35.00 | 王桂林 | 土建学科专业"十二五"规划教材 |
| V22183 | 工程荷载与可靠度设计原理（赠送课件） | 28.00 | 白国良 | 土建学科专业"十二五"规划教材 |
| V23001 | 混凝土结构基本原理（赠送课件） | 45.00 | 朱彦鹏 | 土建学科专业"十二五"规划教材 |
| V20828 | 钢结构基本原理（赠送课件） | 40.00 | 何若全 | 土建学科专业"十二五"规划教材 |
| V20827 | 土木工程施工技术（赠送课件） | 35.00 | 李慧民 | 土建学科专业"十二五"规划教材 |
| V20666 | 土木工程施工组织（赠送课件） | 25.00 | 赵　平 | 土建学科专业"十二五"规划教材 |
| V20813 | 建设工程项目管理（赠送课件） | 36.00 | 臧秀平 | 土建学科专业"十二五"规划教材 |
| V21249 | 建设工程法规（赠送课件） | 36.00 | 李永福 | 土建学科专业"十二五"规划教材 |
| V20814 | 建设工程经济（赠送课件） | 30.00 | 刘亚臣 | 土建学科专业"十二五"规划教材 |